大学计算机基础(理工类)

主　编　颜　烨　刘嘉敏

副主编　毛盼娣　张丽霞

　　　　肖　潇　姚　韵　王　栋

主　审　曾　一

重庆大学出版社

内容提要

本书根据教育部非计算机专业计算机课程教学指导分委员会提出的高校非计算机专业计算机基础课的基本教学要求，结合计算机的最新发展技术、高等学校计算机基础课程改革的最新动向以及针对本科第三批次应用型人才培养模式编写而成，突出“应用”为目标。全书共14章，主要内容包括计算机与信息技术概述、数据编码与汉字输入法、计算机硬件系统、计算机软件系统、计算机网络基础、Internet及其应用、Windows操作系统应用基础、Office 2007、数据库基础、AutoCAD基础、多媒体技术、信息安全基础等，针对所学内容，每章后面都提供了可供读者参考的各种类型的理论习题。

本书适合作为应用型本科、高职高专计算机基础教材，同时也可作为广大计算机等级考试考生的必备用书，并可作为计算机培训教材使用。本书还可作为高等学校的计算机公共基础课程教材。

本书可作为高等学校机械设计课程的教材，也可供有关专业师生和工程技术人员参考。

图书在版编目(CIP)数据

大学计算机基础：理工类/颜烨，刘嘉敏主编.—
重庆：重庆大学出版社，2013.9(2014.1重印)
ISBN 978-7-5624-7683-2

Ⅰ.①大… Ⅱ.①颜… ②刘… Ⅲ.①电子计算机—
高等学校—教材 Ⅳ.①TP3

中国版本图书馆CIP数据核字(2013)第194013号

大学计算机基础(理工类)

主　编　颜　烨　刘嘉敏
副主编　毛盼娣　张丽霞
　　　　肖　潇　姚　韵　王　栋
主　审　曾　一

策划编辑：杨粮菊
责任编辑：文　鹏　邓桂华　　版式设计：杨粮菊
责任校对：谢　芳　　　　　　责任印制：赵　晟

*

重庆大学出版社出版发行
出版人：邓晓益
社址：重庆市沙坪坝区大学城西路21号
邮编：401331
电话：(023) 88617190　88617185(中小学)
传真：(023) 88617186　88617166
网址：http://www.cqup.com.cn
邮箱：fxk@cqup.com.cn (营销中心)
全国新华书店经销
重庆升光电力印务有限公司印刷

*

开本：787×1092　1/16　印张：24　字数：600千
2013年9月第1版　2014年1月第2次印刷
印数：3 001—5 500
ISBN 978-7-5624-7683-2　定价：42.00元

前言

当今，计算机技术的飞速发展和广泛应用，正在不断地改变着人们的生产、工作、学习和生活方式，已成为推动全球经济与社会发展的强大动力，被誉为当今世界的第二文化。高等教育必须适应现代社会发展的新趋势。遵照教育部制定的《关于进一步加强高等学校计算机基础教学的意见》和《高等学校非计算机专业计算机基础课程教学基本要求》，结合计算机的最新发展技术以及高等学校计算机基础课程改革的最新动向，以及针对本科第三批次应用型人才培养模式，突出“应用”为目标的特点，我们组织编写了这本教材。本书与即将出版的《大学计算机基础教程实验指导》配套使用，也可单独使用。本书主要内容包括计算机与信息技术概述、数据编码与汉字输入法、计算机硬件系统、计算机软件系统、计算机网络基础、Internet 及其应用、Windows 操作系统应用基础、Office 2007、数据库基础、AutoCAD 基础、多媒体技术、信息安全基础。各章内容相对独立，可根据实际情况有选择地学习。

本书的主要特点：

(1)内容新颖，涵盖了计算机应用基础课程及全国计算机等级考试一级 MS Office 考试大纲所要求的基本知识点。遵照高等教育教学改革的新思想，注重反映计算机发展的新技术，内容具有先进性。

(2)体系完整、结构清晰、内容全面、实例丰富、讲解细致、图文并茂。每章均以“学习目标”作为一章内容的引导，便于教师备课和学生自主学习，各章后所设置的各类型习题，便于学生巩固提高，学以致用。

(3)面向应用，突出应用，理论部分简明，应用部分翔实。书中所举实例，都是作者从多年积累的教学经验中精选出来的，具有很强的实用性和可操作性。

(4)本书把“计算机与信息技术概述”“数据编码和汉字输入法”“计算机硬件系统”“计算机软件系统”等原本是一个章节的内容，分别划分为 4 个章节，这是和以前大多数计算机基础教材所不同的。有利于让学生更加细致、系统地了解计算机基础的相关知识。

(5)将原来大多数教材中的计算机网络基础,由计算机网络基础和 Internet 及其应用两个部分来分别介绍,让学生更加深入地了解网络的相关基础知识。

(6)教材中对数据库技术基础除了讲解基本数据库相关知识外,扩充了 Access 数据库管理系统的相关内容,使学生除了掌握基本数据和相关基础知识外,还能了解和掌握一门数据库技术用于实践。

(7)根据应用型本科的特点,增加了 AutoCAD 简介这个章节,让土木、电气等相关专业的学生能提前接触这门课程,并学会自学。

本书由颜烨、刘嘉敏任主编,毛盼娣、张丽霞、肖潇、姚韵、王栋任副主编。第 1 章、第 2 章、第 3 章、第 4 章和第 7 章由颜烨编写,第 5 章、第 6 章、第 11 章和第 14 章由张丽霞编写,第 8 章、第 9 章和第 10 章由毛盼娣编写,第 12 章由王栋编写,第 13 章由姚韵编写。全书由曾一教授主审,颜烨审稿、统稿、定稿,肖潇参与审稿、统稿、定稿。刘嘉敏对全书进行了审校。

限于编者的水平以及计算机技术的飞速发展,书中难免有不妥之处,恳请读者不吝赐教、指正。

编　者

2013 年 6 月

目录

第 1 章 计算机与信息技术概述

21 世纪初,人类将全面迈向一个信息时代,信息技术革命是经济全球化的重要推动力量和桥梁,是促进全球经济和社会发展的主导力量,以信息技术为中心的新技术革命将成为世界经济发展史上的新亮点。信息技术将使人类能够进一步把潜藏在物质运动中的巨大信息资源挖掘出来,把世界变成一个没有边界的信息空间,以微处理机进入亿万办公室和家庭、超级计算机问世、卫星通信与光导通信的发展,特别是以网络化的迅速发展为标志,信息技术革命不仅以最为便捷的方式沟通了各国、各地区、各企业、各团体以及个人之间的联系,而且在一定程度上打破了种种地域乃至国家的限制,把整个世界空前地联系在一起,推动了全球化的迅速发展。社会信息化水平已经成为衡量一个国家现代化程度的重要标志。

教学目的:

- 了解计算机的产生、分类、发展和应用
- 了解信息技术的发展
- 了解信息和信息技术的相关概念
- 理解信息技术和计算机技术的关系

1.1 计算机的发展

计算机是一种能够按照程序运行,自动、高速处理海量数据的现代化智能电子设备,是 20 世纪最伟大的科学技术发明之一。其发明者是著名数学家约翰·冯·诺依曼(John Von Neumann)。

计算机对人类的生产活动和社会活动产生了极其重要的影响,并以强大的生命力飞速发展。它的应用领域从最初的军事科研应用扩展到社会的各个领域,已形成了规模巨大的计算机产业,带动了全球范围的技术进步,由此引发了深刻的社会变革。计算机已遍及学校、企事业单位,进入寻常百姓家中,成为信息社会必不可少的工具。它是人类进入信息时代的重要标志之一。随着物联网的提出和发展,计算机与其他技术又一次掀起信息技术的革命,物联网是当下几乎所有技术与计算机、互联网技术的结合,实现物体与物体之间环境以及状态信息实时的共享以及智能化的搜集、传递、处理、执行。

图 1.1 《时代周刊》

1983 年 1 月 3 日出版的《时代周刊》(见图 1.1)中,为上年度当选的"风云人物"撰文中这样写道:"在这一年里,这是最具影响力的新闻,它代表着一种进程,一种被全社会广泛接受并带来巨大变革的进程,这就是为什么《时代周刊》在风云激荡的当今世界中选择这么一位'人物',但它不是一个人,而是一台机器——计算机。因此,《时代周刊》将计算机选定为 1982 年的年度'人物'"。

1.1.1 早期计算机

计算机原意为"计算"的机器,这也是发明者当初为之其计算为目的。而发展到今天,它的触角延伸向了社会的各个领域,对推动当今物质文明的进步,起着决定性的作用。而计算工具的演化经历了由简单到复杂、从低级到高级的不同阶段。早期计算机主要有结绳记事、算筹和算盘 3 种。

1)结绳记事

结绳记事(见图 1.2)是文字发明前,人们所使用的一种记事方法。即在一条绳子上打结,用以记事。上古时期的中国及秘鲁印地安人皆有此习惯,即使到近代,一些没有文字的民族,仍然采用结绳记事来传播信息。

2)算筹

根据史书的记载和考古材料的发现,古代的算筹(见图 1.3)实际上是一根根同样长短和粗细的小棍子,一般长为 13 ~ 14 cm,径粗为 0.2 ~ 0.3 cm,多用竹子制成,也有用木头、兽骨、象牙、金属等材料制成的,大约 270 枚为一束,放在一个布袋中,系在腰部随身携带。需要记数和计算时,就将其取出,放于桌上、炕上或地上摆弄。别看这些都是一根根不起眼的小棍子,在中国数学史上它们却是立有大功的。而它们的发明,也同样经历了一个漫长的历史发展过程。

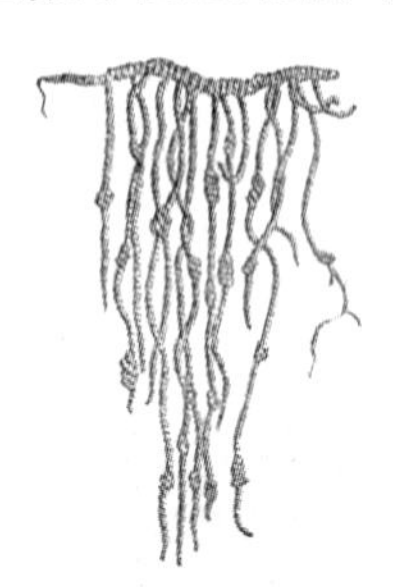

图 1.2 结绳记事

图 1.3 算筹记事

图 1.4 算盘

3)算盘

算盘,又称为祘盘(见图 1.4)。在计算机已被普遍使用的今天,古老的算盘不仅没有被废弃,反而因它的灵便、准确等优点,在许多国家方兴未艾。因此,人们往往把算盘的发明与中国古代四大发明相提并论,珠算盘也是汉族发明创造的一种简便的计算工具。北宋名画《清明上河图》中赵太丞家药铺柜就画有一架算盘。由于珠算盘运算方便、快速,几千年来一直是汉族普遍使用的计算工具,即使现代最先进的电子计算器也不能完全取代珠算盘的作用。

而以上三者其实不能严格地称为“计算机”，只能称为计算的工具。

1.1.2　近代计算机

近代计算机包括机械式计算机、差分机和机电式计算机3种，具体内容如下：

1）机械式计算机

1642年法国数学家布莱士·帕斯卡设计并制作了一台能自动进位的加减法计算装置（见图1.5），被称为是世界上第一台数字计算器，为以后的计算机设计提供了基本原理。

图1.5　机械式计算机

2）差分机

1819年，英国科学家巴贝奇设计了“差分机”（见图1.6），并于1822年制造出可动模型。这台机器能提高乘法速度和改进对数表等数字表的精确度。1991年，为纪念巴贝奇诞辰200周年，伦敦科学博物馆制作了完整差分机，它包含4 000多个零件，质量达2.5 t。1834年，巴贝奇又提出了一项新的更大胆的设计并称之为分析机。差分机和分析机为现代计算机设计思想的发展奠定了基础。

3）机电式计算机

美国数学家艾肯在1937年提出题为《自动计算机建议》的备忘录。他在IBM公司的资助下，于1944年8月研制成功世界第一台通用自动计算机——“自动程控计算机”，又称Mark Ⅰ（见图1.7）。这台计算机使用了3 000多个继电器，又称继电器计算机。Mark Ⅰ的基本结构和巴贝奇的设想相同，机器十进制23位数字的加减计算时间为0.3 s，乘法为6 s，除法为11.4 s。之后，艾肯研制出速度更快的Mark Ⅱ计算机。在1956年，成功研制出使用电子管的计算机Mark Ⅲ。

图1.6　差分机

图1.7　机电式计算机

1.1.3 现代计算机

20 世纪初,Boole 创立了布尔代数,为电子数字计算机的诞生奠定了理论基础。用两个电子管等元件构成的双稳态触发器,用于表示二进制“0”和“1”,为电子数字计算机的诞生奠定了物质基础。

图 1.8 冯·诺依曼

1945 年,一组工程师开始了一项秘密工程——建造“电子离散变量自动计算机”,简称 EDVAC(Electronic Discrete Variable Computer)。美籍匈牙利数学家约翰·冯·诺依曼(见图 1.8)在一个报告中对 EDVAC 计划进行了描述。这个报告被称为“计算机科学史上最具影响力的论文”,该报告是最早专门定义计算机部件并描述其功能的文献之一。在报告中,冯·诺依曼使用了术语“自动计算机系统”,现在取而代之的术语是“计算机”或“计算机系统”。基于冯·诺依曼论文中提出的概念,我们可以定义“计算机”为一种可以接收输入、处理数据、存储数据、产生输出的电子设备。

在第二次世界大战中,美国政府寻求计算机以开发潜在的战略价值,这促进了计算机的研究与发展。1944 年 Howard H. Aiken 研制出全电子计算器,为美国海军绘制弹道图。这台简称的机器有半个足球场大,内含 8 000 多米的电线,使用电磁信号来移动机械部件,速度很慢并且适应性较差,只用于专门领域,但是,它既可以执行基本算术运算也可以运算复杂的等式。

第二次世界大战使美国军方产生了快速计算导弹弹道的需求,军方请求宾夕法尼亚大学的约翰·莫克利博士研制具有这种用途的机器。莫克利与研究生普雷斯泊·埃克特一起用真空管建造了这一装置——ENIAC(见图 1.9),即电子数字积分计算机(Electronic Numerical Integrator and Computer,ENIAC),它是人类第一台全自动电子计算机,它开辟了信息时代的新纪元,是人类第三次产业革命开始的标志。这台计算机从 1946 年 2 月开始投入使用到 1955 年 10 月最后切断电源,服役 9 年多。它用了 18 000 多只电子管,70 000 多个电阻,10 000 多只电容,6 000 多个开关,重达 30 t,占地 170 m^2,耗电 150 kW,运算速度为每秒 5 000 次加减法。

1946 年 6 月,美籍匈牙利科学家冯·诺依曼教授发表了《电子计算机装置逻辑结构初探》的论文,并设计出了第一台“存储程序式”计算机 EDVAC,即电子离散变量自动计算机(The Electronic Discrete Variable Automatic Computer,EDVAC),与 ENIAC 相比有了重大改进,具体如下:

①采用二进制数字 0、1 直接模拟开关电路连通、断开两种状态,用于表示数据和计算机指令。

②把指令存储在计算机内部的存储器中,且能自动依次执行指令。

③奠定了当代计算机硬件由控制器、运算器、存储器、输入设备、输出设备等组成的体系结构。

冯·诺依曼提出的 EDVAC 计算机结构为后人普遍接受,此结构又称为冯·诺依曼结构。迄今为止的计算机系统基本上都是建立在冯·诺依曼计算机原理上的。

图1.9　ENIAC

1.1.4　计算机发展的四个时代

1)第一代电子管计算机

以ENIAC为代表,它是第一台真正意义上的电子数字计算机。硬件方面的逻辑元件采用真空电子管,主存储器采用汞延迟线、阴极射线示波管静电存储器、磁鼓、磁芯;外存储器采用磁带。软件方面采用机器语言、汇编语言。应用领域以军事和科学计算为主。特点是体积大、功耗高、可靠性差、速度慢(一般为每秒数千次至数万次)、价格昂贵,但为以后的计算机发展奠定了基础。

2)第二代晶体管计算机

1956年,晶体管在计算机中使用,晶体管和磁电子设备的体积不断减小。芯存储器导致了第二代计算机的产生。第二代计算机体积小、速度快、功耗低、性能更稳定。首先使用晶体管技术的是早期的超级计算机,主要用于原子科学的大量数据处理,这些机器价格昂贵,生产数量极少。1955年,贝尔实验室研制出世界上第一台全晶体管计算机TRADIC,装有800只晶体管,功率仅100 W,占地也只有0.085 m^3。它成为第二代计算机的典型机器。

计算机中存储的程序使得计算机有很好的适应性,可以更有效地用于商业用途。在这一时期出现了更高级的COBOL语言和FORTRAN语言等,以单词、语句和数学公式代替了含混晦涩的二进制机器码,使计算机编程更容易。新的职业(程序员、分析员和计算机系统专家)和整个软件产业由此诞生。

3)第三代集成电路计算机

1958年德州仪器的工程师Jack Kirby发明了集成电路(见图1.10),将3种电子元件结合到一片小小的硅片上,使更多的元件集成到单一的半导体芯片上。随着固体物理技术的发展,集成电路工艺已可以在几平方毫米的单晶硅片上集成由十几个甚至上百个电子元件组成的逻辑电路。其基本特征是逻辑元件采用小规模集成电路 SSI(Small Scale Integration)和中规模集成电路 MSI(Middle Scale Integration)。第三代电子计算机的运算速度每秒可达几十万次到几百万次。存储器进一步发展,体积越来越小,价格越来越低,而软件越来越完善。1964 年 IBM 生产出了由混合集成电路制成的 IBM 350 系统,这成为第三代计算机的主要里程碑。典型机器是:IBM 360。

图 1.10　小规模集成电路

图 1.11　大规模集成电路

高级程序设计语言在这个时期有了很大发展,并出现了操作系统和会话式语言,计算机开始广泛应用于各个领域。计算机在中心程序的控制协调下可以同时运行许多不同的程序。

4) 第四代大规模及超大规模集成电路计算机

大规模集成电路(见图 1.11)可以在一个芯片上容纳几百个元件。到了 1980 年,超大规模集成电路(VLSI)芯片上容纳了几十万个元件,后来的技术将数字扩充到百万级、千万级,甚至到了现在的亿万级。可以在硬币大小的芯片上容纳如此数量的元件使得计算机的体积和价格不断下降,而功能和可靠性不断增强,中央处理器 CPU 高度集成是这一代计算机的主要特征。目前,计算机的速度最高可达到每秒上百万亿次浮点运算。

表 1.1

时　代	电子元器件	存储部件	系统软件	应用范围
第一代(1946—1958 年)	采用电子管,体积大、耗电多、速度低、成本高	采用磁鼓作为存储器	基本没有,使用机器语言和汇编语言编制程序	主要用于科学计算
第二代(1959—1964 年)	采用晶体管,体积小、速度快、功耗低、性能稳定	内存储器主要采用磁芯,外存储器主要采用磁盘和磁带	使用高级语言(如 FORTRAN、COBOL 等)编制程序,出现了管理程序(操作系统的前身)	从科学计算逐步扩展到数据处理、自动控制等
第三代(1965—1970 年)	采用中、小规模集成电路,体积更小、价格更低、可靠性更高、计算速度更快	半导体存储器,存储容量和存取速度大幅度提高	出现了操作系统、结构化程序设计等	进一步拓展到文字处理、企事业管理等
第四代(1971 年至今)	采用大规模和超大规模集成电路,性能大幅度提高,价格大幅度降低	半导体存储器集成度越来越高,外存储器还采用光盘、移动存储等	出现了数据库技术、网络通信技术、多媒体技术、面向对象的程序设计(OOP)	社会生活的各个领域

1.1.5　计算机的分类

按用途计算机可分为专用计算机和通用计算机两大类。

1）专用计算机

专用计算机的特点是针对某类问题的需要设计的，因此，专用计算机在其专用的领域里运行效率和运行效果是最好的。例如，用于银行自动取款机中的处理器，家用电器中完成实时控制功能的处理器等。若将某专用计算机用于其他领域则适应性很差，甚至无法运行，例如军事控制系统中，广泛使用了专用计算机。

2）通用计算机

通用计算机是计算机应用的主流，主要是完成计算、信息搜索、文字处理与图形图像处理等人文科学和自然科学方方面面的工作，人们对计算机的评价和分类一般也相对于通用计算机而言。通常所说的计算机及本书所介绍的就是指通用计算机。

在通用计算机中，根据用途及性能（主频、数据处理能力、主存储器容量和输入、输出能力等）和价格等综合指标进行计算机分类。每一时期都有该时期的计算机分类参考标准，其标准随计算机技术的发展而不断提高。

（1）巨型计算机

巨型计算机又称超级计算机（Super Computer），诞生于1983年12月，它使用通用处理器及Unix或类Unix操作系统（如Linux），计算的速度与内存性能大小相关，长于数值计算（科学计算），所以它一般都需要使用大量处理器，通常由多个机柜组成。在政府部门和国防科技领域曾得到广泛的应用。诸如石油勘探、国防科研等都依赖巨型机的海量运算能力。自20世纪90年代中期以来，巨型机的应用领域开始得到扩展，从传统的科学和工程计算延伸到事务处理、商业自动化等领域。在2006年国际商业机器公司（IBM）致力于尖端超级计算的一个项目：在计算机体系结构中，在必须编程和控制整体并行系统的软件中和在重要生物学的高级计算应用，如蛋白质折叠。而Blue Gene/L超级计算机（见图1.12）就是IBM公司、利弗摩尔实验室和美国能源部为此而联合制作完成的超级计算机。在我国，巨型机的研发在近几年也取得了很大的成绩，推出了“曙光”“银河”等代表国内最高水平的巨型机系统（见图1.13），并在国民经济的关键领域得到了广泛应用。

图1.12　Blue Gene/L超级计算机

图1.13　曙光5000超级计算机

（2）大型计算机

大型计算机（见图1.14），体积大，速度非常快，使用专用指令系统和操作系统，长于非数值计算（数据处理），在处理数据的同时需要读写或传输大量信息，大量使用冗余等技术确保其安全性及稳定性。因此大型机主要用于高可靠性、高数据安全性和中心控制等情况，适用于高科技部门、大企业或政府机构，以及需要进行大量的数据存储、处理和管理的其他部门和机构。大型机的使用日渐广泛,已深入机械、气象、电子、人工智能等几十个科学领域。

图1.14　浪潮天梭 K1

图1.15　IBM 550 小型机服务器机柜

3)小型计算机

小型计算机(见图1.15),规模小、结构简单、设计试制周期短,便于及时采用先进工艺技术,软件开发成本低,易于操作维护。近年来,小型机的发展也引人注目。特别是 RISC(Reduced Instruction Set Computer,缩减指令系统计算机)体系结构,顾名思义是指令系统简化、缩小了的计算机,而过去的计算机则统属于 CISC(复杂指令系统计算机)。

4)工作站

工作站是一种高档的微型计算机,通常配有高分辨率的大屏幕显示器及容量很大的内部存储器和外部存储器,且具有较强的信息处理功能和高性能的图形、图像处理功能以及联网功能。主要面向专业应用领域,具备强大的数据运算与图形、图像处理能力,为满足工程设计、动画制作、科学研究、软件开发、金融管理、信息服务、模拟仿真等专业领域而设计开发的高性能计算机。

图1.16　早期的 IBM PC

5)微型计算机

微型计算机又称个人计算机(Personal Computer,PC)。IBM PC 是全球首款个人计算机,该机采用主频4.77 MHz 的 Intel 8088 微处理器,运行微软公司专门为 IBM PC 开发的 MS-DOS 操作系统。IBM PC 的诞生才真正具有划时代的意义,因为它首创了个人电脑的概念,并为 PC 制定了全球通用的工业标准。它所用的处理器芯片来自 Intel 公司,DOS 磁盘操作系统来自由32人组成的微软公司。直到今天,“IBM PC 及其兼容机”(见图1.16)始终是 PC 工业标准的代名词,也从此揭开了微型计算机大发展的帷幕。

随后许多公司(如 Motorola 等)也争相研制微处理器,推出了8位、16位、32位、64位的微处理器。每18个月,微处理器的集成度和处理速度提高一倍,价格却下降一半。微型计算机的种类很多,主要分台式机(Desktop Computer)、笔记本(Notebook)电脑和个人数字助理PDA 3类,如图1.17所示。

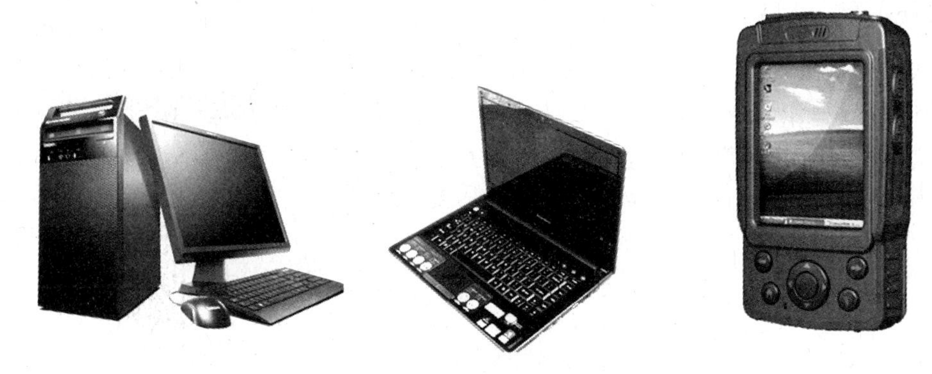

图1.17　台式机、笔记本电脑和个人数字助理

6)网络计算机

网络计算机(Network Computer,NC)当计算机最初用于信息管理时,信息的存储和管理是分散的。这种方式的弱点是数据的共享程度低,数据的一致性难以保证,于是以数据库为标志的一代信息管理技术发展起来了,同时以大容量磁盘为手段、以集中处理为特征的信息系统也逐渐发展起来。20世纪80年代,PC机的兴起冲击了这种集中处理的模式,而计算机网络的普及更加剧了这一变化。数据库技术也相当延伸到了分布式数据库,客户机—服务器的应用模式出现了。这不是向分散处理的简单的回归,随着Internet的迅猛发展,把需要共享和需要保持一致的数据相对集中地存放,把经常要更新的软件比较集中地管理,而把用户端的功能仅限于用户界面与通信功能。网络计算机适用于行业用户使用,如,政府办公网络、税收征收系统、电力系统、医疗领域等。又如,首钢医院门诊收费系统、北京市劳动局综合业务系统等均使用网络计算机。

1.1.6　计算机的发展趋势

作为人类最伟大发明的计算机技术地发展深刻地影响着人们生产和生活。特别是随着微型处理器结构的微型化,计算机从之前的应用于国防军事领域开始向社会各个行业发展,如教育系统、商业领域、家庭生活等。计算机的应用在我国越来越普遍,改革开放以后,我国计算机用户的数量不断攀升,应用水平不断提高,特别是互联网、通信、多媒体等领域的应用取得了不错的成绩。1996—2009年,计算机用户数量从原来的630万台增长至6 710万台,联网计算机台数由原来的2.9万台上升至5 940万台。互联网用户已达到3.16亿,无线互联网有6.7亿移动用户,其中手机上网用户达1.17亿,居全球第一位。此外中文网站数量也逐渐提升,据CNNIC统计,截至2009年,我国中文网站数量达到了287.8万。

计算机从出现至今,经历了机器语言、程序语言、简单操作系统和Linux、Macos、BSD、Windows等现代操作系统,运行速度也得到了极大的提升,第四代计算机的运算速度已经达到几十亿秒。计算机也由原来的仅供军事、科研使用发展到人人拥有。由于计算机强大的应用功能,从而产生了巨大的市场需要,未来计算机性能应向着微型化、网络化、智能化和巨型化等方向发展。

1)巨型化

巨型化是指研制速度更快的、存储量更大的和功能更强大的巨型计算机。主要应用于天文、气象、地质和核技术、航天飞机和卫星轨道计算等尖端科学技术领域,研制巨型计算机的技术水平是衡量一个国家科学技术和工业发展水平的重要标志。

2)微型化

微型化是指利用微电子技术和超大规模集成电路技术,把计算机的体积进一步缩小,价格进一步降低。计算机的微型化已成为计算机发展的重要方向,各种笔记本电脑和 PDA 的大量面世和使用,是计算机微型化的一个标志。

3)多媒体化

多媒体化是对图像、声音的处理是目前计算机普遍需要具有的基本功能。

4)网络化

计算机网络是通信技术与计算机技术相结合的产物。计算机网络将使不同地点、不同计算机之间,在网络软件的协调下共享资源。为适应网络上通信的要求,计算机对信息处理速度、存储量的大小均有较高的要求,计算机的发展必须适应网络发展。

5)智能化

计算机智能化是指使计算机具有模拟人的感觉和思维过程的能力。智能化的研究包括模拟识别、物形分析、自然语言的生成和理解、博弈、定理自动证明、自动程序设计、专家系统、学习系统和智能机器人等。目前,已研制出多种具有人的部分智能的机器人,可代替人在一些危险的工作岗位上工作。有人预测,家庭智能化的机器人将是继 PC 机之后下一个家庭普及的信息化产品。

6)网格化

网格(Grid)技术可以更好地管理网上的资源,它把整个互联网虚拟成一台空前强大的一体化信息系统,犹如一台巨型机,在这个动态变化的网络环境中,实现计算资源、存储资源、数据资源、信息资源、知识资源、专家资源的全面共享,从而让用户从中享受可灵活控制的、智能的、协作式的信息服务,并获得前所未有的使用方便性和超强能力。

7)非冯·诺依曼式计算机

随着计算机应用领域的不断扩大,采用存储方式进行工作的冯·诺依曼式计算机逐渐显露出局限性,从而出现了非冯·诺依曼式计算机的构想。在软件方面,非冯·诺依曼语言主要有 LISP,PROLOG 和 F. P;而在硬件方面,提出了与人脑神经网络类似的新型超大规模集成电路——分子芯片。

1.1.7 下一代计算机的展望

基于集成电路的计算机短期内还不会退出历史舞台。而一些新的计算机正在跃跃欲试地加紧研究,这些计算机是:能识别自然语言的计算机、高速超导计算机、纳米计算机、激光计算机、DNA 计算机、量子计算机、神经元计算机、生物计算机等。

1)纳米计算机

纳米计算机是用纳米技术研发的新型高性能计算机。纳米管元件尺寸在几到几十纳米范围,质地坚固,有着极强的导电性,能代替硅芯片制造计算机。“纳米”是一个计量单位,一个纳米等于 10^{-9} m,大约是氢原子直径的 10 倍。纳米技术是从 20 世纪 80 年代初迅速发展起来的新的前沿科研领域,最终目标是人类按照自己的意志直接操纵单个原子,制造出具有特定功能的产品。纳米技术正从微电子机械系统起步,把传感器、电动机和各种处理器都放在一个硅芯片上而构成一个系统。应用纳米技术研制的计算机内存芯片,其体积只有数百个原子大小,相当于人的头发丝直径的1/1 000。纳米计算机不仅几乎不需要耗费任何能源,而且其性能要比今天的计算机强大许多倍。

2)生物计算机

20世纪80年代以来,生物工程学家对人脑、神经元和感受器的研究倾注了很大精力,以期研制出可以模拟人脑思维、低耗、高效的第六代计算机——生物计算机。用蛋白质制造的电脑芯片,存储量可达普通电脑的10亿倍。生物电脑元件的密度比大脑神经元的密度高100万倍,传递信息的速度也比人脑思维的速度快100万倍。

3)神经元计算机

其特点是可以实现分布式联想记忆,并能在一定程度上模拟人和动物的学习功能。它是一种有知识、会学习、能推理的计算机,具有能理解自然语言、声音、文字和图像的能力,并且还具有说话的能力,使人机能够用自然语言直接对话,它可以利用已有的和不断学习到的知识,进行思维、联想、推理,并得出结论,能解决复杂问题,具有汇集、记忆、检索有关知识的能力。

目前,推出的一种新的超级计算机采用世界上速度最快的微处理器之一,并通过一种创新的水冷系统进行冷却。

IBM公司已经制造出世界上最小的计算机逻辑电路,也就是一个由单分子碳组成的双晶体管元件。这一成果将使未来的电脑芯片变得更小、传输速度更快、耗电量更少。

1.2 计算机的特点

现代计算机主要具有以下一些特点:

1)运算速度快

计算机内部的运算是由数字逻辑电路组成,可以高速准确地完成各种算术运算。当今计算机系统的运算速度已达到每秒万亿次,微机也可达每秒亿次以上,使大量复杂的科学计算问题得以解决。例如,卫星轨道的计算、大型水坝的计算、24 h天气预报的计算等,过去人工计算需要几年、几十年,如今,用计算机只需几天甚至几分钟就可完成的。

2)计算精度高

科学技术的发展特别是尖端科学技术的发展,需要高度精确的计算。计算机的精度主要取决于字长,字长越长,计算机的精度就越高。计算机控制的导弹之所以能准确地击中预定的目标,是与计算机的精确计算分不开的。一般计算机可以有十几位甚至几十位(二进制)有效数字,计算精度可由千分之几到百万分之几,是任何计算工具所望尘莫及的。

3)存储容量大

计算机要获得很强的计算和数据处理能力,除了依赖计算机的运算速度外,还依赖于它的存储容量大小。计算机里有一个存储器,可以存储数据和指令,计算机在运算过程中需要的所有原始数据、计算规则、中间结果和最终结果,都存储在这个存储器中。计算机的存储器分为内存和外存两种。现代计算机的内存和外存容量都很大,如微型计算机内存容量一般都在

512 MB(兆字节)以上,最主要的外存——硬盘的存储容量更是达到了数太字节(1 TB = 1 024 GB,1 TB = 1 024 × 1 024 MB)。

4)逻辑运算能力强

计算机在进行数据处理时,除了具有算术运算能力外,还具有逻辑运算能力,可以通过对数据的比较和判断,获得所需的信息。这使计算机不仅能够解决各种数值计算问题,还可以解决各种非数值计算问题,如信息检索、图像识别等。

5)自动化程度高

由于计算机具有存储记忆能力和逻辑判断能力,因此,人们可以将预先编好的程序存入计算机内,在运行程序的控制下,计算机能够连续、自动地工作,不需要人的干预。

6)支持人机交互

计算机具有多种输入/输出设备,配置适当的软件之后,可支持用户进行人机交互。当这种交互性与声像技术结合形成多媒体界面时,用户的操作便可达到自然、方便、丰富多彩。

1.3 信息技术与信息社会

1.3.1 信息、信息技术和信息产业

1)信息

(1)数据

国际标准化组织(ISO)对数据下的定义是:"数据是对事实、概念或指令的一种特殊表达形式,这种特殊表达形式可以用人工的方式或者用自动化的装置进行通信,翻译转换或者进行加工处理。"

数字、文字、图形、图像、声音等都是数据。计算机可以接受上述各种数据,并对数据进行加工、处理、传递和存储。

(2)信息的概念

信息是现代社会中广泛使用的一个概念,关于信息的定义众说纷纭。日常生活中比较笼统和模糊的理解如下:

①语言、文字、图画和照片等所表达的内容、事实或消息。

②读书、听课和交谈等所学习和了解的知识、方法与情况。

③为了作判断、制订计划或解决问题等所需要的数据和资料。

比较正式的描述如下:

①控制论创始人美国数学家维纳认为:信息是人们在适应和感知外部世界的过程中与外部世界交换的内容。

②信息论创始人美国数学家香农认为:信息能够用来消除不确定性的因素。

③一般认为:信息是在自然界、人类社会和人类思维活动中普遍存在的一切物质和事物的属性。

例如,潮起潮落、气温变化、银行利息变化等都是信息。信息是客观存在的,与我们主观感觉它是否存在没有任何关系。数据经过加工整理才能成为信息。如,38？信息是在特定背景

下具有特定含义的数据。

美国哈佛大学的研究小组提出了著名的资源三角形:没有物质,什么也不存在;没有能量,什么也不会发生;没有信息,任何事物都没有意义。

(3)信息的性质

①普遍性:凡是有事物的地方,就必然存在信息,信息广泛存在。

②动态性:事物是在不断运动变化之中的,信息也必然随时间而改变。

③时效性:由于信息的动态性,信息的使用价值会随着时间而衰减。

④多样性:语言、文字、声音和图片等都是信息的表现形式(也称为信息的载体或媒体)。

⑤可传递性:信息可通过媒介在人与人、人与物、物与物之间传递,信息只有通过传递才能发挥其作用。

⑥可共享性:信息与物质、能量显著不同的是,同一信息在同一时间可被多个主体共有,信息能无限地进行复制和传递,不因使用而有所损耗。

⑦快速增长性:随着社会的发展,信息在快速增长。

(4)信息的分类

信息可从不同的角度分类:

①依据信息的重要性分为战略信息、战术信息和作业信息。

②依据信息的应用领域分为社会信息、科技信息、管理信息、军事信息、政治信息、文化信息、工业信息、农业信息等。

③依据信息的作用分为有用信息、无用信息和干扰信息。如,高考信息。

④依据信息的逻辑性分为真实信息、虚假信息和不确定信息。

⑤依据信息源的性质分为数字信息、图像信息和声音信息等。

⑥依据信息的加工顺序分为一次信息、二次信息和三次信息。

另外,信息还可按照其他的标准进行分类。

(5)信息的处理

信息处理是指与下列内容相关的行为和活动:

①信息的收集(如信息的感知、测量、获取和输入等)。

②信息的传递(如邮寄、电报、电话和广播等)。

③信息的加工(如信息的分类、计算、分析和转换等)。

④信息的存储(如书写、摄影、录音和录像等)。

⑤信息的施用(如控制、显示、指挥和管理等)。

而在计算机高速发展之前,人工处理信息大多数的方式是:人们用眼睛、耳朵、鼻子、手等感觉器官直接获取外界的各种信息,然后经神经系统传递到大脑,再经过大脑的分析、归纳、综合、比较、判断等处理后,能产生更有价值的信息,并且采用说话、写字、动作、表情等方式输出信息。

人工进行信息处理的过程,如图1.18所示。

人工信息处理的不足:算不快、记不住、传不远、看(听)不清。

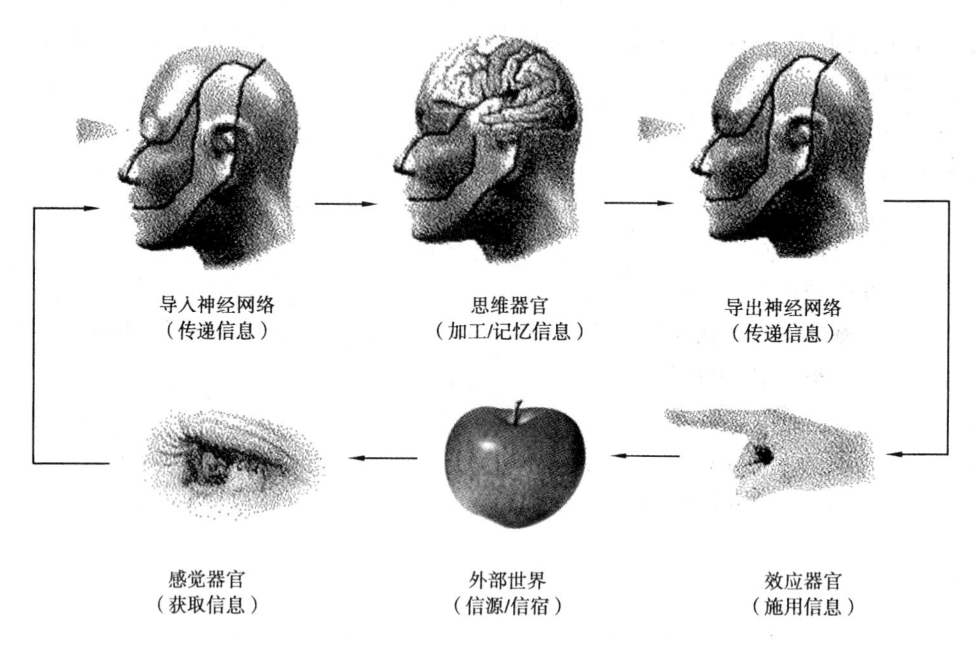

图 1.18　人工信息处理的过程

2)信息技术

(1)信息技术的概念

信息技术(Information Technology,IT)也常被称为信息和通信技术(Information and Communications Technology,ICT),是指用来扩展人们信息器官功能,协助人们更有效地进行信息处理的一门技术,其内容如图 1.19 所示。

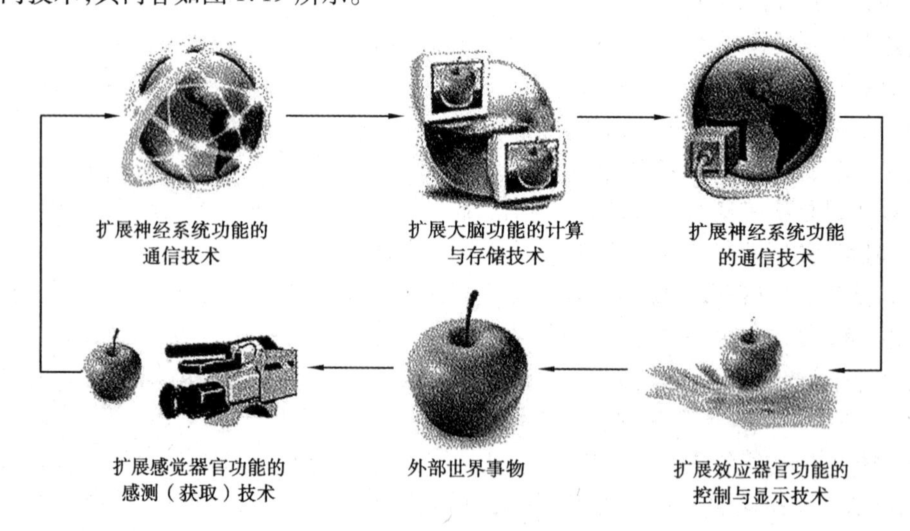

图 1.19　信息技术的内容

信息技术是指自 20 世纪 70 年代以来,随着微电子技术、计算机技术和通信技术的发展,围绕着信息的产生、搜集、存储、处理、检索和传递,形成的一个全新的、用以开发和利用信息资源的高技术群,包括微电子技术、新型元器件技术、通信技术、计算机技术、各类软件及系统集成技术、光盘技术、传感技术、机器人技术和高清晰电视技术等，其中以微电子技术、计算机技术、软件技术和通信技术为主导。

(2)信息技术的发展历史

◆ 语言的形成和使用　　第1次信息技术革命(35 000—50 000年以前)
◆文字的创造　　第2次信息技术革命(大约3 500年以前)
◆造纸技术的出现　　第3次信息技术革命(1 000年以前)
◆印刷技术的发明
◆电报和电话通信　　第4次信息技术革命(19世纪30年代—20世纪40年代)
◆广播、电视
◆雷达、卫星
◆计算机　　第5次信息技术革命(20世纪40—60年代)
◆因特网
⋮

(3)信息技术的分类

①按表现形态的不同，信息技术可分为硬技术(物化技术)与软技术(非物化技术)。前者指各种信息设备及其功能，如显微镜、电话机、通信卫星、多媒体电脑。后者指有关信息获取与处理的各种知识、方法与技能，如语言文字技术、数据统计分析技术、规划决策技术、计算机软件技术等。

②按工作流程中基本环节的不同，信息技术可分为信息获取技术、信息传递技术、信息存储技术、信息加工技术及信息标准化技术。信息获取技术包括信息的搜索、感知、接收、过滤等。如显微镜、望远镜、气象卫星、温度计、钟表、Internet搜索器中的技术等。信息传递技术指跨越空间共享信息的技术，又可分为不同类型。如单向传递与双向传递技术，单通道传递、多通道传递与广播传递技术。信息存储技术指跨越时间保存信息的技术，如印刷术、照相术、录音术、录像术、缩微术、磁盘术、光盘术等。信息加工技术是对信息进行描述、分类、排序、转换、浓缩、扩充、创新等的技术。信息加工技术的发展已有两次突破：从人脑信息加工到使用机械设备(如算盘、标尺等)进行信息加工，再发展为使用电子计算机与网络进行信息加工。信息标准化技术是指使信息的获取、传递、存储，加工各环节有机衔接，与提高信息交换共享能力的技术。如信息管理标准、字符编码标准、语言文字的规范化等。

③日常用法中，有人按使用的信息设备不同，把信息技术分为电话技术、电报技术、广播技术、电视技术、复印技术、缩微技术、卫星技术、计算机技术、网络技术等。也有人从信息的传播模式分，将信息技术分为传者信息处理技术、信息通道技术、受者信息处理技术、信息抗干扰技术等。

④按技术的功能层次不同，可将信息技术体系分为基础层次的信息技术(如新材料技术、新能源技术)，支撑层次的信息技术(如机械技术、电子技术、激光技术、生物技术、空间技术等)，主体层次的信息技术(如感测技术、通信技术、计算机技术、控制技术)，应用层次的信息技术(如文化教育、商业贸易、工农业生产、社会管理中用以提高效率和效益的各种自动化、智能化、信息化应用软件与设备)。

(4)信息技术的特点

①数字化。当信息被数字化并经由数字网络流通时，大量的信息可以被压缩，并以光速进

行传输,且数字传输信息的品质比模拟传输的品质要好得多。许多种信息形态能够被结合、被创造,无论在世界的任何角落,都可以立即存储和获取信息。

②多媒体化。多媒体技术将文字、声音、图形、图像、视频等信息媒体与计算机集成在一起,所有媒体都将被数字化并融入到多媒体的集合中,系统将信息整合到人们的日常生活里,以接近人类的工作方式和思考方式来设计和操作。

③高速度、网络化、宽频带。目前,几乎所有的国家都在进行最新一代的信息基础设施的建设。新一代的 Internet(Internet 2)的传输速率将达到 2.4 Gb/s。实现宽带的多媒体网络是未来信息技术的发展趋势之一。

④智能化。随着未来信息技术向着智能化的方向发展,在超媒体的世界里,"软件代理"可以替人们在网络上漫游。"软件代理"不再需要浏览器,它本身就是信息的寻找器,它能够收集任何可能想要在网络上取得的信息。

(5)信息技术对社会和经济的影响

①信息技术不断为传统产业升级改造注入新的内涵,大大提高了传统产业的劳动生产率。

信息技术代表着当今先进生产力的发展方向,信息技术的广泛应用使信息的重要生产要素和战略资源的作用得以发挥,使人们能更高效地进行资源优化配置,从而推动传统产业不断升级,提高社会劳动生产率和社会运行效率。比如,将信息技术嵌入到传统的机械、仪表产品中,促进产品"智能化""网络化",是实现产品升级换代的重要信息技术,该项工作往往被称为"机电一体化";计算机辅助设计技术、网络设计技术可显著提高企业的技术创新能力。

利用计算机辅助制造技术或工业过程控制技术实现对产品制造过程的自动控制,可明显提高生产效率、产品质量和成品率等。

②信息技术孕育和催生了许多新兴产业(包括信息产业),其在经济增长中占据显著地位。在过去的 10 年中,全世界信息设备制造业和服务业的增长率是相应的国民生产总值(GNP)增长率的两倍,成为带动经济增长的关键产业。

"九五"期间,中国的信息产业以三倍于国民经济的速度发展,主要产品销量迅速增加,结构调整初见成效,部分关键技术有所突破,产业规模已居世界第四位。2000 年底信息产品制造业总产值达 10 000 亿元,销售收入 5 800 亿元,成为国民经济第一支柱产业。信息产业的增加值占全国 GDP 的 4%,电子产品出口额约占全国出口总额的 1/5,信息产业对国民经济的贡献率显著提高。

③信息技术的广泛兼容和深度渗透推动了管理扁平化和社会信息化。

④信息技术推动了经济全球化的发展,进一步加快了世界各国社会经济的发展。

3)信息产业

(1)信息产业的概念

信息技术孕育和催生了许多新兴产业,特别是"信息产业"(Information Technology Industry)。信息产业是指生产制造信息设备,以及利用这些设备进行信息采集、存储、传递、处理、制作和服务的所有行业与部门的综合。又称为 IT 产业或者又称为第四产业。

(2)信息产业的分类

①信息技术产业(包含芯片、计算机、手机、通信设备、数字电视、软件、电子器件等方面的相关产业)。

②信息内容产业(包含内容数字化、数字文化、教育科技、知识产业、数字娱乐、电子游戏

等方面的相关产业)。

③信息服务产业(包含电子政务、商务、金融、物流、教育、医疗、社区、认证、娱乐、游戏等方面的相关产业)。

④信息基础设施(包含电信网络、广播电视网络、互联网络等)。

(3)信息产业的特点

①信息产业是战略性先导产业。信息资源已成为第一战略资源,因而信息产业也就处于最突出的战略地位。

②信息产业是高渗透型、高增值型产业。信息产业具有极强的辐射性,可以渗透到社会生活的各个领域。

③信息产业也是智力密集型产业。

(4)我国信息产业发展

2007年10月,党的十七大报告中明确指出:“发展现代产业体系,大力推进信息化与工业化融合,促进工业由大变强,振兴装备制造业,淘汰落后生产能力。”

在中国经济形势最为复杂的2010年,中国政府提出在转变经济增长方式、发展新兴产业、扩大内需过程中,信息产业将发挥举足轻重的作用。物联网、三网融合、3G被明确提及。而仅物联网一项,就将带来难以估量的巨大空间。与人们的普遍感知相反,物联网并不是一个遥不可及、不可触摸的概念,它已经悄无声息地潜入到日常生活中:当我们在超市消费结账时,会享受到射频识别(RFID)服务,这是物联网;当我们使用汽车导航仪时,会享受到全球定位系统的服务,这也是物联网。简单来说,物联网就是一个“物物相联”的互联网,相比于“人人相联”的互联网,物联网也将呈几何级数的增长。物联网还有着长长的产业链,云计算、三网融合和北斗系统这些技术均可纳入物联网的范畴。

但是我国信息产业的发展还存在着巨大的问题。

①核心技术、关键设备和元器件受制于人。

②产业结构亟须优化。

③信息技术应用水平不高。

④体制机制有待完善。

1.3.2　信息社会

1)信息社会的概念

信息社会也称为信息化社会,是脱离工业化社会以后,信息起主要作用的社会。

在农业社会和工业社会中,物质和能量是主要资源,而在信息社会中,信息成为比物质和能量更为重要的资源,以开发和利用信息资源为目的的信息经济活动迅速发展,逐步取代工业生产活动而成为国民经济活动的主要内容。

2)信息社会的特征

①信息化。信息的生产成为主要的生产形式,信息成了创造财富的主要资源。

②电子化。光电和网络代替工业时代的机械化生产。

③网络化。网络化是信息发展的必然结果。

④全球化。信息技术正在取消时间和距离的概念,信息技术及其发展大大加速了全球化的进程。

⑤虚拟化。虚拟技术将人们带入到一个“身临其境”的数字化世界。

3)信息社会的发展

①信息产业的二次浪潮信息高速公路。19世纪,克林顿政府提出“信息高速公路”的国家振兴战略,大力发展互联网,推动了全球信息产业的革命,美国经济也受惠于这一战略,并在20世纪90年代中后期享受了历史上罕见的长时间的繁荣,推动了世界经济的发展。

②信息产业的三次浪潮智慧地球。互联网+物联网=智慧地球。

“物联网”(Internet of Things),指的是将各种信息传感设备,如射频识别(Radio Frequency Identification,RFID)装置,又称电子标签(感应式电子晶片),红外感应器、全球定位系统、激光扫描器等种种装置与互联网结合起来而形成的一个巨大网络。其目的是让所有的物品都与网络连接在一起,方便识别和管理。

4)信息社会的问题

①信息污染。主要表现为信息虚假、信息垃圾、信息干扰、信息无序、信息缺损、信息过时、信息冗余、信息误导、信息泛滥、信息不健康等。信息污染是一种社会现象,它像环境污染一样应当引起人们的高度重视。

②信息犯罪。主要表现为黑客攻击、网上“黄赌毒”、网上诈骗、窃取信息等。

③信息侵权。主要是指知识产权侵权,还包括侵犯个人隐私权。

④计算机病毒。它是具有破坏性的程序,通过拷贝、网络传输潜伏于计算机的存储器中,时机成熟时发作。发作时,轻者消耗计算机资源,使效率降低;重者破坏数据、软件系统,有的甚至破坏计算机硬件或使网络瘫痪。

⑤信息侵略。信息强势国家通过信息垄断和大肆宣扬自己的价值观,用自己的文化和生活方式影响其他国家。

5)信息社会发展趋势

①新型的生产力与生产关系。

②新的社会组织管理结构。

③新型的社会生产方式。

④新兴产业的兴起与产业结构演进。

⑤数字化的生产工具普及和应用。

⑥新型就业形态与就业结构的出现。

⑦产生了新的交易方式。

⑧城市化呈现新特点。

⑨数字化生活方式的形成。

⑩产生了新战争形态。

6)信息社会的影响

①信息化促进产业结构的调整、转换和升级。

②信息化成为推动经济增长的重要手段。

③信息化引起生活方式和社会结构的变化。

1.4　计算机及信息技术的应用

1.4.1　计算机的应用

1)科学计算领域

从1946年计算机诞生到20世纪60年代期间,大约十多年的时间中,计算机的应用主要是以自然科学为基础、以解决重大科研和工程问题为目标,进行大量复杂的数值运算,以帮助人们从烦琐的人工计算中解脱出来。主要应用包括天气预报、卫星发射、弹道轨迹计算、核能开发利用等。

2)信息管理领域

信息管理是指利用计算机对大量数据进行采集、分类、加工、存储、检索和统计等。从20世纪60年代中期开始,计算机在数据处理方面的应用得到了迅猛的发展。主要应用包括企业管理、物资管理、财务管理、人事管理等。

3)自动控制领域

自动控制是指由计算机控制各种自动装置、自动仪表、自动加工设备的工作过程。根据应用又可分为实时控制和过程控制。主要应用包括工业生产过程中的自动化控制、卫星飞行方向控制等。

4)计算机辅助系统领域

各种使用的计算机辅助系统介绍如下:

①CAD(Computer Aided Design)即计算机辅助设计。广泛用于电路设计、机械零部件设计、建筑工程设计和服装设计等。

②CAM(Computer Aided Manufacture)即计算机辅助制造。广泛用于利用计算机技术通过专门的数字控制机床和其他数字设备,自动完成产品的加工、装配、检测和包装等制造过程。

③CAI(Computer Aided Instruction)即计算机辅助教学。广泛用于利用计算机技术,包括多媒体技术或者其他设备辅助教学过程。

④还有其他计算机辅助系统:CAT(Computer Aided Test)计算机辅助测试、CASE(Computer Aided Software Engineering)计算机辅助软件工程等。

5)人工智能领域

人工智能(Artificial Intelligence,AI)是利用计算机模拟人类的某些智能行为。比如感知、学习、理解等方面。其研究领域包括模式识别、自然语言处理、模糊处理、神经网络、机器人等。

6)电子商务领域

电子商务(Electronic Commerce,EC)是指通过使用互联网等电子工具(这些工具包括电报、电话、广播、电视、传真、计算机、计算机网络、移动通信等)在全球范围内进行的商务贸易活动。人们不再面对面地看着实物,靠纸等单据或者现金进行买卖交易,而是通过网络浏览商品、完善的物流配送系统和方便安全的网络在线支付系统进行交易。

1.4.2　信息技术的应用

1)计算机硬件和软件

计算机硬件:人工心脏、无人驾驶飞机、机器人吸尘器等。

计算机软件:指纹门禁系统、中医专家系统等。

2)网络和通信技术

网络和通信技术主要应用于:无线医护、掌上电脑(PDA)、远程医疗等。

习　题

1.单选题

(1)世界上第一台计算机是在(　　)国发明的。

A.德　B.英　C.美　D.法

(2)第一台电子计算机的名字是(　　)。

A.ENIAC　B.EDVAC　C.EDIAC　D.ENIACC

(3)目前,制造计算机所使用的电子元件是(　　)。

A.大规模集成电路　B.晶体管

C.集成电路　D.大规模或超大规模集成电路

(4)第二代电子计算机的主要元件是(　　)。

A.电子管　B.晶体管　C.集成电路　D.大规模集成电路

(5)电子计算机主要是以(　　)为标志来划分发展阶段的。

A.电子元件　B.电子管　C.晶体管　D.集成电路

(6)个人计算机属于(　　)。

A.小型计算机　B.中型计算机　C.微型计算机　D.小巨型计算机

(7)微型计算机属于(　　)计算机。

A.第一代　B.第二代　C.第三代　D.第四代

(8)计算机硬件的基本结构思想是由(　　)提出来的。

A.布尔　B.冯·诺依曼　C.图灵　D.卡诺

(9)信息技术的特点中,不包括(　　)。

A.多媒体　B.虚拟化　C.智能化　D.社会化

(10)计算机能够自动地按照人们的意图进行工作的最基本思想是(　　)。

A.采用逻辑器件　B.程序存储

C.识别控制代码　D.总线结构

(11)利用计算机在财务、销售和银行存贷款业务的管理,是属于计算机在(　　)中的应用。

A.科学计算　B.数据处理　C.自动化控制　D.人工智能

(12)在计算机的辅助系统中,“CAI”是指(　　)。

A.计算机辅助设计　B.计算机辅助测试

C.计算机辅助教学　D.计算机辅助制造

(13)信息化社会的核心基础是(　　)。

A.计算机　B.通信　C.控制　D.Internet

2. 填空题

(1)计算机硬件是由________、________、________、________和________共 5 大部件所组成。

(2)信息技术(________________,简称 IT)。

(3)CAD 的中文名称是____________________。

(4)著名数学家约翰·冯·诺依曼提出了电子计算机________和程序控制的计算机基本工作原理。

3. 判断题

(1)世界上第一台电子计算机 ENIAC 首次实现了“存储程序”方案。 ( )

(2)按照计算机的规模,人们把计算机的发展过程分为四个时代。 ( )

(3)微型计算机最早出现于第三代计算机中。 ( )

(4)冯·诺依曼提出的计算机体系结构奠定了现代计算机的结构理论基础。 ( )

(5)目前计算机应用最广泛的领域是科学技术与工程计算。 ( )

(6)世界上第一台电子数字计算机采用的主要逻辑部件是晶体管。

4. 简答题

(1)简述计算机的设计原理。

(2)信息技术的特点是什么?

(3)计算机的特点主要有哪些?

(4)简述计算机的发展情况。

(5)简述计算机的应用领域。

第 2 章

数据编码与汉字输入法

人类用文字、图表、数字表达来记录着世界上各种各样的信息，便于人们用来处理和交流。现在可以把这些信息都输入到计算机中，由计算机来保存和处理，这就要求确定信息在计算机内部的表示方式。并将信息传送给计算机进行处理，这就要求能完成从外部信息到计算机内部信息的转换。因此，理解计算机中信息表示与存储的内部形式是必要的。在前一章中提到，当代冯·诺依曼型计算机都使用二进制来表示数据，为了进一步学习和加深对计算机工作过程的理解，很有必要了解数据编码和数制的基本概念。而且为了方便中国人使用计算机，Windows 系列操作系统、包括软件开发商为用户提供了丰富、多样的汉字输入法。因此，也应该了解汉字输入法在计算机内部的表示。

教学目的：

- 了解计算机中采用二进制的优点
- 了解各种数据在计算机内部的表示
- 了解汉字输入法的分类和使用
- 掌握各种进位制之间的相互转换
- 掌握 ASCII 码表的用法，ASCII 码的特点
- 掌握汉字编码的内码、外码和字型码

2.1 数　制

虽然计算机能极快地进行运算，但其内部并不像人类在实际生活中使用的十进制，而是使用只包含 0 和 1 两个数值的二进制。当然，人们输入计算机的十进制被转换成二进制进行计算，计算后的结果又由二进制转换成十进制，这都由操作系统自动完成，并不需要人们手工去做，学习计算机，就必须了解二进制（包括八进制/十六进制）。

数制就是用一组固定的数字和一套统一的规则来表示数的方法。

按照进位计数的数制成为进位计数制。日常生活中采用的是十进位计数，而在计算机内处理信息采用的是二进位计数。在进位计算的数字系统中，如果用 R 个基本符号（如 0，1，2，…，$R-1$）来表示数字，则称其为 R 进制，R 称为该数制的基数，R^i 称为权（i 为整数，如 3，2，

1,0, -1, -2,…)。

进位计数的编码符合“逢 *R* 进位”的规则。各位的权是以 *R* 为底的幂,一个数可以按照权位展开成多项式,例如,(123.456)10 =1 ×102 +2 ×101 +3 ×100 +4 ×10 -1 +5 ×10 -2 +6 ×10 -3。

计算机中经常用到的进制有二进制、八进制、十进制和十六进制等,它们之间的特点对比见表2.1,数值对比见表2.2。

数制符号表示:二进制 B(binary);八进制 O(octal);十进制 D(decimal);十六进制 H(hexadecimal)。

表2.1　二进制、八进制、十进制和十六进制特点对比

进　制	规　则	基　数	数　符	权
二进制	逢二进一	2	0,1	2^i
八进制	逢八进一	8	0,1,… ,7	8^i
十进制	逢十进一	10	0,1,…,9	10^i
十六进制	逢十六进一	16	0,1,…,9,A,B,C,D,E,F	16^i

表2.2　二进制、八进制、十进制和十六进制数值对比

十进制	二进制	八进制	十六进制
0	0	0	0
1	1	1	1
2	10	2	2
3	11	3	3
4	100	4	4
5	101	5	5
6	110	6	6
7	111	7	7
8	1000	10	8
9	1001	11	9
10	1010	12	A
11	1011	13	B
12	1100	14	C
13	1101	15	D
14	1110	16	E
15	1111	17	F
16	10000	20	10

2.2　数制之间的转换

2.2.1　十进制数转换成 R 进制数

要将十进制数转换为等值的二进制数、八进制数和十六进制数,需要对整数部分和小数部分分别进行转换。

整数部分:连续除以基数 R,直到商为 0 为止,再逆序取各位余数。

小数部分:连续乘基数 R,直到积为整数为止,再顺序取各位整数。

例如:

$(100.6875)_{10} = (1100100.1011)_2$

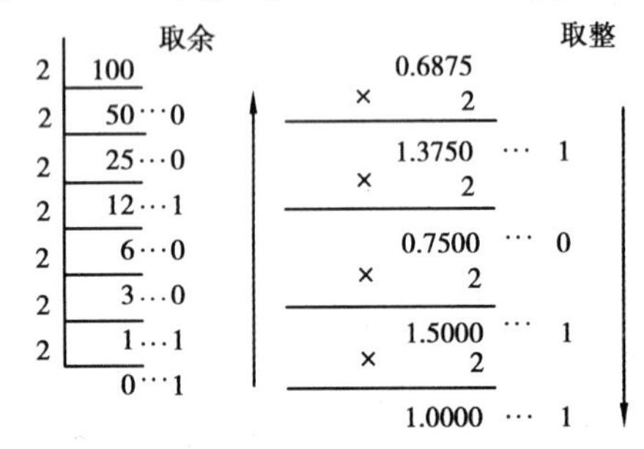

$(100)_{10} = (144)_8 = (64)_{16}$

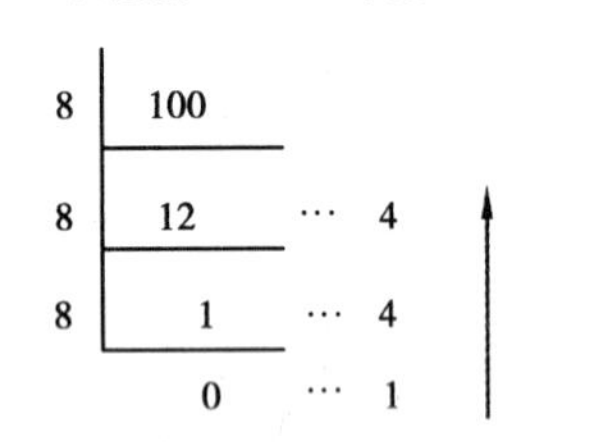

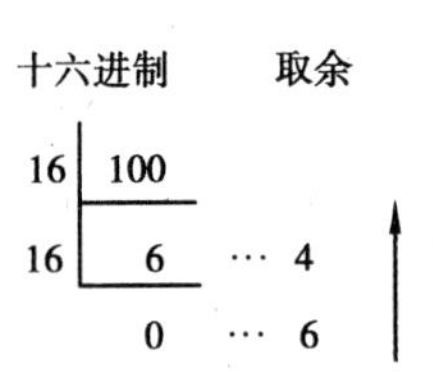

2.2.2　R 进制数转换成十进制数

按权位展开,依次相加。加权公式如:$A = \sum_{i=-m}^{n-1} A^i J^i$,其中 n 为整数位数(最低位为 0 位),m 为小数位数,A^i 为该数 A 的第 i 位数字,J 为进制数,J^i 为该数第 i 位的权。例如:

$(101101)_2 = 1\times2^5 + 0\times2^4 + 1\times2^3 + 1\times2^2 + 0\times2^1 + 1\times2^0 = 45$

$(23.4)_8 = 2\times8^1 + 3\times8^0 + 4\times8^{-1} = 19.5$

$(1D9)_{16} = 1\times16^2 + 11\times16^1 + 9\times16^0 = 441$

2.2.3　二进制数与八进制数、十六进制数之间的转换

二进制数、八进制数和十六进制数之间的相互转换很有实用价值。由于这 3 种进制的权之间有内在的联系,即 $2^3 = 8, 2^4 = 16$,因而它们之间的转换比较容易,即每位八进制数相当于

3 位二进制数，每位十六进制数相当于 4 位二进制数。

在转换时，位组划分是以小数点为中心向左右两边进行的，中间的 0 不能省略，两头不足时可以补 0。例如：

$(11010.110101)_2 = (\underline{011}\ \underline{010}.\underline{110}\ \underline{101})_2 = (32.65)_8$

$(11010.110101)_2 = (\underline{0001}\ \underline{1010}.\underline{1101}\ \underline{0100})_2 = (1A.D4)_{16}$

$(32)_8 = (\underline{011}\ \underline{010})_2 = (11010)_2$

$(1A)_{16} = (\underline{0001}\ \underline{1010})_2 = (11010)_2$

如果要将八进制数转换成等值的十六进制数，可以先将八进制数转换成二进制数，再把二进制数转换成十六进制数，反之亦然。例如，$(32)_8 = (11010)_2 = (1A)_{16}$

有时，为了表示方便，常用字母 B，O，D 和 H 分别来表示二进制、八进制、十进制和十六进制数。如，$(10011)_2$ 可表示为 10011B，$(9A)_{16}$可表示为 9AH。

2.3　计算机中数据的表示

在计算机内部，所有的信息(包括数据和指令)都采用二进制编码来表示，而二进制描述的计算机存储单位是位。现在我们来看一下计算机中信息表示的单位。

(1)位(bit)

位是二进制数位的缩写，在计算机中 bit 指二进制的一个位数，简称 b。以 0 和 1 来表示。位是计算机信息的最小存储单位。

(2)字节(Byte)

字节是由若干个二进制位的组成，简称 B。一个字节通常由 8 个二进制位组成，即 1 Byte = 8 bit。字节是在信息技术和数码技术中用于表示信息的基本存储单位。

由于字节这个单位比较小，因此常用的信息组织和存储容量单位实际上是 KB、MB、GB、TB 等，它们之间以 1 024 为进制单位。

- 1 KB = 2^{10}B = 1 024 B
- 1 MB = 2^{20}B = 1 024 KB
- 1 GB = 2^{30}B = 1 024 MB
- 1 TB = 2^{40}B = 1 024 GB

(3)字(Word)

字是其用来一次性处理事务的一个固定长度的位(bit)组，是计算机存储、传输、处理数据的信息单位。字是计算机进行信息交换、处理、存储的基本单元。字是由若干个字节组合。1 Word = n Byte。

(4)字长

在同一时间中处理二进制数的位数称为字长。例如，CPU 和内存之间的数据传送单位通常是一个字长；还有内存中用于指明一个存储位置的地址也经常是以字长为单位的。通常称处理字长为 8 位数据的 CPU 叫 8 位 CPU，32 位 CPU 就是在同一时间内处理字长为 32 位的二进制数据。现代计算机的字长通常为 16，32，64 位。

2.3.1 数值数据在计算机内的表示

数值数据有正有负,在计算机中表示一个数值数据时,总是用最高位表示数值的符号,其中“0”表示正,“1”表示负,其他各位表示数的大小。在计算机中,小数点位置固定的数称为定点数。通常,计算机中的定点数有两种:定点整数和定点小数。

在讲述上述两个内容之前不得不先引入两个非常重要的概念:原码和补码。

①原码。原码是一种计算机中对数字的二进制定点表示方法。原码表示法在数值前面增加了一位符号位(即最高位为符号位):正数该位为0,负数该位为1(0有两种表示:+0和-0),其余位表示数值的大小。

例如,用8位二进制表示一个数,+11的原码为00001011,-11的原码就是10001011。

原码不能直接参加运算,可能会出错。例如数学上,1+(-1)=0,而在二进制中00000010+10000010=10000100,换算成十进制为-4。显然出错了。出错的原因是符号位也直接参与了计算。为了解决这个问题,在计算机中提出了补码表示数据的方式。

②补码。在计算机系统中,数值数据一律用补码来表示(存储)。主要原因:使用补码,可以将符号位和其他位统一处理;同时,减法也可按加法来处理。另外,两个用补码表示的数相加时,如果最高位(符号位)有进位,则进位被舍弃。另外,补码与原码的转换过程几乎是相同的。

正数的补码与原码相同。

例如:+10的补码是00001010。

负数的补码等于其原码的符号位不变,数值部分的各位取反,然后整个数加1。

例如:求-10的补码。

-10的原码(10001010)→符号位不变,按位取反(11110101)→整个数加1(11110110)。

1)定点整数

定点整数的小数点默认为在二进制数最后一位的后面。在计算机中,正整数是以原码(即二进制代码本身)的形式存储的,负整数则是以补码的形式存储的。

假设用8个二进制(一个字节)来存储整数,则将0符号化后用原码表示为:

+0=00000000　　　　-0=10000000

可见,二者并不一致。因此,必须想办法使0的表示方法唯一。

对负整数求补码,如:

-0→10000000(原码)→11111111(反码)→11111111+1→00000000(补码)

正整数的补码与原码相同。

采用补码表示整数的另一个好处是运算时不需要单独处理符号位,符号位可以像数值一样参与运算。如:求10-5=?

$[10]_{补}=00001010$　　　　$[-5]_{补}=11111011$

$[10]_{补}+[-5]_{补}=00001010+11111011=00000101$(最高进位甩掉)

补码运算的结果仍为补码,再将补码转换回原码,即可得到运算的结果,如上例的运算结果为5(因为结果为正数,故补码就是原码)。如果运算结果为负数,可以用减1再取反(符号位不变)的逆过程求出原码。如:求5-10=?

$[5]_{补}=00000101$　　　　$[-10]_{补}=11110110$

$[5]_{补}+[-10]_{补}=00000101+11110110=11111011$

将11111011减1再将除符号位外的其他位取反,可得原码为10000101,即-5。

2)定点小数

定点小数的小数点默认为在二进制数的最高位(即符号位)后面。在计算机中,既有整数部分又有小数部分的数称为浮点数。浮点数分为单精度(32位)、双精度(64位)和扩展精度(80位)3种。

浮点数采用尾数和阶码的形式存储,即阶码符号、阶码、尾数符号和尾数分别存储在单独的位置,阶码的位数决定了这个数的大小,尾数的位数决定了这个数的精度。

阶码符号	阶码	尾数符号	尾数

例如,一个十进制浮点数为6.375,转换成二进制数为110.011,写成二进制的指数形式为$0.110011\times 2^{+11}$(注意,这里的阶码11为二进制数),存储在计算机中的形式如下:

0	11	0	110011

浮点数的运算比较复杂,为了提高运算速度,在计算机硬件中一般都专门设有浮点运算部件。

2.3.2　字符数据在计算机中的表示

计算机中的非数值信息也采用0和1两个符号的编码来表示。

目前,微型计算机中普遍采用的英文字符编码是ASCII码(American Standard Code for Information Interchange,美国国家标准信息交换码)。它采用一个字节来表示一个字符,在这个字节中,最高位为0(零),低7位为字符编码,00000000~01111111(0~127)共代表了128个字符,见表2.3。

表2.3　标准7位ASCII码字符集

字符	十进制	十六进制	字符	十进制	十六进制	字符	十进制	十六进制	字符	十进制	十六进制
NUL	0	0	LF	10	a	DC4	20	14	RS	30	1E
SOH	1	1	VT	11	b	NAK	21	15	US	31	1F
STX	2	2	FF	12	c	SYN	22	16	(sp)	32	20
ETX	3	3	CR	13	d	ETB	23	17	!	33	21
EOT	4	4	GO	14	e	CAN	24	18	"	34	22
ENQ	5	5	SI	15	f	EM	25	19	#	35	23
ACK	6	6	DLE	16	10	SUB	26	1A	$	36	24
BEL	7	7	DCL	17	11	ESC	27	1B	%	37	25
BS	8	8	DC2	18	12	FS	28	1C	&	38	26
BT	9	9	DC3	19	13	GS	29	1D	′	39	27

续表

字符	十进制	十六进制	字符	十进制	十六进制	字符	十进制	十六进制	字符	十进制	十六进制
(	40	28	>	62	3E	T	84	54	j	106	6A
)	41	29	?	63	3F	U	85	55	k	107	6B
*	42	2A	@	64	40	V	86	56	l	108	6C
+	43	2B	A	65	41	W	87	57	m	109	6D
,	44	2C	B	66	42	X	88	58	n	110	6E
-	45	2D	C	67	43	Y	89	59	o	111	6F
.	46	2E	D	68	44	Z	90	5A	p	112	70
/	47	2F	E	69	45	[	91	5B	q	113	71
0	48	30	F	70	46	\	92	5C	r	114	72
1	49	31	G	71	47	]	93	5D	s	115	73
2	50	32	H	72	48	^	94	5E	t	116	74
3	51	33	I	73	49	_	95	5F	u	117	75
4	52	34	J	74	4A	`	96	60	v	118	76
5	53	35	K	75	4B	a	97	61	w	119	77
6	54	36	L	76	4C	b	98	62	x	120	78
7	55	37	M	77	4D	c	99	63	y	121	79
8	56	38	N	78	4E	d	100	64	z	122	7A
9	57	39	O	79	4F	e	101	65	{	123	7B
:	58	3A	P	80	50	f	102	66	|	124	7C
;	59	3B	Q	81	51	g	103	67	}	125	7D
<	60	3C	R	82	52	i	105	69	~	126	7E
=	61	3D	S	83	53	h	104	68	DEL	127	7F

在这 128 个 ASCII 码字符中,编码 0 ~ 31 是 32 个不可打印和显示的控制字符,其余 96 个编码则对应着键盘上的字符。除编码 32 和 128 这两个字符不能显示出来之外,另外 94 个字符均为可以显示的字符。从表 2.3 中可以看出以下规律:

①数字 0 的 ASCII 码是 48 D 或 30 H;大写字母 A 的 ASCII 码是 65 D 或 41 H;小写字母 a 的 ASCII 码是 97D 或 61 H。

②数字 0 ~ 9、大写字母 A ~ Z、小写字母 a ~ z 的 ASCII 码值是连续的。因此,如果知道了数字 0、大写字母 A 和小写字母 a 的 ASCII 码值,就可以推算出所有数字和字母的 ASCII 码值。例如,A 的 ASCII 码为 1000001,对应的十进制数是 65,由 A ~ Z 编码连续可以推算出字母 D 的 ASCII 码是 68(十进制数)。

③数字 0 ~ 9 的 ASCII 码值小于所有字母的 ASCII 码值；大写字母的 ASCII 码值小于小写字母的 ASCII 码值；大写字母与其对应的小写字母之间的 ASCII 码值之差正好是十进制数 32。

2.3.3　中文字符在计算机中的表示

汉字符号比西文符号复杂得多，所以汉字符号的编码也比西文符号的编码复杂得多。首先，汉字符号的数量远远多于西文符号，汉字有几万个字符，就是国家标准局公布的常用汉字也有 6 763 个（常用的一级汉字 3 755 个，二级汉字 3 008 个）。一个字节只能编码 $2^8=256$ 个符号，用一个字节给汉字编码显然是不够的，所以汉字的编码用了两个字节。其次，这么多的汉字编码让人很难记忆。为了使用户方便迅速地输入汉字字符，人们根据汉字的字形或者发音设计了很多种输入编码方案，来帮助人们记忆汉字的编码。为了在不同的汉字信息处理系统之间进行汉字信息的交换，国家专门制定了汉字交换码，又称国标码，国标码在计算机内部存储时所采用的统一表达方式被称为汉字内码。无论是用哪一种输入编码方法输入的汉字，都将转换为汉字内码存储在计算机内。

综上所述，汉字的编码有 3 类：输入编码、内部码和字形码。这 3 类汉字编码之间的关系如图 2.1 所示。

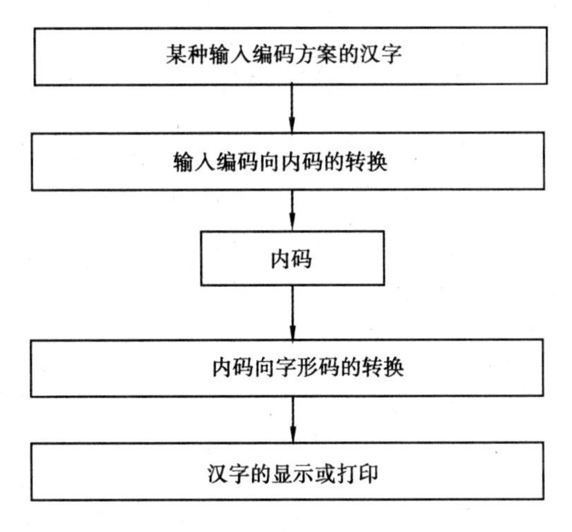

图 2.1　各汉字编码之间的关系

1）输入码

汉字的输入方式目前仍然是以键盘输入为主，而且是采用西文的计算机标准键盘来输入汉字，因此汉字的输入码就是一种用计算机标准键盘按键的不同组合输入汉字而编制的编码。人们希望能找到一种好学、易记、重码率低并且快速简捷的输入编码法。目前已经有几百种汉字输入编码方案，在这些编码方案中一般大致可以分为 3 类：数字编码、拼音码和字形编码。

（1）数字编码

数字编码就是用数字串代表一个汉字的输入，常用的是国标区位码。例如，“中”字位于第 54 区 48 位，区位码为 5448。数字编码输入的优点是无重码，而且输入码和内部编码的转换比较方便，但是每个编码都是等长的数字串，难以记忆，因此目前较少使用。

（2）拼音码

拼音码是以汉语读音为基础的输入法。由于汉字同音字太多，输入重码率较高，因此，按拼音输入后还必须进行同音字选择，影响了输入速度。目前大部分的汉字输入都采用这种输入方式,比较常用的输入法有:谷歌拼音输入法、搜狗拼音输入法等,如图2.2所示。

Google 谷歌 拼音输入法

图2.2 谷歌拼音输入法和搜狗拼音输入法

(3)字形编码

字形编码是以汉字的形状确定的编码。汉字总数虽多,但都是由一笔一画组成的,全部汉字的部首和笔画是有限的。因此,把汉字的笔画部首用字母或数字进行编码,按笔画书写的顺序依次输入,就能表示一个汉字。五笔字型编码是最有影响的字形编码方法,比较常用的输入法有:万能五笔输入法、王码五笔型输入法、陈桥五笔输入法和极品五笔输入法等。

2)内部码

世界各大计算机公司一般均以ASCII码为内部码来设计计算机系统。汉字数量多,用一个字节无法区分,一般用两个字节来存放汉字机内码。汉字机内码又称内码,对于汉字存储和处理来说,汉字较多,要用两个字节来存放汉字的机内码。为了避免与高位为0的ASCII码相混淆,根据GB 3212—80的规定,每字节最高位为1,这样内码和外码就有了简单的对应关系,同时也解决了中、英文信息的兼容处理问题。例如,以汉字"啊"为例,其国标码为3021(H),机内码为B0A1(H)。

3)字形码

把汉字写在划分成m行n列小方格的网络方格中,该方阵称当$m \times n$点阵。每个小方格是一个点,有笔画部分是黑点,文字的背景部分是白点,点阵中的黑点就描绘出汉字字形,称为汉字点阵字形(见图2.3(a))。用1表示黑点,0表示白点,按照自上而下、从左至右的顺序排列起来,就把字形转换成了一串二进制的数字(见图2.3(b))。这就是点阵汉字字形的数字化,即汉字字形码。字形码也称为字模码,它是汉字的输出形式,根据输出汉字的要求不同,点阵的多少也不同。常用的汉字点阵方案有16×16点阵、24×24点阵、32×32点阵和48×48点阵等。以16×16点阵为例,每个汉字要占用32个字节,两级常用汉字大约占用256 KB。一个汉字信息系统具有的所有汉字字形码的集合就构成了该系统的字库。

汉字输出时经常要使用汉字的点阵字形,因此,把各个汉字的字形码以汉字库的形式存储起来。但是汉字的点阵字形的缺点是放大后会出现锯齿现象,很不美观,而且汉字字形点阵所占用的存储空间比较大,要解决这个问题,一般采用压缩技术,其中矢量轮廓字形法压缩比大,能保证字符质量,是当今最流行的一种方法。矢量轮廓先定义加上一些指示横宽、竖宽、基点和基线等控制信息,就构成了字符的压缩数据。

轮廓字形方法(见图2.3(c))比点阵字形复杂,一个汉字中笔画的轮廓可用一组曲线来勾画,它采用数学方法来描述每个汉字的轮廓曲线。中文Windows操作系统下广泛采用的TrueType字形库就是采用轮廓字形法。这种方法的优点是字形精度高,且可以任意放大或缩小而不产生锯齿现象。

4)其他汉字编码

(1)GBK码

GBK码是中国制定的新的中文编码扩展国家标准。该编码标准兼容GB 2312—1980,共收录汉字21 003个,符号883个,并提供1 894个造字码位,将简、繁体字融于一库。

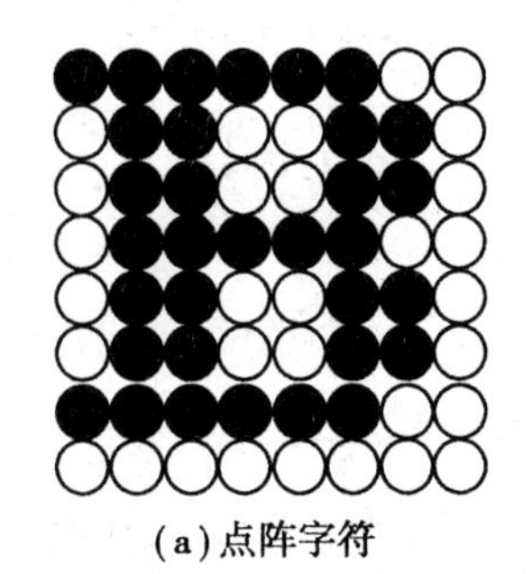

(a)点阵字符

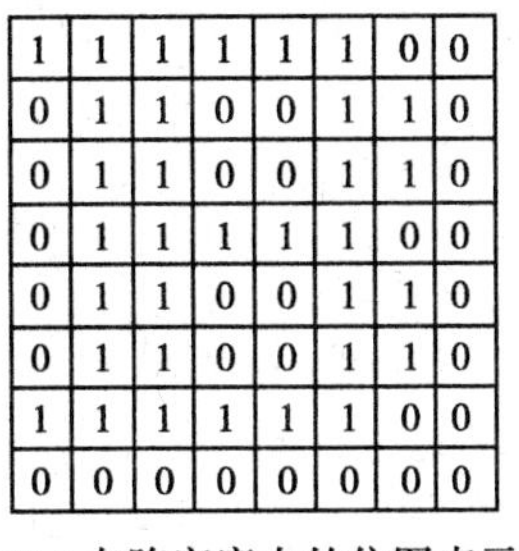

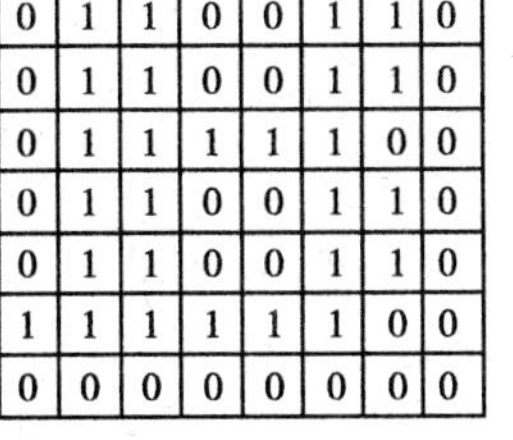

(b)点阵字库中的位图表示

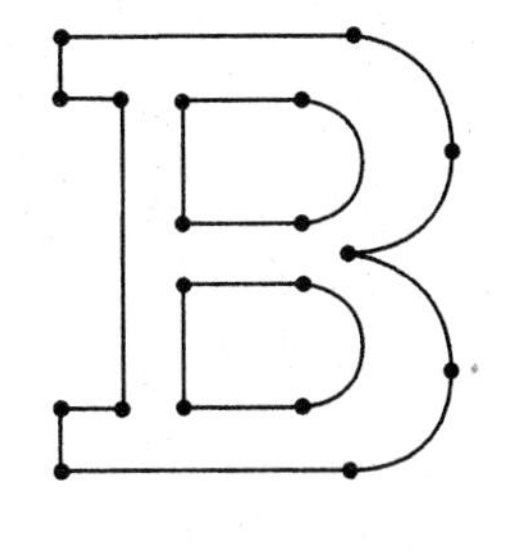

(c)矢量轮廓字符

图 2.3　汉字字形码的表示方法

(2)BIG5 码

BIG5 码包含 420 个图形符号和 13 070 个汉字,但不包括简化汉字。

(3)Unicode 码

Unicode 码是统一编码组织于 20 世纪 90 年代制定的一种 16 位字符编码标准,它以两个字节表示一个字符,世界上几乎所有的书面语言都可以用这种编码来唯一表示,其中也包括中文。目前,Unicode 码已经成为信息编码的一个国际标准,在它的 65 536 个可能的编码中,对 39 000 个编码已经作了规定,其中 21 000 个编码用于表示汉字。Microsoft Office 就是一个基于 Unicode 文字编码标准的软件,无论使用何种语言编写的文档,只要操作系统支持该语言的字符,Office 都能正确识别和显示文档内容。

2.4　汉字输入法

2.4.1　汉字输入法概述

最早的汉字输入法,一般认为是从 20 世纪 70 年代末期或者 80 年代初期有了个人电脑 PC 开始诞生的,虽然更早有电报码,用 0 ~ 9 等十个数字中的四位组合构成每一个汉字,便于邮电局发送电报之用,但通常意义上,人们还是认为从 PC 计算机上开始的用形码如五笔或者音码,如拼音输入汉字才是输入法广为使用的真正开始。

汉字输入法,主要包括拼音、形码、音形码以及手写、语音录入等方法,广义的输入还包括用于速写记录的速录机等。拼音输入法以智能 ABC、中文之星新拼音、微软拼音、拼音之星、紫光拼音、拼音加加、智能狂拼和谷歌拼音等为代表,形码广泛使用者有五笔字型等,音形码有自然码等,手写主要有汉王笔等,语音有 IBM 的 Via Voice 等。电脑终端通常以编码方式的拼音和形码输入为主,而掌上终端包括手机、PDA,各种输入方法亦集成于系统中,除了拼音等编码方式,触摸式手写输入也日渐广泛。

26 个英文字母也是我们的拼音文字。这 26 个字母排列整齐,有规律。因此,要将一篇英文资料输入计算机是比较容易的。但要想输入一篇汉字文章就完全不同了,汉字的字形结构复杂,同音字多,随后汉字输入法随之出现了。

一般情况下,Windows 操作系统都带有输入法,在系统装入时就已经安装了一些默认的汉字输入法,例如,微软拼音输入法、智能 ABC 输入法、全拼输入法等。当然,用户可以自己选择添加或者删除输入法,通过 Windows 的控制面板可以实现该功能。具体操作如下:按开始菜单→设置→控制面板→输入法,之后可以看到输入法属性窗口。通过其上的添加、删除按钮,可对列表中已有的输入法删除,同时还可以装入新的输入法;通过属性按钮可对各个输入法进行详细的设定。

汉字(中文)输入法,从 20 世纪 80 年代发展到今天,已有将近 30 年的历史,其中尤其以五笔、拼音发展迅速,特别是进入 21 世纪,具有一定智能程度的拼音输入法,结合了拼音易学、词汇量大、对用户使用设计考虑周详等特点,为广大用户所喜爱,为互联网时代的普及做出了重要贡献。

在输入汉字时要注意的是:键盘处于小写状态时支持汉字的输入。也就是说汉字输入码全部由小写字母组成。

2.4.2 汉字输入法的基本操作

1)汉字输入的选择

(1)选择汉字输入法最直接的方式

单击任务栏上输入法图标,出现输入法菜单后,单击其中输入法菜单项即可,如图 2.4 所示。

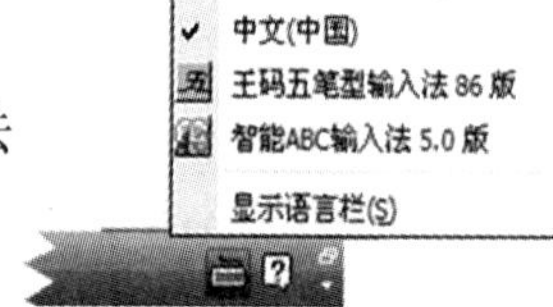

图 2.4

(2)通过键盘进行快速选择汉字输入法

① <Ctrl> + <Shift>:输入法循环切换键(每按一次,变换一种输入法)。

② <Ctrl> + <空格>:中/英文输入法切换键。

> **注意**
>
> 在 Windows 系列操作系统中,汉字输入状态和应用程序是关联的。例如,当用户在桌面状态下选择了拼音输入方式,若转到画图、写字板或其他应用程序,仍需重新选择汉字输入法。

2)输入法提示条

当输入法启动后,屏幕底部会出现输入法提示条。对于该提示条,当用户将光标移至其边界时,光标会变为花十字,用户可以按住左键拖动鼠标改变其位置,如图 2.5 所示。

(1)输入法提示条的组成

输入法提示条的组成如图 2.6 所示。

图 2.5

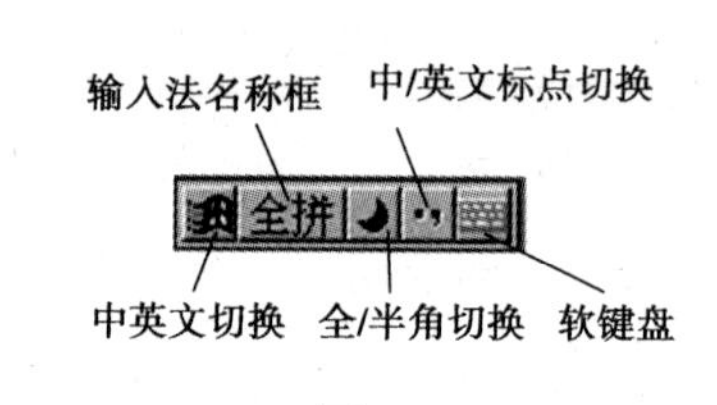

图 2.6

①中英文切换按钮。单击该按钮,将变为“A”,表示进入英文输入方式下,再次单击,则重新切换到中文输入方式,也可按 <Caps Lock> 键(因此,在“A”状态下只能输入大写字母)。

②输入法名称。显示当前输入法名称。

③全/半角切换按钮。用于切换英文字母的全/半角状态。也可利用 < Shift > + < 空格键 > 进行切换。需要说明的是:全角/半角是英文字符的两种内部编码方式。全角字符采用二字节汉字编码,半角字符采用单字节 ASCII 编码。在显示上,半角字符的宽度是全角字符的一半。

④中/英文标点输入状态。单击改变标点输入状态,也可按 < Ctrl > + < . > 键。表 2.4 为中文标点输入状态。

表 2.4　中文标标点输入状态

中文标点	键位	说　明	中文标点	键位	说　明
。句号	.		)右括号	)	
,逗号	,		〈《单双书名号	〈	自动嵌套
;分号	;		〉》单双书名号	〉	自动嵌套
:冒号	:		……省略号	^	双符处理
? 号	?		——破折号	-	双符处理
! 感叹号	!		、顿号	\	
“”双引号	“	自动配对	· 间隔号	@	
‘’单引号	’	自动配对	- 连接号	&	
(左括号	(		¥人民币符号	$	

⑤软键盘。又称为模拟键盘或动态键盘。当单击该按钮时,系统将打开一个模拟键盘,用户可以通过它输入汉字或字符,用法和真键盘完全相同。通常用软键盘输入特殊字符,其方法是:在软键盘上单击右键,选择一种键盘类型,然后即可用键盘输入特殊字符。

注意

输入完特殊字符后,必须将键盘变回“PC 键盘”,否则无法正常输入英文或汉字。

(2)使用输入法帮助

将鼠标箭头移到输入法提示条上,单击鼠标右键出现菜单后选择帮助命令即可,如图 2.7 所示。

3)编码输入框和文字选择框

当输入汉字编码时,系统将打开编码输入框和文字选择框(或重码选择框),如图 2.8 所示。如果输入错误,可按 < Backspace > 删除。按 < ESC > 清除所有。

4)选择汉字

按汉字前面对应的数字键,或者也可利用鼠标单击该项。若汉字处于第 1 位,可直接按空格键进行选择。

如果重码汉字超过 10 个,可翻页选择:

①单击文字选择框中标题条上的

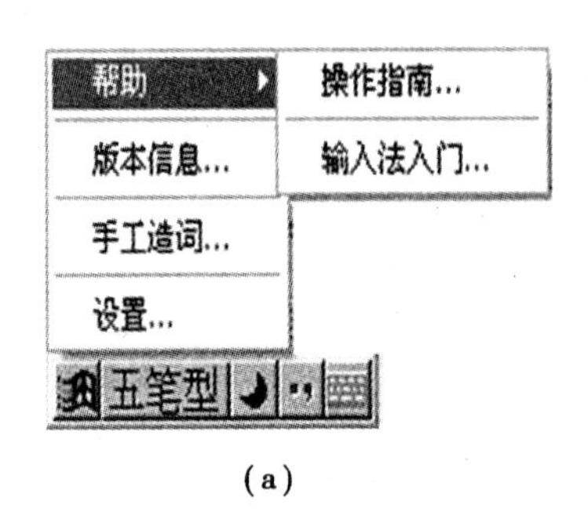

(a)

(b)

图 2.7　使用输入法帮助

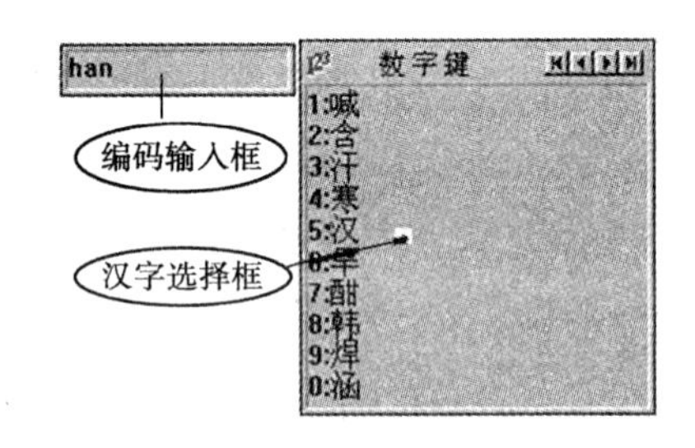

:选择当前编码的第一页;

:选择当前页的上一页;

:选择当前页的下一页;

:选择当前编码的最后一页。

②通过键盘上 < - > 和 < + > 键向前或向后翻页。

注意

(1)许多输入法带有联想功能,所以选择一个汉字后,系统将把与该字有关的词组全部显示出来,供用户可以继续选择。

(2)编码框和文字选择框可以利用鼠标拖动的方法移动位置。将鼠标移至框中,光标变为花十字,然后拖动鼠标即可。

2.4.3　智能 ABC 输入法简介

智能 ABC 输入法和全拼一样也是 Windows 系统自带的一种拼音输入方法,但它是全拼、简拼、混拼、笔形、音形、双打等多种输入方法的集合。其规则同上述的全拼输入法完全一样,不同的是:在按词输入时,词与词之间可用空格或者标点隔开。

1)智能 ABC 输入法的特点

①自动分词和构词。

②自动记忆。

③强制记忆。

④朦胧回忆。

⑤频度调整和记忆。

2)全拼输入

如果对汉语拼音比较熟练,可使用全拼输入法。按规范的汉语拼音输入,输入过程和书写汉语拼音的过程完全一致。按词输入,词与词之间用空格或标点隔开。如果你不会输词,可以一直写下去,超过系统允许的字符个数时,系统将响铃警告。

例如:

wo　xiang　wei　qin'aide　mama　dian　yi　zhi　haotingde　gequ
我　想　为　亲爱的　妈妈　点　一　支　好听的　歌曲

3）**简拼输入**

如果你对汉语拼音把握不甚准确，可以使用简拼输入。取各个音节的第一个字母组成，对于包含 zh、ch、sh（知、吃、诗）的音节，也可以取前两个字母组成。

例如：

汉字	全拼	简拼
计算机	jisuanji	jsj
长城	changcheng	cc，cch，chc，chch

4）**混拼输入**

汉语拼音开放式、全方位的输入方式是混拼输入。两个音节以上的词语，有的音节全拼，有的音节简拼。

例如：

汉字	全拼	混拼
金沙江	jinshajiang	jinsj、jshaj

5）**双打输入**

智能 ABC 输入法为专业录入人员提供了一种快速的双打输入。一个汉字在双打方式下，只需击键两次：奇次为声母，偶次为韵母。有些汉字只有韵母，称为零声母音节：奇次键入“o”字母（o 被定义为零声母），偶次为韵母。虽然击键为两次，但是在屏幕上显示的仍然是一个汉字规范的拼音。

例如：

汉字	全拼	简拼	双打
明枪暗箭	mingqiang'anjian	mq'aj	MQAJ

图 2.9

6）**自动分词和构词**

依照语法规则，把一次输入的拼音字串，划分成若干个简单语段，分别转换成汉字词语的过程，称为自动分词；把这若干个词和词素组合成一个新的词条的过程，称为构词。

例如：要输入“计算机系统”一词，首先输入该词的拼音，如图 2.10 所示。

标准　jsjxt

图 2.10

按空格键，结果如图 2.11 所示。

因为系统中没有“计算机系统”一词，先分出一个“计算机”并等待选择纠正。选择“计算

1.计算机2.九十九3.脚手架4.金沙江
标准 计算机xt

图 2.11

机”一词后出现,如图 2.12 所示结果。

1.系统2.相同3.协调4.形态5.夏天
标准 计算机系统

图 2.12

分词构词过程完成,一个新的词“计算机系统”被存入暂存区。

7) 自动记忆

自动记忆通常用来记忆词库中没有的新词,如人名、地名等。它的特点是自动进行,或者略加人为干预。自动记忆的词都是标准的拼音词,可以和基本词汇库中的词条一样使用。

注意

(1) 允许记忆的标准拼音词最大长度为 9 个字,最大词条容量为 17 000 条。

(2) 刚被记忆的词并不立即存入用户词库中,至少要使用 3 次后,才有资格长期保存。新词栖身于临时记忆栈之中,如果栈“客满”,而当它还不具备长期保存资格的时候,就会被后来者挤出。

(3) 刚被记忆的词具有高于普通词语,但低于最常用词的频度。

(4) 在自动分词过程中,如果结果与用户需要不符,可用“←BACKSPACE”键或“Enter”键进行干预。

8) 强制记忆

强制记忆一般用来定义那些非标准的汉语拼音词语。利用该功能,可以直接把新词加到用户库中。

注意

(1) 强制记忆一个新词,必须输入词条内容和编码两部分。词条的内容,可以是汉字词、词组或短语,也可以由汉字和其他字符组成;编码可以是汉语拼音、外来语原文,或者是使用者所喜欢的任意标记。

(2) 允许定义的非标准词最大长度为 15 个字,输入码最大长度为 9 个字符;最大词条容量为 400 条。

(3) 选菜单“定义新词”项,出现如下定义新词对话框,进入强制记忆过程。

9) 朦胧回忆

这个功能模拟的是人脑的瞬时记忆以及不完整记忆。对于刚刚用过不久的词条,可以使用最简单的办法依据不完整的信息进行回忆,这个过程称为朦胧回忆。朦胧回忆的功能通过“Ctrl” + “ - ” 键来完成。

例如,不久前曾输入:

1 基础教育研究会

2 上海

3 基础科学

4 北京

5 基本粒子

若想再次输入“基础科学”,先键入“j”,如图2.13所示。

图2.13

再按“Ctrl”+“-”,朦胧回忆扩展屏幕显示,如图2.14所示。

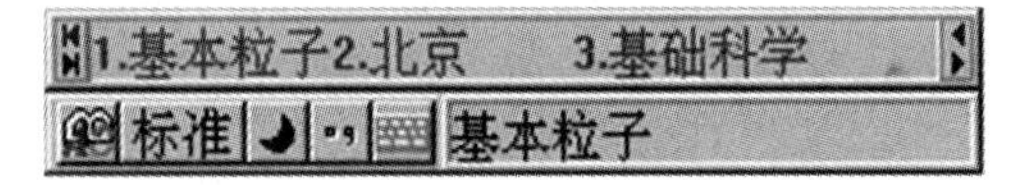

图2.14

10)频度调整和记忆

所谓词的频度,是指一个词使用的频繁程度。智能ABC标准库中的同音词的词序安排,反映了其使用的一般规律。但对于不同使用者来说,可能有较大的偏差。因此,智能ABC设计了词频调整记忆功能。

注意

(1)选中属性设置中的“词频调整”选项后,词频调整就开始自动进行,不需要人为干预。

(2)主要调整默认转换结果,因为系统把具有最高频度值的候选词条作为默认转换结果。

(3)词频调整的词长范围为1~3音节。对单音节词来说,需要使用两次,词频才发生变化。

11)i、I——中文数量词简化输入

智能ABC提供阿拉伯数字和中文大小写数字的转换能力,对一些常用量词也可简化输入。

“i”为输入小写中文数字的前导字符。

“I”为输入大写中文数字的前导字符。

系统还规定数字输入中字母的含义为:

G[个]	S[十,拾]	B[百,佰]	Q[千,仟]
W[万]	E[亿]	Z[兆]	D[第]
N[年]	Y[月]	R[日]	T[吨]
K[克]	$[元]	F[分]	L[里]
M[米]	J[斤]	O[度]	P[磅]
U[微]	I[毫]	A[秒]	C[厘]

X[升]

例如:

“2005 年 5 月 28 日”的输入码为“i2005n5y28r”

“贰零零伍年伍月贰捌日”的输入码为“I2005n5y28r”

“壹贰叁肆伍陆柒捌玖零”的输入码为“I1234567890”

12)v——图形符号输入

输入 GB 2312 字符集 1 ~9 区各种符号,可使用简便方法:在标准状态下,按字母 v + 数字(1 ~9),即可获得该区的符号。

13)v——中文输入过程中的英文输入

在输入拼音的过程中(“标准”或“双打”方式下),如果需要输入英文,可以不必切换到英文方式。键入“v”作为标志符,后面跟随要输入的英文,按空格键即可。

例如:在输入过程中希望输入英文“Windows”,可输入“vWindows”。

习　题

1.单项题

(1)将十进制数 93 转换为二进制数为(　　)。

A.1110111　　B.1110101　　C.1010111　　D.1011101

(2)二进制数 101110 转换为等值的八进制数是(　　)。

A.45　　B.56　　C.67　　D.78

(3)下列数中最小的数是(　　)。

A.$(11011001)_2$　　B.75　　C.$(75)_8$　　D.$(2A7)_{16}$

(4)微型计算机中普遍使用的字符编码是(　　)。

A.BCD 码　　B.拼音码　　C.补码　　D.ASCII 码

(5)下列数中最小的数是(　　)。

A.$(11011001)_2$　　B.75　　C.$(75)_8$　　D.$(2A7)_{16}$

(6)八位无符号二进制整数的最大值对应的十进制数为(　　)。

A.255　　B.256　　C.511　　D.512

(7)数字字符“8”的 ASCII 码的十进制表示为 56,那么数字字符“4”的 ASCII 码的十进制表示为(　　)。

A.51　　B.52　　C.53　　D.60

(8)一个合法的数据只有 0 至 F 之间所有的数值表示,该数据应该是(　　)数据。

A.八进制数　　B.十六进制数　　C.十进制数　　D.二进制数

(9)计算机中数据的表示形式是(　　)。

A.八进制　　B.十进制　　C.二进制　　D.十六进制

(10)下列英文中,可以作为计算机中数据单位的是(　　)。

A.bit　　B.byte　　C.bout　　D.band

(11)在计算机中,(　　)称为一个 MB。

A. 1 000　　B. 1 024　　C. 1 000 K　　D. 1 024 K

(12)在微机中,存储容量为 5 MB,指的是(　　)。

A. 5 ×1 000 ×1 000 个字节　　B. 5 ×1 000 ×1 024 个字节

C. 5 ×1 024 ×1 000 个字节　　D. 5 ×1 024 ×1 024 个字节

(13)400 个 24 ×24 点阵汉字的字形库存储容量是(　　)。

A. 28 800 个字节　　B. 0.236 04 M 个二进制位

C. 0.8 K 个字节　　D. 288 个二进制位

(14)汉字国标码 (GB 2312—80)规定的汉字编码,每个汉字用(　　)。

A. 一个字节表示　　B. 二个字节表示

C. 三个字节表示　　D. 四个字节表示

(15)微处理器处理的数据基本单位为字。一个字的长度通常是(　　)。

A. 16 个二进制位　　B. 32 个二进制位

C. 64 个二进制位　　D. 与微处理器芯片的型号有关

(16)五笔字型输入法属于(　　)。

A. 音码输入法　　B. 形码输入法

C. 音形结合输入法　　D. 联想输入法

2. 填空题

(1)计算机所能辨认的最小信息单位是________。

(2)字符串"大学 COMPUTER 文化基础"(双引号除外),在机器内占用的存储字节数是________。

(3)根据 ASCII 码编码原理,现要对 50 个字符进行编码,至少需要________个二进制位。

(4)存储 32 ×32 点阵的汉字字模需要________ B。

(5)十进制数 183.8125 对应的二进制数是________。

(6)"N"的 ASCII 码为 4EH,由此可推算出 ASCII 码为 01001010B 所对应的字符是________。

(7)二进制数 100110010.11 转换成对应的十六进制数是________。

3. 判断题

(1)汉字输入时所采用的输入码不同,则该汉字的机内码也不同。　(　　)

(2)存储器的基本单位是 Byte,1 kB 等于 1 024 Byte。　(　　)

(3)计算机内部存储信息都是由数字 0 和 1 组成。　(　　)

(4)已知 8 位机器码 10111010,当它是补码时,表示的十进制真值是 -75。　(　　)

(5)负数的"反码"就是该负数"原码"的各位取反。　(　　)

第 3 章 计算机硬件系统

计算机是一个非常有用的工具，学习计算机的重点是掌握基本组成结构、基本操作和使用技巧，但如果想要对计算机有一个比较系统的认识，还需要了解一些有关计算机的硬件系统和软件系统的基础知识。

教学目的：

- 了解计算机的组成部件
- 了解计算机的主要性能指标
- 掌握计算机系统的组成
- 掌握计算机硬件系统的基本概念
- 掌握计算机的基本组成及基本工作原理

3.1 计算机系统的组成

一个完整的计算机系统由硬件和软件两大部分组成。硬件是指构成计算机系统的物理设备，如主板、CPU（Central Processing Unit，中央处理器）、硬盘、光驱、机箱、键盘、显示器和打印机等；软件是指在计算机上运行的各种程序、数据和文档的集合。平时所讲的“计算机”一词，都是指含有硬件和软件的计算机系统。

没有安装任何软件的计算机称为裸机，裸机是无法工作的，必须安装操作系统和其他软件之后才能使用。当然，没有硬件支持的软件也是无法使用的。因此，硬件和软件是相辅相成、密不可分的。

计算机系统的组成如图 3.1 所示。

1）计算机的基本工作原理

冯·诺依曼体系的计算机硬件系统由控制器、运算器、存储器、输入设备和输出设备 5 大部件组成，它们之间通过总线连接起来。

计算机的基本工作原理是存储程序和进行程序控制。预先把指挥计算机如何进行操作的指令序列（称为程序）和原始数据输入到计算机内存中，每一条指令中明确规定了计算机从哪个地址取数，进行什么操作，然后送到什么地方去等步骤。计算机在运行时，先从内存中取出

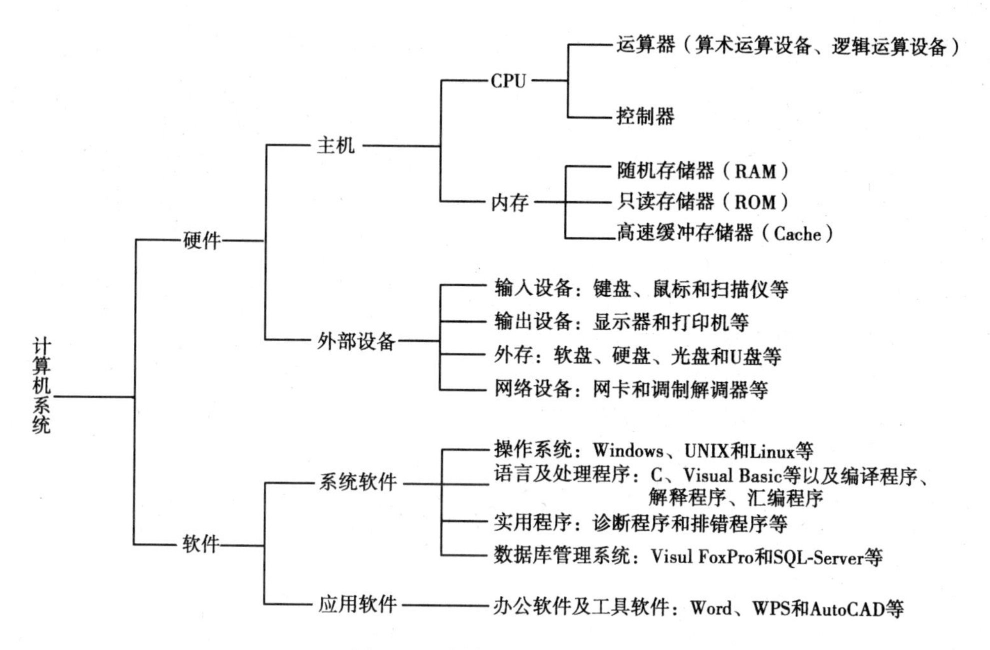

图 3.1　计算机系统的组成

第 1 条指令，通过控制器的译码器接受指令的要求，再从存储器中取出数据进行指定的运算和逻辑操作等，然后再按地址把结果送到内存中去。接下来，取出第 2 条指令，在控制器的指挥下完成规定操作，依此进行下去，直到遇到停止指令。计算机硬件系统的工作流程如图 3.2 所示。CPU 由控制器和运算器构成，主机由控制器、运算器和内存储器构成。

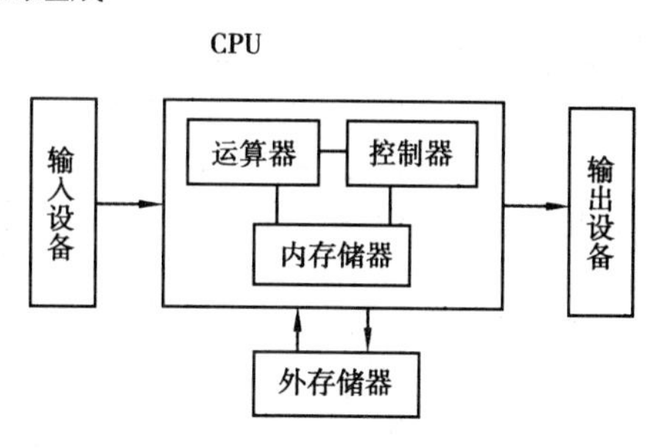

图 3.2　计算机硬件系统的工作流程

程序与数据一样存储。按照程序编排的顺序，一步一步地取出命令，自动地完成指令规定的操作是计算机最基本的工作原理。这一原理最初是由美籍匈牙利数学家冯·诺依曼于 1946 年提出来的，故称为冯·诺依曼原理。虽然现在的计算机系统从性能指标、运算速度、工作方式、应用领域和价格等方面与当时的计算机有很大差别，但基本结构没有变。

2）计算机的主要技术指标和性能评价

（1）计算机的主要技术指标

①字长。字长是指 CPU 能够同时处理的比特(bit)数量。它影响计算机的计算精度、功能和速度。字长越长，计算机精度就越高。常用计算机的字长主要有:8,16,32,64 bit。

②主频。主频是 CPU 的时钟频率(CPU clock speed)，是 CPU 内核电路的实际运算频率。一般称为 CPU 运算时的工作频率，简称主频。

③运算速度。运算速度一般以计算机每秒执行加法运算的次数来表示，单位是 MIPS(每秒百万条指令)。

④内存容量。内存容量是指该内存条的储容量，是内存条的关键性参数。它以 kB、MB、GB 为单位，反映了内存储器存储数据的能力。

⑤存取周期。存取周期是指对内存进行一次读/写(取数据/存数据)访问操作所需的时间。

(2)计算机的性能评价

对计算机的性能进行评价,除了参考主要技术指标外,还应该考虑系统的兼容性、系统的可靠性和可维护性、外设配置、软件配置、性能价格比等方面。

3.2 计算机硬件系统

冯·诺依曼提出的计算机“存储程序”工作原理决定了计算机硬件系统由5大部分组成:运算器、控制器、存储器、输入设备和输出设备,如图3.3所示。

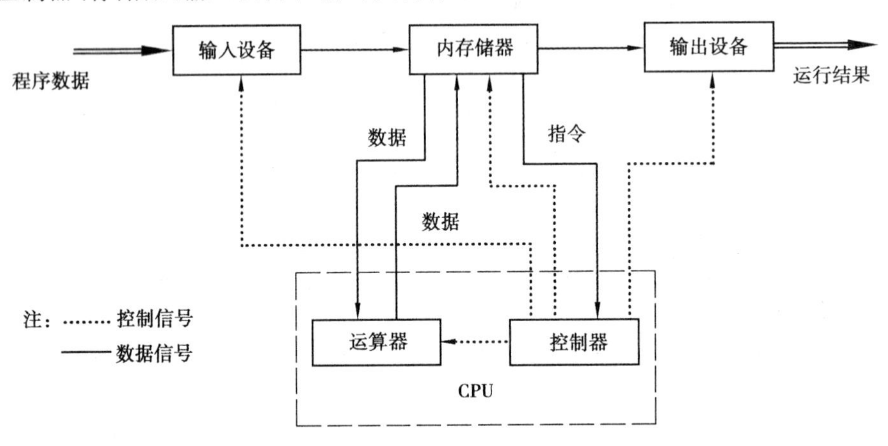

图3.3 计算机硬件系统逻辑结构

3.3 运算器、控制器和中央处理器

3.3.1 运算器

运算器(Arithmetic Unit)是整个计算机系统的核心,主要由执行算术运算和逻辑运算的算术逻辑单元(Arithmetic Logic Unit,ALU)、累加器、状态寄存器、通用寄存器组等组成。

算术逻辑运算单元的基本功能为加、减、乘、除四则运算,与、或、非、异或等逻辑操作,以及移位、求补等操作。计算机运行时,运算器的操作和操作种类由控制器决定。运算器处理的数据来自存储器;处理后的结果数据通常送回存储器,或暂时寄存在运算器中。与Control Unit共同组成了CPU的核心部分。

3.3.2 控制器

控制器是指挥计算机的各个部件按照指令的功能要求协调工作的部件,是计算机的神经中枢和指挥中心,由指令寄存器IR(Instruction Register)、程序计数器PC(Program Counter)和操作控制器OC(Operation Controller)等部件组成。在系统运行过程中,不断地生成指令地址、取出指令、分析指令、向计算机的各个部件发出微操作控制信号,协调整个电脑有序地工作。

3.3.3　中央处理器

中央处理器(Central Processing Unit,CPU)是计算机的核心,它是一块超大规模的集成电路,它由运算器、控制器、寄存器等组成。

CPU的发展非常迅速,目前已经发展到数GHz的时钟频率。由于单核CPU再向上提升的空间已经不大,现在,已主要由单纯提升时钟频率改为向多核CPU发展。多核处理器在一个处理器上集成两个或两个以上的运算核心,从而提高计算能力。目前,CPU两大生产巨头Intel和AMD分别推出了多款多核处理器。

1)主频、外频与倍频

主频是CPU内核工作的时钟频率(CPU clock speed),单位是MHz(兆赫兹)或GHz(吉赫兹)。主频是衡量CPU速度快慢的一个重要指标,提高主频对于提高CPU运算速度至关重要。

外频是主板为CPU乃至整个计算机系统提供的基准频率,是CPU与主板之间同步运行的速度,单位是MHz。计算机系统中大多数的频率都是在外频的基础上,乘一定的倍数来实现,这个倍数可以是大于1的,也可以是小于1的。在早期的计算机中,内存与主板之间的同步运行速度也等于外频。

倍频是CPU主频与外频之比的倍数。原先并没有倍频概念,CPU的主频和系统总线的速度是一样的,但CPU的速度越来越快,倍频技术也就应运而生。它可使系统总线工作在相对较低的频率上,而CPU速度可以通过倍频来大幅提升。

主频、外频及倍频的关系式为:主频=外频×倍频。外频与倍频中任何一项提高都可以使CPU的主频上升,实现超频。

一个CPU默认的外频和倍频只有一个,主板必须能支持这个外频和倍频。因此在选购主板和CPU时必须注意这点,如果两者不匹配,系统就无法工作。此外,现在CPU的倍频很多已经被锁定,所以超频时经常需要超外频。但是,外频改变后,系统中的很多其他频率也会改变,即CPU主频、前端总线频率和PCI等各种接口频率、硬盘接口的频率等,而这些改变有可能导致系统无法正常运行。所以说,超频是有风险的,甚至有可能损坏计算机硬件。

2)总线

微机中总线一般有内部总线、系统总线和外部总线3种。内部总线是微机内部各外围芯片与处理器之间的总线,用于芯片一级的互联。系统总线是微机中各插件板与系统板之间的总线,用于插件板一级的互联。外部总线是微机和外部设备之间的总线,用于设备一级的互联。

3)前端总线

前端总线(FSB)是AMD在推出K7 CPU时提出的概念,经常被误认为是外频的另一个名称。实际上,FSB是将CPU连接到北桥芯片的总线。由于北桥芯片负责联系内存等数据吞吐量大的部件,并和南桥芯片连接,所以,前端总线是CPU和内存等外界交换数据的最主要通道,它的数据传输能力对计算机整体性能作用很大,如果没有足够快的前端总线,再强的CPU也不能明显提高计算机的整体速度。目前PC上的前端总线频率主要有266,333,400,533,

800,1 066 和 1 333 MHz 等几种。

外频与前端总线频率的区别:前端总线的速度是指数据传输的速度,外频是 CPU 与主板之间同步运行的速度。也就是说,100 MHz 外频特指数字脉冲信号在每秒震荡 1 000 万次;而 100 MHz 前端总线是指每秒 CPU 可接收的数据传输量为

$$100\ \text{MHz} \times 64\ \text{bit} = 6\ 400\ \text{Mbit/s} = 800\ \text{MB/s}(1\ \text{B} = 8\ \text{bit})$$

CPU 从最初发展至今已经有 40 多年的历史,Intel 发布的第一块处理器 4004 仅仅包含 2 000个晶体管,而目前最新的 Intel Core i7 处理器包含超过 2.3 亿个晶体管,集成度提高了 10 万倍,这可以说是当今最复杂的集成电路了。与此同时,你会发现单个 CPU 的核心硅片的大小丝毫没有增大,甚至变得更小了,这就要求不断地改进制造工艺以便能生产出更精细的电路结构。如今,最新的处理器采用的是 0.045 μm 技术制造,也就是常说的 0.045 μm 线宽。

虽然设计方式和工作原理的过程有区别,但不同处理器依然有很多相似之处。从外表看来,CPU 常常是矩形或正方形的块状物,通过密密麻麻的众多管脚与主板相连。不过在内部,CPU 的核心是一片大小通常不到 1/4 英寸(1 in = 2.54 cm)的薄薄的硅晶片(其英文名称为 Core,核心)。在这块小小的硅片上,密布着数以百万计的晶体管,它们好像大脑的神经元,相互配合协调,完成着各种复杂的运算和操作。

如今,Intel 的 CPU 和其兼容产品统治着微型计算机的大半江山,但是除了 Intel 和 AMD 外,还有其他一些品牌 CPU,如 HP 的 PA-RISC,IBM 的 Power4 和 Sun 的 Ultras arc 等,只是它们都是精简指令集运算(RISC)处理器,使用 Unix 的专利操作系统,例如 IBM 的 AIX 和 Sun 的 Solaris 等。

最新的 Intel Core i7(见图 3.4)是一款基于全新 Nehalem 架构的 CPU,采用 LGA 1366 接口,集众多先进技术于一身,如集成内存控制器、三通道技术支持、全新 QPI 总线、超线程技术的回归、Turbo Mode 内核加速等。规格方面,Intel Core i7 采用原生 4 核 Nehalem 架构,主频 2.66 ~ 3.0 G,外频 133,倍频 20X,采用了全新的 LGA1366 接口,共享 8 M 三级缓存。再加上超线程技术的运用,运算性能达到一个新的高度。

图 3.4 Intel Core i7

在 Core i7 上,从新采用了超线程技术,所谓超线程技术就是利用特殊的硬件指令,把两个逻辑内核模拟成两个物理芯片,让单个处理器都能使用线程级并行计算,进而兼容多线程操作系统和软件,减少了 CPU 的闲置时间,提高 CPU 的运行效率。超线程技术使得 Pentium 4 单核 CPU 也拥有较出色的多任务性能,现在通过改进后的超线程技术再次用到 Core i7 处理器上。

超线程技术可以在增加很少能耗的情况下，使性能提升20%～30%。

3.4　存储器

3.4.1　存储器的基本概念

存储器的主要功能是存储程序和各种数据，并能在计算机运行过程中高速、自动地完成程序或数据的存取。存储器是具有“记忆”功能的设备，它采用具有两种稳定状态的物理器件来存储信息。这些器件也称为记忆元件。在计算机中采用只有两个数码“0”和“1”的二进制来表示数据。记忆元件的两种稳定状态分别表示为“0”和“1”。日常使用的十进制数必须转换成等值的二进制数才能存入存储器中。计算机中处理的各种字符，例如英文字母、运算符号等，也要转换成二进制代码才能存储和操作。

3.4.2　存储器的分类

1）按存储介质分类

按存储介质可分为半导体存储器和磁表面存储器两种。

①半导体存储器：用半导体器件组成的存储器。

②磁表面存储器：用磁性材料组成的存储器。

2）按存储方式分类

按存储方式可分为随机存储器和顺序存储器两种。

①随机存储器：任何存储单元的内容都能被随机存取，且存取时间和存储单元的物理位置无关。

②顺序存储器：只能按某种顺序来存取，存取时间和存储单元的物理位置有关。

3）按读写功能分类

按读写功能可分为只读存储器和随机读写存储器两种。

①只读存储器（ROM）：存储的内容是固定不变的，只能读出而不能写入的半导体存储器。

②随机读写存储器（RAM）：既能读出又能写入的半导体存储器。

4）按信息保存性分类

按信息保存性可分为非永久记忆的存储器和永久记忆性存储器两种。

①非永久记忆的存储器：断电后信息即消失的存储器。

②永久记忆性存储器：断电后仍能保存信息的存储器。

5）按用途分类

根据存储器在计算机系统中所起的作用，可分为主存储器、辅助存储器、高速缓冲存储器和控制存储器等。

为了解决对存储器要求容量大、速度快、成本低三者之间的矛盾，通常采用多级存储器体系结构，即使用高速缓冲存储器（Cache）、主存储器和外存储器。

①高速缓冲存储器：高速存取指令和数据存取速度快，但存储容量小。

②主存储器：主要存放计算机运行期间的大量程序和数据存取速度较快，存储容量不大，

成本高。

③外存储器:主要存放系统程序和大型数据文件及数据库存储容量大,成本低。

3.5 内 存

3.5.1 随机存储器

RAM(Random Access Memory)随机存储器。存储单元的内容可按需随意取出或存入,且存取的速度与存储单元的位置无关的存储器。这种存储器在断电时将丢失其存储内容,故主要用于存储短时间使用的程序。

按照存储信息的不同,随机存储器又分为动态随机存储器(Dynamic RAM,DRAM)和静态随机存储器(Static RAM,SRAM)。DRAM 的信息会随时间逐渐消失,需要定时对其进行刷新以维持信息不丢失。DRAM 读取速度较慢,但是它的造价低廉,集成度高。SRAM 在不断电的情况下信息能一直保持不丢失,读取速度快,但容量小,价格高。计算机使用的 SDRAM 内存,DDR 内存,DDR2,DDR3 内存都属于 DRAM。例如 DDR3,如图 3.5 所示。

图 3.5 DDR3 内存条

3.5.2 只读存储器

ROM(Random Only Memory)只读存储器,如图 3.6 所示。主要用来存放一些固定的程序,如主板、显卡和网卡上的 BIOS(Basic Input Output System)就固化在 ROM 中,因为这些程序和数据的变动概率都很低。与 RAM 不同的是,对于 ROM 中的数据,一次性写入,而不能改写,且 ROM 中的程序和数据不会因为系统断电而丢失。随着 ROM 存储技术的发展,一种用于主板 BIOS 的电可擦除、可编程、可改写的 EEPROM 已出现,并被广泛使用,实现了主板 BIOS 在线升级,为用户提高BIOS 的性能提供了可能。

图 3.6 ROM

3.5.3　寄存器和高速缓冲存储器

1) 寄存器

寄存器(Register)是内存阶层中的最顶端,也是系统获得操作资料的最快速途径。寄存器通常都是以他们可以保存的位元数量来估量,举例来说,一个“8 位元寄存器”或“32 位元寄存器”。寄存器现在都以寄存器档案的方式来实现,但是他们也可能使用单独的正反器、高速的核心内存、薄膜内存以及在多种机器上的其他方式来实作出来。

寄存器是 CPU 内部的元件,寄存器拥有非常高的读写速度,因此在寄存器之间的数据传送非常快。

2) 高速缓冲存储器

由于 CPU 执行指令的速度比内存的读写速度要大得多,所以在存取数据时会使 CPU 等待,影响 CPU 执行指令的效率,从而影响计算机的速度。

为了解决这个瓶颈,在 CPU 和内存之间增设了一个高速缓冲存储器,称为 Cache。Cache 的存取速度比内存快(因而也就更昂贵),但容量不大,主要用来存放当前内存中频繁使用的程序块和数据块,并以接近于 CPU 的速度向 CPU 提供程序指令和数据。一般来说,程序的执行在一段时间内总是集中于程序代码的一个小范围内。如果一次性将这段代码从内存调入缓存中,缓存便可以满足 CPU 执行若干条指令的要求。只要程序的执行范围不超出这段代码,CPU 对内存的访问就演变成对高速缓存的访问。因此,缓存可以加快 CPU 访问内存的速度,从而也就提升了计算机的性能。由于主板和 CPU 都提供了缓存,主板、CPU、内存和缓存示意图如图 3.7 所示。

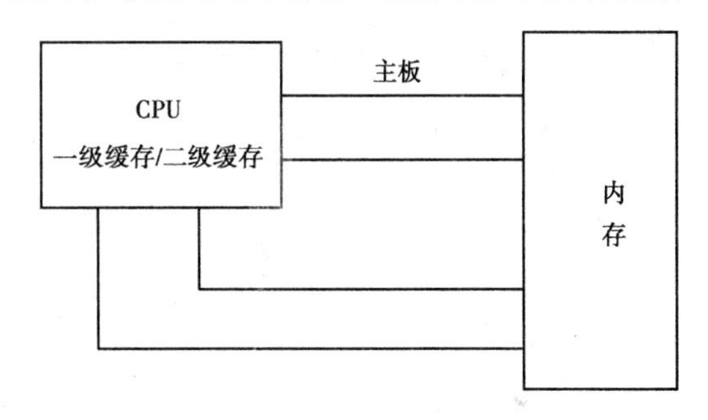

图 3.7　主板、CPU、内存和缓存示意图

3.5.4　虚拟存储器

虚拟存储器(Virtual Memory),又称虚拟内存。电脑中所运行的程序均需经由内存执行,若执行的程序占用内存很大或很多,则会导致内存消耗殆尽。为解决该问题,Windows 操作系统运用了虚拟内存技术,即匀出一部分硬盘空间来充当内存使用。当内存耗尽时,电脑就会自动调用硬盘来充当内存,以缓解内存的紧张。若计算机运行程序或操作所需的随机存储器(RAM)不足时,则 Windows 系统会用虚拟存储器进行补偿。它将计算机的 RAM 和硬盘上的临时空间组合。当 RAM 运行速率缓慢时,它便将数据从 RAM 移动到称为“分页文件”的空间中。将数据移入分页文件可释放 RAM,以便完成工作。一般而言,计算机的 RAM 容量越大,程序运行得越快。若计算机的速率由于 RAM 可用空间匮乏而减缓,则可尝试通过增加虚拟内存来进行补偿。但是,计算机从 RAM 读取数据的速率要比从硬盘读取数据的速率快,因而扩增 RAM 容量(可加内存条)是最佳选择。

1) 虚拟内存的设置

一般 Windows XP 系统默认情况下是利用 C 盘的剩余空间来做虚拟内存的,因此,C 盘的剩余空间越大,对系统运行就越好,虚拟内存是随着你的使用而动态变化的,这样 C 盘就容易

产生磁盘碎片,影响系统运行速率,因此,最好将虚拟内存设置在其他分区,如 D 盘中。查看虚拟内存设置情况如下:

右键单击“我的电脑”,左键点“属性”,点选“高级”选项卡,单击“性能”中的“设置”按钮,再选“高级”选项卡,单击“更改”按钮,所弹出的窗口就是虚拟内存设置窗口。虚拟内存的设置窗口如图 3.8 所示。

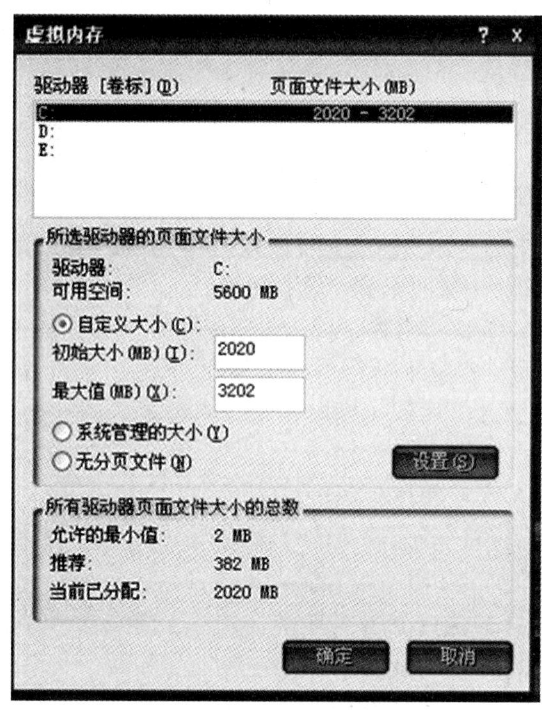

图 3.8　虚拟内存设置窗口

一般默认的虚拟内存是从小到大的一段取值范围,这就是虚拟内存变化大小的范围,最好给它一个固定值,这样就不容易产生磁盘碎片了,具体数值根据你的物理内存大小来定,一般为物理内存的 2 倍。

2)虚拟内存不足的原因

①感染病毒:有些病毒发作时会占用大量内存空间,导致系统出现内存不足问题。

②虚拟内存设置不当:通常,应设置为物理内存大小的 2 倍。

③系统盘空间不足:在默认情况下,虚拟内存是以名为“Pagefile. sys”的交换文件存于硬盘的系统分区中。若系统盘剩余容量过小,即会出现该问题。系统盘至少应留有足够的可用空间,当然此数值需根据用户的实际需要而定。尽量不要将各种应用软件装在系统盘,以保证有足够的空间供虚拟内存文件使用,且最好将虚拟内存文件安放至非系统盘内。

④System 用户权限设置不当:基于 NT 内核的 Windows 系统启动时,System 用户会为系统创建虚拟内存文件。有些用户为了系统的安全,采用 NTFS 文件系统,但却取消了 System 用户在系统盘“写入”和“修改”的权限,这样就无法为系统创建虚拟内存文件,运行大型程序时,也会出现此类问题。对策:重新赋予 System 用户“写入”和“修改”的权限即可。

3.5.5　CMOS 存储器

除 BIOS 外,计算机中还有一个 CMOS(Complementary Metal Oxide Semiconductor),互补金属氧化物半导体,电压控制的一种放大器件,是组成 CMOS 数字集成电路的基本单元。其实 CMOS 是主板上的一块可读写的 RAM 芯片,它保存着 BIOS 的计算机当前配置信息,如日期、时间、硬盘的格式和容量、系统引导顺序等。与 RAM 不同的是,CMOS 由电池供电,当电源关闭时不会丢失信息;与 ROM 不同的是,CMOS 中的信息可以被改变。CMOS 芯片如图 3.9 所示。

图 3.9　CMOS

3.6　外　存

3.6.1　磁盘存储器概述

磁盘存储器以磁盘为存储介质的存储器。它是利用磁记录技术在涂有磁记录介质的旋转圆盘上进行数据存储的辅助存储器。具有存储容量大、数据传输率高、存储数据可长期保存等特点。在计算机系统中,常用于存放操作系统、程序和数据,是主存储器的扩充。发展趋势是提高存储容量,提高数据传输率,减少存取时间,并力求轻、薄、短、小。磁盘存储器通常由磁盘、磁盘驱动器(或称磁盘机)和磁盘控制器构成。

磁盘是两面涂着可磁化介质的平面圆片,数据按闭合同心圆轨道记录在磁性介质上,磁盘存储器这种同心圆轨道称磁道。因盘基不同,磁盘可分为硬盘和软盘两类。硬盘盘基用非磁性轻金属材料制成;软盘盘基用挠性塑料制成。按照盘片的安装方式,磁盘有固定和可互换(可装卸)两大类。

磁盘存储器的主要指标包括存储密度、存储容量、存取时间及数据传输率。

①存储密度:存储密度分道密度、位密度和面密度 3 种。道密度是沿磁盘半径方向单位长度上的磁道数,单位为道/英寸;位密度是磁道单位长度上能记录的二进制代码位数,单位为位/英寸;面密度是位密度和道密度的乘积,单位为位/平方英寸。

②存储容量:一个磁盘存储器所能存储的字节总数,称为磁盘存储器的存储容量。存储容量有格式化容量和非格式化容量之分,格式化容量是指按照某种特定的记录格式所能存储信息的总量,也就是用户可以真正使用的容量。非格式化容量是磁记录表面可以利用的磁化单元总数。将磁盘存储器用于某计算机系统中,必须首先进行格式化操作,然后才能供用户记录信息。格式化容量一般是非格式化容量的 60% ~70% 。3.5 英寸的硬盘机容量可达4.29 GB。

③存取时间:存取时间是指从发出读写命令后,磁头从某一起始位置移动至新的记录位置,到开始从盘片表面读出或写入信息所需要的时间。这段时间由两个数值所决定:一个是将磁头定位至所要求的磁道上所需的时间,称为定位时间或寻道时间;另一个是寻道完成后至磁道上需要访问的信息到达磁头下的时间,称为等待时间,这两个时间都是随机变化的,因此往

往使用平均值来表示,所以存取时间也称为平均存取时间。平均存取时间等于平均寻道时间与平均等待时间之和。平均寻道时间是最大寻道时间与最小寻道时间的平均值。平均寻道时间为 10 ~20 ms,平均等待时间和磁盘转速有关,它用磁盘旋转一周所需时间的一半来表示,固定头盘转速高达 6 000 r/min,所以平均等待时间为 5 ms。

④数据传输率:磁盘存储器在单位时间内向主机传送数据的字节数称为数据传输率,传输率与存储设备和主机接口逻辑有关。

3.6.2 软盘存储器

软盘(Floppy Disk)是个人计算机(PC)中最早使用的可移介质。用表面涂有磁性材料柔软的聚酯材料制成,数据记录在磁盘表面上。软盘驱动器(通常用字母 A:来标识)设计能接收可移动式软盘,目前常用的就是容量为 1.44 MB 的 3.5 英寸软盘,简称 3 寸盘(见图 3.10)。软盘的读写是通过软盘驱动器(见图 3.11)完成的。软盘存取速度慢,容量也小,但可装可卸、携带方便。

图 3.10 3.5 英寸软盘

图 3.11 软盘驱动器

3.5 英寸软盘片,其上、下两面各被划分为 80 个磁道,每个磁道被划分为 18 个扇区,每个扇区的存储容量固定为 512 字节。以 3.5 英寸软盘为例,其容量的计算如下:

80(磁道) × 18(扇区) × 512 bytes(扇区的大小) × 2(双面) = 1 440 × 1 024 bytes = 1 440 kB = 1.44 MB

市面如今能买到的就只有 3 英寸双面高密度 1.44 MB 的软盘,但也几近于淘汰。软盘驱动器曾经是电脑一个不可缺少的部件,在必要的时候,它可以为我们启动计算机,还能用它来传递和备份一些比较小的文件。3 寸软盘都有一个塑料外壳,比较硬,它的作用是保护盘片。盘片上涂有一层磁性材料(如氧化铁),它是记录数据的介质。在外壳和盘片之间有一层保护层,防止外壳对盘片的磨损。软盘插入驱动器时是有正反的,3 寸盘一般不会插错(放错了是插不进的)。

3.6.3 硬盘存储器

硬盘(Hard Disk)是最重要的外部存储器,容量一般都比较大。目前新配置的计算机的硬盘容量均在 320 GB 以上。著名的硬盘品牌有希捷(Seagate)、迈拓(Maxtor)、西部数据(Western Digital)和三星等。

硬盘接口是硬盘与主机系统间的连接部件,其作用是在硬盘缓存和主机内存之间传输数据。硬盘接口的优劣直接影响程序运行快慢和系统性能好坏。目前,常见的硬盘接口有 IDE、

SCSI、SATA 和光纤通道 4 种。

①IDE 接口又称 ATA 接口，由 40 或 80 芯数据线连接到 IDE 硬盘或光驱。

②SCSI(Small Computer System Interface)接口是小型计算机系统专用接口的简称，由 50 芯数据线连接到 SCSI 硬盘。SCSI 硬盘速度比 IDE 硬盘快，但价格较高，一般还需要一个 SCSI 卡。

③SATA(Serial ATA)接口的硬盘又称串口硬盘。串口是一种新型接口，由于采用串行方式传输数据而得名。相对于并行 ATA 接口来说，Serial ATA 以连续串行的方式传送数据，一次只会传送 1 位数据。这样能减少 SATA 接口的针脚数目，使连接电缆数目变少，效率也会更高。并且，Serial ATA 1.0 定义的数据传输速率可达 150 MB/s，这比并行 ATA(即 ATA/133)所能达到 133 MB/s 的最高数据传输率还高。同时，串行接口还具有结构简单、支持热插拔等优点。

④光纤通道硬盘是为提高服务器这样的多硬盘存储系统的速度和灵活性而开发的，它的出现大大提高了多硬盘系统的通信速度。光纤通道的主要特性有：热插拔性、高速带宽、远程连接和连接设备数量大等。

传统的机械硬盘(见图 3.12)由磁盘体、磁头和马达等机械零件组成，要提升硬盘性能，最简单的方法是提高硬盘的转速，但由于机械硬盘的物理结构与成本限制，提升转速后会带来较多的负面影响。SSD(Solid State Disk)又称固态硬盘(见图 3.13)，是由控制单元和固态存储单元(DRAM 或 FLASH 芯片)组成的硬盘，其防震抗摔、发热低、零噪声，由于没有机械马达，闪存芯片发热量小，工作时噪声值为 0 dB。并且由于固态硬盘没有普通硬盘的机械结构，也不存在机械硬盘的寻道问题，因此，系统能够在低于 1 ms 的时间内对任意位置存储单元完成输入/输出操作。因此，固态硬盘能更大限度地减少硬盘成为整机的性能瓶颈，给传统机械硬盘带来了全新的革命。

图 3.12　温彻斯特机械硬盘

图 3.13　SSD 固态硬盘

3.6.4　移动硬盘和 U 盘

1)移动硬盘

移动硬盘(Mobile Hard Disk)顾名思义是以硬盘为存储介质，计算机之间交换大容量数据，强调便携性的存储产品。市场上绝大多数的移动硬盘都是以标准硬盘为基础的，而只有很少部分是微型硬盘(1.8 英寸硬盘等)，但价格因素决定着主流移动硬盘还是以标准笔记本硬盘为基础。因为采用硬盘为存储介质，因此移动硬盘在数据的读写模式与标准 IDE 硬盘是相同的。移动硬盘大多采用 USB、IEEE 1394 等传输速度较快的接口,可以较高的速度与系统进行数据传输。

移动硬盘的特点如下:

①容量大:移动硬盘可以提供相当大的存储容量,当“闪盘”广泛被用户接受的情况下,移动硬盘也在用户可以接受的价格范围之内,为用户提供了较大的存储容量和良好的便携性。市场上广泛所提供的移动硬盘存储容量是:350 GB,500 GB,640 GB,1 TB,2 TB 等。也可以说是“闪盘”的升级版。

②体积小:移动硬盘(盒)的尺寸分为 1.8 寸、2.5 寸和 3.5 寸 3 种。其中 1.8 寸移动硬盘大多提供 10,20,40,60,80 GB;2.5 寸移动硬盘大多提供 120,160,200,250,320,500,640,750,1 000 GB(1 TB)的容量;3.5 英寸的移动硬盘盒还有 500 GB,640 GB,750 GB,1 TB,1.5 TB,2 TB 的大容量。

③速度快:移动硬盘大多采用 USB、IEEE1394、eSATA 接口,能提供较高的数据传输速度。不过移动硬盘的数据传输速度在一定程度上受到接口速度的限制。比如,USB2.0 接口传输速率约为 60 MB/s; USB3.0 接口传输速率约为 625 MB/s, IEEE1394 接口传输速率为 50~100 MB/s。

2)U 盘

U 盘全称 USB 闪存驱动器,英文名“USB flash disk”。它是一种使用 USB 接口的无须物理驱动器的微型高容量移动存储产品,通过 USB 接口与电脑连接,实现即插即用。U 盘的称呼最早来源于朗科科技生产的一种新型存储设备,名曰“优盘”,使用 USB 接口进行连接。U 盘连接到电脑的 USB 接口后,U 盘的资料可与电脑交换。而之后生产的类似技术的设备由于朗科已进行专利注册,而不能再称为“优盘”,而改称谐音的“U 盘”。后来,U 盘这个称呼因为其简单易记而广为人知,是移动存储设备之一。列举一些富有创意的 U 盘,如图 3.14 所示。

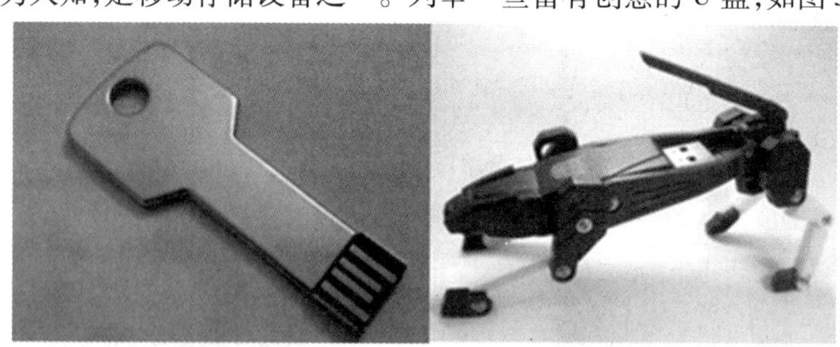

图 3.14 创意 U 盘

(1)功能

U 盘主要目的是用来存储数据,但随着众多计算机爱好者和商家的创新,给 U 盘开发出了更多的功能:加密 U 盘、启动 U 盘、杀毒 U 盘,等等。

(2)特点

①目前大多数 U 盘采用 USB2.0 或者 USB3.0 接口。支持热拔插,即插即用。

②无须外接电源,有 LED 灯显示。

③容量:128 MB(已淘汰)、256 MB(已淘汰)、512 MB(已淘汰)、1 G,2 G,4 G,8 G,16 G,32 G,64 G,128 G,256 G,512 G,1 T 等。

④可以在多种操作系统平台上使用 Windows 系列、MAC OS、UNIX、Linux 等(无须手动安装驱动程序)。

⑤U 盘主要采用电子存储介质,无机械部分,抗震动、抗电磁干扰等,如图 3.15 所示。

图 3.15　USB 内部结构

⑥读取速度快:USB2.0,理论传输速度为 60 MB/s,但实际传输速度一般不超过 30 MB/s;USB3.0,理论传输速度为 625 MB/s,但实际传输速度一般不超过 400 MB/s。

⑦保存数据安全可靠。

⑧携带方便。

3.6.5　光盘存储器

光盘存储器目前常见的是 CD(Compact Disc)和 DVD(Digital Video Disc)两种,以 DVD 为例又可以分为:

DVD-ROM,DVD-Read Only Memory 是只读型光盘,这种光盘的盘片是由生产厂家预先将数据或程序写入的,出厂后用户只能读取,而不能写入或修改。

DVD-R 是指 DVD-Recordable,即一次性可写入光盘,但必须在光盘刻录机中进行。

DVD-RW 是指 DVD-Rewritable,即可重写式写入光盘(见图 3.16),可删除或重写数据,而 DVD-R 则不能。每片 DVD-RW 光盘可重写近 1 000 次。此外,DVD-RW 多用于数据备份及档案收藏,现在更普遍地用在 DVD 录像机上。

图 3.16　DVD-RW 可重写式写入光盘

图 3.17　Blue-ray Disc 蓝光光盘

蓝光光盘(Blue-ray Disc,BD)如图 3.17 所示,利用波长较短(405 nm)的蓝色激光读取和写入数据。蓝光是目前为止,最先进的大容量光碟格式,能够在一张单碟上存储 25 GB 的文档文件,是现有(单碟)DVD 的 5 倍。而传统 DVD 需要光头发出红色激光(波长为 650 nm)来读取或写入数据,通常来说波长越短的激光,能够在单位面积上记录或读取更多的信息。蓝光刻录机系统可以兼容此前出现的各种光盘产品,为高清电影、大型 3D 游戏和大容量的数据存储带来方便。因此,蓝光极大地提高了光盘的存储容量,为计算机数据的光存储提供了一个跳跃式发展。

3.7 输入设备

3.7.1 键盘

键盘(Keyboard)(见图3.18)是最常见的计算机输入设备,它广泛应用于微型计算机和各种终端设备上,计算机操作人员通过键盘向计算机输入各种指令、数据,指挥计算机的工作。计算机的运行情况输出到显示器,操作人员可以很方便地利用键盘和显示器与计算机对话,对程序进行修改、编辑,控制和观察计算机的运行。

键盘外壳,有的键盘采用塑料暗钩的技术固定在键盘面板和底座两部分,实现无金属螺丝化的设计。因此,在分解时要小心以免损坏。

常规键盘具有Caps Lock(字母大小写锁定)、Num Lock(数字小键盘锁定)、Scroll Lock三个指示灯(部分无线键盘已经省略这3个指示灯),标志键盘的当前状态。这些指示灯一般位于键盘的右上角,不过有一些键盘如ACER的Ergonomic KB和HP原装键盘采用键帽内置指示灯,这种设计可以更容易地判断键盘当前状态,但工艺相对复杂,因此大部分普通键盘均未采用此项设计。

不管键盘形式如何变化,基本的按键排列还是保持基本不变,可以分为主键盘区,Num数字辅助键盘区、F键功能键盘区、控制键区,对于多功能键盘还增添了快捷键区。

键盘电路板是整个键盘的控制核心,它位于键盘的内部,主要担任按键扫描识别、编码和传输接口的工作。

键帽的反面可见都是键柱塞,直接关系键盘的寿命,其摩擦系数直接关系按键的手感。

键盘的按键数曾出现过83键、87键、93键、96键、101键、102键、104键、107键等。104键的键盘是在101键键盘的基础上为Windows 9X平台提供增加了3个快捷键(有两个是重复的),所以也被称为Windows 9X键盘。但在实际应用中习惯使用Windows键的用户并不多。107键的键盘是为了贴合日语输入而单独增加了3个键的键盘。在某些需要大量输入单一数字的系统中还有一种小型数字录入键盘,基本上就是将标准键盘的小键盘独立出来,以达到缩小体积、降低成本的目的。

图3.18 人体工程学键盘

按照应用可以分为台式机键盘、笔记本电脑键盘、工控机键盘、速录机键盘、双控键盘、超薄键盘、手机键盘7类。图3.18为人体工程学键盘。

3.7.2 指点输入设备

指点设备常用于完成一些定位和选择物体的交互任务。鼠标是最常用的一种指点输入设备,另外还有触摸板、控制杆、光笔、触摸屏、手写液晶屏、眼动跟踪系统等。

1）鼠标

（1）鼠标的简介

1963年，美国 Douglas Englebart 发明了鼠标器。他最初的想法是为了让计算机输入操作变得更简单、容易。

第一只鼠标器的外壳是用木头精心雕刻而成的，整个鼠标器只有一个按键，在底部安装有金属滚轮，用以控制光标的移动。

1984年，苹果公司把经过改进的鼠标器安装在 Lisa 微电脑上，从而使鼠标器声名显赫，它与键盘一道成为电脑系统中必备的输入装置。

（2）鼠标的分类

①机械式鼠标（见图3.19）。在机械式鼠标底部有一个可以自由滚动的球，在球的前方及右方装置两个支成90°角的编码器滚轴，移动鼠标时小球随之滚动，便会带动旁边的滚轴，前方的滚轴记录前后滑动，右方的滚轴记录左右滑动，两轴一起移动则代表非垂直及水平方向的滑动。编码器由此识别鼠标移动的距离和方位，产生相应的电信号传给电脑，以确定光标在屏幕上的正确位置。

②光电式鼠标（见图3.20）。利用一块特制的光栅板作为位移检测元件，光栅板上方格之间的距离为0.5 mm。鼠标器内部有一个发光元件和两个聚焦透镜，发射光经过透镜聚焦后从底部的小孔向下射出，照在鼠标器下面的光栅板上，再反射回鼠标器内。当在光栅板上移动鼠标器时，由于光栅板上明暗相间的条纹反射光有强弱变化，鼠标器内部将强弱变化的反射光变成电脉冲，对电脉冲进行计数即可测出鼠标器移动的距离。

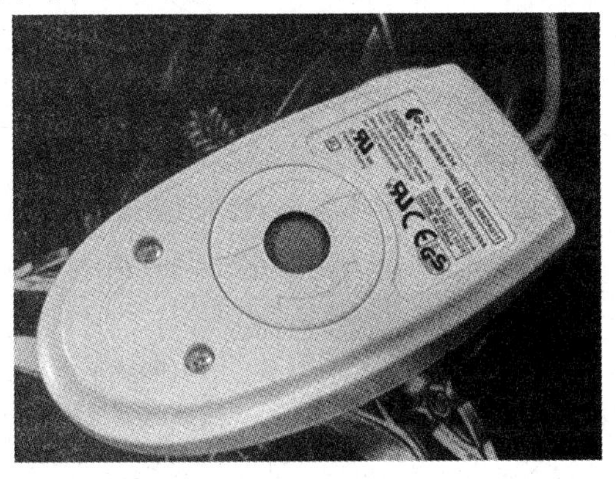

图3.19　机械式鼠标

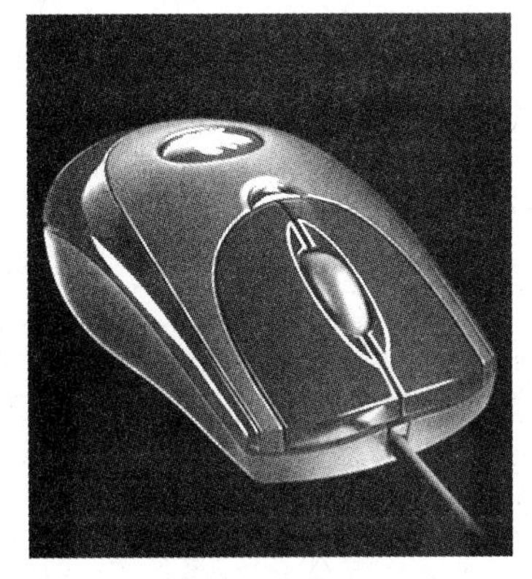

图3.20　光电式鼠标

（3）鼠标与其接口的发展

①串行接口设计（梯形9针接口）。

②随着PC机器上串口设备的逐渐增多，串口鼠标逐渐被采用新技术的PS/2接口鼠标所取代（小圆形接口）。

③随着即插即用概念的提出，使得采用USB接口的鼠标成为主流。

④而对于一些有专业要求的用户而言，采用红外线信号来与电脑传递信息的无线鼠标也成为一种专业时尚。

⑤Blue Tooth 无线鼠标。

2)触摸板(Touchpad)

触摸板能够在一定的区域内(通常长度为50～75 mm)感应接触,将这种接触信号转发给计算机处理。目前,触摸板已应用到笔记本电脑上,可以替代鼠标。触摸板通过电容感应来获知用户的手指移动情况,对手指热量并不敏感。同鼠标相比,触摸板的使用更加灵活,在使用过程中,通过更多的配置,可以得到更强的功能。

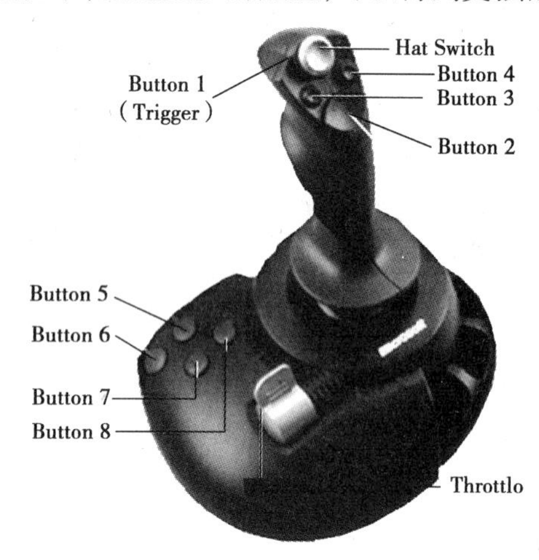

图3.21　游戏控制杆

3)控制杆

控制杆(见图3.21)很适宜于跟踪目的(即追随屏幕上一个移动的目标)的原因是移动对应的光标所需的位移相对较小,同时易于变换方向。控制杆的移动导致屏幕上光标的移动。根据两者移动的关系,可将其分为两大类:位移定位和压力定位。对于位移定位的游戏杆,屏幕上的光标依据游戏杆的位移而移动。

4)光笔

光笔是一种较早用于绘图系统的交互输入设备,它能使用户在屏幕上指点某个点以执行选择、定位或其他任务。光笔和图形软件相配合,可以在显示器上完成绘图,修改图形和变换图形等复杂功能。光笔的形状和普通钢笔相似,它由透镜、光导纤维、光电元件、放大整形电路和接触开关组成。

(1)光笔的优点

①不需要特殊的显示屏幕,与触摸屏的设备相比较,价格便宜许多。

②在一些不适宜使用鼠标的地方,可以起替代作用。

(2)光笔的缺点

①手和笔迹可能将遮挡屏幕图像的一部分。

②会造成手腕的疲劳。

③光笔不能检测黑暗区域内的位置。

④光笔会因房间背景光的影响,产生误读现象。

5)触摸屏

触摸屏作为一种特殊的计算机外设,提供了一种简单、方便、自然的人机交互方式,在某些应用中,可以代替鼠标或键盘。

触摸屏目前主要应用于公共信息的查询,如电信、税务、银行、电力等部门的业务查询,城市街头的信息查询。

此外还可应用于工业控制、军事指挥、电子游戏、点歌点菜、多媒体教学等方面。

触摸屏的分类:电阻式、电容感应式、红外线式、表面声波式。

6)手写液晶屏

手写液晶屏是液晶矩阵显示技术和高灵敏度电磁压感技术的完美结合,可以在屏幕上直接用压感笔实现高精度的选取、绘图、设计制作。

液晶屏幕上除了具备一般的液晶显示屏的特征以外,在最上面还附有一层特制保护层,确保在书写过程中，屏幕保持平整不变形，液晶原来的画质毫不受损，同时具有高耐久性。

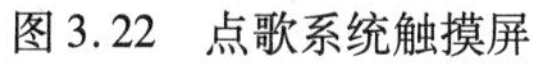

图3.22　点歌系统触摸屏

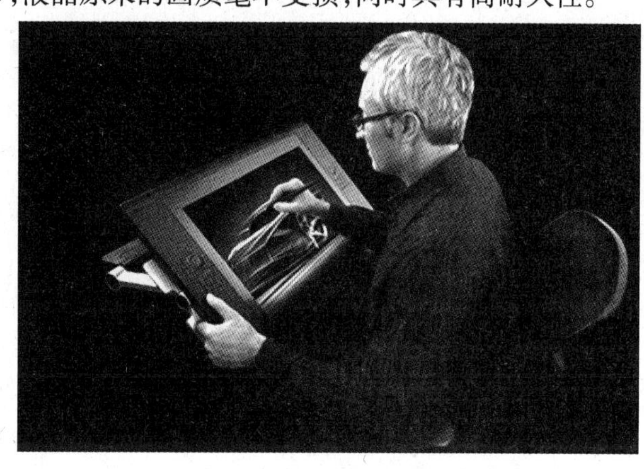

图3.23　手写液晶屏

7）眼动跟踪系统

（1）眼动跟踪系统简介

眼动跟踪系统允许用户仅仅通过凝视的手段来控制计算机选择物体。眼动跟踪系统需要利用较为复杂的硬件设备以及软件算法。

（2）眼动跟踪系统工作原理

①首先，用4个L形的红外线发光器，在眼睛里产生一些亮点。

②然后，利用一个广角摄像头获取脸部图像，快速确定眼睛的位置，再利用一个视野较小，分辨率较高的摄像头拍摄眼睛的高分辨率图像。

③最后，分析眼睛的图像，计算瞳孔中心和亮点的位置，通过计算瞳孔中心和亮点确定的矢量，确定视线方向。

3.7.3　扫描输入设备

扫描仪（scanner）是一种将各种形式的图像信息输入到计算机中的重要工具，如各种图片、照片、图纸和文字稿件等，都可用扫描仪输入到计算机中。现在，家用计算机中用得最多的是平板式扫描仪，又称台式扫描仪，一般采用CCD或CIS技术，具有价格低廉、体积小等优点。图3.24为清华紫光扫描仪。

图3.24　清华紫光扫描仪

扫描仪的性能指标包括以下几方面的内容：

（1）分辨率

扫描仪的分辨率决定了最高扫描精度；在扫描图像时，扫描分辨率设得越高，生成的图像的效果就越精细，生成的图像文件也越大。

DPI是指用扫描仪输入图像时，在每英寸上得到的像素点的个数。

扫描仪的分辨率等于其光学部件的分辨率加上其自身通过硬件及软件进行处理分析所得到的分辨率。

分辨率为1200DPI的扫描仪,往往其光学部分的分辨率只占400～600 DPI。扩充部分的分辨率由硬件和软件联合生成,这个过程是通过计算机对图像进行分析,对空白部分进行插值处理所产生的。

(2)扫描速度

扫描速度决定了扫描仪的工作效率。一般而言,以300 DPI的分辨率扫描一幅A4幅面的黑白二值图像,时间少于10 s,相同情况下,扫描灰度图,需10 s左右,而如果使用三次扫描成像的彩色扫描仪,则要2～3 min。

3.7.4 视频语音类输入设备

1)麦克风+声卡+语音识别软件

语音输入为文本输入提供了更加自然的交互手段,也许在将来,我们能够真正抛弃键盘,实现和计算机的"对话"。语音录入并不限于输入文本,其中包括还有身份、情绪、健康状况等多种信息。

(1)麦克风

对于语音的输入,麦克风/话筒是最基本的设备。

为了过滤背景杂音,达到更好的识别效果,许多麦克风采用了NCAT(Noise Canceling Amplification Technology)专利技术。

NCAT技术结合特殊机构及电子回路设计以达到消除背景噪声,强化单一方向声音(只从佩戴者嘴部方向)的收录效果,是专为各种语音识别和语音交互软件设计的,提供精确音频输入的技术,采用NCAT/NCAT2技术的麦克风会着重采集处于正常语音频段(介于350～7 000 Hz)的音频信号,从而降低环境噪声的干扰。

(2)声卡

声卡是一种安装在计算机中的最基本的声音设备,是实现声波/数字信号相互转换的硬件。可把来自话筒、磁带、光盘的原始声音信号加以转换,输出到耳机、扬声器、扩音机、录音机等声响设备,完成对声音信息进行录制与回放。

声卡可分为模数、数模转换电路两部分。模数转换电路负责将麦克风等声音输入设备采集到的模拟声音信号转换为计算机能处理的数字信号;而数模转换电路负责将计算机使用的数字声音信号转换为耳机、音箱等设备能使用的模拟信号。

2)数码照相机

数码照相机(Digital Camera)简称DC,用来拍摄数字照片。与传统相机不同的是,数码照相机不需要胶卷,数字图像直接存储在相机的存储卡内。通过数码照相机提供的界面,可以对数字图像进行浏览,对于不满意的图片,可以立刻删除。将DC连接到计算机上,可以复制DC中的数字图像文件到计算机中永久保存或通过电子邮件传送出去。此外,还可对数字图像进行编辑处理,完成后再打印出来或到照相馆进行数码冲印。

图3.25 JVC数码摄像机

3)数码摄像机

数码摄像机(Digital Video)简称DV(见图3.25),用来摄录数字视频。目前市场上的DV按照存储介质大致可以分为硬盘摄像机、光盘摄像机、DV带摄像机和存储卡摄像机这4大类,其中硬盘摄像机和存储卡摄像机已成为当前市场的主流。此外,高清摄像机(HDV)由于可以录制高清格式的影像,代表了数码摄像机的发展方向,也越来越受到大家的欢迎。

3.8　输出设备

3.8.1　显示系统

显示系统是由显示器和显示适配卡(也称为显卡)所组成的。

1)显示器

显示器(Display)是计算机不可缺少的输出设备,用户通过它可以很方便地查看送入计算机的程序、数据和图形等信息,以及经过计算机处理后的中间结果和最后结果,它是人机对话的主要工具。

按照显示器的类型主要分为CRT显示器、LCD和LED几大类。

先介绍CRT(Cathode Ray Tube,阴极射线管)显示器,如图3.26所示,它是人们所熟悉的产品。CRT显示器历经球面、平面直角、柱面和纯平面等几代产品。早期的球面显像管因为在水平与垂直方向上都有弯曲,所以其屏幕边缘会出现图像的失真变形,这显然无法满足需要。1994年开始出现了平面直角显示器,对图像变形及反射干扰的减少使其在相当一段时间内成为市场上的主流产品。

LCD(Liquid Crystal Display),即液晶显示器,如图3.27所示,它是一种采用了液晶控制透光度技术来实现色彩的显示器。与CRT显示器相比,由于通过控制是否透光来控制亮和暗,当色彩不变时,液晶也保持不变,这样就无须考虑刷新率的问题。对于画面稳定、无闪烁感的液晶显示器,刷新率不高,但图像也很稳定。LCD显示器通过液晶控制透光度的技术原理让底板整体发光,所以它做到了真正的完全平面。一些高档的数字LCD显示器采用了数字方式传输数据,显示图像,这样就不会产生由于显卡造成的色彩偏差或损失;其次,LCD的电磁辐射很小,即使长时间观看LCD显示器屏幕也不会对眼睛造成很大伤害;再次,它体积小、能耗低,这也是CRT显示器所无法比拟的,一般一台15寸LCD显示器的耗电量相当于17寸纯平CRT显示器的1/3。

图3.26　CRT

图3.27　LCD

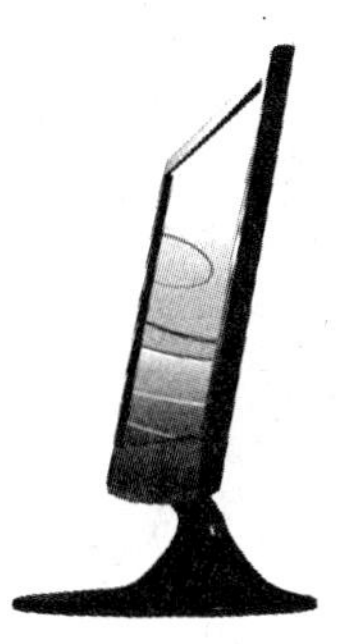

图3.28　LED

而最新的LED(Light-Emitting Diode)显示器(见图3.28)与LCD显示器相比,在亮度、功耗、可视角度和刷新速率等方面,都更具优势。LED 与 LCD 的功耗比大约为 10:1,而且更高的刷新速率使得 LED 在视频方面有更好的性能表现,能提供宽达 170°的视角,有机 LED 显示屏的单个元素反应速度是 LCD 液晶屏的 1 000 倍,在强光下也可以照看不误,并且适应 -40 ℃的低温。利用 LED 技术,可以制造出比 LCD 更薄、更亮、更清晰的显示器,拥有广泛的应用前景。

显示器的主要性能指标有屏幕尺寸、点距、屏幕分辨率和屏幕刷新频率等。

(1)屏幕尺寸

用矩形屏幕的对角线长度来反映显示屏幕的大小,单位为 in。目前,常见的显示器屏幕尺寸有 17,19,20,22 和 24 in 等。

(2)点距

屏幕上相邻两个像素点之间的距离。从原理上讲,普通显像管的荧光屏里有一个网罩,上面有许多细密的小孔,所以被称为“荫罩式显像管”。电子枪发出的射线穿过这些小孔,照射到指定的位置并激发荧光粉,然后就显示出了一个点。许多不同颜色的点排列在一起就组成了五彩缤纷的画面。而液晶显示器的像素数量则是固定的,因此在尺寸与分辨率都相同的情况下,大多数液晶显示器的像素间距基本相同。

(3)屏幕分辨率

屏幕像素的点阵,通常写成:水平像素点数 × 垂直像素点数,如一台显示器的分辨率为 800 × 600 像素,则其中的 800 表示屏幕上水平方向显示的像素点数量,600 表示竖直方向显示的像素点数量。一般来说,屏幕分辨率越高,屏幕上能显示的像素数量也就越大,图像也越细腻。对于 CRT 显示器,通常可以支持多种分辨率,而 LCD 显示器由于像素间距已经固定,所以只有在最佳分辨率下,才能显示最佳影像。

(4)屏幕刷新频率

显示器每秒刷新屏幕的次数,单位为 Hz。刷新频率越高,画面闪烁越小。对于 CRT 显示器来说,只有当刷新频率高于 75 Hz 时,人眼才不会明显地感到屏幕闪烁。而对于 LCD 显示器,由于像素的亮灭状态只有在画面内容改变时才有变化,因此即使刷新频率很低(一般为 60 Hz),也能保证稳定的显示。

2)显示适配卡

显示适配卡(Video Adapter)又称为显卡(见图 3.29),是主板与显示器之间的连接设备,作用是控制显示器的显示。显卡的核心是显示芯片,它的性能好坏直接决定了显卡性能的好坏。显卡的另一个重要部件是显存,它的优劣和容量大小会直接关系显卡的最终性能表现。

图 3.29 显卡

可以这样说,显示芯片决定了显卡所能提供的功能和其基本性能,而显卡性能的发挥则在很大程度上取决于显存。

显卡插槽是指显卡与主板连接所采用的接口种类。显卡的接口决定着显卡与系统之间数据传输的最大带宽。目前,微型计算机上广泛使用的是 AGP 和 PCI Express 接口显卡,PCI Express已成为主流。

3.8.2　打印机

打印机用于打印输出文字和图片信息。根据与计算机之间连接的接口类型,打印机主要分为并行接口(LPT)和 USB 接口。其中 USB 接口依靠其支持热插拔和传输速率快的特性,已成为市场主流。

根据打印的原理,打印机可分为针式打印机、喷墨打印机和激光打印机。

根据打印的颜色,打印机可分为单色打印机和彩色打印机。

根据打印的幅面,打印机可分为窄幅打印机(只能输出 A4 以下幅面)和宽幅打印机(可以打印 A4 以上的幅面)。

(1)针式打印机

针式打印机是唯一依靠打印针击打介质形成文字及图形的打印机,具有打印成本低廉、易于维修、价格低和打印介质广泛等优点;但同时又具有打印质量欠佳、打印速度慢和噪声大等缺点。图 3.30 为针式打印机。

(2)喷墨打印机

喷墨打印机通过利用喷头直接将墨水喷在打印纸上来实现打印,具有价格低、打印质量较好、打印速度较快和打印噪声较小等优点;但也具有对打印纸张要求较高、打印成本较高等缺点。图 3.31 为彩色喷墨打印机。

(3)激光打印机

激光打印机是激光技术和电子照相技术的复合产物,具有打印速度快、分辨率高和打印质量好等优点;缺点是价格较贵,打印成本较高。尤其是彩色激光打印机,价格非常昂贵,打印成本很高。图 3.32 为激光打印机。

图 3.30　爱普生针式打印机

图 3.31　惠普彩色喷墨打印机

图 3.32　佳能激光打印机

3.8.3　具有输入、输出两种功能的计算机外设

磁盘驱动器又称“磁盘机”。以磁盘作为记录信息媒体的存储装置。

由磁头、磁盘、读写电路及机械伺服装置等组成。

磁盘驱动器是电子计算机中磁盘存储器的一部分,用来驱动磁盘稳速旋转,并控制磁头在盘面磁层上按一定的记录格式和编码方式记录和读取信息,分硬盘驱动器、软盘驱动器和光盘驱动器3种。

磁盘驱动器既能将存储在磁盘上的信息读进内存中,又能将内存中的信息写到磁盘上。因此,就认为它既是输入设备,又是输出设备。

3.9 总 线

3.9.1 总线的概念及类型

总线(Bus)是指将信息以一个或多个源部件传送到一个或多个目的部件的一组传输线。通俗地说,就是多个部件间的公共连线,用于在各个部件之间传输信息,通常以MHz表示的速度来描述总线频率。总线的种类很多,按总线内所传输的信息种类,可将总线分类为数据总线、地址总线和控制总线,分别用于传送数据、地址和控制信息。

(1)数据总线

数据总线(Data Bus)是CPU和存储器、外设之间传送指令和数据的通道。信息传送是双向的,它的宽度反映了CPU一次处理或传送数据的二进制位数。微机根据其数据总线宽度可分成4位、8位、16位、32位和64位等机型。例如,80286可称为16位机。总线内数据线的数目代表可传递数据的位数,同时也代表可在同一时间内传递更多的数据。常见的数据总线为ISA,EISA,VESA,PCI等。

(2)地址总线

地址总线(Address Bus)用于传送存储单元或I/O接口的地址信息。信息传送是单向的,它的条数决定了计算机内存空间的范围和CPU能管辖的内存数量,简单地说,就是CPU到底能够使用多大容量的内存。总线内地址线的数目越多,存储的单元便越多。

(3)控制总线

控制总线(Control Bus)用来传送控制器的各种控制信息,是指控制部件向计算机其他部分所发出的控制信号(指令)。不同的计算机系统会有不同数目和不同类型的控制线。实际上控制总线的具体情况主要取决于CPU。

3.9.2 串行总线和并行总线

按照传输数据的方式划分,可分为串行总线和并行总线两种。

1)串行总线

串行总线也称为通用串行总线(Universal Serial Bus,USB)是连接计算机系统与外部设备的一种串口总线标准,也是一种输入输出接口的技术规范,被广泛地应用于个人电脑和移动设备等信息通信产品,并扩展至摄影器材、数字电视(机顶盒)、游戏机等其他相关领域。

(1)串行总线的特点

①USB最初是由英特尔与微软公司倡导发起的,其最大的特点是支持热插拔(Hot Plug)和即插即用(Plug & Play)。当设备插入时,主机枚举(Enumerate)此设备并加载所需的驱动程序,因此使用远比PCI和ISA总线方便。

②USB速度比平行并联总线(Parellel Bus,例如EPP,LPT)与串联总线(Serial Port,例如

RS-232)等传统电脑用标准总线快上许多。

③USB的设计为非对称式的,它由一个主机(host)控制器和若干通过hub设备以树形连接的设备组成。一个控制器下最多可以有5级hub,包括Hub在内,最多可以连接127个设备,而一台计算机可以同时有多个控制器。与SPI-SCSI等标准不同,USB hub不需要终结器。

④USB可以连接的外设有鼠标、键盘、游戏杆、扫描仪、数码相机、打印机、硬盘和网络部件。对数码相机这样的多媒体外设USB已经是缺省接口;由于大大简化了与计算机的连接,USB也逐步取代并口成为打印机的主流连接方式。

(2)串行总线的优点

①可以热插拔,告别"并口和串口先关机,将电缆接上,再开机"的动作。

②系统总线供电,低功率设备无须外接电源,采用低功耗设备。

③支持设备众多,支持多种设备类,例如鼠标、键盘、打印机等。

④扩展容易,可以连接多个设备,最多可扩127个。

⑤高速数据传输,USB1.1是12 Mb/s,USB2.0高达480 Mb/s。

⑥方便的设备互联,USB OTG支持点对点通信,例如数码相机和打印机直接互联,无须PC。

(3)串行总线的缺点

①供电能力,如果外设的供电电流大于500 mA时,设备必须外接电源。

②传输距离,USB总线的连线长度最大为5 m,即便是用hub来扩展,最远也不超过30 m。

2)并行总线

并行总线就是并行接口与计算机设备之间传递数据的通道。采用并行传送方式在微型计算机与外部设备之间进行数据传送的接口称并行接口,它有两个主要特点:一是同时并行传送的二进位数就是数据宽度;二是在计算机与外设之间采用应答式的联络信号来协调双方的数据传送操作,这种联络信号又称为握手信号。

3.9.3　微机总线的发展和主板

1)微机总线的发展

众所周知,在PC(Personal Computer,个人计算机)的发展中,总线屡屡成为系统性能的瓶颈,这主要是CPU(Central Processor Unit,中央处理器)的更新换代和应用不断扩大所致。总线是微机系统中广泛采用的一种技术。总线是一组信号线,是在多于两个模块(子系统或设备)间相互通信的通路,也是微处理器与外部硬件接口的核心。自IBM PC问世30余年来,随着微处理器技术的飞速发展,使得PC的应用领域不断扩大,随之相应的总线技术也得到不断创新。由PC/XT到ISA、MCA、EISA、VESA再到PCI、AGP、IEEE1394、USB总线等。究其原因,是因为CPU的处理能力迅速提升,但与其相连的外围设备通道带宽过窄且总落后于CPU的处理能力,这使得人们不得不改造总线,尤其是局部总线。目前,AGP局部总线数据传输率可达528 MB/s,PCI-X可达1 GB/s,系统总线传输率也由66 MB/s到100 MB/s,甚至更高的133 MB/s、150 MB/s。总线的这种创新,促进了PC系统性能的日益提高。随着微机系统的发展,有的总线标准仍在发展、完善,与此同时,有某些总线标准会因其技术过时而被淘汰。当然,随着应用技术发展的需要,也会有新的总线技术不断研制出来,同时在竞争的市场中,不同总线还会拥有自己特定的应用领域。目前,除了大家熟悉、较为流行的PCI、AGP、IEEE1394、USB

等总线外,又出现了 EV6 总线、PCI-X 局部总线、NGIO 总线等,它们的出现从某种程度上代表了未来总线技术的发展趋势。

(1)ISA 总线

ISA(Industry Standard Architecture,工业标准结构总线)是美国 IBM 公司为 286 计算机制定的工业标准总线。该总线的总线宽度是 16 位,总线频率为 8 MHz。

(2)EISA 总线

EISA(Extended Industry Standard Architecture,扩展工业标准结构总线)是为 32 位中央处理器(386、486、586 等)设计的总线扩展工业标准。EISA 总线包括 ISA 总线的所有性能外,还把总线宽度从 16 位扩展到 32 位、总线频率从 8.3 MHz 提高到 16 MHz。

(3)MCA 总线

MCA(Micro Channel Architecture,微通道总线结构)是 IBM 公司专为其 PS\2 系统(使用各种 Intel 处理器芯片的个人计算机系统)开发的总线结构。该总线的总线宽度是 32 位,最高总线频率为 10 MHz。虽然 MCA 总线的速度比 ISA 和 EISA 快,但是 IBM 对 MCA 总线执行的是使用许可证制度,因此 MCA 总线没有像 ISA、EISA 总线一样得到有效推广。

(4)VESA 总线

VESA(Video Electronics Standards Association,视频电子标准协会)是 VESA 组织(1992 年由 IBM、Compaq 等发起,有 120 多家公司参加)按局部总线(Local Bus)标准设计的一种开放性总线。VESA 总线的总线宽度是 32 位,最高总线频率为 33 MHz。

(5)PCI 总线

PCI(Peripheral Component Interconnect,连接外部设备的计算机内部总线)是美国 SIG(Special Interest Group of Association for Computer Machinery,美国计算机协会专业集团)集团推出的新一代 64 位总线。该总线的最高总线频率为 33 MHz,数据传输率为 80 MB/s(峰值传输率为 133 MB/s)。

早期的 486 系列计算机主板采用 ISA 总线和 EISA 总线,而奔腾(Pentium)或 586 系列计算机主板采用了 PCI 总线和 EISA 总线。根据 586 系列主板的技术标准,主板应该淘汰传统的 EISA 总线,而使用 PCI 总线结构,但由于很多用户还在使用 ISA 总线或 EISA 总线接口卡,因此大多数 586 系列主板仍保留了 EISA 总线。

(6)AGP 总线

AGP(Accelerated Graphics Port)即高速图形接口。专用于连接主板上的控制芯片和 AGP 显示适配卡,为提高视频带宽而设计的总线规范,目前大多数主板均有提供。

(7)USB 总线

USB(Universal Serial Bus,通用串行总线)是一种简单实用的计算机外部设备接口标准,目前大多数主板均有提供。

(8)PCI-X 局部总线

为解决 Intel 架构服务器中 PCI 总线的瓶颈问题,Compaq、IBM 和 HP 公司决定加快加宽 PCI 芯片组的时钟速率和数据传输速率,使其分别达到 133 MHz 和 1 GB/s。利用对等 PCI 技术和 Intel 公司的快速芯片作为智能 I/O 电路的协处理器来构建系统,这种新的总线称为 PCI-X。PCI-X 技术能通过增加计算机中央处理器与网卡、打印机、硬盘存储器等各种外围设备之间的数据流量来提高服务器的性能。与 PCI 相比,PCI-X 拥有更宽的通道、更优良的通道性能以及更好的安全性能。很多媒体和观察者都预计在未来的几年中,PCI-X 能与目前的设备兼容,并具有良好的扩展性,发展前景乐观。

(9)PCI Express

PIC Express 简称 PCI-E,是电脑总线 PCI 的一种,它沿用了现有的 PCI 编程概念及通信标准,但基于更快的串行通信系统。英特尔是该接口的主要支持者。PCI-E 仅应用于内部互联。由于 PCI-E 是基于现有的 PCI 系统,只需修改物理层而无须修改软件就可将现有的 PCI 系统转换为 PCI-E。PCI-E 拥有更快的速率,以取代几乎全部现有的内部总线(包括 AGP 和 PCI)。英特尔希望将来能用一个 PCI-E 控制器和所有外部设备交流,取代现有的南桥/北桥方案。并且 PCI-E 设备能够支持热拔插和热交换特性。由此可见,PCI-E 最大的意义在于它的通用性,不仅可让它用于南桥和其他设备的连接,也可以延伸到芯片组间的连接,甚至可用于连接图形芯片,这样,整个 I/O 系统重新统一起来,将更进一步简化计算机系统,增加计算机的可移植性和模块化。

2)主板

在一台微型计算机中,主板(Main Board)(见图 3.33)是基于系统总线设计的,并且安装了计算机的主要电路系统,拥有扩展槽和各种插件。它提供了 CPU、各种介面卡、内存条和硬盘、软驱、光驱的插槽(或接口),其他的外部设备也会通过主板上的 I/O 接口连接到计算机上。计算机的质量与主板的设计和工艺有极大的关系。目前广泛采用的是由 Intel 公司在 1995 年提出的 ATX(AT Extend)结构,它是在 IBM 公司 1984 年提出的 AT 结构上的提升。随着 CPU 等元件的进步和电脑向多媒体、网络化方面发展,ATX 结构使主机的扩充能力和可靠性得到了进一步的提升,成为现代个人计算机的主流。

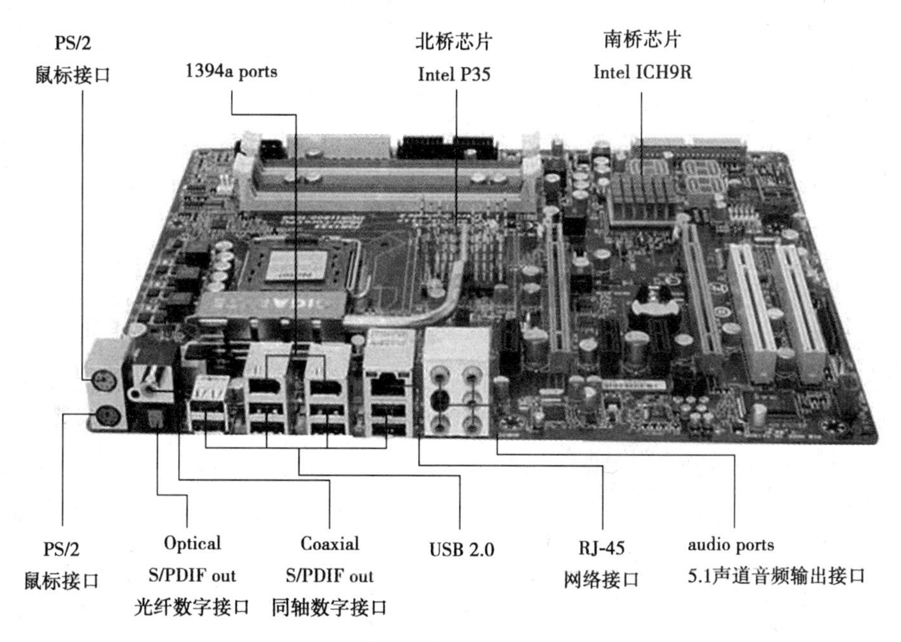

图 3.33　主板结构

3.10 接　口

3.10.1 接口的基本知识

接口位于外部设备和总线之间,其作用是 CPU 与外部设备之间的缓冲。有并口(也有称之为 IEEE 1284)、串口(也有称之为 RS-232 接口的)和 USB 接口。

3.10.2 微机主板上的接口

1) USB 接口

USB(Universal Serial Bus),通用串行总线接口是由 Compaq、IBM、Microsoft 等多家公司于 1994 年底联合提出的接口标准,其目的是用于取代逐渐不适应外设需求的传统串、并口。1996 年业界正式通过了 USB1.0 标准,1998 年 USB1.1 标准确立和 Windows 98 内核正式提供对 USB 接口的直接支持之后,USB 才真正开始普及,一直到今天已经发展到的 USB2.0 标准,成为目前电脑中的标准扩展接口。

USB 设备之所以会被大量应用,主要具有以下优点:

①可以热插拔。用户在使用外接设备时,不需要重复关机将并口或串口电缆接上再开机,而是直接在 PC 开机时,就可以将 USB 电缆插上使用。

②标准统一。硬盘、串口的鼠标键盘,并口的打印机扫描仪这些外设都可以用 USB 接口与 PC 连接。

③可以连接多个设备。USB 在 PC 上往往具有多个接口,可以同时连接几个设备,如果接上一个有 4 个端口的 USB hub 时(见图 3.34),就可以再连上 4 个 USB 设备,以此类推。

图 3.34　USB hub

图 3.35　U 盘存储器

USB 接口是一种越来越流行的接口方式,因为 USB 接口的特点很突出:速度快(最大传输速率高达 480 Mbps)、兼容性好(USB 1.0/1.1 与 USB 2.0 的接口是相互兼容)、不占中断、可以串接、支持热插拔等,所以如今有许多打印机、扫描仪、数字摄像头、U 盘存储器(见图 3.35)、MP3 播放器等都使用 USB 作为数据接口,未来的 USB 3.0 理论上 5 Gbps,并向下兼容 USB 1.0/1.1/2.0。

2) VGA 和 DVI 接口

VGA(Video Graphics Array)是 IBM 在 1987 年推出的一种视频传输标准,具有分辨率高、显示速率快、颜色丰富等优点。目前,大多数计算机与外部显示设备之间都是通过模拟 VGA 接口连接。图 3.36为 VGA 和 DVI 接口。

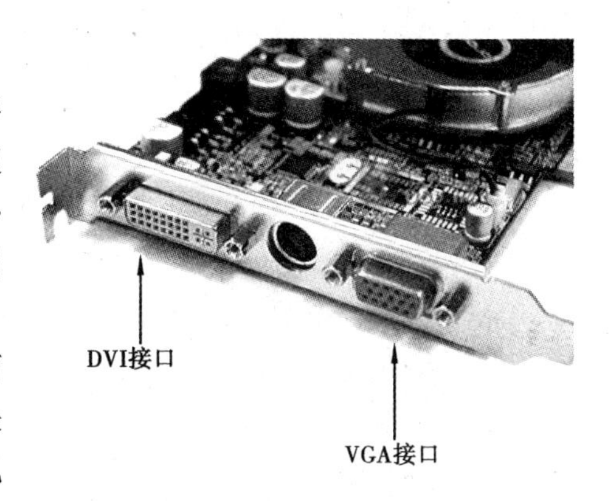

图 3.36 VGA 和 DVI 接口

DVI 接口适合传输无压缩、高清晰度视频信号,最高支持 QXGA(2 048 ×1 536)格式。DVI 是现在等离子、LCD 显示器的标准输入接口。计算机内部传输的是二进制的数字信号,使用 VGA 接口连接液晶显示器的话就需要先把信号通过显卡中的 D/A(数字/模拟)转换器转变为 R、G、B 三原色信号和行、场同步信号,这些信号通过模拟信号线传输到液晶内部还需要相应的 A/D(模拟/数字)转换器将模拟信号再一次转变成数字信号才能在液晶上显示出图像来。在上述的 D/A、A/D 转换和信号传输过程中不可避免会出现信号的损失和受到干扰,导致图像出现失真甚至显示错误,而 DVI 接口无须进行这些转换,避免了信号的损失,使图像的清晰度和细节表现力都得到了大大提高。

3) HDMI 接口

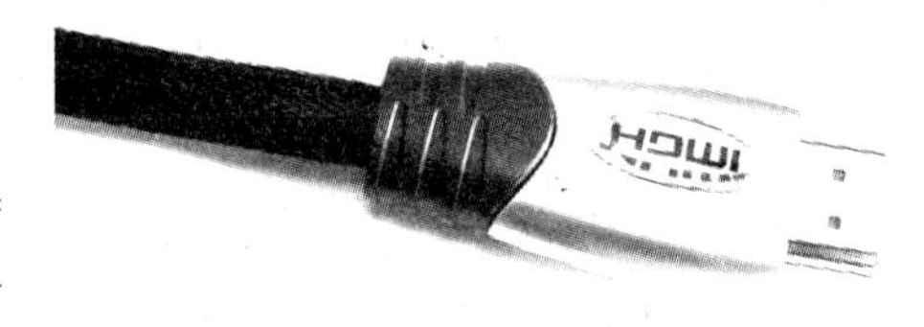

图 3.37 HDMI 接口

HDMI(High Definition Multimedia Interface)(见图 3.37)高清晰度多媒体接口是首个也是业界唯一支持不压缩全数字的音频/视频接口。HDMI 通过在一条线缆中传输高清晰、全数字的音频和视频内容,极大简化了布线,为消费者提供最高质量的家庭影院体验。由于 HDMI 是数字接口,所有的模拟连接(例如,分量视频或 S-video)要求在从模拟转换为数字时没有损失,因此它能提供最佳的视频质量。

HDMI 支持单线缆上的标准、增强的或高清晰度视频和多声道数字音频。它传输所有 HDTV 标准并支持 8 频道、192 kHz、不压缩的数字音频和现有的压缩格式,HDMI 1.3 还新增了对新型无损数字音频格式 Dolby True HD 和 DTS-HD Master Audio 的支持,空余带宽用于未来增强和需求。

习　题

1. 单选题

(1) 一个完整的计算机系统包括(　　)。

A. 主机、键盘、显示器　　B. 计算机及其外部设备

C. 系统软件与应用软件　　D. 计算机的硬件系统和软件系统

(2) 微型计算机的运算器、控制器及内存储器的总称是(　　)。

A. CPU　　B. ALU　　C. MPU　　D. 主机

(3) “长城 386 微机”中的“386”指的是(　　)。

A. CPU 的型号　　B. CPU 的速度　　C. 内存的容量　　D. 运算器的速度

(4)下列有关存储器读写速度的排列,正确的是(　　)。

A. RAM > Cache > 硬盘 > 软盘　　B. Cache > RA. M > 硬盘 > 软盘

C. Cache > 硬盘 > RAM > 软盘　　D. RAM > 硬盘 > 软盘 > Cache

(5)在微机的性能指标中,用户可用的内存容量是指(　　)。

A. RAM 的容量　　B. RAM 和 ROM 的容量之和

C. ROM 的容量　　D. CD-ROM 的容量

(6)下列四条叙述中,属 RAM 特点的是(　　)。

A. 可随机读写数据,且断电后数据不会丢失

B. 可随机读写数据,断电后数据将全部丢失

C. 只能顺序读写数据,断电后数据将部分丢失

D. 只能顺序读写数据,且断电后数据将全部丢失

(7)内存储器可分为随机存取存储器和(　　)。

A. 硬盘存储器　　B. 动态随机存储器　　C. 只读存储器　　D. 光盘存储器

(8)目前使用的软盘容量一般为(　　)。

A. 1.44MB　　B. 1.2MB　　C. 650MB　　D. 1MB

(9)3.5 英寸的软盘,写保护窗口上有一个滑块,将滑块推向一侧,使其写保护窗口暴露出来,此时(　　)。

A. 只能写盘,不能读盘　　B. 只能读盘,不能写盘

C. 既可写盘,又可读盘　　D. 不能写盘,也不能读盘

(10)平时所谓的"存盘"是指将信息按文件保存在(　　)。

A. 内存　　B. 运算器　　C. 控制器　　D. 外存

(11)下列哪个部件可以直接访问 CPU(　　)。

A. 硬盘　　B. 软盘　　C. 光盘　　D. 内存

(12)以下计算机系统的部件(　　)不属于外部设备

A. 键盘　　B. 中央处理器　　C. 打印机　　D. 硬盘

(13)下列述叙中正确的是(　　)。

A. 显示器和打印机都是输出设备　　B. 显示器只能显示字符

C. 通常的彩色显示器都有 7 种颜色　　D. 打印机只能打印字符和表格

(14)下列设备中,不能作为计算机输出设备的是(　　)。

A. 打印机　　B. 显示器　　C. 键盘　　D. 绘图仪

(15)(　　)是显示器的一个重要技术指标。

A. 分辨率　　B. 对比度　　C. 亮度　　D. 像素个数

(16)主机板上 CMOS 芯片的主要用途是(　　)。

A. 管理内存与 CPU 的通讯

B. 增加内存的容量

C. 储存时间、日期、硬盘参数与计算机配置信息

D. 存放基本输入输出系统程序、引导程序和自检程序

(17)下列因素中,对微型计算机工作影响最小的是(　　)。

A. 温度　　B. 湿度　　C. 磁场　　D. 噪声

(18)下列叙述不正确的是(　　)。

A. 计算机硬件系统的基本功能是接受计算机程序,并在程序控制下完成数据输入和数据输出任务

B. 软件系统建立在硬件系统的基础上,它使硬件功能得以充分发挥,并为用户提供一个操作方便、工作轻松的环境

C. 没有装配软件系统的计算机不能做任何工作,没有实际的使用价值

D. 一台计算机只要装入系统软件后,即可进行文字处理或数据处理工作

(19)微型计算机配置高速缓冲存储器是为了解决(　　)。

A. 主机与外设之间速度不匹配问题

B. CPU 与辅助存储器之间速度不匹配问题

C. 内存储器与辅助存储器之间速度不匹配问题

D. CPU 与内存储器之间速度不匹配问题

(20)下列打印机中,打印效果最佳的一种是(　　)。

A. 点阵打印机　　B. 激光打印机　　C. 热敏打印机　　C. 喷墨打印机

2. 填空题

(1)半导体存储芯片分为 RAM 和 ROM 两种,RAM 的中文全称是________存储器 。

(2)从逻辑功能上讲,计算机硬件系统中最核心的部件是________,它控制着内存储器、外存储器和 I/O 设备有条不紊地工作。

(3)目前广泛使用的移动存储器有 U 盘和________两种。

(4)U 盘是一种可移动的存储器,通过通用的________接口接插到 PC 机上。

(5)计算机系统中所有实际物理装置的总称是计算机________。

(6)光盘有哪三种类型________、________、________。

(7)总线有哪三种________、________、________。

(8)显示器的主要性能指标有________、________、________、________等四个。

(9)鼠标有哪两种________、________。

(10)软盘存储空间计算表达式是________。

3. 判断题

(1)在 PC 机中,处理器、微处理器和中央处理器是完全等同的概念。(　　)

(2)CD-R 光盘是一种能够多次读出和反复修改已写入数据的光盘。(　　)

(3)在 PC 机中,处理器、微处理器和中央处理器是完全等同的概念。(　　)

(4)CD-R 光盘是一种能够多次读出和反复修改已写入数据的光盘。(　　)

(5)安置在主机箱外部的存储器叫外部存储器，简称外存。(　　)

(6)CPU 不能直接访问外存储器。(　　)

(7)CD-ROM 光盘只能在 CD-ROM 驱动器中读出数据。(　　)

(8)手机、数码相机、MP3 等产品中一般都含有嵌入式计算机。(　　)

(9)计算机断电后,RAM 中的程序及数据不会丢失。(　　)

4. 简答题

(1)简述微型计算机系统的组成。

(2)计算机硬件由哪些组成?

(3)显示器的主要指标有哪些?

(4)简述内存储器和外存储器的区别(从作用和特点两方面入手)。

(5)简述 RAM 和 ROM 的区别。

(6)为什么要增加 Cache,Cache 有什么特点?

第4章 计算机软件系统

计算机软件系统是指使用计算机所运行的全部程序的总称。软件是计算机的灵魂,是发挥计算机功能的关键。有了软件,人们可以不必过多地去了解机器本身的结构与原理,可以方便灵活地使用计算机,从而使计算机有效地为人类工作、服务。随着计算机应用的不断发展,计算机软件在不断积累和完善的过程中,形成了极为宝贵的软件资源。它在用户与计算机之间架起了桥梁,为用户的操作带来极大的方便。计算机是一个非常有用的工具,学习计算机的重点是掌握它的基本组成结构、基本操作和使用技巧,但是如果想要对计算机有一个比较系统的认识,还需要了解一些有关计算机的硬件系统和软件系统的基础知识。

教学目的:

- 了解软件的基本概念
- 了解系统软件和应用软件的概念和常用软件
- 了解操作系统的功能、发展、分类和常见的操作系统
- 了解软件工程的基本概念
- 掌握程序设计的基本过程
- 掌握算法的概念和基本程序设计方法

4.1 软件的基本概念和发展

4.1.1 软件的基本概念

1)软件的定义

软件(Software)是一系列按照特定顺序组织的计算机数据和指令的集合。一般来说,软件被划分为编程语言、系统软件、应用软件和介于这两者之间的中间件。其中系统软件为计算机使用提供最基本的功能,但是并不针对某一特定应用领域。而应用软件则恰好相反,不同的应用软件根据用户和所服务的领域提供不同的功能。

软件并不只是包括可以在计算机上运行的计算机程序,与这些计算机程序相关的文档,一般也被认为是软件的一部分。简单地说,软件就是程序加文档的集合体。软件被应用于世界

的各个领域,对人们的生活和工作都产生了深远的影响,是计算机系统操作有关的计算机程序、规程、规则,以及可能有的文件、文档及数据。

2)软件的特点

①软件不同于硬件,它是计算机系统中的逻辑实体而不是物理实体,具有抽象性。

②软件的生产不同于硬件,它没有明显的制作过程,一旦开发成功,可以大量拷贝同一内容的副本。

③软件在运行过程中不会因为使用时间过长而出现磨损、老化以及用坏问题。

④软件的开发、运行在很大程度上依赖于计算机系统,受计算机系统的限制,在客观上出现了软件移植问题。

⑤软件开发复杂性高,开发周期长,成本较大。

⑥软件开发还涉及诸多的社会因素。

4.1.2 自由软件

自由软件(free software)是一种可以不受限制地自由使用、复制、研究、修改和分发的软件。其创始人是理查德·斯托曼(Richard Stallman)(见图4.1),被人称为"最后的真正黑客"。他认为一个好的软件,便该自由自在地让人取用。软件不应该拿来作为相互倾轧、剥削的工具。因此他起草GNU通用公共许可证来保障自由软件的自由,并创办了自由软件基金会来贯彻他的理念。他对自由软件的定义是:"自由软件的重点在于自由权,而非价格。要了解其所代表的概念,你应该将'自由'想成是'自由演讲',而不是'免费啤酒'。"更精确地说,自由软件代表计算机使用者拥有选择和任何人合作之自由、拥有掌控他们所用的软件之自由。

图4.1 自由软件组织创始人 Richard Stallman

大部分的自由软件都是在互联网发布,并且不收取任何费用;或是以离线实体的方式发行,有时会酌情收取部分费用(如工本费和运输费),而人们可用任何价格来贩售这些软件。因此,自由软件也可以是商业软件:因为贩卖软件没有违反自由软件的定义。

根据斯托曼和自由软件基金会(Free Software Foundation,FSF)的定义,自由软件赋予使用者4种自由:

①自由之零:不论目的为何,有使用该软件的自由。

②自由之一:有研究该软件如何运作的自由,并且得以修改该软件来符合使用者自身的需求。取得该软件之源码为达成此目的之前提。

③自由之二:有重新散布该软件的自由,所以每个人都可以借由散布自由软件来敦亲睦邻。

④自由之三:有改善后再利用该软件的自由,且可以发表修订后的版本供公众使用,如此一来,整个社群都可以受惠。如前项,取得该软件之源码为达成此目的之前提。

如果一软件的使用者具有上述4种权利,则该软件得以被称为"自由软件"。也就是说,使用者必须能够自由地、以不收费或是收取合理的散布费用的方式、在任何时间再散布该软件的原版或是改写版,在任何地方供任何人使用。如果使用者不必问任何人或是支付任何的许可费用从事这些行为,就表示她/他拥有自由软件所赋予的自由权利。

不受限制正是自由软件最重要的本质,与自由软件相对的是闭源软件(Proprietary Software)即非自由软件,也常被称为私有软件、封闭软件(其定义与是否收取费用无关——自由软件不一定是免费软件)。自由软件受到选定的"自由软件授权协议"保护而发布(或是放置在公共领域),其发布以源代码为主,二进制档可有可无。自由软件的许可证类型主要有GPL许可证和BSD许可证两种。另外,自由软件也可看作开源软件的一个子集。

其中,自由软件最知名的软件就是Linux。

4.1.3 商业软件

商业软件(Commercial Software,CS)是在计算机软件中,指被作为商品进行交易的软件。直到2000年,大多数的软件都属于商业软件。相对于商业软件,有非商业的专用软件(Proprietary Software)(但专用软件中亦包含有商业软件),可供分享使用的自由软件(Free Software)、分享软件(Shareware)、免费软件(Freeware)等。

新一代的商业软件其中应该包含统一沟通、企业协作、商业智能、企业项目管理等相关的解决方案,集成功能必须非常强大,能帮助更多用户体验实现软件的商业价值,体验提供最佳解决方案。BIMC指出商业软件提供商也应该为合作伙伴提供各种技术支持和培训,商业软件的销售人员和技术人员也需要接受提供商的专业培训才能上岗。

比如,商业管理系统是在继承传统商业零售业计算机管理经验,融入现代化商业管理思想,并在内核上集成了生鲜商品管理的新一代商业管理系统。为商家进行日常业务流程的自动化处理和管理提供了一套整体全线解决方案。并在其中涵盖了各种商场自动化设备的管理,如,Pos机、条码标签秤、条码打印机、盘点机等,做到了真正意义上的系统集成。

4.1.4 开放源码软件

开放源码软件(Open Source Software,OSS)是一种源代码可以任意获取的计算机软件,简称开源软件,这种软件的版权持有人在软件协议的规定之下保留一部分权利并允许用户学习、修改、增进提高这款软件的质量。开源协议通常符合开放源代码的定义的要求。一些开源软件被发布到公有领域。开源软件常被公开和合作地开发。

开源软件同时也是一种软件散布模式。一般的软件仅可取得已经过编译的二进制可执行文件,通常只有软件的作者或著作权所有者等拥有程序的源代码。有些软件的作者只将源代码公开,却不符合"开放源代码"的定义及条件,因为作者可能设置公开源代码的条件限制,诸如限制可阅读源代码的对象、限制派生产品等,由此,被称为公开源代码的免费软件(Freeware),故公开源代码的软件并不一定可称为开放源代码软件。

开放源代码的定义由Bruce Perens(曾是Debian的创始人之一)定义如下:

①自由再散布(Free Distribution):允许获得源代码的人可以自由地再将此源代码散布。

②源代码(Source Code):程序的可执行文件在散布时,必须以随附完整源代码或是可让人方便地事后取得源代码。

③派生著作(Derived Works):让人可依此源代码修改后,在依照同一授权条款的情形下再进行散布。

④原创作者程序源代码的完整性(Integrity of The Author's Source Code):意即修改后的版本,需以不同的版本号码与原始的代码作分别,以保障原始代码的完整性。

⑤不得对任何人或团体有差别待遇(No Discrimination Against Persons or Groups):开放源代码软件不得因性别、团体、国家、族群等设置限制,但若是因为法律规定的情形则为例外(如美国政府限制高加密软件的出口)。

⑥对程序在任何领域内的利用不得有差别待遇(No Discrimination Against Fields of Endeavor):意即不得限制商业使用。

⑦散布授权条款(Distribution of License):若软件再散布,必须以同一条款散布之。

⑧授权条款不得专属于特定产品(License Must Not Be Specific to a Product):若多个程序组合成一套软件,则当某一开放源代码的程序单独散布时,也必须符合开放源代码的条件。

⑨授权条款不得限制其他软件(License Must Not Restrict Other Software):当某一开放源代码软件与其他非开放源代码软件一起散布时(例如放在同一光盘),不得限制其他软件的授权条件也要遵照开放源代码的授权。

⑩授权条款必须技术中立(License Must Be Technology-Neutral):意即授权条款不得限制为电子格式才有效,若是纸本的授权条款也应视为有效。

开放源代码开放模式的名字及其特点最早是由美国计算机黑客埃里克·斯蒂芬·雷蒙在他的著作《大教堂和市集》(*The Cathedral and the Bazaar*)等一系列论文集中提出并探讨的。

严格地说来,开放源代码软件与自由软件是两个不同的概念,只要符合开源软件定义的软件就能被称为开放源代码软件(开源软件)。自由软件是一个比开源软件更严格的概念,因此所有自由软件都是开放源代码的,但不是所有的开源软件都能被称为"自由"。但在现实上,绝大多数开源软件也都符合自由软件的定义。比如,遵守GPL和BSD许可的软件都是开放的并且是自由的。

例如部分开源软件如下:

①Linux——第一个采用开放源代码软件开放模式的软件协作计划。

②Mozilla Firefox——开放源代码的浏览器。

③OpenOffice. org——开放源代码的办公软件。

例如介入开源运动发展的企业:

①苹果电脑(Apple)——开放了该公司操作系统Mac OS的内核Darwin的源代码(但不包括图形用户界面)。

②IBM——协助发展多项开放源代码计划。

4.2 软件的类型

一般来讲,软件被划分为系统软件和应用软件两种。

4.2.1　系统软件

系统软件为计算机使用提供最基本的功能，可分为操作系统和支撑软件，其中操作系统是最基本的软件。

系统软件是负责管理计算机系统中各种独立的硬件，使得它们可以协调工作。系统软件使得计算机使用者和其他软件将计算机当作一个整体而不需要顾及底层每个硬件是如何工作的。

①操作系统是一管理计算机硬件与软件资源的程序，同时也是计算机系统的内核与基石。操作系统身负诸如管理与配置内存、决定系统资源供需的优先次序、控制输入与输出设备、操作网络与管理文件系统等基本事务。操作系统也提供了一个让使用者与系统交互的操作接口。

②支撑软件是支撑各种软件的开发与维护的软件，又称为软件开发环境（SDE）。它主要包括环境数据库、各种接口软件和工具组。著名的软件开发环境有 IBM 公司的 Web Sphere 等。包括一系列基本的工具（比如编译器、数据库管理、存储器格式化、文件系统管理、用户身份验证、驱动管理、网络连接等方面的工具）。

4.2.2　应用软件

系统软件并不针对某一特定应用领域，而应用软件则相反，不同的应用软件根据用户和所服务的领域提供不同的功能。应用软件是为了某种特定的用途而被开发的软件。它可以是一个特定的程序，比如一个图像浏览器。也可以是一组功能联系紧密，可以互相协作的程序的集合，比如微软的 Office 软件。也可以是一个由众多独立程序组成的庞大的软件系统，比如数据库管理系统。

4.3　操作系统概述

4.3.1　操作系统的功能

操作系统（Operating System，OS）是管理计算机系统的全部硬件资源、控制程序运行、改善人机界面、合理组织计算机工作流程和为用户使用计算机提供良好运行环境的一种系统软件。它使计算机系统所有资源最大限度地发挥作用，为用户提供方便的、有效的、友善的服务界面。

从资源管理的角度，操作系统是用来控制和管理计算机系统的硬件资源和软件资源的管理软件。如记录资源的使用状况（哪些资源空闲、哪些可以使用、能被谁使用、使用多长时间等），合理分配及回收资源等。

从用户的观点，操作系统是用户和计算机硬件之间的界面。用户通过使用操作系统所提供的命令和交互功能实现访问计算机的操作，完成用户指定的任务。

从层次的观点，操作系统是由若干层次、按照一定结构形式组成的有机体。操作系统的每一层完成特定的功能，并对上一层提供支持，通过逐层功能的扩充，最终完成整个操作系统的功能，完成用户的请求。

一个标准 PC 的操作系统应该提供以下功能：

(1)进程与处理机管理

进程与处理机管理,又称处理器管理,主要是对中央处理器(CPU)进行管理、调度,以充分发挥 CPU 的效能。

在多道程序或多用户的环境下,要组织多个作业同时运行,就要解决处理器管理的问题。在多道程序系统中,处理器的分配和运行都是以进程为基本单位的,因而对处理器的管理可归结为对进程的管理。

进程是一个程序针对某个数据集,在内存中的一次运行。它是操作系统动态执行的基本单元。进程的概念主要有两点:第一,进程是一个实体。每一个进程都有它自己的地址空间,一般情况下,包括文本区域、数据区域和堆栈。第二,进程是一个"执行中的程序"。程序是一个没有生命的实体,只有处理器赋予程序生命时,它才能成为一个活动的实体,即进程。因此,进程和程序是两个既有联系又有区别的概念,正如铁路交通中所使用的列车和火车的概念,火车是一种交通工具,是静止的,而列车是正在行驶中的火车,是动态的,不仅包括火车本身,还包括当前所运载的人和物,起点和终点等。进程管理包括以下几个方面:

①进程控制。为多道程序并发执行而创建进程,并为之分配必要的资源。当进程运行结束时,撤销该进程,回收该进程所占用的资源,同时,控制进程在运行过程中的状态转换。

②进程同步。为使系统中的进程有条不紊地运行,系统要设置进程同步机制,为多个进程的运行进行协调。

③进程通信。系统中的各进程之间有时需要合作,需要交换信息,为此需要进行进程通信。

④进程调度。从进程的就绪队列中,按照一定的算法选择一个进程,把处理机分配给它,并为它设置运行现场,使之投入运行。

(2)内存管理(存储器管理)

存储管理是指对内存储器的管理,根据作业需要分配内存,当作业结束时及时回收所占用的内存区域。

存储管理的主要任务是为多道程序的运行提供良好的环境,方便用户使用存储器,并提高内存的利用率。存储管理包括以下几个方面:

①内存分配。为每道程序分配内存空间,并使内存得到充分利用,在作业结束时收回其所占用的内存空间。

②内存保护。保证每道程序都在自己的内存空间运行,彼此互不侵犯,尤其是操作系统的数据和程序,绝不允许用户程序干扰。

③地址映射。在多道程序设计环境下,每个作业是动态装入内存的,作业的逻辑地址必须转换为内存的物理地址,这一转换称为地址映射。

④内存扩充。内存的容量是有限的。为满足用户的需要,通过建立虚拟存储系统来实现内存容量的逻辑上的扩充。

(3)设备管理

在计算机系统的硬件中,除了 CPU 和内存,其余几乎都属于外部设备,外部设备种类繁多,物理特性相差很大。因此,操作系统的设备管理往往很复杂。设备管理主要实现对设备的分配,启动指定的设备进行实际的输入输出操作,以及操作完毕进行善后处理。

设备管理主要包括:

①缓冲管理。由于CPU和I/O设备的速度相差很大,为缓和这一矛盾,通常在设备管理中建立I/O缓冲区,而对缓冲区的有效管理便是设备管理的一项任务。

②设备分配。根据用户程序提出的I/O请求和系统中设备的使用情况,按照一定的策略,将所需设备分配给申请者,设备使用完毕后及时收回。

③设备处理。设备处理程序又称设备驱动程序,对于未设置通道的计算机系统其基本任务通常是实现CPU和设备控制器之间的通信。即由CPU向设备控制器发出I/O指令,要求它完成指定的I/O操作,并能接收由设备控制器来的中断请求,给予及时的响应和相应的处理。对于设置了通道的计算机系统,设备处理程序还应能根据用户的I/O请求,自动构造通道程序。

④设备独立性和虚拟设备。设备独立性是指应用程序独立于具体的物理设备,使用户编程与实际使用的物理设备无关。虚拟设备的功能是将低速的独占设备改造为高速的共享设备。

(4)文件管理

在操作系统的五大功能模块中,处理机管理、存储管理和设备管理都属于硬件资源的管理。软件资源的管理称为信息管理,即文件管理。现代计算机系统中,总是把程序和数据以文件的形式存储在文件存储器中(如磁盘、光盘、磁带等)供用户使用。因此,操作系统必须具有文件管理功能。

操作系统对文件的管理采取按名存取的原则,用户无须了解存取文件的过程和文件的位置,只要知道文件名,就可以存取文件中的信息。文件管理的主要任务是对用户文件和系统文件进行管理,支持文件的存储、检索、修改等操作,解决文件的共享、保护和保密等问题。

文件管理包括以下内容:

①文件存储空间的管理。所有的系统文件和用户文件都存放在文件存储器上。文件存储空间管理的任务是为新建文件分配存储空间,在一个文件被删除后应及时释放所占用的空间。文件存储空间管理的目标是提高文件存储空间的利用率,并提高文件系统的工作速度。

②目录管理。为方便用户在文件存储器中找到所需文件,通常由系统为每一文件建立一个目录项,包括文件名、属性以及存放位置等,由若干目录项又可构成一个目录文件。目录管理的任务是为每一文件建立其目录项,并对目录项加以有效的组织,以方便用户按名存取。

③文件读、写管理。文件读、写管理是文件管理的最基本的功能。文件系统根据用户给出的文件名去查找文件目录,从中得到文件在文件存储器上的位置,然后利用文件读、写函数,对文件进行读、写操作。

④文件存取控制。为了防止系统中的文件被非法窃取或破坏,在文件系统中应建立有效的保护机制,以保证文件系统的安全性。

(5)作业管理

作业是指用户在一次计算过程中要求计算机系统所做工作的集合。一个作业由程序、数据和作业说明书3部分组成。系统通过作业说明书控制程序和数据进行各项处理,最后将执行的输出结果提交给用户。作业通常分为脱机控制的批处理作业和联机控制的交互式作业。

作业管理可分为作业控制和作业调度两部分,作业控制按照操作说明或收到的命令要求,控制作业的执行;而作业调度功能保证在多人作业中,选取若干作业,为它们分配所需资源,并让它们执行。

一个作业调入系统建立相应的进程(一个或多个)后,由进程调度来分配 CPU,让其在 CPU 上运行,完成该作业的任务。

作业调度的任务是在用户输入的一批作业中按一定的策略选取多个作业,为它们分配必要的资源,使它们能同时执行。

一个作业从进入系统到运行结束,一般需要经历提交、准备、执行和完成 4 种状态,其作业状态的转换过程如图 4.2 所示。

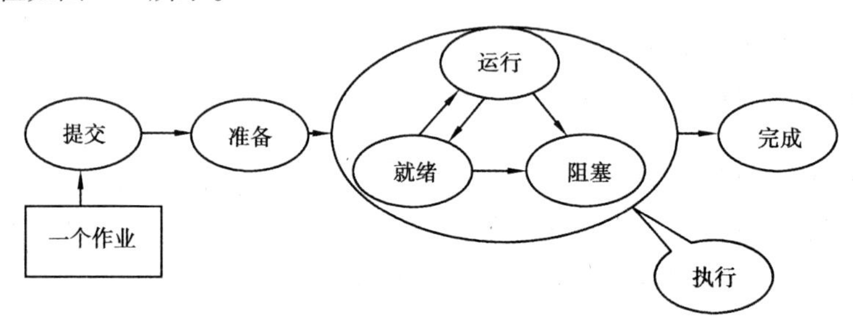

图 4.2　作业状态的转换过程

(6)网络通信

许多现代的操作系统都具备操作主流网络通信协定 TCP/IP 的能力。也就是说,这样的操作系统可以进入网络世界,并且与其他系统分享诸如文件、打印机与扫描仪等资源。

(7)安全机制

大多数操作系统都含有某种程度的信息安全机制。信息安全机制主要基于两大理念:一是,操作系统提供外界直接或间接访问数种资源的管道,如本地端磁盘驱动器的文件、受保护的特权系统调用(System call)、用户的隐私数据与系统运行的程序所提供的服务。二是,操作系统有能力认证(Authentication)资源访问的请求。

(8)用户界面

今日大部分的操作系统都包含图形用户界面(GUI)。图形用户界面与时俱进,例如,Windows 在每次新版本上市时就会将其图形用户界面改头换面,而 Mac OS 的 GUI 也在 Mac OS X 上市时出现重大转变。

(9)驱动程序

所谓的驱动程序(Device Driver)是指某类设计来与硬件交互的计算机软件。操作系统通常会主动制订每种设备该有的操作方式,而驱动程序功能则是将那些操作系统制订的行为描述,转译为可让设备了解的自定义操作手法。

4.3.2　操作系统的发展

操作系统的发展是一个漫长的过程,计算机发展之初并没有操作系统的概念,当时,每一台计算机必须配专有的程序,完成相关的工作;随着时代的发展和硬件的进步,产生了为用户管理计算机资源的操作系统,最初的操作系统一次只能运行一个程序,为了节约人力、提高计算机的工作效率,便出现了多任务的操作系统;随后,计算机走入千家万户,便有了面向企业、个人用户的操作系统,直到今天的操作系统。操作系统的发展过程大致经历了人工操作计算机、管理程序使用计算机、操作系统的形成和操作系统的发展 4 个阶段。

1）人工操作阶段

从1946年第一台计算机（ENIAC）诞生到20世纪50年代中期的第一代计算机，由于其存储容量小，运算速度慢，外部设备少等原因，人们使用计算机只能采用人工操作方式，根本没有操作系统的概念。在人工操作情况下，用户一个接着一个地轮流使用计算机。每个用户的使用过程大致如下：

①把手工编写的程序（机器语言编写的程序）穿成纸带（或卡片）装进输入机。

②经人工操作把程序和数据输入计算机。

③通过控制台开关启动程序运行。

④待计算完毕，用户拿走打印结果，并卸下纸带（或卡片）。

在这个过程中需要人工装纸带、人工控制程序运行、人工卸纸带，进行一系列的“人工干预”。这种由一道程序独占机器的情况，在计算机运算速度较慢的时候是可以容忍的。随着计算机技术的发展，计算机的速度、容量、外设的功能和种类等方面都有了很大的发展。比如，计算机的速度就有了几十倍、上百倍的提高，故使得手工操作的慢速度和计算机运算的高速度之间形成了一对矛盾，即所谓人—机矛盾。

2）管理程序阶段（批处理、执行系统）

为了充分利用计算机的时间，减少空闲等待，缩短作业的准备和建立时间，人们研究了驻留在内存中的管理程序。

在管理程序的控制下，计算机可以自动控制和处理作业流。

其工作流程如下：操作员集中一批用户提交的作业，由管理程序将这一批作业装到输入设备上（如果输入设备是纸带输入机，则这一批作业在一盘纸带上。若输入设备是读卡机，则该批作业在一叠卡片上），管理程序自动把第一个作业装入内存，使其被计算机处理。当该作业完成，管理程序再调入第二个作业到内存。只有一个作业处理完毕后，管理程序才可以自动地调度下一个作业进行处理，依次重复上述过程，直到该批作业全部处理完毕。这是早期的批处理系统，也称为执行程序。早期的批处理系统，作业的输入/输出是联机的，也就是说作业从输入机到磁带，由磁带调入内存，以及结果的输出打印都是由CPU直接控制的，称为联机批处理系统。

为了克服联机批处理速度慢的缺点，在批处理系统中引入了脱机输入/输出技术，从而形成了脱机批处理系统。脱机批处理系统由主机和卫星机组成，卫星机又称外围计算机，它不与主机直接连接，只与外部设备打交道。作业通过卫星机输入到磁带上，当主机需要输入作业时，就把输入带同主机连上。主机从输入带上把作业调入内存，并予以执行。作业完成后，主机负责把结果记录到输出带上，再由卫星机负责把输出带上的信息打印输出。这样，主机摆脱了慢速的输入/输出工作，可以较充分地发挥它的高速计算能力。同时，由于主机和卫星机可以并行操作，因此脱机批处理系统与早期联机批处理系统相比大大提高了系统的处理能力。

批处理技术出现后，由单道批处理发展到多道批处理，这是操作系统产生和发展的阶段，到了多道批处理阶段，便形成了操作系统。

3）操作系统的形成

随着第三代计算机性能的提高，机器速度更快，内存容量更大，特别是大容量高速磁盘存储器的出现，为软件的发展提供了有力的支持。20世纪60年代中期以后，随着多道程序的引入和分时系统，实时系统的出现，标志着操作系统的形成。

操作系统形成后,最大的优点为实现了操作的自动化;同时,资源管理由操作系统统一完成,提高了其管理水平;存储管理功能得到加强,极大地方便了用户的使用。

4)操作系统的发展

进入20世纪80年代以后,操作系统得到了较快的发展。我们将其归结为以下几个方面:

(1)微机操作系统的发展

20世纪70年代中期到80年代初为其第一阶段,其特定为单用户、单任务的操作系统。20世纪80年代以后为第二阶段,其特点为单用户、多任务和支持分时操作。微型机操作系统拥有最广泛的用户,由于微型计算机使用量大,在此,微型机上最具代表性的操作系统为Windows系列。

微电子技术推动计算机技术飞速发展,推动微型机更新换代,它由8位机、16位机发展到32位、64位机,相应的微机操作系统也由8位微机操作系统发展到16位、32位、64位操作系统。

(2)并行操作系统的发展

为提高计算机的性能及元器件的运行速度,人们采用增加同一时间间隔内的操作数量,通过并行处理技术和并行计算机来达到。已经开发出的并行计算机有阵列处理机、流水线处理机、多处理机。为了发挥并行计算机的性能,需要有并行算法、并行语言等许多软件相配合,而并行操作系统则是并行计算机发挥高性能的基础和保证。

(3)分布式操作系统的发展

分布式系统是用通信网连接并用消息传送进行通信的计算机系统,随着微型、小型机的发展,人们开始研究由多台微、小型计算机组成的分布式系统。它具有多机合作和健壮性的特点。多机合作表现在自动的任务分配和协调,而健壮性表现在当系统中有一个甚至几个计算机或通路发生故障时,其余部分可自动重构成为一个新的系统,该系统仍可以工作,甚至可以继续其失效部分的全部工作。正是由于多机合作,系统才具有响应时间短、吞吐量大,以及可用性好和可靠性高等特点。分布式系统的控制和管理依赖于分布式操作系统。因而,分布式操作系统也越来越受到人们的重视,是当前正在进行深入研究的热点之一。

4.3.3 操作系统的类型

在整个操作系统的发展历程中,操作系统的分类没有一个单一的标准,可以根据工作方式分为批处理操作系统、分时操作系统、实时操作系统、网络操作系统和分布式操作系统等;根据架构可分为单内核操作系统等;根据运行的环境,可分为桌面操作系统、嵌入式操作系统等;根据指令的长度分为8, 16, 32, 64 bit的操作系统。

1)批处理操作系统

批处理(Batch Processing)操作系统的工作方式是:用户将作业交给系统操作员,系统操作员将许多用户的作业组成一批作业,之后输入到计算机中,在系统中形成一个自动转接的连续作业流,然后启动操作系统,系统自动执行每个作业。最后由操作员将作业结果交给用户。

批处理操作系统的特点是多道和成批处理。但是用户自己不能干预自己作业的运行,一旦发现错误不能及时改正,从而延长了软件开发时间,因此这种操作系统只适用于成熟的程序。

批处理操作系统的优点是:作业流程自动化、效率高、吞吐率高。缺点是:无交互手段、调试程序困难。

2)分时操作系统

分时(Time Sharing)操作系统的工作方式是:一台主机连接了若干个终端,每个终端有一个用户使用。用户向系统提出命令请求,系统接受每个用户的命令,采用时间片轮转方式处理服务请求,并通过交互方式在终端上向用户显示结果。用户根据上一步的处理结果发出下一道命令。

分时操作系统将CPU的运行时间划分成若干个片段,称为时间片。操作系统以时间片为单位,轮流为每个终端用户服务。由于时间片非常短,所以每个用户感觉不到其他用户的存在。

分时系统具有多路性、交互性、“独占”性和及时性的特征。多路性是指同时有多个用户使用一台计算机,宏观上看是多个作业同时使用一个CPU,微观上是多个作业在不同时刻轮流使用CPU。交互性是指用户根据系统响应结果进一步提出新请求(用户直接干预每一步)。“独占”性是指用户感觉不到计算机为其他人服务,就像整个系统为他所独占。及时性是指系统对用户提出的请求及时响应。

常见的通用操作系统是分时系统与批处理系统的结合。其原则是:分时优先,批处理在后。“前台”响应需频繁交互的作业,如终端的要求;“后台”处理时间性要求不强的作业。

3)实时操作系统

实时操作系统(Real Time Operating System,RTOS)是指使计算机能及时响应外部事件的请求,在严格规定的时间内完成对该事件的处理,并控制所有实时设备和实时任务协调一致地工作的操作系统。实时操作系统追求的主要目标是:对外部请求在严格时间范围内作出反应,具有高可靠性和完整性。

4)嵌入式操作系统

嵌入式操作系统(Embedded Operating System,EOS)是运行在嵌入式系统环境中,对整个嵌入式系统以及它所操作、控制的各种部件装置等资源进行统一协调、调度、指挥和控制的系统软件。

5)个人计算机操作系统

个人计算机操作系统是一种单用户多任务的操作系统。个人计算机操作系统主要供个人使用,功能强、价格便宜,可以在几乎任何计算机上安装使用。它能满足一般人操作、学习、游戏等方面的需求。个人计算机操作系统的主要特点是:计算机在某一时间内为单个用户服务;采用图形界面进行人机交互,界面友好;使用方便,用户无须专门学习,也能熟练操纵计算机。

6)网络操作系统

网络操作系统是基于计算机网络的,是在各种计算机操作系统上按网络体系结构协议标准开发的系统软件,包括网络管理、通信、安全、资源共享和各种网络应用。其目标是实现网络通信及资源共享。

7)分布式操作系统

通过高速互联网络将许多台计算机连接起来形成一个统一的计算机系统,可以获得极高的运算能力及广泛的数据共享。这种系统被称作分布式系统(Distributed System)。

分布式操作系统的特征是:统一性,即它是一个统一的操作系统;共享性,即所有的分布式系统中的资源是共享的;透明性,其含义是用户并不知道分布式系统是运行在多台计算机上,在用户眼里整个分布式系统像是一台计算机,对用户来讲是透明的;自治性,即处于分布式系统的多个主机都可独立工作。

网络操作系统与分布式操作系统在概念上的主要区别在于:网络操作系统可以构架于不同的操作系统之上,也就是说它可以在不同的主机操作系统上,通过网络协议实现网络资源的统一配置,在大范围内构成网络操作系统。在网络操作系统中并不能对网络资源进行透明的访问,而需要显式地指明资源位置与类型,对本地资源和异地资源的访问区别对待。分布式操作系统比较强调单一性,它是由一种操作系统构架的。在这种操作系统中,网络的概念在应用层被淡化了。所有资源(本地的资源和异地的资源)都用同一方式管理与访问,用户不必关心资源在哪里,或者资源是怎样存储的。

4.3.4 常见的操作系统

选择要安装的操作系统通常与其硬件架构有很大的关系,只有 Linux 与 BSD 几乎可在所有硬件架构上运行,而 Windows NT 仅移植到了 DEC Alpha 与 MIPS Magnum。在 1990 年早期,个人计算机的选择就已被局限在 Windows 家族、类 Unix 家族以及 Linux 上,而以 Linux 及 Mac OS X 为最主要的另类选择,直至今日。

大型机与嵌入式系统使用很多样化的操作系统。大型主机近期有许多开始支持 Java 及 Linux 以便共享其他平台的资源。嵌入式系统近期百家争鸣,从给 Sensor Networks 用的 Berkeley Tiny OS 到可以操作 Microsoft Office 的 Windows CE 都有。

1)个人计算机

个人计算机市场目前分为两大阵营,此两种架构分别有支持的操作系统:

Apple Macintosh—Mac OS X,Windows(仅 Intel 平台),Linux、BSD。

IBM 兼容 PC——Windows、Linux、BSD、Mac OS X(非正式支持)。

2)大型机

最早的操作系统是针对 20 世纪 60 年代的大型主结构开发的,由于这些系统在软件方面作了巨大投资,因此原来的计算机厂商继续开发与原来操作系统相兼容的硬件与操作系统。这些早期的操作系统是现代操作系统的先驱。现在仍被支持的大型主机操作系统包括:

Burroughs MCP——B5000,1961 to Unisys Clearpath/MCP, present。

IBM OS/360——IBM System/360, 1964 to IBM zSeries, present。

UNIVAC EXEC 8——UNIVAC 1108, 1964 to Unisys Clearpath IX, present。

现代的大型主机一般也可运行 Linux 或 Unix 变种。

3)嵌入式系统

嵌入式系统使用较为广泛的操作系统(如 VxWorks、eCos、Symbian OS 及 Palm OS)以及某些功能缩减版本的 Linux 或其他操作系统。某些情况下,OS 指称的是一个自带了固定应用软件的巨大泛用程序。在许多最简单的嵌入式系统中,所谓的 OS 就是指其上唯一的应用程序。

4)类 Unix 系统

所谓的类 Unix 家族指的是一族种类繁多的 OS,此族包含了 System V、BSD 与 Linux。Unix 操作系统是一个通用、交互型分时操作系统,是目前唯一可以安装和运行在微型机、工作站直到大型机和巨型机上的操作系统。

Minix 与 Unix 兼容,内核全新的学习型操作系统,学生可以用它来分析一个操作系统,研究其内部运作,其名称源于“小 Unix”,由于其简洁、短小,故称 Minix。

Linux 操作系统(见图4.3)是芬兰的一个学生编写的类似 Minix 的操作系统,它是自由软件,开放源代码并可自由修改,因此有着广泛的用户群体和广泛的应用领域。

图4.3　Linux 操作系统

5)**微软** Windows

Microsoft Windows 系列操作系统是在微软给 IBM 机器设计的 MS-DOS 的基础上设计的图形操作系统。现在的 Windows 系统,如 Windows 2000、Windows XP 皆是创建于现代的 Windows NT 内核。Windows 可以在32 位和64 位的 Intel 和 AMD 的处理器上运行。由于人们对于开放源代码操作系统兴趣的提升,Windows 的市场占有率相应有所下降,但是到2004 年为止,Windows 操作系统在世界范围内占据了桌面操作系统90%的市场。

Windows 系统也被用在低级和中级服务器上,并且支持网页服务的数据库服务等一些功能。最近微软花费了大量的研究与开发经费,用于使 Windows 拥有能运行企业的大型程序的能力。

Windows XP(见图4.4)在2001 年10 月25 日发布,2004 年8 月24 日发布服务包2,2008 年4 月21 日发布最新的服务包3。微软上一款操作系统 Windows Vista(开发代码为 Longhorn)于2007 年1 月30 日发售。Windows Vista 增加了许多功能,尤其是系统的安全性和网络管理功能,并且其拥有界面华丽的 Aero Glass。但是整体而言,其在全球市场上的口碑却并不是很好。其后继者 Windows 7(见图4.5)则是于2009 年10 月22 日发售,Windows 7 改善了 Windows Vista 为人诟病的性能问题,相较于 Windows Vista,在同样的硬件环境下,Windows 7 的表现较 Windows Vista 更好。而最新的 Windows 8(见图4.6)则于2012 年10 月26 日发售。

6)**苹果** Mac OS

Mac OS 是一套运行于苹果 Macintosh 系列计算机上的操作系统。Mac OS 是首个在商用领域成功的图形用户界面系统。Macintosh 组包括比尔·阿特金森(Bill Atkinson)、杰夫·拉斯金(Jef Raskin)和安迪·赫茨菲尔德(Andy Hertzfeld)。现行的最新的系统版本是 Mac OS X v10.8。

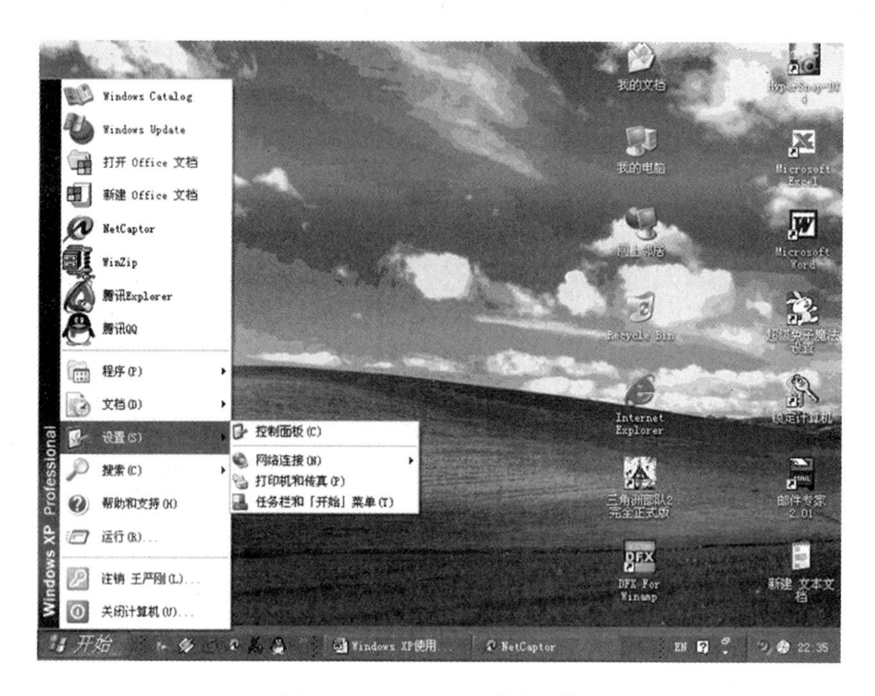

图 4.4　Windows XP 操作系统

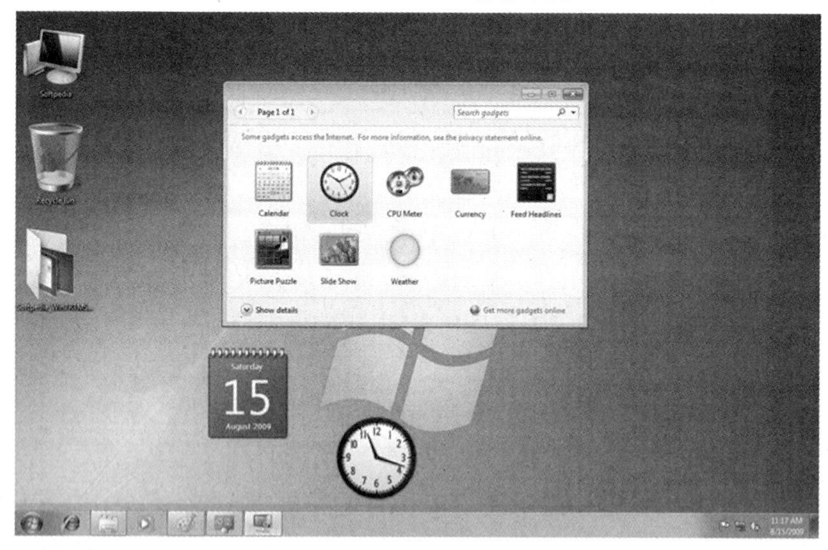

图 4.5　Windows 7 操作系统

7)关于未来

研究与创建未来的操作系统依旧进行着。操作系统正朝着更省电、网络化、易用、华丽的用户界面的方向改进。类 Unix OS 通过和桌面环境开发者协作,正努力改进使用环境。

Eye OS 是一个实用的网络云运算操作系统。

GNU Hurd 是一个以完全兼容 Unix 并加强许多功能为目标的微内核架构。微软 Singularity 是一个奠基于. Net 并以创建较佳存储器保护机制为目标的研究计划。

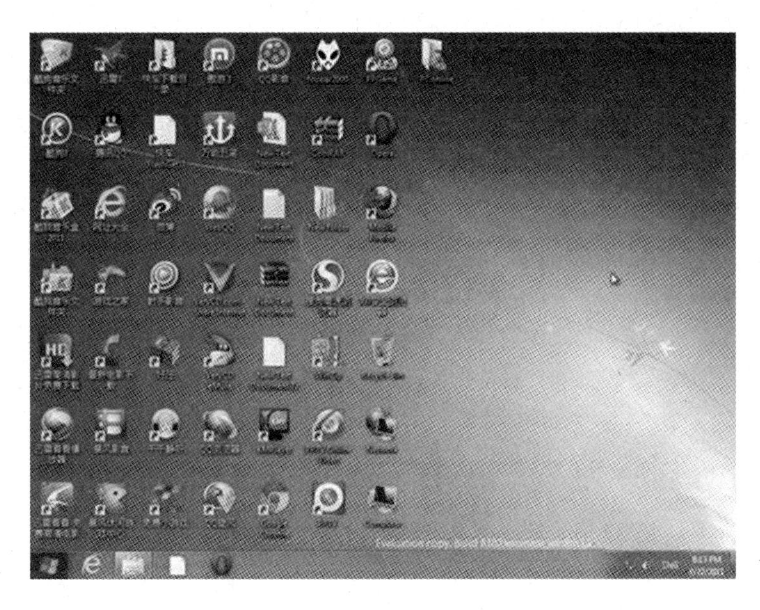

图 4.6　Windows 8 操作系统

4.4　应用软件概述

4.4.1　常见的应用软件类型

1）办公室软件

①文字处理器。

②试算表程序。

③投视频报告。

④数学程序创建编辑器。

⑤绘图程序。

⑥基础数据库。

⑦文件管理系统。

⑧文件编辑器。

2）互联网

①实时通信软件。

②电子邮件客户端。

③网页浏览器。

④FTP 客户端。

⑤下载工具。

3）多媒体

①媒体播放器。

②图像编辑软件。

③音频编辑软件。
④视频编辑软件。
⑤计算机辅助设计。
⑥电脑游戏。
⑦桌面排版。

4)分析软件

①计算机代数系统。
②统计软件。
③数字计算。
④计算机辅助工程设计。

5)协作软件

协作产品开发。

6)商务软件

①会计软件。
②企业工作流程分析。
③客户关系管理。
④Back office。
⑤企业资源规划。
⑥供应链管理。
⑦产品生命周期管理。

7)数据库

数据库管理系统。

8)其他软件

①教育软件。
②DIY 软件。

4.4.2 常见的应用软件

常见的应用软件如下:

①文字处理软件。如 WPS Office、Microsoft Office。

②信息管理软件。如 Oracle Database 数据库、SQL Server 数据库。

③辅助设计软件。如 CATIA、NX、AutoCAD。

④图形图像软件。如 Adobe Photoshop、CorelDRAW、3DS MAX。

⑤网络通信软件。如 ICQ、QQ、Windows Live Messenger。

⑥网页浏览软件。如 Internet Explorer、Firefox。

⑦影音播放软件。如 MPlayer、RealPlayer、GOM Player、WMP、暴风影音。

⑧音乐播放软件。如 Winamp、Foobar2000、千千静听、酷我音乐、酷狗音乐。

⑨下载管理软件。如 Orbit、迅雷、快车、QQ 旋风。

⑩信息安全软件。如 360 安全卫士、360 杀毒、德国小红伞、卡巴斯基、诺顿杀毒、瑞星杀毒、金山毒霸。

⑪电子邮件客户端。如 Windows Live Mail、Outlook Express、Foxmail。

⑫虚拟机软件。如 VMware、VirtualBox、Microsoft Virtual PC。

4.5　计算机编程概述

程序(program)是为实现特定目标或解决特定问题而用计算机语言编写的命令序列的集合。所有的软件都是由计算机编程实现。

4.5.1　计算机语言的发展

根据程序设计语言发展的历程,可将其大致分为4类:机器语言、汇编语言、高级语言和4GL语言。

1)机器语言

机器语言是指直接用二进制代码指令表达的计算机语言,指令是用0和1组成的一串代码,它们有一定的位数,并分成若干段,各段的编码表示不同的含义。例如,某台计算机字长为16位,即有16个二进制数组成一条指令或其他信息。16个0和1可组成各种排列组合,通过线路变成电信号,让计算机执行各种不同的操作。不同处理器类型的计算机,其机器语言是不同的,按照一种计算机的机器指令编制的程序,不能在指令系统不同的计算机中执行。机器语言的缺点是:难记忆、难书写、难编程、易出错、可读性差和可执行差。

2)汇编语言

为了克服机器语言的缺点,人们采用了与二进制代码指令实际含义相近的英文缩写词、字母和数字等符号来取代二进制指令代码,这就是汇编语言(也称为符号语言)。汇编语言是由助记符(memoni)代替操作码,用地址符号(symbol)或标号(label)代替地址码所组成的指令系统。使用汇编语言编写的程序,机器不能直接识别,要由一种程序将汇编语言翻译成机器语言,这种起翻译作用的程序称为汇编程序,汇编程序是系统软件中的语言处理系统软件。汇编程序把汇编语言翻译成机器语言的过程称为汇编。

汇编语言比机器语言易于读写、调试和修改,同时具有机器语言的全部优点。但在编写复杂程序时,相对高级语言代码量较大,而且汇编语言依赖于具体的处理器体系结构,不能通用,因此不能直接在不同处理器体系结构之间移植。

3)高级语言

机器语言和汇编语言统称为低级语言,由于其二者依赖于硬件体系,且汇编语言中的助记符量大、难记,于是人们又发明了更加方便易用的高级语言。在这种语言下,其语法和结构更类似普通英语,且由于远离对硬件的直接操作,使得一般人经过学习之后都可以进行编程。

(1)传统的高级程序设计语言

1954年,约翰·巴克斯发明了FORTRAN语言。FORTRAN是最早出现的高级程序设计语言,主要应用在科学和工程计算领域。

1958年,在FORTRAN的基础上改进的ALGOL语言诞生了,与FORTRAN相比,ALGOL引入了局部变量和递归过程的概念,提供了较为丰富的控制结构和数据类型,对后来的高级语言产生了深刻影响。

1960 年诞生的 COBOL 是商用数据处理应用中广泛使用的标准语言,它通用性强,容易移植,并提供了与事务处理有关的大范围的过程化技术。COBOL 是世界上最早实现标准化的语言,它的出现、应用与发展,改变了人们对“计算机只能用于数值计算”的观点。

1964 年,由 Dartmouth 学院 JohnG. Kemeny 与 Thomas E. Kurtz 两位教授所开发的 Beginner's All-purpose Symbolic Instruction Code(初学者通用的符号指令代码),是最著名的 BASIC 语言。由于 BASIC 语言立意甚佳,简单、易学的基本特性,很快便流行起来,几乎所有小型、微型,以及家用计算机,甚至部分大型计算机,都提供给使用者这种语言撰写程式。在微型计算机方面,则因为 BASIC 语言可配合微型计算机的操作功能,使得 BASIC 早已成为微型计算机的主要语言之一。随着计算机科学技术的迅速发展,特别是微型计算机的广泛使用,计算机厂商不断地在原有的 BASIC 基础上进行功能扩充,出现了多种 BASIC 版本,例如,TRS-80 BASIC,Apple BASIC,GWBASIC,IBM BASIC(即 BASICA)和 True BASIC。此时 BASIC 已经由初期小型、简单的学习语言发展成为功能丰富的使用语言。它的许多功能已经能与其他优秀的计算机高级语言相媲美,而且有的功能(如绘图)甚至超过了其他语言。

(2)通用的结构化程序设计语言

结构化程序设计语言的特点是具有很强的过程功能和数据结构功能,并提供结构化的逻辑构造。这一类语言的代表有 Pascal,C 和 Ada 等,它们都是从 ALGOL 语言派生出来的。

Pascal 是一种计算机通用的高级程序设计语言。Pascal 的取名是为了纪念 17 世纪法国著名哲学家和数学家 Blaise Pascal。它由瑞士 Niklaus Wirth 教授于 20 世纪 60 年代末设计并创立。1971 年,瑞士联邦技术学院尼克劳斯·沃尔斯(N. Wirth)教授发明了另一种简单明晰的计算机语言,这就是以计算机先驱帕斯卡的名字命名的 Pascal 语言。Pascal 语言语法严谨,层次分明,程序易写,具有很强的可读性,是第 1 个结构化的编程语言。它一面世就受到广泛欢迎,迅速地从欧洲传到美国。沃尔斯一生还写作了大量有关程序设计、算法和数据结构的著作,因此,他获得了 1984 年度的“图灵奖”。

C 语言是一种面向过程的计算机程序设计语言,它是目前众多计算机语言中举世公认的优秀结构程序设计语言之一。它由美国贝尔研究所的 D. M. Ritchie 于 1972 年推出。1978 年后,C 语言已先后被移植到大、中、小及微型机上。C 语言的特点是适用于编写系统软件和应用软件,它具有丰富的数据结构,支持用户自定义函数,与汇编语言接口好,具有丰富的函数库,具有比较强的图形处理能力。

Ada 是一种表现能力很强的通用程序设计语言,它是由美国国防部为克服软件开发危机,耗费巨资,历时近 20 年研制成功的。作为一种用于嵌入式实时计算机设计的标准语言,Ada 它被誉为第 4 代计算机语言的成功代表。

(3)专用语言

专用语言是为特殊的应用而设计的语言,通常具有自己特殊的语法形式,面对特定的问题,输入结构及词汇与该问题的相应范围密切相关。具有代表性的专用语言有 C++, Java 等。

1980 年贝尔实验室的 Bjarne Stroustrup 发明了“带类的 C”,增加了面向对象程序设计所需要的抽象数据类型“类”,带类的 C 语言于 1983 年被命名为 C++(C plus plus),成为面向对象程序设计语言。C++有丰富的类库和函数库,可嵌入汇编语言,使程序优化,但这种语言难于学习和掌握,需要有 C 语言编程的基础经验和较为广泛的知识。目前,C++成为当今最受欢迎的面向对象的程序设计语言,因为它既融合了面向对象的能力,又与 C 语言兼容,保留了 C 语言的许多重要特征。C + + 常见的开发工具有 Borland C + + 、Microsoft Visual C + + 等。

Java 诞生于 1995 年,至今已有 16 年历史。Java 名称的来源:Java 是印度尼西亚爪哇岛的英文名称,因盛产咖啡而闻名。Java 语言中的许多库类名称多与咖啡有关,如 JavaBeans(咖啡豆)、NetBeans(网络豆)和 ObjectBeans(对象豆)等。SUN 和 Java 的标识也正是一杯正冒着热气的咖啡。10 多年来,Java 就像爪哇咖啡一样誉满全球,成为实至名归的企业级应用平台霸主,而 Java 语言也如同咖啡一般醇香动人。Java 是一种简单的、面向对象的、分布式的、解释型的、健壮安全的、结构中立的、可移植的、性能优异、多线程的动态语言,Java 语言的优良特性使得 Java 应用具有无比的健壮性和可靠性,从而减少了应用系统的维护费用。Java 对对象技术的全面支持和 Java 平台内嵌的 API 能够缩短应用系统的开发时间并降低成本。Java 的编译一次即可,到处可运行的特性使得它能够提供一个随处可用的开放结构和在多平台之间传递信息的低成本方式。特别是 Java 企业应用编程接口(Java Enterprise APIS)为企业计算及电子商务应用系统提供了有关技术和丰富的类库。Java 有建立在公共密钥技术上的确认技术,指示器语义的改变将使应用程序不能再去访问以前的数据结构或者私有数据,这样大多数病毒也就无法破坏数据。因而,使用 Java 可以构造无病毒、安全的系统。它适用于 Internet 环境,并具有较强的交互性和实时性,提供了网络应用的支持和多媒体的存取,推动了 Internet 和企业网络 Web 的进步。SUN 公司的 J2EE 平台的发布,推动了 Java 在各个领域的应用。

(4)4GL 语言

4GL 即第 4 代语言(fourth-generation language),4GL 是按计算机科学理论指导设计出来的结构化语言,如 ADA,MODULA-2,SMALLTALK-80 等。

一般认为 4GL 具有简单易学,用户界面良好,非过程化程度高,面向问题,只需告知计算机"做什么",而不必告知计算机"怎么做",用 4GL 编程使用的代码量较之 COBOL 和 PL/1 明显减少,并可呈数量级地提高软件生产率等特点。许多 4GL 为了提高对问题的表达能力,也为了提高语言的效率,引入了过程化的语言成分,出现了过程化的语句与非过程化的语句交织并存的局面,如 LINC,NOMAD,IDEAL,FOCUS 和 NATURAL 等均是如此。

4GL 以数据库管理系统所提供的功能为核心,进一步构造了开发高层软件系统的开发环境,如报表生成、多窗口表格设计和菜单生成系统等,为用户提供了一个良好的应用开发环境。

4GL 的代表性软件系统有:PowerBuilder,Delphi 等。

4.5.2　程序设计语言的选择

在选择程序设计语言时,既要考虑程序设计语言的特性,又要考虑是否能够满足需求分析和设计阶段所产生的模型的需要。一般而言,衡量某种程序设计语言是否适合特定的项目,应考虑以下一些因素:

①应用领域。

②算法和计算复杂性。

③软件运行环境。

④用户需求中关于性能方面的需要。

⑤数据结构的复杂性。

⑥软件开发人员的知识水平和心理因素等。

其中,应用领域常常被作为选择程序设计语言的首要标准,这主要是因为若干主要的应用领域长期以来已固定地选用了某些标准语言。例如,C 语言经常用于系统软件开发;Ada 及 C 对实时应用和嵌入式软件更有效;FORTRAN 适用于工程及科学计算领域等。

4.5.3 程序设计的基本过程

程序设计就是使用某种程序设计语言编写程序代码来驱动计算机完成特定功能的过程。程序设计的基本过程一般由分析所求解的问题、抽象数学模型(确定数据结构)、选择合适算法(确定算法)、编写程序,以及调试通过直至得到正确结果等几个阶段所组成,如图 4.7 所示。

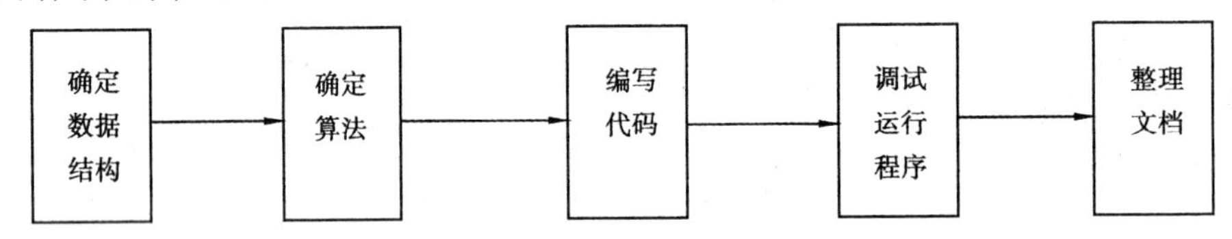

图 4.7 程序设计的基本步骤

一个完整的程序设计步骤如下:

①确定数据结构。根据任务提出的要求、指定的输入数据和输出的结果,确定存放数据的数据结构。

②确定算法。针对存放数据的数据结构来确定解决问题及完成任务的各个步骤。

③编写代码。根据确定的数据结构和算法,使用选定的计算机语言来编写程序代码,并输入到计算机中,保存在磁盘上,通常简称为“编程”。

④调试运行程序。消除由于疏忽而引起的语法错误或逻辑错误,用各种可能的输入数据对程序进行调试,使其对各种合理的数据都能得到正确的结果,对不合理的数据能进行适当处理。

⑤整理文档。对解决问题整个过程的有关资料进行整理,编写程序使用说明书。

4.5.4 程序翻译方式

1)汇编程序

汇编程序又称为会变系统,它的功能是将汇编语言程序翻译成机器语言程序。由于汇编语言的指令与机器语言的指令基本保持了一一对应关系,因此,汇编的过程比较简单,效果非常高。汇编的基本步骤如下:

①将指令助记符转换为机器操作码。

②将符号操作数转换为地址码。

③将操作码和操作数构成机器指令。

如果汇编程序中定义了宏指令,汇编语言程序中的一条宏指令可能被翻译成若干条机器语言指令,这种情况称为宏汇编程序。

2)编译程序

编译程序又称为编译系统,它的主要功能是将高级语言编写的程序翻译成等效的机器语言程序,以便直接运行程序。编译程序主要执行下列步骤:

①编译。首先把源程序编译成等效的汇编代码,然后再由汇编程序将汇编代码翻译成可重新定位的目标程序,目标程序是由浮动的机器语言程序模块和相关的信息表所组成,它也不能够

直接在计算机上执行,必须要经过装配连接才能构成可执行的机器语言程序,即可执行程序。

②连接。将若干可重新定位的目标程序连接在一起,构成一个完整的可重新定位的目标程序。

③加载。将完整的可重新定位的目标程序装入主存储器中,并对目标程序重新定位,成为可在及其上直接执行的机器语言程序。

3)解释程序

解释程序又称为解释系统。所谓解释实际上是对源程序的每一种可能的行为,都以机器语言编写一个子程序,用来模拟这一行为。因此对高级语言程序的解释,实际上可调用一系列的子程序来完成。解释程序重复执行下列步骤:

①取下一个语句。

②确定被执行的子程序。

③执行这一子程序。

解释程序按源程序中语句的动态顺序逐句进行分析翻译,并调用子程序执行程序功能,不产生目标程序。解释程序的执行效率要比编译程序低很多。

4.5.5　算法

1)算法的概念

算法是对解决某一特定问题的操作步骤的具体描述。简单地说,算法就是解决一个问题而采取的方法和步骤,如打电话,要进行拨号、接通后通话、结束通话等操作,这就是“通话算法”;植树的过程,是挖坑、栽树苗、培土和浇水,这就是“植树算法”。

在计算机科学中,算法是描述计算机解决给定问题的有明确意义操作步骤的有限集合。计算机算法一般可分为数值计算算法和非数值计算算法。数值计算算法就是对所给的问题求数值解,如求函数的极限、求方程的根等;非数值计算算法主要是指对数据的处理,如对数据的排序、分类、查找、文字处理和图形图像处理等。

2)算法的特征

算法应具有以下基本特征:

①可行性。算法中描述的操作必须是可执行的,通过有限次基本操作可以实现。

②确定性。算法的每一步操作必须具有确切的含义,不能有二义性和多义性。

③有穷性。一个算法必须保证执行有限步骤之后结束。

④输入。一个算法有零个或多个输入以描述运算对象的初始情况,所谓零个输入是指算法本身给定了初始条件。

⑤输出。一个算法有一个或多个输出,以反映对输入数据加工后的结果。没有输出的算法是毫无意义的。

3)算法的表示

算法的描述应直观、清晰、易懂,便于维护和修改。描述算法的方法有很多种,常用的表示方法有自然语言、传统流程图、N-S 图、伪代码和计算机语言等。其中最常用的是传统流程图和 N-S 图。

(1)自然语言

自然语言就是人们日常使用的语言,因此,自然语言表示一个算法便于人们理解。

【例 4.1】 用自然语言描述求圆的面积和周长的算法。

①输入一个值给半径 R。

②计算面积 $S=3.14\times R\times R$。

③计算周长 $L=2\times 3.14\times R$。

④输出结果 S,L。

【例 4.2】 求 $s=1+2+\cdots+100$,用自然语言描述其算法。

分析:

修改表达式为 $s=0+1+2+\cdots+100$

其求解过程为:先求 0+1,再把和加上 2,再把和加上 3,…,一直加到 100。

1 = 0 + 1

3 = 1 + 2

6 = 3 + 3

⋮

4 950 = 4 851 + 99

5 050 = 4 950 + 100

通式:$s=s+i$

分析出 s 的特点:s 的初始值 0;i 的特点:i 初始值为 1,i 的终止值为 100,$i=i+1$。

其自然语言描述算法如下:

①将 0 赋值给 s。

②将 1 赋值给 i。

③将 s 与 i 相加,结果存放在 s 中。

④将 i 加 1,结果存放在 i 中。

⑤若 i 大于 100,则输出结果 s,算法结束,否则返回步骤③,算法继续执行。

用自然语言描述表示算法,虽然表达容易,且容易理解,但是文字的描述冗长且容易出现二义性,表示的算法也不够直观。因此,一般对于简单的问题可以选择用自然语言描述其算法,而对于复杂的问题,则需要使用其他的方式来进行算法描述。

(2)程序流程图

流程图是指用一些框图来表示各种操作。用图形表示算法,直观形象,易于理解。美国国家标准化协会 ANSI(American National Standards Institute)规定了一些常用的流程图符号,已被全世界各国程序工作者普遍采用,如图 4.8 所示。

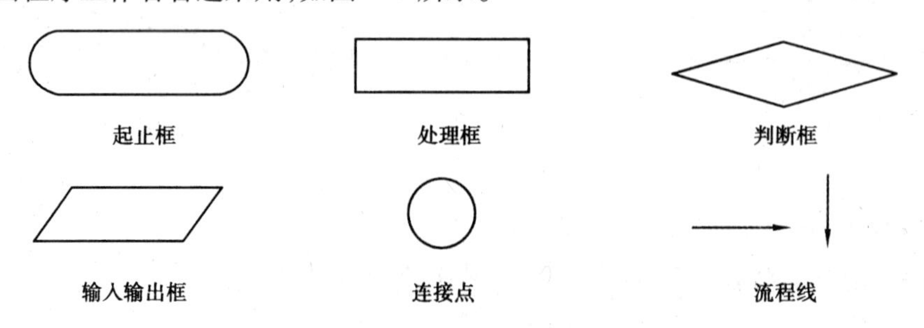

图 4.8 流程图符号

【例 4.3】 用程序流程图描述求圆的面积和周长的算法。

用流程图表示如图4.9所示。

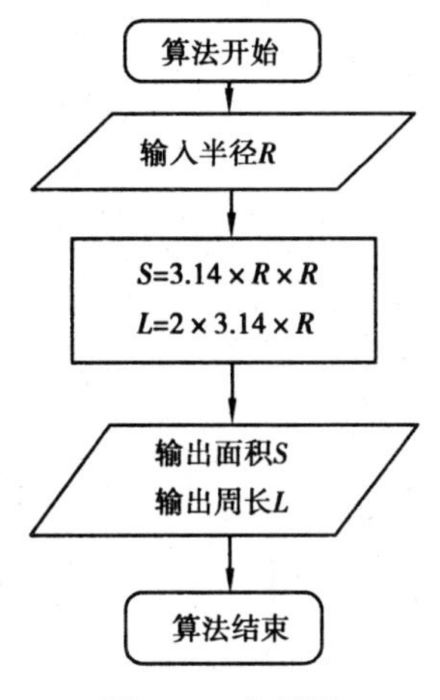

图4.9 流程图

【例4.4】 求 $s=1+2+\cdots+100$,用程序流程图描述其算法。

程序流程图由一些特定意义的图形、流程线及简要的文字说明构成的,它能清晰明确地表示程序的运行过程。在使用过程中,人们发现流程线会使得程序的流程转向很多,容易破坏程序的结构,给阅读程序流程图带来困难。因此,人们设计了一种新的流程图,它把整个程序写在一个大框图内,这个大框图由若干个小的基本框图构成,这种流程图简称 N-S 图。N-S 图也被称为盒图或 CHAPIN 图,如图4.10(a)所示。

【例4.5】 求 $s=1+2+\cdots+100$,用 N-S 图描述其算法,如图4.10(b)所示。

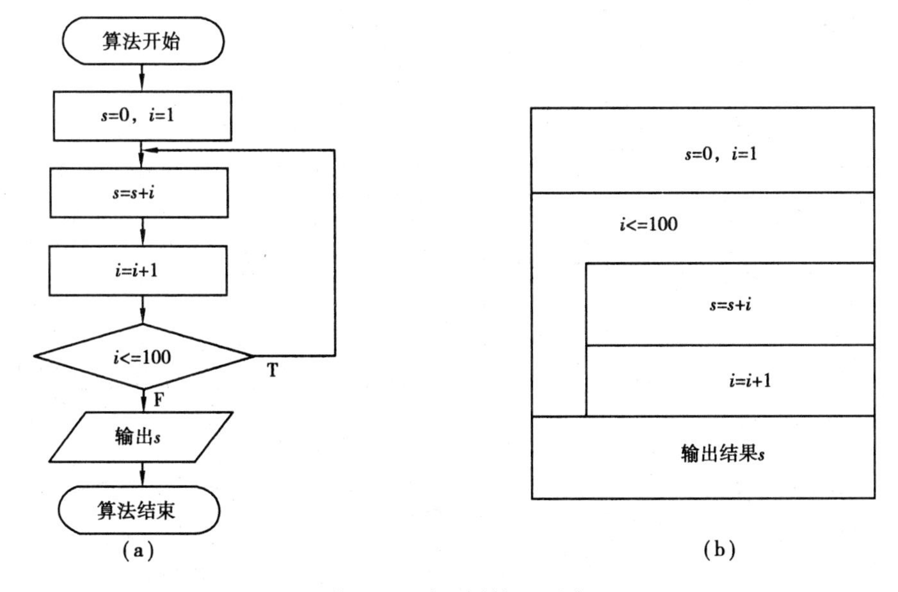

图4.10 流程图的 N-S 图

(3)伪代码

伪代码是用介于自然语言和计算机语言之间的文字和符号来描述算法。用伪代码写算法并无固定、严格的语法规则,只需把意思表达清楚,并且书写的格式要写成清晰易读的形式。

【例4.6】 求 $s=1+2+\cdots+100$,用伪代码描述其算法。

描述一:

```
算法开始
    置 s 的初值为 0
    置 i 的初值为 1
    当 i <= 100,执行下面操作:
        使 s = s × i
        使 i = i + 1
        (循环体到此结束)
    输出 t 的值
算法结束
```

描述二:

```
BEGIN(算法开始)
0 => s
1 => i
while i <= 100
{
    s × i => s
    i + 1 => i
}
print t
END(算法结束)
```

(4)计算机语言

可以利用某种程序设计语言对算法进行描述,程序本身就是算法的一种表示方式。

【例 4.7】 求 $s = 1 + 2 + \cdots + 100$,用 C 语言描述其算法。

```
#include <stdio.h>
void main()
{   int s,i;
    s = 0;
    i = 1;
    while(i <= 100)
    {
        s = s + i;
        i = i + 1;
    }
    printf("%d\n",s);
}
```

4.5.6 算法设计的基本方法

常用算法设计的基本方法有递推算法、递归算法、穷举算法、贪心算法、分治算法和动态规划算法。

(1)递推算法

递推算法是一种简单的算法,即通过已知条件,利用特定关系得出中间推论,直至得到结果的算法。递推算法分为顺推和逆推两种。

所谓顺推法是指从已知条件出发,逐步推算出要解决的问题的方法。如斐波拉契数列,设它的函数为$f(n)$,已知$f(1)=1$,$f(2)=1$,$f(n)=f(n-2)+f(n-1)$($n\geqslant 3, n\in \mathbf{N}$),则通过顺推可以知道,$f(3)=f(1)+f(2)=2$, $f(4)=f(2)+f(3)=3$,…,直至推出所要求的解。

所谓逆推法是指从已知问题的结果出发,用迭代表达式逐步推算出问题的开始条件,即顺推法的逆过程。

(2)递归算法

在调用一个函数的过程中,又调用该函数本身,把这种方法称为递归算法。递归算法的执行过程分递推和回归两个阶段。

如求5!。用f(5)表示5!。

分析如下:

$f(5)=5\times f(4)$(想要计算出5!,必须先计算出4!);

$f(4)=4\times f(3)$(想要计算出4!,必须先计算出3!);

$f(3)=3\times f(2)$(想要计算出3!,必须先计算出2!);

$f(2)=2\times f(1)$(想要计算出2!,必须先计算出1!);

$f(1)=1$(直到已知1!=1时为止,返回后即可依次计算出2!,3!,4!,5!)。

得出结论:当$n\geqslant 2$时,$f(n)=n\times f(n-1)$(递归算法);

当$n=1$时,$f(n)=1$(终结条件)。

(3)穷举算法

穷举法又称为暴力破解法,主要用于密码破译,即将密码进行逐个推算直到找出真正的密码为止。例如,一个已知是4位并且全部由数字组成的密码,其可能共有$10\times 10\times 10\times 10=10\ 000$种组合,因此最多尝试10 000次就能找到正确的密码。理论上利用这种方法可以破解任何一种密码,问题只在于如何缩短试误时间。因此有些人运用计算机来增加效率,有些人辅以字典来缩小密码组合的范围。如果是一个多位数,并且可能包含很多种字符的密码组合方法一定多得惊人,相对来讲破译的时间也会长得无法接受,有时可能会长达数年之久。

(4)贪心算法

贪心算法又称贪婪算法,是指在对问题求解时,总是作出在当前看来是最好的选择。也就是说,不从整体最优上加以考虑,它所做出的仅是在某种意义上的局部最优解。贪心算法不是对所有问题都能得到整体最优解,但对范围相当广泛的许多问题都能产生整体最优解或者是整体最优解的近似解。

(5)分治算法

在计算机科学中,分治算法是一种十分重要的算法。字面上的解释是“分而治之”,就是把一个复杂的问题分成两个或更多相同的或相似的子问题,再把子问题分成更小的子问题……直到最后子问题可以简单到直接求解,原问题的解即子问题解的合并。这个技巧是很多高效算法的基础,如排序算法(快速排序、归并排序等)、傅立叶变换(快速傅立叶变换)等。

(6)动态规划算法

自从动态规划算法问世以来,在经济管理、生产调度、工程技术和最优控制等方面得到了广泛应用。例如,最短路线、库存管理、资源分配、设备更新、排序和装载等问题,用动态规划方法比用其他方法求解更为方便。

虽然动态规划主要用于求解以时间划分阶段的动态过程的优化问题,但是一些与时间无关的静态规划(如线性规划、非线性规划等),只要人为地引进时间因素,把它视为多阶段决策过程,也可用动态规划方法来方便地求解。

动态规划程序设计是对解最优化问题的一种途径、一种方法,而不是一种特殊算法。与前面所述的那些搜索或数值计算不同,它具有一个标准的数学表达式和明确清晰的解题方法。动态规划程序设计往往是针对一种最优化问题,由于各种问题的性质不同,确定最优解的条件也互不相同,因而动态规划的设计方法对于不同的问题,有各具特色的解题方法,而不存在一种万能的动态规划算法,可以解决各类最优化问题。因此读者在学习时,除了要对基本概念和方法正确理解外,必须具体问题具体分析处理,以丰富的想象力去建立模型,用创造性的技巧去求解。另外,也可以通过对若干具有代表性的问题的动态规划算法来进行分析和讨论,逐渐学会并掌握这一设计方法。

4.5.7 软件工程概述

软件工程是研究和应用如何以系统性的、规范化的、可定量的过程化方法去开发和维护软件,以及如何把经过时间考验而证明正确的管理技术和当前能够得到的最好的技术方法结合起来的学科。它涉及程序设计语言、数据库、软件开发工具、系统平台、标准、设计模式等方面。

1)软件工程的起源

软件工程的兴起要根源于20世纪60年代,70年代和80年代的软件危机。在那个时代,许多软件最后都得到了一个悲惨的结局,软件项目开发时间大大超出了规划的时间表。一些项目导致了财产的流失,甚至某些软件导致了人员伤亡。同时软件开发人员也发现软件开发的难度越来越大。在软件工程界被大量引用的案例是Therac-25的意外:在1985年6月到1987年1月,6个已知的医疗事故来自于Therac-25错误地超过剂量,导致患者死亡或严重辐射灼伤。

鉴于软件开发时所遭遇困境,北大西洋公约组织(NATO)在1968年举办了首次软件工程学术会议,并于会中提出“软件工程”来界定软件开发所需相关知识,并建议“软件开发应该是类似工程的活动”。软件工程自1968年正式提出至今,这段时间累积了大量的研究成果,广泛地进行大量的技术实践,借由学术界和产业界的共同努力,软件工程正逐渐发展成为一门专业学科。

2)软件工程的过程

软件工程的过程通常包括4种基本的过程活动:

①软件规格说明。规定软件的功能、性能及其运行限制。

②软件开发。产生满足规格说明的软件,包括设计与编码等工作。

③软件确认。确认软件能够满足客户提出的要求,对应于软件测试。

④软件演进。为满足客户的变更要求,软件必须在使用的过程中演进,以求尽量延长软件的生命周期。

3）软件工程的特点

一个良好的软件工程过程应当具备以下特点：

①易理解性。

②可见性。每个过程活动都以得到明确的结果而告终，保证过程的进展对外可见。

③可支持性。容易得到 CASE 工具的支持。

④可接受性。比较容易被软件工程师接受和使用。

⑤可靠性。不会出现过程错误，或者出现的过程错误能够在产品出错之前被发现。

⑥健壮性。不受意外发生问题的干扰。

⑦可维护性。过程可以根据开发组织的需求的改变而改进。

⑧高效率。从给出软件规格说明起，就能够较快地完成开发而交付使用。

4）软件工程过程模型

在一个具体的实际工程活动中，软件工程师必须设计、提炼出一个工程开发策略，用以覆盖软件过程中的基本阶段，确定所涉及的过程、方法、工具。这种策略常被称为“软件工程过程模型”。

过程模型比较流行的有瀑布模型、原型模型、快速应用开发模型、增量模型、螺旋模型、形式化方法模型、RUP（Rational Unified Process）模型、敏捷过程模型、构件组装模型、并发开发模型等。

5）软件开发过程中的主要环节

①软件设计。主要是把对软件的需求翻译为一系列的表达式（如图形、表格、伪码等）来描述数据结构、体系结构、算法过程，以及界面特征等。

②编码。主要依据设计表达式写出正确的容易理解、容易维护的程序模块。

③软件测试。主要是通过各种类型测试及相应的调试，以发现功能、逻辑和实现上的缺陷，使软件达到预定的要求。

6）软件维护

在软件运行及维护阶段对软件产品进行的修改就是所谓的维护。

软件维护的类型有 4 种：

①改正性维护。为了识别和纠正软件错误、改正软件性能上的缺陷、排除实施中的误使用，应当进行的诊断和改正错误的过程称为改正性维护。

②适应性维护。在使用过程中，外部环境，数据环境可能发生变化。为使软件适应这种变化，而去修改软件的过程称为适应性维护。

③完善性维护。修改或再开发软件，以扩充软件功能、增强软件性能、改进加工效率、提高软件的可维护性。在这种情况下进行的维护活动称为完善性维护。

④预防性维护。预防性维护是为了提高软件的可维护性、可靠性等，为以后进一步改进软件打下良好的基础。

习　题

1. 单选题

(1)一般操作系统的主要功能是(　　)。

A. 对汇编语言、高级语言和甚高级语言进行编译

B. 管理用各种语言编写的源程序

C. 管理数据库文件

D. 控制和管理计算机系统软、硬件资源

(2)操作系统的作用是(　　)。

A. 软、硬件的接口　　B. 进行编码转换

C. 把源程序翻译成机器语言程序　　D. 控制和管理系统资源的使用

(3)操作系统是一种对计算机(　　)进行控制和管理的系统软件。

A. 硬件　　B. 资源　　C. 软件　　D. 文件

(4)计算机能够直接识别和处理的语言是(　　)。

A. 汇编语言　　B. 自然语言　　C. 机器语言　　D. 高级语言

(5)在微机中的“DOS”,从软件归类来看,应属于(　　)。

A. 应用软件　　B. 工具软件　　C. 系统软件　　D. 编辑系统

(6)某单位的财务管理软件属于(　　)。

A. 工具软件　　B. 系统软件　　C. 编辑软件　　D. 应用软件

(7)属于面向对象的程序设计语言(　　)。

A. C　　B. FORTRAN　　C. Pascal　　D. Visual Basic

(8)计算机能直接执行的程序是(　　)。

A. 源程序　　B. 机器语言程序　　C. 高级语言程序　　D. 汇编语言程序

(9)CPU 执行人所指定的最小任务为(　　)。

A. 程序　　B. 指令　　C. 语句　　D. 地址

(10)比较算法和程序,以下说法中正确的是(　　)。

A. 算法可采用“伪代码”或流程图等方式来描述

B. 程序只能用高级语言表示

C. 算法和程序是一一对应的

D. 算法就是程序

2. **填空题**

(1)软件分为________、________两类。

(2)程序翻译的 3 种方式分别是________、________、________。

3. **判断题**

(1)在 Windows 操作系统中,如果用户只启动了一个应用程序工作,那么该程序可以自始

至终独占 CPU。（　　）

(2)程序中仅使用条件选择结构也可直接描述重复的计算过程。（　　）

(3)软件是以二进位表示,且通常以电、磁、光等形式存储和传输的,因而很容易被复制。（　　）

(4)在具有多任务处理功能的操作系统中,一个任务通常与一个应用程序相对应 。（　　）

(5)为了提高计算机的处理速度,计算机中可以包含多个 CPU,以实现多个操作的并行处理。（　　）

(6)多任务处理就是 CPU 在同一时刻执行多个程序。（　　）

(7)实时操作系统的主要特点是允许多个用户同时联机使用计算机。（　　）

(8)软件必须依附于一定的硬件和软件环境,否则它可能无法正常运行。（　　）

(9)所有存储在磁盘中的 MP3 音乐都是计算机软件。（　　）

(10)计算机软件包括软件开发和使用所涉及的资料。（　　）

4. 简答题

(1)简述操作系统的概念。

(2)简述操作系统的 5 大功能。

(3)简述操作系统发展的 4 个基本阶段。

(4)简述算法的基本概念,算法包含哪些特点?

(5)用 C 语言编写程序实现:$1+3+5+7+\cdots+97+99$。

(6)用 C 语言编写程序实现:$1-3+5-7+\cdots+97-99$。

(7)用 C 语言编写程序实现:$(1-1/3+1/5-1/7+\cdots+1/97-1/999\,999)*4$。

第5章 计算机网络基础

计算机网络是计算机技术与现代通信技术密切结合的产物，自20世纪90年代以来，计算机网络技术发展迅速并逐渐影响着人们的生活。在信息技术高速发展的现代，网络已经成为人们获取信息、与其他人交流的一种重要手段，成为人们生活和工作中必不可少的一部分。本章主要介绍计算机网络的基础知识以及局域网技术。

教学目的：

- 掌握计算机网络的定义，拓扑结构和计算机网络的组成
- 了解计算机网络的发展历史，熟悉常用的计算机网络设备
- 了解计算机局域网相关技术

5.1 网络的基本概念

计算机网络就是把地理位置不同、功能独立的计算机系统以通信线路和通信介质按照一定的拓扑结构互联起来，使用统一的网络协议进行数据通信，以实现硬件及软件资源共享和数据通信的计算机系统的集合。

计算机网络是通信技术和计算机技术结合的产物，网络中的计算机之间可以通过计算机网络快速进行通信，交换彼此所拥有的资料和共用设备。因此，计算机网络主要有资源共享和数据通信两大功能。

(1)资源共享

利用计算机网络可以在全网范围内共享硬件和软件资源，如共享打印机，通过访问网络中的文件服务器，共享上面丰富的软件资源和数据资源等。这样既可节约硬件成本，又可达到软件资源共享的目的。资源共享避免了重复投资和劳动，提高了资源的利用率。

(2)数据通信

计算机网络的数据通信功能使得网络上的用户可以交换信息，忽略了彼此之间的物理距离。随着因特网在世界各地的普及，从网络上获取信息已经是很多人的习惯。利用网络进行信息搜索，上传和下载各种系统软件和应用软件，进行电子邮件收发，网上电话、视频会议等各种通信方式也正在迅速发展。随着因特网在世界各地的普及，传统的电话、电报、邮政通信方

式、电视、报纸和杂志等出版物正在经受巨大的冲击。

5.2　计算机网络的发展

计算机网络的形成和发展大致可分为4个阶段。

第1阶段是20世纪50年代中期至60年代，以通信技术和计算机技术为基础，建成了最初的以单台计算机为中心的远程联机系统的计算机网络。在这个阶段，计算机主机中采用分时系统，它将主机时间分成片，给用户分配时间片。时间片很短，用户感觉不到其他用户的存在，认为主机为个人所使用。在这个模型中，计算机处于主控地位，承担着数据处理和通信控制的工作，而终端一般只具备输入/输出功能，处于从属地位。值得注意的是，这个阶段实际上并不是真正意义上的计算机网络，而是多个用户通过不同的终端使用同一台计算机。

第2阶段是20世纪60年代末期至70年代，以计算机通信网络为基础发展起来的计算机网络。1969年12月，Internet的前身——美国的ARPANET投入运行，它标志着计算机网络的兴起，分组交换技术被提了出来并投入使用。分组交换网不同于以前电信网络中的电路交换网络，它采取了存储转发的工作方式，以网络为中心，主机和终端都处在网络的外围，用户通过分组交换网可以共享资源子网的许多硬件及各种丰富的软件资源。分组交换技术使计算机网络的概念、结构和网络设计方面都发生了根本性的变化，确立了计算机网络的结构模式。

第3阶段是20世纪80年代至90年代，也就是网络体系结构确立的时期。在此期间，建立了OSI/RM(Open System Interconnection/Reference Model)开放式系统互联参考模型和TCP/IP(Transmission Control Protocol/Internet Protocol)传输控制协议/网际协议两种国际标准的网络体系结构。在此期间，各种网络技术蓬勃发展，局域网技术也发展迅速。

第4阶段是20世纪90年代至今，以宽带综合业务数字网和ATM技术为核心建立的计算机网络。计算机技术、通信技术以及建立在计算机和网络技术基础上的计算机网络技术得到了迅猛的发展，随着光纤通信技术的应用和多媒体技术的迅速发展，计算机网络正向全面综合化、高速化和智能化方向发展。

5.3　常见的网络拓扑结构

计算机网络总是按照一定的组织结构来进行综合布线的设计，为了描述计算机网络的结构，通常把拓扑学中的几何图形应用在计算机网络中，将网络中的计算机和通信设备抽象成结点，将结点与结点之间的通信线路抽象成链路，这样，便可以将计算机网络描述成由点和线组成的图形，这种几何图形称为计算机网络拓扑结构。计算机网络拓扑结构中最典型的拓扑结构有总线形、星形、环形和树形几种。

1)总线形拓扑结构

在总线形拓扑结构中，局域网中的节点都通过自己的网卡直接接入到一条公共传输介质上，利用此公共传输介质来完成节点之间的通信，节点之间共享传输介质，当一个节点向总线上发送数据时，其他节点都可以收到数据，当两个节点同时利用通信介质发送数据时，通信节点使用 CSMA/CD(载波监听/冲突检测)的方法来进行碰撞检测,一旦发生冲突,则数据发送不成功,发送方要执行退避算法,退避一段随机时间后再次重新发送数据。在总线形拓扑结构中,总线两端的有匹配电阻,匹配电阻用来吸收在总线上传播的电磁信号的能量,避免在总线上产生有害的电磁波反射。

总线形拓扑结构(见图 5.1)的特点是结构简单、经济,但是由于所有节点在同一线路中通信,线路的故障会导致整个网络的瘫痪,因此不易扩充、维护,所以总线形网络适用于小型网络,对于具有网络需求的小型办公室环境,它是一种成熟的、经济的解决方案。目前在局域网市场上占据了绝对优势的以太网技术,最早期的时候就是使用具有总线形拓扑结构和 CSMA/CD(载波监听/冲突检测)协议的总线形网络,随着集线器等设备的出现,已经逐渐演变为星形网络。

2)星形拓扑结构

随着集线器、网桥、交换机等网络设备的出现,总线形的网络逐步演进为星形拓扑结构的网络。在星形拓扑结构中,网络中的各节点均连接到一个中心设备(如交换机或集线器)上,网络上各节点的通信必须通过中央节点才能实现。

星形拓扑结构(见图 5.2)的线路结构简单灵活,在组建网络时,易安装、易扩充、易维护,对于大型网络的维护和调试比较方便,对电缆的安装和检验也相对容易,而且星形拓扑结构的线路便于控制和管理,而且具有一定的健壮性,此外,由于所有工作站都与中心集线器相连接,因此在星形拓扑结构中移动某个工作站不会影响其他用户使用网络,这也使得星形拓扑结构使用起来非常灵活,在目前局域网布网中,星形网络拓扑结构是使用最普遍的一种拓扑结构。

在星形拓扑结构中,由于通信必须经过中央节点,因此中央节点负担较重,对中心设备的要求较高,一旦中心设备出现问题或者性能稍差,容易形成系统的“瓶颈”。此外,星形拓扑结构的线路的利用率也不是很高。

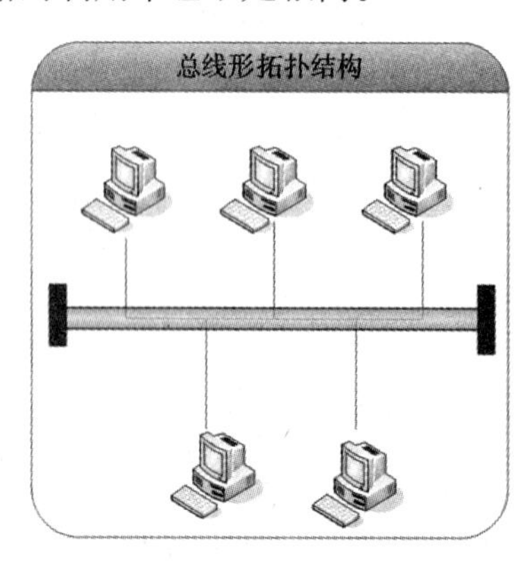

图 5.1　总线形拓扑结构

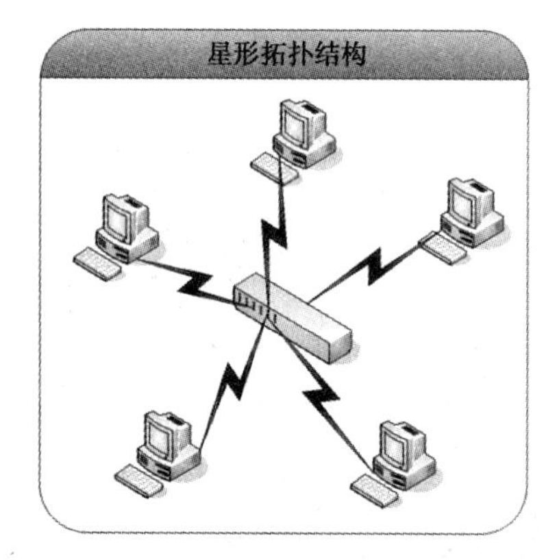

图 5.2　星形拓扑结构

3)环形拓扑结构

环形拓扑结构由各节点首尾相连形成一个闭合环形线路,将总线形拓扑结构的两端相连就可以形成一个环形拓扑结构,如图 5.3 所示。环形网络中各节点通过中继器连接到环上,中继器用来接收、放大和发送信号。任意两个节点之间的通信必须通过环路,数据在环上是单向传输的。环形结构有两种类型,即单环结构和双环结构。令牌环(Token Ring)是单环结构的典型代表;光纤分布式数据接口(FDDI)是双环结构的典型代表。

环形拓扑结构的特点是传输速率高,传输距离远。在环形拓扑结构的网络中,信息在网络中沿环单向传递，延迟固定，因此传输信息的时间是固定的，从而便于实时控制，被广泛应用在分布式处理；环形拓扑结构中两个节点之间仅有唯一途径，简化了路径选择。环形拓扑结构的缺点是某段链路或某个中继器的故障会使全网不能工作，可靠性差，且故障检测困难；另外，由于环路封闭，因此不利于扩充网络，而且参与令牌传递的工作站越多，响应时间也就越长。

4)树形

通过交换机或者集线器将星形拓扑结构网络中的中心节点连接起来，从而形成“一棵树”，这种结构称为树形拓扑结构，如图5.4所示。树形拓扑结构是一种分级结构，在树形结构的网络中，任意两个节点之间不产生回路，每条通路都支持双向传输。

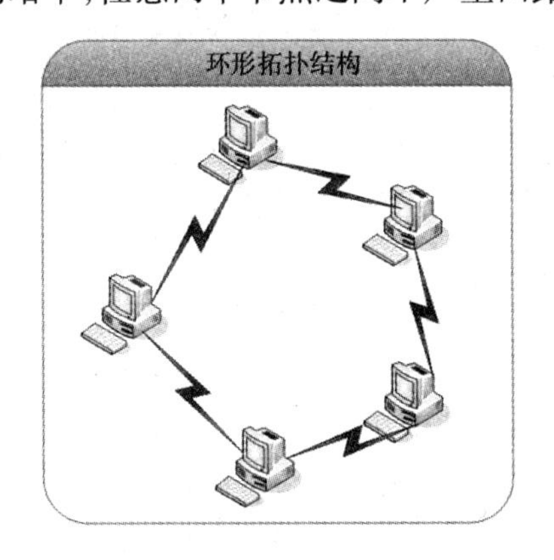

图5.3　环形拓扑结构

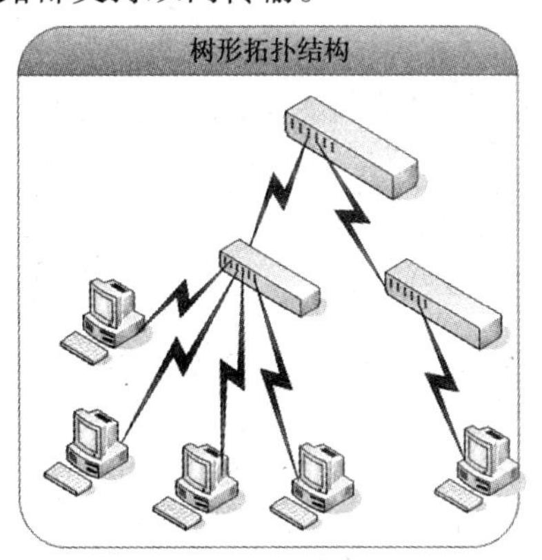

图5.4　树形拓扑结构

5.4　网络的类型

计算机网络的分类方法有多种：按地理范围的大小可以把计算机网络分为局域网(Local Area Network，LAN)、城域网(Metropolitan Area Network，MAN)和广域网(Wide Area Network，WAN)，按采用的传输媒体可以把网络分为无线网络和有线网络，按计算机网络的拓扑结构可以把网络分为总线网、星形网络、环形网络。这里仅介绍局域网、城域网和广域网。

1)局域网

局域网(LAN)是指在一个较小地理范围内各种计算机网络设备互联在一起的通信网络，可以包含一个或多个子网，通常地理范围在10 m至几千米之间。如在一座大楼，或者一个园区，或者在一个校园内的网络就称为局域网。一般来说，局域网可以在有限的地理范围内以较高的速率、较低的误码率进行数据传输。局域网的数据传输率可以达到几兆到万兆比特/秒的速率，误码率则小于8～10。因此，局域网最典型的特点就是高速率、低延迟和低误码率。

局域网与其他网络的区别主要体现在网络所覆盖的物理范围、网络所使用的媒体共享技术和网络的拓扑结构3个方面。一般来说，局域网所采取的拓扑结构包括总线形、星形、环形等结构。IEEE(国际电子电气工程师协会)制订了局域网技术的标准，由此产生了IEEE 802系列标准。其中IEEE 802.3标准就是采用了总线形拓扑的以太网标准，IEEE 802.4则是令牌总线标准，IEEE 802.5是采用了环形拓扑的令牌环标准，另外，IEEE 802.11是无线局域网标准。在局域网的媒体共享技术方面，由于计算机局域网用户较多，各用户随机使用信道且产生突发性数据流量,因此,静态划分信道技术不适用计算机局域网,目前计算机局域网主要采用的是动态划分信道的随机接入技术,也有部分采用的是动态划分信道的受控接入技术。

2)城域网

城域网(MAN)是指覆盖一个城市的地理范围,用来将同一区域内的多个局域网互联起来的中等范围的计算机网,城域网的覆盖范围的大小界于局域网与广域网之间,一般为几千米到几十千米,传输速率一般在50 Mbit/s左右,一般采用光纤作为其传输媒体。城域网的一个重要用途是用做骨干网,通过它将位于同一城市内不同地点的主机、数据库,以及LAN等互相连接起来。MAN不仅可用于计算机通信,同时可用于传输语音和图像等信息,是一种综合利用的通信网。城域网的标准是分布式队列双总线(DQDB),国际标准为IEEE 802.6。

3)广域网

广域网(WAN)又称远程网,是一种用来实现不同地区的局域网或城域网的互联,可提供不同地区、城市和国家之间的计算机通信的远程计算机网。其连接地理范围较大,可以达到几千千米,常常用来连接一个国家或一个洲甚至多个洲,网络拓扑结构非常复杂,其目的是为了让分布较远的各网络互联,可以形成国际性的网络。平常所说的Internet就是最典型的广域网。

广域网的通信子网主要使用分组交换技术,它可以使用公用分组交换网、卫星通信网和无线分组交换网。由于广域网常常借用传统的公共传输网(如电话网)进行通信,这就使广域网的数据传输率比局域网系统慢,传输误码率也较高。但随着新的光纤标准的引入,广域网的数据传输率也将大大提高。

5.5 网络协议

一个物理硬件连接成功的计算机网络要想实现通信是离不开网络协议的支持。网络协议是为进行网络中的数据交换而建立的规则、标准或约定,是计算机网络中的数据交换必须遵守事先约定好的规则。计算机之间的通信是一项非常复杂的工作,因此,一般将网络按功能进行分层,使每层的功能便于实现和管理,并为每个层次设计了不同的协议。

5.5.1 OSI七层模型

由于计算机网络的复杂性,为整个网络设计一个协议是不现实的,因此在计算机网络中采用了分层的思想,将计算机网络划分为多个层次,不同层次实现不同功能,分层之后,各层之间是独立的,某一层并不需要知道其他层是如何工作的,它只需为其上层提供相应的服务即可。在计算机网络的对等层之间,通信双方采用设计好的双方都必须遵守的协议来进行通信。这样的分层结构使得每层都可以采用最适合的技术来实现,使得整个计算机网络便于实现和维护。网络中如何分层,以及各层中具体采用的协议总和称为网络体系结构。因此计算机网络的体系结构就是指计算机网络的各层及其协议的集合。

20世纪70年代中期,计算机网络的研究和设计进入了一个新的阶段,为了创建一个国际通用的计算机网络体系结构标准,国际标准化组织ISO于1983年提出了开放系统互联(open system interconnection)参考模型,即OSI标准。此标准将网络分为7层,即物理层、数据链路层、网络层、传输层、会话层、表示层和应用层。如图5.5所示为OSI/RM模型。

其中,传输层以下为通信子网,它是网络的内层,负责完成网络数据传输、转发等通信处理任务。传输层以上为资源子网,它是网络的外围,提供各种网络资源和网络服务。

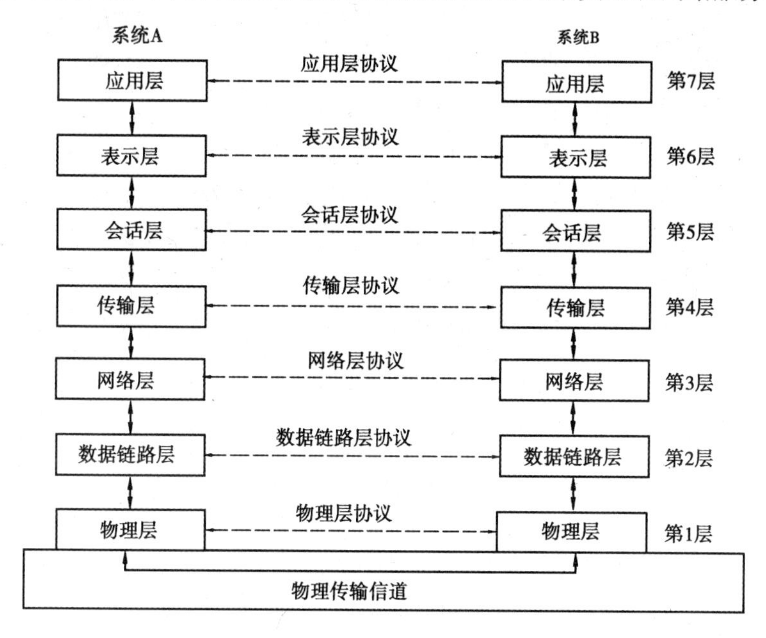

图 5.5　OSI/RM 模型

1）物理层

物理层的主要任务是实现透明的传输二进制的比特流,其目的是屏蔽通信手段的差异,为上面的数据链路层提供服务。物理层确定了与传输媒体的接口相关的一些特性,为计算机网络的组网提供了指导。其中物理层确定的特性包括:指明接口所用接线器的形状、尺寸和引线数目等的机械特性,指明在接口电缆的各条线上出现的电压范围的电气特性,指明某条线上出现的某一电平的电压表示何种意义的功能特性,指明对于不同功能的各种可能事件出现顺序的过程特性。简单地说,物理层是面向比特流的,它屏蔽了物理层使用的各种通信介质本来存在的差异性,使得这种差异性对于上层而言是透明的,而且物理层保证了当发送数据时,接受方能够接收到数据。

2）数据链路层

物理层实现了数据流的传输,但是数据在传输过程中有可能受到电磁干扰而产生错误,因此物理层交付给上层的数据有可能存在问题,物理层实现的是不可靠的通信。数据链路层的主要功能是如何在本来不可靠的物理线路上进行数据的可靠传递,也就是说,当接收方接收到数据 1 时,能够判定发送方的确发送的是数据 1 而不是数据 0。这样,数据链路层就可以把本来可能出错的物理传输线路转换成了一条可靠的逻辑传输线路。为了能够提供可靠的传输信道,数据链路层采用了差错校验技术,对于收到的数据进行差错检测,确保交付给上层的是正确的数据。而对于共享线路的广播式网络,信道的共享也是问题。

3）网络层

网络层的主要功能是形成一个虚拟互联网络,屏蔽下层的各种不同点,并能够在这个一个虚拟互联网络上标识每一台计算机,此外,网络层应该能够将虚拟互联网中标识每一台计算机的网络地址翻译成计算机对应的物理地址,并将信息发送到目的地址。网络层向传输层提供的服务是无连接的数据报服务。数据报服务不需事先建立连接,因此,网络层对传输层提供的是无连接的、尽最大努力交付的服务。因特网在设计时,采用的就是数据报服务。

4)传输层

传输层提供端到端的交换数据的机制。传输层对会话层等高三层提供可靠的传输服务,对网络层提供可靠的目的地站点信息,它向高层用户屏蔽了下面网络核心的细节,它能够按照网络能处理的最大尺寸将较长的数据包进行强制分割。此外,传输层采用端口机制实现了分用/复用技术,将上层交付的数据通过不同的端口发送给网络层,从而在接收方接受到数据时能够识别数据应该交付的应用程序,同时,在传输层用基于接收方可接收数据的快慢程度来规定适当的发送速率,实现了流量控制,并且采用了响应的协议进行拥塞控制。在传输层提供了两种不同的协议,面向连接的 TCP 和无连接的 UDP。TCP 提供面向连接的服务,在传送数据之间必须先建立连接,数据传送结束后释放连接。UDP 在传送之前不需要建立连接,接收方在接收到 UDP 报文后,不需要给出确认。

5)会话层

会话层负责在网络中的两个节点之间建立、维持和终止通信,允许不同机器上的用户之间建立会话。

6)表示层

不同的计算机体系结构使用的数据表示法不同,表示层的主要作用之一是为不同的计算机通信提供一种公共语言,以便能进行互操作。表示层关心的是节点之间所传递的信息的语法和语义。表示层定义一种抽象的、两个节点都能够理解的数据结构来完成两个节点的通信,同时表示层还会定义一个编码方法用来表示数据。表示层在进行数据传递时,采用这样的数据结构和编码方法;此外,数据的压缩、解压、加密、解密都在该层完成。

7)应用层

应用层是开放互联参考模型的最高层,是直接为应用进程提供服务的,负责对软件提供接口,以使程序能使用网络服务,其作用是在实现多个系统应用进程相互通信的同时,完成一系列业务处理所需的服务。在应用层中包含了各种各样的协议,而这些协议一般是针对用户的某个应用功能开发的。现在普遍使用的协议有 HTTP,FTP 等协议。一般来说,应用层提供的服务包括文件传输、文件管理和电子邮件的信息处理,一些新的应用层协议也在不断地被开发出来,如 RTSP(实时流传输协议)等。

OSI参考模型	TCP/IP
应用层	应用层
表示层	
会话层	传输层
传输层	
网络层	互联网络层(IP)
数据链路层	网络接口层 (或称主机接口层)
物理层	

图 5.6　两种模型的对比图

5.5.2　TCP/IP 协议

ISO/RM 参考模型是国际化标准组织制订的一个网络标准,但是由于各种原因,这一标准并没有在实际中得到应用。而 TCP/IP 模型发展于 20 世纪 70 年代,是一个得到广泛应用的协议簇,也是现在事实上的网络标准。TCP/IP 模型把网络分为了 4 个层次,即网络接口层、互联网络层、传输层和应用层。这两种标准的对应关系如图 5.6 所示。

5.6 网络硬件

计算机网络的成功运行离不开计算机网络的硬件设备。计算机网络硬件设备有很多种，包括了用于计算机网络信号传递的传输媒体中的同轴电缆、双绞线、光纤等设备，也包括了用于扩展网络和连接网络的集线器、交换机、路由器和网卡、调制解调器等设备。下面将分别介绍这些设备的功能及特点。

1）同轴电缆

同轴电缆的结构是以硬铜线为内芯，外面包上绝缘材料，外层还有密织的网状导体和保护性的塑料外套。电磁场封闭在内外导体之间，故辐射损耗小，受外界干扰影响小。从用途上分可分为基带同轴电缆和宽带同轴电缆两种，基带同轴电缆用于数字传输，又根据其直径大小分为细同轴电缆和粗同轴电缆两种，粗由同轴缆适用于比较大型的网络，它的传输距离长，可靠性高，安装时不需要切断电缆，可根据需要灵活调整计算机的入网位置，但粗同轴电缆安装难度大，所以总体造价高；细同轴电缆造价低，安装简单，但安装过程要切断电缆，两头还要接上基本网络连接头（BNC），然后接在T形连接器两端，所以当接头多时容易产生不良的隐患。总的来说，同轴电缆具有较高的带宽和很好的抗噪性，在以往的网络中使用广泛组成粗缆网络和细缆网络，但是现在已经逐渐被光纤代替。宽带同轴电缆指任何使用模拟信号进行传输的电缆网，如今，在有线电视网中，尤其是接入小区部分，使用的仍旧是同轴电缆，如图5.7所示。

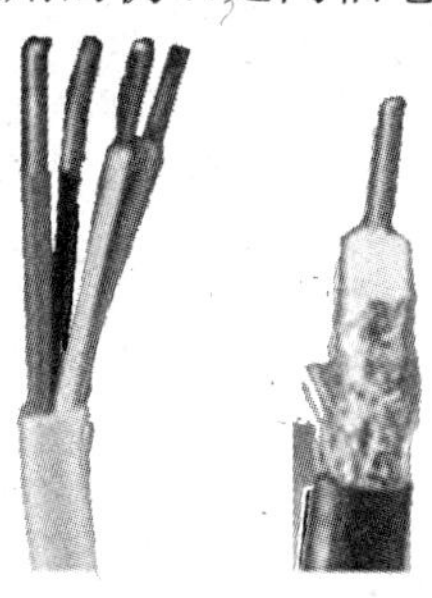

图5.7 同轴电缆

2）双绞线

双绞线是由两条相互绝缘的导线互相缠绕在一起而制成的一种通用配线，把两根绝缘的铜导线按一定密度互相绞在一起，可降低信号干扰的程度，如图5.8所示。双绞线分为屏蔽双绞线与非屏蔽双绞线。屏蔽双绞线在双绞线与外层绝缘封套之间有一个金属屏蔽层。屏蔽层可以提高双绞线的抗噪能力，使屏蔽双绞线比同类的非屏蔽双绞线具有更高的传输速率。屏蔽双绞线有较高的传输速率，100 m内可达到155 Mbit/s，但是由于它比较贵，因此通常用于抗干扰要求高的环境下；非屏蔽双绞线为一般用途，因为价格低，所以被广泛使用。

图5.8 双绞线

双绞线要连接计算机网络设备如主机，必须接上水晶头。有两种接法：EIA/TIA 568B标准和EIA/TIA5 68A标准。

关于这两种标准,这里不再赘述。

在进行计算机网络布线时,使用的双绞线的分类有很多种,其中计算机网络中最常用的就是3类、5类和超5类双绞线。3类双绞线的传输频率为16 MHz,可用于语音传输及最高传输速率为10 Mbit/s的数据传输,10 Base-T网络采用此种双绞线。5类双绞线传输率为100 Mbit/s,用于语音传输和最高传输速率为100 Mbit/s的数据传输,主要用于100 Base-T和1000 Base-T网络,这是目前最常用的以太网电缆。超5类双绞线具有衰减小,串扰少的特点,其性能有很大提高。由于双绞线具有低成本、高速度和高可靠性等特点,因此双绞线在网络中得到了广泛应用,但是双绞线在传输的最大长度上受到限制,因此双绞线作为传输媒体适合于小范围的局域网配置。

3)光纤

光纤即光导纤维,由玻璃、硅纤维或塑料组成,是一种利用光的全反射原理而达成的光传导工具,如图5.9所示。光纤具有带宽高、可靠性高、数据保密性好和抗干扰能力强等特点,适用于网络应用要求很高、高速长距离传输数据的场合。

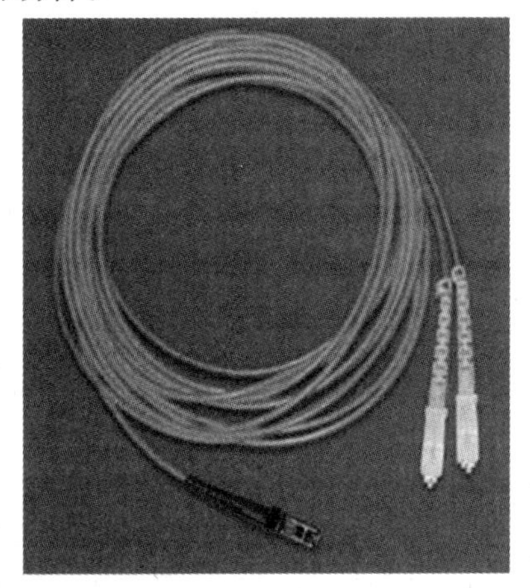

图5.9　光纤

光纤由3部分组成:纤芯、包层和护套。纤芯是最内层部分,它由非常细的光导纤维组成,芯径一般为50 μm或62.5 μm,材料一般是塑料或者是二氧化硅。每一根光导纤维都由各自的包层包着,包层是玻璃或塑料涂层。最外层是护套,它包着一根或一束已加包层的光导纤维。护套由塑料或其他材料制成,用于使光线能够弯曲而不至于断裂,同时用它来防止外界带来的其他危害。在护套中使用填充物加固纤芯。

根据光线在光纤里传播的方式不同,可将光纤分为多模光纤和单模光纤。多模光纤采用任何入射角度大于临界值的光束都能在内部反射的原理,将许多不同的光束使用不同的反射角进行传播。当光纤的直径减小,光波可以按照直线传播,这样的光线称为单模光纤。多模光纤芯的直径为15~50 μm;单模光纤芯的直径为8~10 μm。在使用光纤传输数据时,通常在光纤的一端采用发射装置,例如,发光二极管或激光将光脉冲传送至光纤,光纤另一端的接收装置则使用光敏元件检测脉冲。

同轴电缆、双绞线和光纤属于有线传输介质,在传送信号时,信号是沿固定方向传输,也称为导向传输介质。要组成不受通信设施的限制的网络,可以使用无线传输介质组成无线网络。无线传输介质由于信号无须沿固定方向传输,因此称为非导向传输介质。

无线传输介质包括了无线电、地面微波,红外线和通信卫星等,相比于有线传输介质,无线传输介质有无须物理连接这一典型特点,因此特别适用于长距离或不便布线的场合,但是无线传输介质易受干扰反射,也容易被障碍物所阻隔,因此信号不是特别稳定。

4)集线器

集线器的英文称为 Hub,也称为多接口中继器。集线器工作在网络体系结构的物理层,属于物理层设备,因此可以用来扩展局域网。集线器是星形局域网的一种中心设备,它可以把所有节点集中在以它为中心的节点上,同时对接收到的信号进行再生整形放大,扩大网络的传输距离,如图 5.10 所示。集线器一般提供多个 RJ-45 接口,通过双绞线连接到工作站或服务器网卡的 RJ-45 接口上,从而构成一个星形局域网。

图 5.10 集线器

根据端口数目的不同,集线器可分为 8 口、16 口、24 口和 48 口等。

根据速度的不同,集线器可分为 10,100,1 000 M,以及 10/100 Mbit/s、100/1 000 Mbit/s 自适应等几种类型。

5)交换机

交换机(见图 5.11)是一种将两个局域网连接起来并按 MAC 地址转发帧的设备,工作在数据链路层。交换机可以完成更大范围的局域网的互联,扩大网络地理范围,并且可以互联不同类型的局域网。当交换机接到数据帧时,它将检测信息包的源地址和目的地址,如果数据帧不在同一个网段上,则转发该数据帧到另一个网段,如果在同一个网段上,则不转发该数据帧。当某个网段出现故障时,交换机可以将故障限制在此网段,从而最低限度地降低故障所带来的影响。因此交换机对帧有检测和过滤功能,能隔离错误,可以实现过滤通信量、减少不必要的信息传递和增大吞吐量等功能,从而提高网络性能;通过对于交换机的配置还可以设置虚拟局域网(VLAN),将不同物理位置的计算机设为同一局域网。

图 5.11 交换机

由于交换机是基于硬件结构的,对帧的转发处理过程非常简单迅速,因此可以达到较高的吞吐量,此外,由于集线器的带宽是一定的,所以集线器连接的设备越多,每个设备所分得的带宽就越少,从而导致网络的性能下降。交换机则采用电话交换原理,可以同时让多个端口的工作站发送和接收数据。假如交换机上连接了 8 台工作站,则可以让 4 对工作站同时发送/接收信息。与集线器相比,交换机每个端口都有一条独占的带宽。而集线器不管有多少个端口,所有端口都是共享一条带宽,并且在同一时刻只能有两个端口传送数据,其他端口只能等待。

因此,由于交换机具有造价低、交换速度快、易于管理、配置方便等特点,在局域网中得到了广泛的使用。

6)路由器

路由器工作在网络层,是一种具有多个输入端口和多个输出端口的专用设备,如图 5.12 所示。可以连接不同传输速率并运行于各种环境的局域网和广域网,也可以采用不同的协议。此外,路由器还用于连接多个逻辑上分开的网络(子网),每个子网代表一个单独的网络。

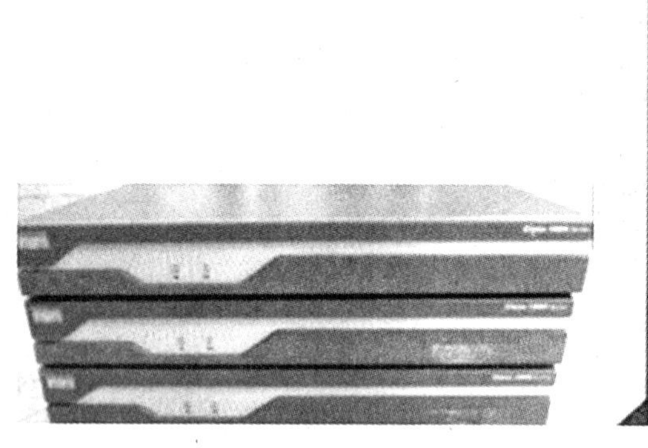

图 5.12 路由器

路由器具有两大基本功能:路由选择功能和存储转发功能。作为计算机网络通信子网的一个核心设备,路由器可以完成路由选择的功能,在网络中的分组转发的过程中,路由器可以判断网络地址,并根据网络地址和当前网络状况选择网络路径,在网络中可以从多条路径中寻找合适的一条网络路径提供给用户通信(这里所说的"合适"的判断原则是由不同的路由选择协议来决定的),即当需要从一个网络把数据传送到另一个网络时,通过路由器来完成路由选择工作。此外,在通信过程中,由于路由器是一个核心设备,连接了大量的工作站,因此它所接收的数据量也非常大,在路由选择过程中,需要暂存接收到的数据,对数据进行处理后,根据数据的目的地址进行转发,这一操作称为存储转发操作。

为了能够完成路由器的路由选择功能,路由器中存放了路由表来为数据传输提供可选择路径。路由表中包含网络地址和各地址之间距离的清单,路由器利用路由表查找数据包从当前位置到目的地址的正确路径。路由器根据所使用的路由选择协议来调整信息传递的路径,如果某一网络路径发生故障或堵塞,路由器可选择另一条路径,以保证信息的正常传输。

路由器是多个同类网络互联、局域网和广域网互联的关键设备,适用于大规模的复杂网络拓扑结构的网络,路由器提供了负载共享和网络间的最优路径,能隔离不需要的通信量,但是路由器它不支持非路由协议,而且路由器安装复杂,价格高,多数用于网络之间互联。

7)网卡

网卡即网络适配器(见图 5.13),是实现网络通信的关键设备,一台计算机要连入网络,主机内必须安装网卡。通过网卡,可将计算机主机和网络传输介质连接起来,实现计算机之间的相互通信和网络资源的共享。网卡的主要功能有两个:串行/并行转换和对数据进行缓存。在计算机内部,数据传输的时候是并行传输,而在网络中,数据传输是串行传输的方式,为了能够将计算机内部的并行数据以串行的方式发送到网络中并把网络中的串行数据传送给并行处理的主机,网卡必须完成串行/并行转换;同时,为了能够使网络中数据的传输和主机数据处理的速度能够相匹配,网卡还提供了缓存数据的功能。为了使网卡能够正常运行,主机内必须安装网卡的驱动程序。

计算机中安装的每一块网卡都有一个由48个二进制位组成的编号,成为MAC地址,也称为物理地址。其中,IEEE的注册管理机构RA负责向厂家分配地址字段的前3个字节(即高位24位)。地址字段中的后3个字节(即低位24位)由厂家自行指派,称为扩展标识符,必须保证生产出的适配器没有重复地址。

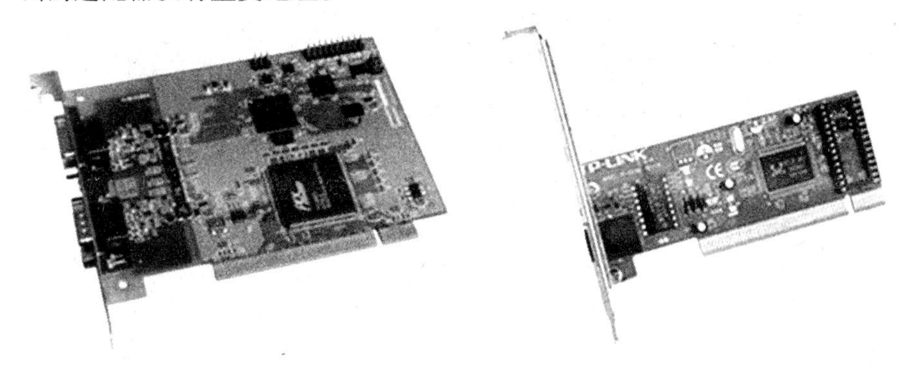

图5.13 网卡

8)调制解调器

调制解调器即Modem,俗称“猫”(见图5.14),是计算机通过公用电话网接入Internet的必需设备。在计算机中存储和处理的是数字信号,而公用电话网中传输的是模拟信号,因此,如果想把计算机的数字信号利用公用电话网来进行传输,必须实现这两种信号的自由转换。调制解调器在发送前把数字信号转换成模拟信号,接收时再将模拟信号转换成数字信号,从而实现了模拟信号和数字信号的相互转换。其中,发送前将数字信号转换成模拟信号,这一过程称为调制,接收时将模拟信号转换成数字信号,这一过程称解调。简单地说,调制解调器就是在电话线两端进行这种信号转换工作的设备。

图5.14 调制解调器

5.7 局域网

局域网是指在有限的范围内的多台计算机通过传输介质及网络软件连接起来,以实现资源共享和信息传递目的的计算机网络。局域网的覆盖范围可以是一个教室、一座大楼、一个校园等。一般来说,局域网是为一个单位所拥有的,并且局域网覆盖的地理范围和站点数目均有限,因此在局域网内可以提供高数据传输速率、低误码率的高质量数据传输环境。在局域网内所采用的通信介质一般是双绞线,如果距离稍远,局域网的主干网络可以采用光纤或者屏蔽双绞线。局域网常用的拓扑结构包括前面所述的总线形、星形、环形等,目前,大部分的局域网总是采用星形拓扑结构,便于系统的扩展和逐渐演变,各设备的位置也可灵活调整和改变。在局域网中,采用网络管理软件可以方便地管理局域网中的各个站点。此外,局域网具有广播功能,从一个站点可很方便地访问全网中的其他站点,局域网上的主机可共享连接在局域网上的各种硬件和软件资源,提高了系统的可靠性和可用性。

局域网技术发展迅速,局域网标准的制定也在20世纪80年代开始,国际电子电气工程师协会(IEEE)在1985年公布了IEEE 802标准的5项标准文本,ISO将其作为了局域网的国际标准系列,称为ISO 802标准,这其中最广泛使用的有以太网、令牌环和无线局域网等。这一系列标准中的每一个子标准都由委员会中的一个专门工作组负责,IEEE 802委员会下属的工作组如下:

①802.1 高层局域网协议工作组。

②802.2 逻辑链路控制LLC工作组(不活动)。

③802.3 以太网工作组。

④802.4 令牌总线工作组(不活动)。

⑤802.5 令牌环工作组(不活动)。

⑥802.6 城域网MAN工作组(不活动)。

⑦802.7 宽带TAG(不活动)。

⑧802.8 光纤TAG(已解散)。

⑨802.9 等时局域网工作组(不活动)。

⑩802.10 安全工作组(不活动)。

⑪802.11 无线局域网工作组。

⑫802.12 需求优先级工作组(不活动)。

⑬802.14 电缆调制解调器工作组(不活动)。

⑭802.15 无线个人局域网WPAN工作组。

⑮802.16 宽待无线接入工作组。

⑯802.17 弹性分组环工作组。

⑰802.18 无线规章TAG。

这其中,802.3、802.4和802.5是比较典型的几种网络标准。

(1)IEEE 802.3标准与Ethernet

Ethernet即以太网,以太网(Ethernet)指的是由Xerox公司创建并由Xerox、Intel和DEC公司联合开发的基带局域网规范,是当今现有局域网采用的最通用的通信协议标准,也是目前局域网布网中最常采用的方式,它几乎等同于局域网的概念,随着高速以太网技术的出现,也在逐渐地占领广域网的市场份额。以太网采用总线形或星形的拓扑结构,共享传输介质,其核心技术是它的随机争用型介质访问控制方法,即CSMA/CD协议(载波监听多点接入/冲突检测)访问方法。CSMA/CD方法用来解决多节点如何共享总线传输介质的问题。以太网技术发展已经有30多年的历史了,以太网技术以其组网简单、工作可靠、造价低廉、易于维护、可以简单地增加和减少主机等特点迅速发展壮大,具有强大的生命力和市场竞争力。

传统以太网最初是使用粗同轴电缆,采用总线形拓扑结构,后来演变到使用比较便宜的细同轴电缆,最后发展为使用更便宜和更灵活的双绞线。使用双绞线的以太网采用星形拓扑结构,在星形的中心则增加了一种可靠性非常高的设备,称为集线器(Hub)。10 Mbit/s 速率的无屏蔽双绞线星形网的出现,既降低了成本,又提高了可靠性。在以太网的发展历史中,10 Base-T双绞线以太网的出现,是局域网发展史上的一个非常重要的里程碑,它为以太网在局域网中的统治地位奠定了牢固基础。现在,局域网和以太网基本可以看作是同一个概念了。以太网技术发展迅速,目前已经出现了10 G 比特以太网技术,使以太网的技术从局域网扩大到城域网和广域网。

以太网在编码方面不是采用简单的二进制编码,而是采用了曼彻斯特编码方法,这种编码方法把每一个二进制位的周期划分成两个相等的间隔,二进制的1在发送时,第1个间隔为高电压,第2个为低电压,而二进制0在发送时,则采用相反的方式。曼彻斯特编码实现了让接收方在没有外部时钟参考的情况下,可以明确地确定每一位的起始、结束或者中间位置。但是这种编码方法也要求带宽是二进制编码的两倍。

以太网在进行数据传输时,使用的是广播方式进行数据传送的。在网络中,计算机的通信方式有两种:点对点通信方式和广播式通信。点对点通信方式是指把各台计算机或网络设备以点对点方式连接起来,网络中的计算机或设备通过单独的链路进行数据传输,并且两个节点之间可能会有多条单独的链路,点对点通信方式主要用于城域网和广域网。在广播式通信方式中,网络上所有节点共享一个信道。数据按照网络协议规定进行分组发送,网络中所有节点都会接收到这些数据信号。各个节点一旦收到数据,就对这个数据进行检查,看是否发送给本节点,如果是则接收,否则就丢弃。在广播方式中,由于是所有计算机共享同一信道,因此为了能够实现一对一的通信,在同一时刻只允许一台计算机发送数据,接收数据的其他计算机根据数据中的硬件地址来确定此信息是否发送给自己,如果是则接收此数据,否则丢弃此数据,从而实现局域网中的数据通信。为了能够控制同一时刻只有一台计算机发送数据,以太网采用了 CSMA/CD 协议(载波监听多点接入/冲突检测),此协议的特点是允许计算机以多点接入的方式连接在一起,发送数据前先监听信道,信道空闲则发送数据,如果信道忙,则等待信道变为空闲后再发送数据。在发送数据的过程中,要边发送边监听,如果发现有冲突,即有其他计算机正在发送信息,则停止信息的发送,退避若干时间后再发送数据。其基本思想可简单地概括为4句话:先听后发,边听边发,冲突停止,随机延迟后重发。

以太网提供的服务是不可靠的交付,即尽最大努力的交付。当目的站收到有差错的数据帧时就丢弃此帧,其他什么也不做。差错的纠正由高层来决定,如果高层发现丢失了一些数据而进行重传,但以太网并不知道这是一个重传的帧,而是当作一个新的数据帧来发送。

最初的以太网技术是10 Base-T 网络,即10兆的速率,基带传送,使用双绞线作为传输介质。随着通信产品的飞速发展,100 Mbit/s 的以太网产品在1993年底问世,1996年夏季吉比特以太网(又称为千兆以太网)的产品问世,而10吉比特以太网技术的标准也于2002年问世。

(2)IEEE 802.4 标准与 Token Bus

Token Bus 即令牌总线网,是一种在总线拓扑中利用“令牌”作为控制站点访问的确定型介质访问控制方法。令牌在网络中传输,只有获得令牌并且令牌空闲的计算机才可以发送数据,当数据传送完毕后,令牌再次空闲,其他用户可以再次去获取令牌。

(3)IEEE 802.5 标准与 Token Ring

Token Ring 即令牌环网,它也是一种共享传输介质的环形拓扑结构网络,同样采用令牌作为用户可以传送数据的判断标志。

习　题

1.选择题

(1)OSI 模型有 7 个功能层,从下向上第四层是 (　　)。

A.物理层　　B.会话层　　C.网络层　　D.传输层

(2)计算机网络是计算机与(　　)相结合的产物。

A.电话　　B.线路　　C.各种协议　　D.通信技术

(3)OSI 参考模型中的网络层的功能主要是由网络设备(　　)来实现的。

A.网关　　B.网卡　　C.网桥　　D.路由器

2.填空题

(1)常见的计算机网络拓扑结构有:________、________和________。

(2)常用的传输介质有两类:有线和无线。有线介质有________、________、________。

(3)网络按覆盖的范围可分为广域网、________、________。

(4)TCP/IP 协议参考模型共分了____层。

3.问答题

(1)简述计算机网络的概念。

(2)计算机网络的常用拓扑结构有哪些,各自有什么特点?

(3)常用的网络设备有哪些?

(4)简述局域网的基本概念。

(5)计算机网络的发展经历了哪几个阶段?

第6章 Internet及其应用

Internet利用统一的通信协议来连接各个国家、地区和机构的计算机网络，是一个数据通信网。Internet为用户提供了电子邮件服务、WWW服务、FTP文件传输服务等多种服务。目前，Internet提供的服务还在不断增加之中。本章中将介绍Internet的基础知识如IP地址，域名和Internet提供的各项服务。

教学目的：

- 掌握Internet的组成与结构、IP地址和域名系统
- 了解Internet的网络协议，了解Internet提供的服务
- 掌握子网掩码，了解接入Internet的方式

6.1 因特网基础

Internet是覆盖全球的一个互联网络，它起源于美国国防部高级研究计划署于1969年主持研制的第一个分组交换网络ARPANET（阿帕网）。基于当时美苏冷战的时代背景，阿帕网设计的目的就是用于计算机之间的数据传送，要求网络能够连接不同类型的计算机，而且网络中必须有冗余的路由。阿帕网可以采用分组交换技术，在数据传送的时候可以动态选择传送路由，避免由于一个结点损坏而导致网络中其他结点不能通信，大大提高网络的生存性。阿帕网最初用于军事目的，后来美国国家科学基金会（NSF）在ARPANET的基础上建立起SFnet，供大学和科研机构使用，并将其改名为Internet。1983年TCP/IP协议成为ARPANET上的标准协议，因此人们一般把1983年作为因特网的诞生时间。1991年，商业机构发现了其在通信、资料检索和客户服务方面的商业潜力，各大企业纷纷加入Internet，以因特网为代表的计算机网络得到了飞速发展，Internet从最初的教育科研网络逐步发展成为商业网络。Internet将各个领域的各种信息资源集为一体，供网上用户共享信息资源网，具有开放性、自由性、共享性和平等性等特点，可以看作是20世纪末最伟大的发明。

6.1.1 因特网的组成与结构

因特网是互联网络，为用户提供了资源共享和数据通信两大功能。因特网的组成可以划

分为以下的两大块(见图6.1)。

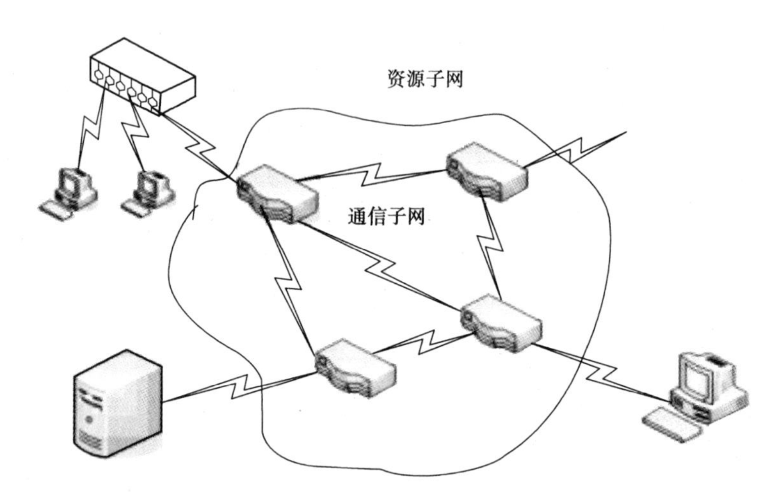

图6.1 因特网的组成

(1)资源子网

资源子网由所有连接在因特网上的主机和服务器组成。这部分是直接为用户提供服务的,用户使用主机进行通信(传送数据、音频或视频),共享服务器和主机中的资源。

资源子网中的计算机被分为了主机和服务器两个部分,服务器一般都是高性能的计算机,很多采用小型机。服务器能够控制和协调网络中各个工作站之间的工作,工作站提供服务。客户机也称工作站,连入了网络任何一台计算机,只要不是作为服务器为其他工作站提供服务的就是客户机。

在资源子网的主机和服务器之间通信的时候,有两种通信方式:客户服务器方式和对等方式。在客户服务器方式中,服务器中运行服务器程序,工作站运行客户程序,客户程序是服务的请求方,服务器程序是服务的提供方。客户程序总是主动和服务器程序建立连接,而服务器程序在系统启动后即自动调用并一直不断地运行着,被动地等待并接收来自各地的客户的通信请求。在对等方式中,两个主机在通信时并不区分哪一个是服务请求方还是服务提供方,双方都是既可以提供服务也可以请求其他用户为自己提供服务。

(2)通信子网

通信子网是因特网中的核心部分,它由大量网络和连接这些网络的路由器组成。通信子网为网络中的主机和服务器提供连通性和数据交换功能。计算机网络的通信子网采用的是存储转发的分组交换技术。

6.1.2 因特网的网络协议

在计算机网络中,我们用实体表示任何可发送或接收信息的硬件或软件进程,而网络协议则实是控制两个对等实体进行通信的规则的集合。在协议的控制下,两个对等实体间的通信使得本层能够向上一层提供服务。在计算机网络中,不同的层次存在不同的网络协议,其中网络层有著名的 IP 协议,运输层有 TCP 和 UDP 协议,而应用层的协议则是直接为用户提供服务并且在不断的增加中,例如,用于文件传输的 FTP 协议、用于远程登录的 TELNET 协议、WWW 中使用的 HTTP 协议等。后面章节中介绍 FTP 和 TELNET 协议,这里介绍 WWW 中用于信息传输的HTTP协议。

HTTP协议(HyperText Transfer Protocol,超文本传送协议)是用于支持WWW浏览的网络协议,用于传送WWW网页数据。HTTP采用了请求/响应模型,浏览器向服务器发送请求,而服务器回应相应的网页。在浏览器和服务器的一次信息交换中,要么所有的信息交换都完成,要么一次交换都不进行,而且浏览器对于同一用户第二次访问服务器的时候所执行的操作(响应)是和第一次相同的,服务器并不区分用户访问过服务器的次数,因此HTTP协议是面向事务的无状态的协议。HTTP协议是应用层的协议,直接为用户提供服务,同时它也需要运输层的协议体提供的服务。HTTP协议使用的是运输层的面向连接的TCP协议,在每次客户端和服务器通信的过程中,通信双方都需要建立连接和释放连接。

HTTP协议的1.0版本中,通信双方每次通信都要建立连接,因此连接建立的开销较大,而且同一用户对同一服务器的访问需要建立多条连接。HTTP1.1版本中采用了持续连接的方式,持续连接使得万维网服务器在发送响应后仍然在一段时间内保持这条连接,使同一个客户(浏览器)和该服务器可以继续在这条连接上传送后续的HTTP请求报文和响应报文。而且传送的数据并不局限于传送同一个页面上链接的文档,而是只要这些文档都在同一个服务器上就行。

6.2 IP地址

Internet是由网络互联形成的互联网。互联在一起的网络要进行通信,会遇到许多问题需要解决,比如不同的网络可能采用了不同的寻址方案。因此我们可以采用虚拟互联网络来屏蔽本来客观存在的各种物理网络的异构性。当互联网上的主机进行通信时,主机将看不见互联的各具体的网络异构细节,从而可以就像在一个网络上通信一样。在计算机的网络层,可把整个因特网看成为一个单一的、抽象的网络。为了能够让Internet中的计算机之间相互通信,必须采取某种方式唯一地标识每一台计算机,使计算机之间能够识别彼此的身份,IP地址就实现了这一功能。

6.2.1 IP地址的概念

IP地址就是给每个连接在因特网上的主机(或路由器)分配的一个在全世界范围是唯一的32位的标识符,也就是实际中采用的计算机的身份识别的标志。利用这一地址可与该计算机进行通信,采用32位的IP地址标识符可使Internet容纳约40亿台计算机。

在Internet上,IP地址的编址方法采用分层结构,将32位的IP地址分为由网络地址和主机地址组成的两个部分,用以标识特定主机的位置信息。表6.1所示为IP地址的划分情况。

表6.1 IP地址划分

网络地址(网络号)	主机地址(主机号)

在实际应用中,IP地址将32位二进制的数据分为4组,每组8个二进制位,然后将其转换为十进制的形式,每组数字均在0~255范围内,数字间用“.”分隔,这种方法称为“点分十进

制记法”。例如:192.168.1.5 ,这就是采用点分十进制记法的 IP 地址。

为了能够让 IP 地址分配给大小不同的单位,让同一个单位拥有相同的网络号,IP 地址通常分为以下 5 类:

(1)A 类

A 类地址用于较大规模的网络,其中,IP 地址的前 8 位用来表示网络号,后 24 位表示网络中的主机号,因此 A 类网络可容纳计算机的数量达到了 16 000 000 台。我们规定,A 类地址最高二进制位的取值一定是 0,因此 A 类地址的网络号为 1 ~ 126,最多可以有 126 个 A 类网络。

(2)B 类

B 类地址通常用于中等规模的网络,其中 IP 地址的前 16 位表示网络号,后 16 位表示主机号,因此每个 B 类网络可容纳 60 000 多台计算机。B 类地址前两位的取值一定是 10,因此 B 类地址的网络号为 128 ~ 191,最多可以有 16 384 个 B 类网络。

(3)C 类

C 类地址通常用于规模较小的网络,其 IP 地址的前 24 位表示网络号,后 8 位表示主机号,每个 C 类网络可容纳 254 台计算机(主机号全为 0 和主机号全为 1 的地址不能使用,有特殊含义)。C 类地址前 3 位的取值一定是 110,因此 C 类地址的网络号为 192 ~ 223,最多可以有 2 097 151 个网络。

(4)D 类

D 类 IP 地址多用于组播,其前 4 位的取值是 1110。

(5)E 类

E 类地址是保留地址,用于试验,前 5 位的取值是 11110。

表 6.2 所示为 IP 地址的 5 个类别。

表 6.2 IP 地址的分类

<table>
<tr><th>类　别</th><th>第 1 字节</th><th>第 2 字节</th><th>第 3 字节</th><th>第 4 字节</th></tr>
<tr><td>A</td><td>最高位为 0　网络号</td><td colspan="3">主机号</td></tr>
<tr><td>B</td><td colspan="2">前面两位为 10　网络号</td><td colspan="2">主机号</td></tr>
<tr><td>C</td><td colspan="3">前面三位为 110　网络号</td><td>主机号</td></tr>
<tr><td>D</td><td colspan="4">前面四位为 1110　组播地址</td></tr>
<tr><td>E</td><td colspan="4">前面五位为 11110　保留今后使用</td></tr>
</table>

6.2.2 子网掩码

由于 Internet 规模的扩大,IP 地址已经越来越不能满足全球日益增多的网民的需求,迫切需要解决这个问题,子网掩码技术、无分类编址技术和网络地址转换技术等网络技术应运而生。在此介绍主机中也必须配置的子网掩码和子网掩码技术。

在最早期,IP 地址的设计确实不够合理。首先,将 IP 地址分为五类,导致分类 IP 地址的空间利用率有时很低。例如 A 类网络能够容纳的主机数量达到了 16 000 000 台,但是很少有单位的主机数量能够达到这个数目,因此将一个 A 类网络号分配给一个单位将造成这个网络号中 IP 地址的浪费。其次,给每一个物理网络分配一个网络号会使路由表变得太大而使网络整体性能变差。网络中的路由器主要完成存储转发和路由选择功能,因此必须保存每个网络的网络号和下一个要转发的地址,而给每一个物理网络分配一个网络号将使得路由器保存信息的数量庞大,降低其效率。此外,两级的 IP 地址在应用中不够灵活,当获得网络号的一个单位想将网络再次细分为更小网络的时候,此时只能再申请一个网络号,而不能有效地利用已有的网络号。

从 1985 年起,IP 地址中又增加了一个"子网号字段",使两级的 IP 地址变成为三级的 IP 地址。这种做法称为划分子网(sub netting)。划分子网已成为因特网的正式标准协议。这样,可以利用划分子网的技术将很大的网络如 A 类网络划分为若干个小的子网分配给不同的单位,提高 IP 地址空间的利用率。同时一个单位在申请了一个网络号后,可以在单位内部进行子网划分,而这种划分不需外界了解。子网划分中,将原主机地址再次分为子网地址和主机地址。这样 IP 地址就由原来的二级结构变为了三级结构,见表 6.3。

表 6.3　子网划分

网络地址(网络号)	子网地址(子网号)	主机地址(主机号)

在进行了子网划分后,路由器转发分组的时候必须能够将分组转发给目的子网,而不是子网所在的网络。为了能够完成这一点,在 TCP/IP 中采用了子网掩码。子网掩码是用来识别网络上的主机是否在同一个网段或属于哪一个网络的。在不划分子网的两级 IP 地址下,数据根据 IP 地址传递是比较简单的事情,但是把 IP 地址分为 3 层,从 IP 地址得出网络地址就比较麻烦了。因为在划分子网的情况下,从 IP 地址不能唯一地得出网络地址,这是因为网络地址取决于该网络所采用的子网掩码。因此,路由器在转发数据时需要进行 IP 地址和网络地址的转换,才能够完成数据的传递。

如果已经知道一台计算机的 IP 地址和其子网掩码,则可以使用这两个数据进行"按位与"运算,此时得到的数据就是主机的网络地址。例如某台主机的 IP 地址为 192.168.1.5,它的子网掩码为 255.255.255.192。将这两个数据进行"与"运算后,所得出的值中的非 0 字节部分即为网络地址。运算步骤如下:

①192.168.1.5 的二进制值为 11000000.10101000.00000001.00000101。

②255.255.255.192 的二进制值为 11111111.11111111.11111111.11000000。

③与运算后的结果为 11000000.10101000.00000001.00000000,转为十进制后即为192.168.1.0。

这就是主机所在的网络地址。这样当有另一台主机的网络地址也是 192.168.1.0 时,可以判断这两台主机都在 192.168.1.0 这一网段内。此时,当这两台主机传递信息时,路由器会将信息直接发回网内而不经过外网。

在计算机网络中,每一类网络都有默认的子网掩码,其中:

①A 类地址的默认子网掩码为 255.0.0.0。

②B 类地址的默认子网掩码为 255.255.0.0。

③C 类地址的默认子网掩码为 255.255.255.0。

子网掩码技术的使用成功地将一个较大的网络划分为若干个小网络,从而提高了 IPv4 地址的利用率,在一定程度上解决了 IPv4 地址紧张的问题。

6.2.3 网关

网关(Gateway)又称网间连接器、协议转换器。网关在传输层上以实现网络互联,是最复杂的网络互联设备,仅用于两个高层协议不同的网络互联。网关既可以用于广域网互联,也可以用于局域网互联。网关是一种充当转换重任的计算机系统或设备。在使用不同的通信协议、数据格式或语言,甚至体系结构完全不同的两种系统之间,网关是一个翻译器。与网桥只是简单地传达信息不同,网关对收到的信息要重新打包,以适应目的系统的需求。同时,网关也可以提供过滤和安全功能。大多数网关运行在 OSi7 层协议的顶层——应用层。

6.2.4 域名系统

IP 地址能够唯一地标识网络上的计算机,但要让用户记忆这些数字型的 IP 地址却十分不方便。为了克服这个缺点,人们用一种能代表一些实际意义的字符型标识,即所谓的域名地址(domain name)来代替 IP 地址供人们使用。原则上,IP 地址和域名是一一对应的,这份域名地址的信息存放在一个名为域名服务器的主机内,使用者只需了解易记的域名地址,其对应 IP 地址的转换工作就交给了域名服务器去完成。

域名的表示方式是由标号序列和点组成,各标号之间用点隔开:

… . 三级域名 . 二级域名 . 顶级域名

其中,各标号分别代表不同级别的域名,最右边的部分为顶级域名,最左边的则是这台主机的机器名称。一般情况下,域名地址可表示为:

主机名. 单位名. 网络名. 顶级域名

顶级域名常用的有两大类:一种是以机构性质命名的顶级域名,另外一种是以国家地区代码命名的顶级域名。最早的以机构性质命名的顶级域名有:

①. com:公司和企业;

②. net:网络服务机构;

③. org:非营利性组织;

④. edu:美国专用的教育机构;

⑤. gov:美国专用的政府部门;

⑥. mil:美国专用的军事部门;

⑦. int:国际组织。

随着 Internet 迅速渗透到人们生活的各个方面,越来越多的组织机构希望拥有自己的顶级域名,因此以机构性质命名的顶级域名还在增加中,越来越多的域名被注册,部分新增的顶级域名见表 6.4。

表 6.4 新增的顶级域名

域 名	用 途
biz	用来替代. com 的顶级域名,适用于商业(biz 是 business 的习惯缩写)
info	用来替代. com 的顶级域名,适用于提供信息服务的企业
name	专用于个人的顶级域名
pro	专用于医生、律师、会计师等专业人员的顶级域名

续表

域　名	用　途
coop	专用于商业合作社的顶级域名(coop是cooperation的习惯缩写)
aero	专用于航空运输业的顶级域名
museum	专用于博物馆的顶级域名

以国家或地区代码命名的域名,是为世界上每个国家和一些特殊的地区设置的,如中国为cn、中国香港为hk、日本为jp、美国为us等。表6.5介绍了一些常见的国家或地区的域名。

表6.5　国家级域名

域　名	国家或地区	域　名	国家或地区
cn	中国	it	意大利
de	德国	jm	牙买加
gr	希腊	jp	日本
au	澳大利亚	mx	墨西哥
in	印度	ru	俄罗斯
us	美国	gb	英国
sg	新加坡	fr	法国

6.3　Internet的接入方式

在Interne的发展过程中,接入Internet的方式也在不断发展变化中,常见的接入Internet的方式有很多种,每种方式都有各自的特点。

6.3.1　专线上网

专线入网方式的数据传输速率高,传输质量高,信道利用率高,网络时延小,数据信息传输透明度高,可传输语音、数据、传真和图像等多种业务,因此专线上网的方式非常适合于对带宽要求比较高的应用,如企业网站等。但是,由于整个链路被企业独占以提供高性能的通信,因此专线上网方式费用很高,中小企业和个人较少选择,但是对于数据信息流量大的场合和企业而言是一个很好的选择。

专线上网的优点有很多,例如,有固定的IP地址,可靠的线路运行,永久的连接,以及可以通过防火墙等软件保护内部网络等。但是专线上网的价格也很贵,因此性价比太低,除非用户资金充足并且对通信质量有特别高的要求,否则一般不推荐使用这种方法。

6.3.2　宽带上网

宽带是相对于以前的电话拨号、ISDN等窄带技术而言,现在的ADSL、光纤均称为宽带。

此处介绍光纤技术。ADSL 技术见下一节。

光纤是有线通信介质中通信质量最好的传输介质,具有传输距离远、差错率低、抗干扰能力强等优点。目前,在一些城市开始兴建高速城域网,主干网的速率可达几十 Gbit/s,并且推广光纤接入。因此光纤可以铺设到用户的路边或者大楼,可以以 100 Mbit/s 以上的速率接入,适合大型企业使用。光纤通信业具有通信容量大、质量高、性能稳定、防电磁干扰和保密性强等优点。

当前有多种光纤接入方式,列举如下:

①FTTB(building):光纤到大楼;

②FTTC(curb):光纤到路边;

③FTTD(desktop):光纤到桌面;

④FTTF(floor):光纤到楼层;

⑤FTTH(home):光纤到用户;

⑥FTTN(neighbourhood):光纤到邻里;

⑦FTTO(office):光纤到办公室;

⑧FTTP(premise):光纤到驻地;

⑨FTTR(remote):光纤到远端(借助集线器把光纤接入远端用户的);

⑩FTTZ(zone):光纤到小区。

6.4 通过 Windows XP 访问因特网

Windows XP 系统是一个具有网络功能的多任务、单用户的操作系统。通过 Windows XP 操作系统,用户可以根据自身所处的环境以不同的方式访问因特网,目前主要有拨号上网和通过局域网连入 Internet 两种不同的方式。

6.4.1 Windows 中的网络接入方式

Windows 接入互联网的时候有两种接入方式:拨号上网和通过局域网接入网络。拨号上网技术将在 6.4.3 小节作介绍,本节介绍通过局域网接入网络的方式。

计算机连接入 Internet 时,计算机主机中必须安装有一块网卡。将一块网卡正确安装到计算机后,就可以开始网卡驱动程序的安装,现在比较常见的网卡驱动程序安装十分方便。如果网卡自带了驱动程序,直接安装网卡所附带的驱动程序即可。如果没有自带驱动程序,一般较为常见的网卡在 Windows 中都有相应的驱动程序,可以选择“Windows 默认的驱动程序”来安装。

网卡安装好以后,通过局域网接入 Internet 的时候,首先要有带水晶头的双绞线也就是网线,通过网线将本地计算机和集线器或者交换机相连,然后通过集线器和交换机可以连接多台位于同一局域网内部的计算机,交换机再和路由器连接,通过路由器上网。在图 6.2 所示的模型中,路由器连接的所有的设备都位于同一局域网内部。

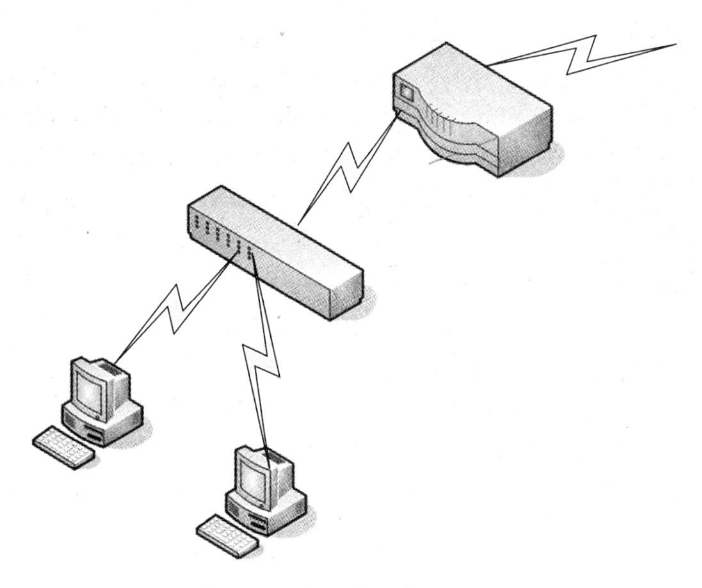

图6.2　通过局域网接入Internet

6.4.2　Windows XP中局域网的IP参数设置

在Internet中，每一台计算机必须有唯一的能够标识本计算机身份的方法，IP地址就是在Internet中每一台计算机的一个身份标识。因此，必须对计算机进行参数设置后，计算机才能够访问Internet网络。

位于局域网中的计算机通常不需要设置IP，系统默认的是“自动获得IP地址”和“自动获得DNS服务器地址”。

设置IP地址的具体的做法：单击“开始”按钮，在“设置”菜单里选“网络连接”，如图6.3所示。

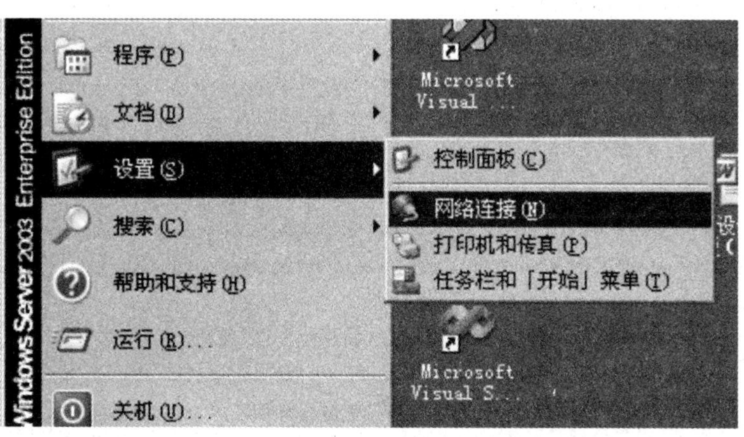

图6.3　参数设置(1)

在打开的窗口里面的本地连接上面单击鼠标右键，然后选择“属性”，此时将打开本地连接的“属性”窗口，如图6.4所示。拖动连接项目中列表框中的滚动条到最下端，单击“Internet协议(TCP/IP)”项，然后单击“属性”按钮，将弹出“Internet协议(TCP/IP)”窗口，如图6.5所示，此时即可进行IP地址的设置。

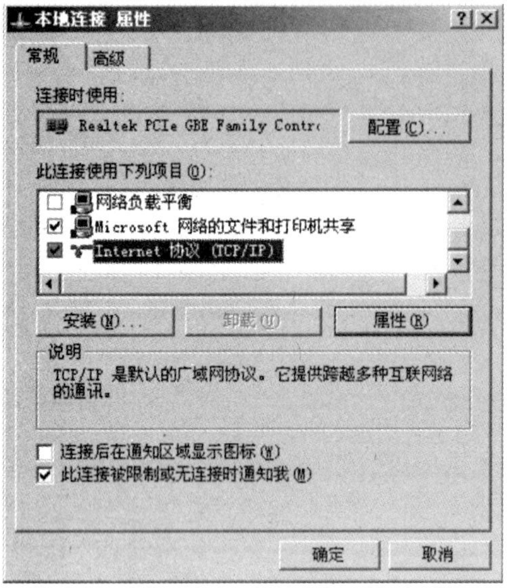

图 6.4　参数设置(2)

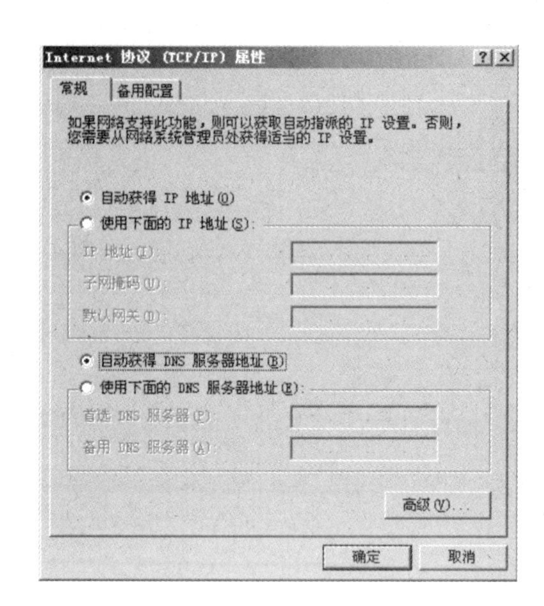

图 6.5　参数设置(3)

如果计算机需要一个固定的 IP 地址,此时可以在主机内设置一个固定 IP 地址,如图 6.6 所示。

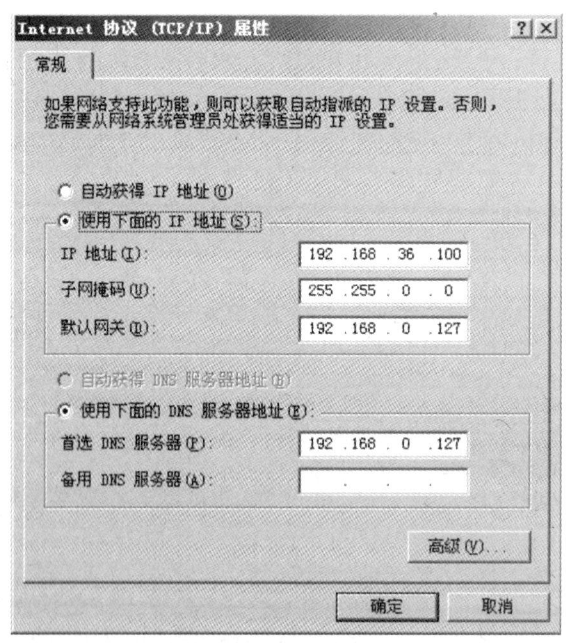

图 6.6　参数设置(4)

设置完毕后,单击“确定”按钮即可。

6.4.3　ADSL 宽带上网

ADSL 即非对称数字用户环路,由于用户在上网时经常需要从 Internet 下载各种文档,但是向 Internet 发送的信息都不是很大,因此 ADSL 技术根据用户的实际使用情况,将上行和下行带宽做成不对称的,一般可以在普通的电话铜缆上提供 8 Mbit/s 的下行传输和 1 Mbit/s 的上行传输。ADSL 技术把 0 ~ 4 kHz 低端频谱留给传统电话使用，而把原来没有被利用的高端频谱留给用户上网使用，是运行在原有普通电话线上的一种新的高速宽带技术，在上网的同时不影响电话的使用。也就是说，只要一部电话，就可以实现一边上网，一边拨打或接听电话。要使用 ADSL 宽带上网，首先要向 Internet 服务供应商（ISP）申请 ADSL 宽带业务，由服务供应商提供一个 ADSL Modem、一个信号分离器、两根两端为 RJ-11 接头的电话线和一根两端为 RJ-45 接头的五类双绞线。而用户要准备的就是一部电话和一台计算机，并为计算机安装一个 10 Mbit/s 或 10/100 Mbit/s 的自适应网卡。我国目前采用的是离散多音调（DMT）的调制解调器技术。

目前提供 ADSL 宽带上网的服务供应商有电信、网通和铁通等。

6.4.4　Windows 系统的几个常用网络命令

（1）Ping 命令

它用于确定本地主机是否能与另一台主机交换（发送与接收）数据报。根据返回的信息，可以推断 TCP/IP 参数是否设置得正确以及运行是否正常。简单来说，Ping 命令可以测试两个主机之间的连通性。在执行 Ping 命令的时候，Ping 命令将发送 4 个 ICMP（网间控制报文协议）回送请求，如果网络设备一切正常，应当得到 4 个回送应答，否则网路有问题。执行 Ping 命令的时候，通常时间以毫秒计，时间越短则说明网络连通性能越好、网速越快。

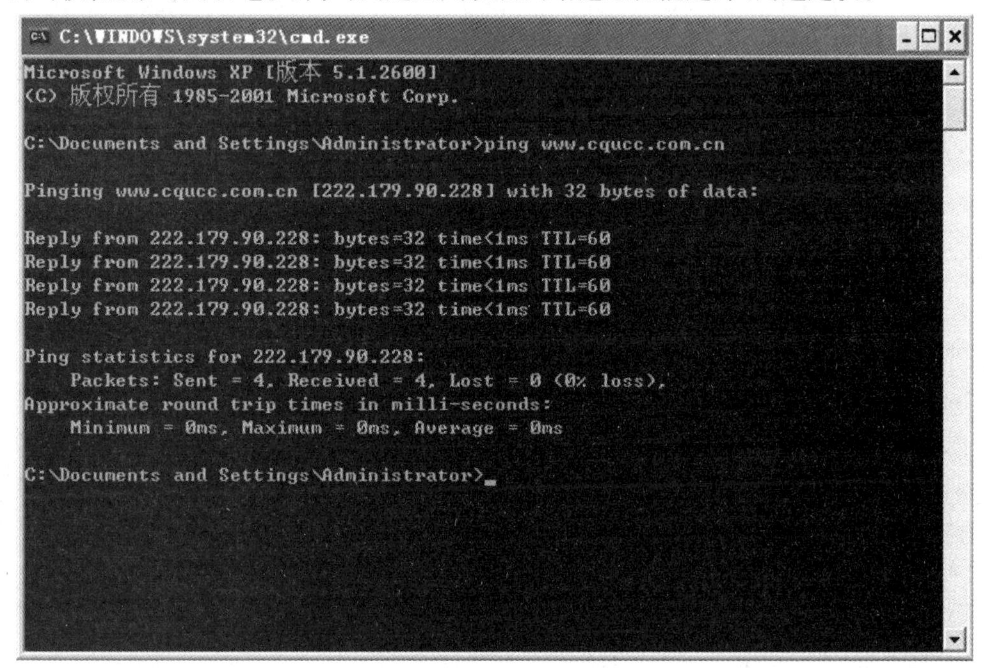

图 6.7　Ping 命令执行

Ping 命令使用的时候，格式如下：

ping [-n count] [-l length] [-w timeout] destination - list

-n count——定义用来测试所发出的测试包的个数，缺省值为 4。通过这个命令可以自己定义发送的个数。

-l length——定义所发送缓冲区的数据包的大小，在默认的情况下 Windows 的 Ping 发送的数据包大小为 32 byt,也可以自己定义,但有一个限制,就是最大只能发送 65 500 byt。

-w timeout——指定超时间隔,单位为 ms。

destination - list ——要测试的主机名或 IP 地址。

Ping 命令中参数较多,这里只给出了部分参数。

(2)Tracert 命令

Tracert 命令用于显示把数据从计算机传递到目标位置的过程中所经过的一组路由器,以及每个路由器在处理和转发的时候所需的时间。由于 Tracert 命令可以将主机到要访问的目的主机之间所经过的路由全部显示出来,因此当网络出现故障导致无法连通的时候,使用此命令可以简明地了解到底是哪一段链路出现了问题。

Tracert 的使用格式简单,只需要在 Tracert 后面跟一个 IP 地址或对应的网址即可。具体格式如下:

tracert IP address [-d]

其中,“ -d”为可选项,命令中加入“ -d”将更快地显示路由器路径,此时 Tracert 不会解析路径中路由器的名称。

6.5 访问因特网

因特网即 Internet,是覆盖全球的互联网络,它储存了大量的信息,并给用户提供各种服务。目前,因特网提供的服务有 Web 服务、文件传输服务、电子邮件服务、远程登录服务等各种服务。

6.5.1 WWW

WWW(world wide web)也称 Web、3W 或万维网,它是 Internet 上应用最广泛的服务项目之一。它采用浏览器/服务器工作模式,通过 Web 服务器向客户提供网页信息浏览服务。用户只要使用一种称为浏览器的工具软件,就可以非常方便地浏览这种网页信息。

Web 向用户提供信息的时候,是以网页的文件形式给用户提供服务的。网页文件使用超文本标记语言(HTML)制作,它能将文本、语音、图形和图像等多媒体元素组织到一起,为客户提供丰富多彩的服务,在网页内部可以制作超链接,用户可以通过超链接方便地在网页之间跳转。当用户访问某个页面的时候,用户在浏览器端输入需要浏览的页面的地址(URL),浏览器即可从服务器端下载信息到浏览器并以 HTML 规定的方式显示给用户;在浏览器和服务器通信的过程中,使用 HTTP 协议来进行信息的交互。目前,Web 服务已包含几乎所有的其他网络服务功能,如软件下载、电子邮件发送和网上聊天等,均可在 WWW 网页上进行。

Web 是以网页的形式为用户提供服务,网页就是指用户在浏览器中所看到的页面。每一个 Web 服务器上都存放着大量的网页文件,这些网页文件形成了一个网站,其中默认的封面文件,即访问一个网站时看到的第一个页面,称为主页。Web 服务的最大的特点之一就是可以在页面之间方便跳转,完成这个跳转工作的就是超链接。超链接是包含在每一个网页中的能够连接到万维网上其他网页的链接信息。一个网站内部的网页文件之间通过超链接相互联系起来,网站和网站之间也可以通过超链联系接起来。用户浏览网页的时候,当鼠标指针指向超链接位置时，就会立刻变成一个手形，用户可以单击这个链接，即可跳转到它所指向的网页或者网站的主页中。在制作网页的时候，为了能够说明各种文字的形式和超链接的位置，采用超文本标记语言HTML(hyper text markup language)来进行网页制作。HTML用来描述如何将文本格式化，它由大量的标记构成。网页就是一个由HTML语言编写出来的文本文件，是包含标记命令的纯文本。正是通过将标准化的标记命令写在HTML文件中，使得任何万维网浏览器都能够阅读和重新格式化接收到的万维网页面。值得注意的是，HTML并不是程序设计语言，它只是一种标记语言，其目的在于运用标记(tag)使文件达到预期的显示效果。

HTML文件中的各种标记都是“<标记名>文件内容</标记名>”这种格式，其中每个标记内都可以有若干个属性。常用的标记语言如下：

<P>…</P> 分段标签
 换行标签

<Center>…</Center> 居中标签 <hr> 水平线

<H1>…</H1> 项目标题标签 <a href=地址>超链接提示</a> 超链接

<Table> </Table> 表格 <TR> 定义表的一行

<TH> 定义表头 <TD> 定义单元格数据

<frameset> 设定框架

在使用上述标签进行页面布局时，需要使用标签的属性进行设定，常用的属性如下：

Target = _blank/_top 新网页打开位置

Align = left/center/right 对齐方式

Width = 像素点/百分比 宽度

Height = 像素点/百分比 高度

Border = 像素点 边框粗细

Cellspacing = 像素点 单元格间的间隔宽度

Cellpadding = 像素点 单元格边界与内容的间隔距离

Align = left/center/right 单元格内容的水平对齐方式

Valign = top/middle/bottom/baseline 单元格内容的垂直对齐方式

Rowspan = n 本单元格占 n 行

Colspan = n 本单元格占 n 列

Nowrap 自动换行属性

一个HTML文件必须遵循固定的结构，一般来说，HTML文件的基本结构如下：

<html>…</html>. 定义HTML文件的开始和结束

<head>…</head>. 描述HTML页头部区的开始和结束

<title>…</title>.

设置显示在浏览器标题栏中的文字，在<head> </head>标记内部出现：

<body>…</body>. 定义HTML正文的开始和结束，网页的显示内容都在这里

例如：

<html>

<head>

<title>重庆大学城市科技学院</title>

</head>

```
< body >
< h1 >重庆大学城市科技学院欢迎您！ </h1 >
< h2 >重庆大学城市科技学院各部门介绍 < h2 >
</body >
</html >
```

此页面在 IE 浏览器中浏览时看到的效果如图 6.8 所示。

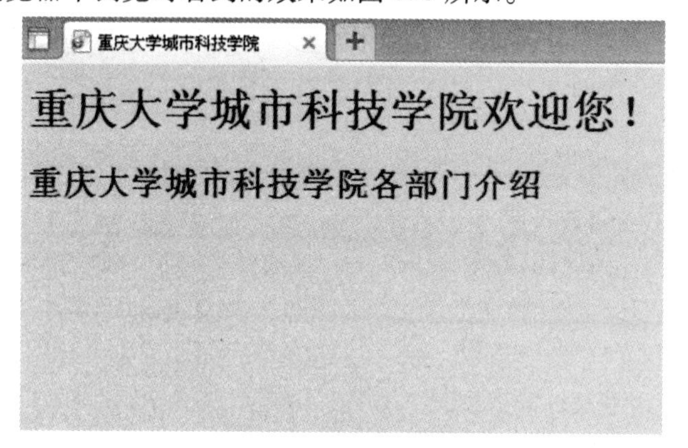

图 6.8　网页浏览界面

可以看到，<title> </title>中的内容显示到了标题栏中，而<body> </body>中的内容显示在了浏览器的网页部分。在实际使用中，还需要对浏览器的网页部分进行格式设置，这就需要使用其他标记。

当服务器提供了网页之后，用户就可以在浏览器端通过输入网页文件的地址来访问网页文件。Web 中使用统一资源定位符(Uniform Resoure Locator，URL)来标记网页中的文件，URL 是 Web 浏览器上指定 Internet 信息位置的表示方法。

URL 的格式通常为：

资源类型://域名/路径/文件名

资源类型表示 URL 地址采用的协议，如 http://表示采用 HTTP 的 WWW 服务器，ftp://表示采用 FTP 的 FTP 服务器。

域名就是用户所访问的网站的名称，也可以是该网站的 IP 地址。在域名的后面是用户要访问的网页文件的路径名称，一般主页文件放在网站的默认根目录下面，而其他文件放在特定的目录下面。

文件名是用户所访问的网页的名称，一般以 html 或者 hml 作为扩展名，如果是动态网站，则以 asp 等作为扩展名。

当用户在浏览器的地址栏里面输入 URL 后，浏览器就会和服务器建立连接，然后服务器将对应的网页文件发送给服务器。在这一过程中，浏览器和服务器通信的时候使用的是前面介绍过的超文本传输协议(HTTP)，当用户在 IE 浏览器的地址栏中输入要访问的网站地址时，最前面会给出使用的传输协议，若没有输入其他协议，HTTP 则会直接应用。

6.5.2　使用 Internet Explorer(IE)进行 WWW 浏览

在使用 Internet 提供的网页浏览服务时，需要使用浏览器软件，该软件能够帮助用户方便地浏览网络信息。常用的浏览器有 IE(internet expolor),以及以 IE 为内核的各种浏览器,包括360 浏览器、腾讯 TT 等。其中,IE 是微软公司和 Windows 捆绑在一起的一个浏览器,当 Windows 安装完毕后可以直接使用。

IE 浏览器启动后的界面如图 6.9 所示,用户可以在地址栏里面直接输入所要浏览的地址,浏览器将返回该地址的网页文件供用户浏览。如输入重庆大学城市科技学院的网址。"http://www.cqucc.com.cn",再按"Enter"键,就可以调出重庆大学城市科技学院网站的首页。其中,这里的"http://"是可以省略的,IE 能够自动地附加这个协议。但是如果要访问 FTP 服务器,"ftp://"服务器域名或 IP 地址的格式必须严格遵循。

浏览器窗口主要由标题栏、菜单栏、工具栏、地址栏、网页显示区和状态栏等组成,如图6.9所示。

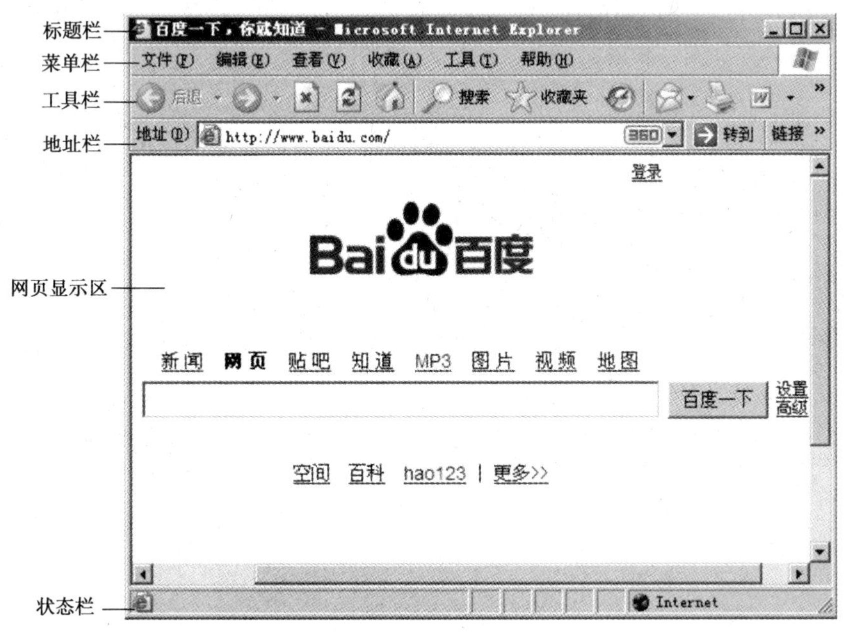

图 6.9　IE 浏览器界面

IE 工具栏上默认放置了一些最常用的按钮。

- "后退"按钮:返回浏览当前页面之前的前一个页面。
- "前进"按钮:返回浏览当前页面之后的下一个页面。
- "停止"按钮:停止当前页面的调用。
- "刷新"按钮:重新从服务器上读取当前页面。
- "主页"按钮:浏览系统设置的主页。
- "搜索"按钮:确定是否在窗口左侧显示搜索栏。
- "收藏夹"按钮:确定是否在窗口左侧显示"收藏夹"内的网址。
- "历史"按钮:确定是否在窗口左侧显示上网的历史记录。
- "打印"按钮:单击该按钮,将打印当前页面。

浏览器在使用过程中,可以根据用户的需要定制具有自己风格的浏览器。主要使用到的操作有:

(1)默认主页的设置

主页就是每次启动IE时直接访问的用户页面,用户可以把自己经常使用或者自己感兴趣的网站设为主页,这样每次启动的时候就可以直接进入该页面,在用户浏览其他网页的过程中,也可以单击工具栏中的主页按钮返回自己所设置的主页。

选择“工具”→“Internet 选项”命令,弹出“Internet 选项”对话框,如图6.10所示。选择“常规”选项卡,在“主页”选项组中单击“使用当前页”按钮,则将当前网页设为主页,或者直接在“地址”文本框中输入新主页地址。此外,可以在IE浏览器的图标上右击,在弹出的快捷菜单中选择“属性”命令,同样可以打开“Internet 选项”对话框进行主页设置。

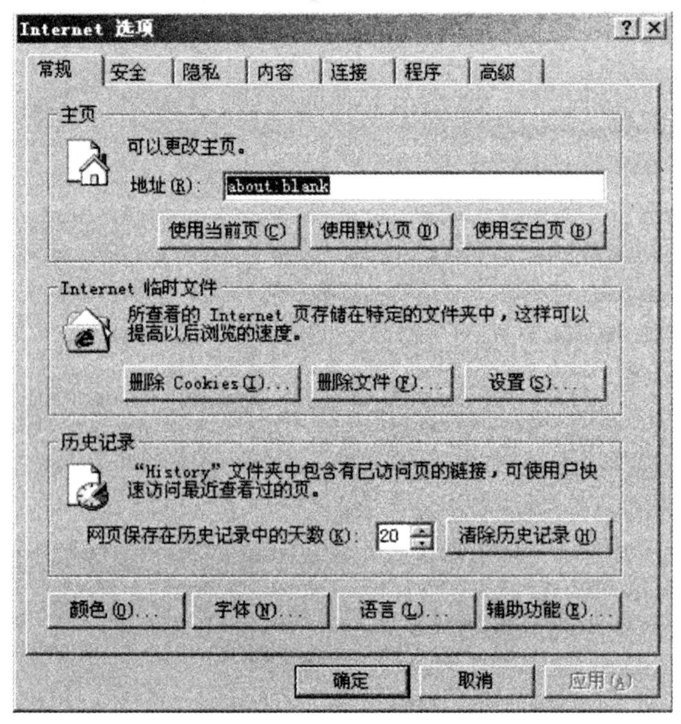

图6.10 IE主页设置

(2)定制工具栏

用户可以自定义工具栏上的按钮图标。启动IE并选择“查看”→“工具栏”→“自定义”命令,弹出“自定义工具栏”对话框,如图6.11所示。然后用户就可以根据自己的需要对IE工具栏进行调整了。

(3)整理收藏夹

对于用户经常使用或者感兴趣的网站,用户可以将其添加到收藏夹中,方法是选择“收藏”→“添加到收藏夹”命令,然后在弹出的对话框中输入网页的名称,单击“添加”按钮即可。当收藏夹中的站点或者网页过多时,就需要整理收藏夹,选择“收藏”→“整理收藏夹”命令,弹出“整理收藏夹”对话框,此时可以完成收藏夹中数据的整理,如图6.12所示。

(4)清除地址列表和删除临时文件

如果不想让别人知道用户所访问过的地址,只需选择“工具”→“Internet 选项”命令,然后在弹出的对话框中选择“常规”选项卡,单击“历史记录”选项组中的“清除历史记录”按钮即可。

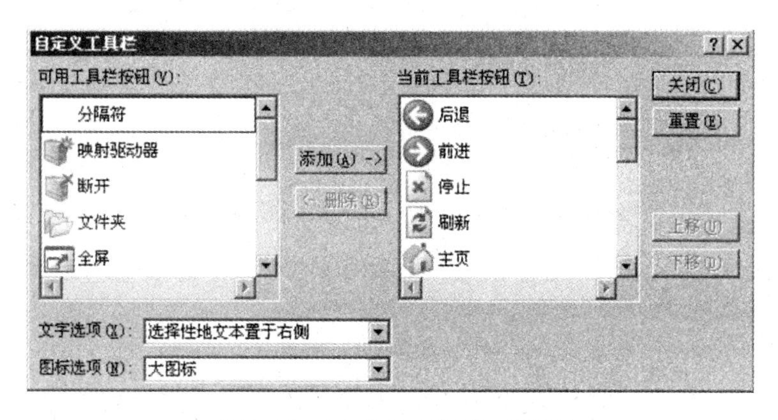

图6.11　“自定义工具栏”对话框

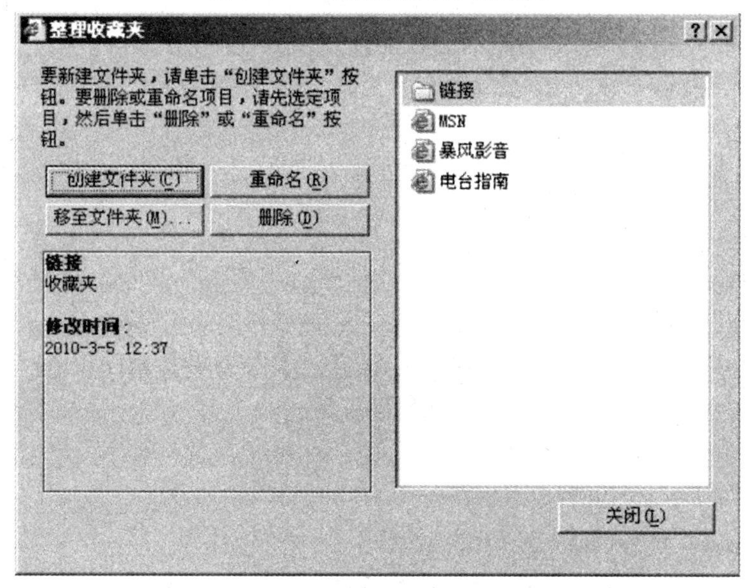

图6.12　“整理收藏夹”对话框

用户访问过的网页，IE会自动将它们保存在临时文件夹中。如果想清除这些文件，只需选择“查看”→“Internet选项”命令，然后在弹出的对话框中选择“常规”选项卡，单击“Internet临时文件”选项组中的“删除文件”按钮即可。临时文件被删除后，将不能进行脱机浏览。

6.5.3　电子邮件

电子邮件又称E-mail，它使用方便，传递迅速，费用低廉，不仅可传送文字信息，而且还可附上声音和图像，是因特网上使用得最多和最受用户欢迎的服务项目之一。在使用电子邮件服务的时候，用户只需知道收件人的E-mail地址，就可以像通常寄信一样，将自己的信息传递给网上的收件人。通常，当用户发送一封电子邮件后，用户的电子邮件服务器会把邮件发送到收件人使用的邮件服务器，并放在其中的收件人邮箱中，收件人可随时上网，到自己使用的邮件服务器进行读取。

现在网站一般提供免费电子邮箱和收费电子邮箱两种服务。收费电子邮箱每年收取固定费用，提供给用户更加可靠和功能更加强大的服务，一般的企业和有特殊需要的个人可以申请收费的电子邮箱，获得更佳的服务质量。免费电子邮箱是不需要付费就可以长期使用的电子邮箱。免费邮箱的申请很方便,又节省资金,因此在普通的上网用户中比较普及。现在普遍使用的即时通信软件 QQ 就捆绑了电子邮箱的服务,当用户申请成功一个 QQ 账号后,单击 QQ 软件上面的邮件图标就可以进入自己的邮箱了。

当用户申请成功邮箱之后,就可以登录自己的邮箱收发电子邮件了。用户登录的时候,只需要在申请邮箱的网站中对应的位置输入自己的用户名和密码即可成功登录邮箱。当用户给其他收件人写电子邮件的时候,收件人的地址使用的格式是:

用户名@邮件服务器地址

符号"@"左侧的用户名是接收用户在邮件服务器上注册时采用的信箱名,右侧的邮件服务器地址是接收邮件服务器在 Internet 中的域名,也就是用户注册时的网站域名。用户在发送电子邮件的时候,还可以采用抄送、密送等方式一次将同一邮件发送给多个收件人。

值得注意的是,在上述电子邮件的收发过程中,用户通过浏览器登录自己的电子邮箱进行邮件的收发,此时,电子邮件从用户自己的个人电脑发送到自己所申请的邮箱所在邮件服务器时,使用的是 HTTP 协议。同样的,收件人利用浏览器登录自己的邮箱,从邮箱所在邮件服务器接收信息到自己的浏览器显示,使用的仍旧是 HTTP 协议。但是,在发件人的邮箱所在服务器将信件发送到收件人的邮箱所在服务器的时候,两个邮件服务器之间的传送要使用专门的电子邮件协议 SMTP 协议。

在用户使用电子邮件服务的时候,发送和接收电子邮件需要使用发送和接收电子邮件的协议。广泛使用的电子邮件传送协议中的发件协议是 SMTP(simple mail transfer protocol,简单邮件传送协议),收件协议是 POP3(post office protocol,邮局协议)。

SMTP 是 TCP/IP 中的简单邮件传输协议,它所规定的就是在两个相互通信的 SMTP 进程之间应如何交换信息,即电子邮件如何在 Internet 中通过发送方和接收方的 TCP 连接来传送,是用来管理电子邮件发送工作的协议。

POP3 是邮局协议 3,这里的 3 为版本,用于访问存放用户邮件的服务器,接收服务器上自己邮箱中的电子邮件。基于 POP3 和 SMTP 的电子邮件软件(如 Outlook Express 等)为用户提供了许多方便,它允许用户不使用浏览器,而是直接使用这一电子邮件收发软件来进行邮件的管理和收发。在使用这一软件的时候,当用户利用软件登录邮箱时要读取邮件,此时使用 POP3 协议,而当用户发送邮件的时候使用 SMTP 协议。因为 POP3 提供了 POP 服务器收发邮件的功能,电子邮件软件就会将邮箱内的所有电子邮件一次性地下载到用户自己的计算机中。

MIME(multipurpose internet mail extensions)的中文名称为"多用途 Internet 邮件扩展协议",它增强了 SMTP,统一了编码规范,解决了 SMTP 仅能传输 ASCII 码文本的限制。MIME 定义了各种类型的数据,如声音、图像、表格和应用程序等编码格式,人们通过对这些类型的数据进行编码,并将它们作为电子邮件中的附件进行处理,就可以保证这些内容被完整和正确地传输。目前,MIME 和 SMTP 已被广泛应用于各种 E-mail 系统中。

6.5.4 搜索引擎

在万维网中用来进行搜索的程序叫作搜索引擎。一般所说的"搜索引擎",实际上是指一些实现了搜索引擎技术、具有强大查询能力的网站,这些网站为了方便人们从网上查找信息,便建立了各自的查询资料库,向人们提供全面的信息查询,所以,人们就把这些站点的查询服务称为"搜索引擎"。在建立资料库的时候,可以通过搜索软件到因特网上的各网站收集信息,找到一个网站后可以从这个网站再链接到另一个网站,然后按照一定的规则建立一个很大的在线数据库供用户查询;也可以利用各网站向搜索引擎提交的网站信息时填写的关键词和网站描述等信息,经过人工审核编辑后,如果认为符合网站登录的条件,则输入到分类目录的数据库中,供网上用户查询。现在,比较大一点的网站都提供了信息搜索服务,用户只需输入要搜索的关键字,即可查找到所需的资料,如可以从网上搜索含有相关内容的网站、网页、新闻、游戏和免费软件等。常用的著名搜索网站有搜狐、百度、新浪和网易等,如图 6.13 所示。

图 6.13　搜索网站

6.5.5　文件传输 FTP

FTP(File Transportation Protocol)即文件传输协议,是因特网上使用得最广泛的文件传送协议之一,它的功能是在网络上两台计算机间进行文件的远程传输。用户可以从远程计算机上通过下载获取文件,或者把用户自己的文件通过上载传送到远程主机上去。FTP 屏蔽了各计算机系统的细节,如计算机存储数据格式的不同,文件的目录结构和文件命名规定的不同,对于相同的文件存取功能操作系统使用命令的不同,访问控制方法的不同等,因而 FTP 适合于在异构网络中任意计算机之间传送文件。

文件传输协议 FTP 在主机之间传送文件的时候,主机之间利用运输层的 TCP 协议来建立连接。与其他客户机/服务器模型不同的是,FTP 客户机与服务器之间要建立双重连接:一个是控制连接,一个是数据连接。首先,FTP 利用 TCP 在客户机和服务器之间建立一个控制连接,用于传递控制信息,如文件传送命令等。客户机可以利用控制命令反复向服务器提出请求,而客户机每提出一个请求,服务器便与客户机建立一个数据连接,用于实际的数据传输。一旦数据传输结束,数据连接也随之撤销,但控制连接依然存在,直至退出 FTP。

6.5.6　远程登录 Telnet

在计算机网络的早期,要完成大型的任务必须借助于功能强大的计算机,Telnet 的应用帮助人们实现了这一功能。Telnet 远程登录服务为用户提供了在本地计算机上操控远程主机工作的能力,它能够让用户登录到远程主机上,把自己的计算机与远程的功能强大的计算机联系起来,这样用户就可以使用远程计算机来完成工作。Telnet 命令使得终端使用者可以在本地计算机上输入命令,而这些命令则会在远程计算机上运行,对于用户来说,就像直接在远程计算机的控制台上输入命令一样。

要使用 Telnet 协议进行远程登录,必须在用户的本地计算机上安装有包含 Telnet 协议的客户程序,同时远程计算机上也必须安装有 Telnet 协议的服务器程序。为了能够使得客户程序和服务器程序建立连接,客户程序必须知道远程主机的 IP 地址或者域名,这样就可以远程登录到服务器端了。使用远程登录的时候,用户同时还需要作为该服务器的授权用户,即需要知道登录所用的“登录标识”和“口令”。在使用 Telnet 登录时,用户通过输入“Telnet IP 地址”这一命令,首先将本地主机与具有相应 IP 地址的远程主机建立连接,然后将本地终端上输入的用户名和口令传送到远程主机,用户就可以对远程主机进行操作。操作完成后,远程主机将输出的数据送回本地终端,当所有的操作完成后,本地终端和远程主机的连接将撤销。

远程登录服务能够使得用户共享功能强大的主机,完成自己的任务。但是随着计算机硬件技术的飞速发展,个人计算机的功能也越来越强大,可以完成更加复杂的工作,另一方面,由于远程登录技术存在很大的不安全因素,对于远程主机来说很容易遭到攻击,导致资料的损害和泄露,因此,远程登录技术的使用已经越来越少了。

6.5.7 电子公告栏 BBS

电子公告栏又称公告牌、论坛、BBS。BBS 的英文全称是 Bulletin Board System,翻译为中文就是“公告板系统”。目前人们最常使用的是建立在因特网上的论坛。例如,打开浏览器后,进入百度网站,点击“贴吧”就可以进入百度贴吧。在某个特定的贴吧内,可以浏览别人发表的帖子和其他用户的回复,要发表自己的帖子时,把事先写好的文章复制上去或者临时打上去就行了。一般来说,论坛中只允许注册过的用户上去发帖子和进行回复。

6.5.8 即时通信软件与腾讯 QQ

即时通信(Instant Messaging)软件是一种基于互联网的即时交流软件,能够即时发送和接收互联网消息,可以让多个用户同时进行在线信息交流。自即时通信软件面世以来,即时通信的功能日益丰富,不仅能够完成文字信息的交流,而且可以进行文件传输,语音和视频聊天,远程控制等操作。如今,即时通信软件已经不再是一个单纯的聊天工具,它已经发展成集交流、资讯、娱乐、搜索、电子商务、办公协作和企业客户服务等为一体的综合化信息平台。

目前,常用的即时通信软件包括 QQ、MSN、UC 等软件。其中,腾讯 QQ 以其良好的易用性和强大的功能获得了用户的肯定,QQ 软件国内使用者最多。在通信功能方面,QQ 软件提供了文字、语音和视频交流三种不同的方式。在进行传统的文字交流时,QQ 用户可以设置自己的文字的格式,同时增加了 QQ 表情,甚至可以自定义动态表情,支持网友自定义显示系统表情。而 QQ 软件的语音和视频聊天功能,可以让人们利用互联网实现语音和视频通信而不用支付任何附加费用。除了具有基本通信功能外,QQ 还具备在线文件传输和离线文件传输功能,方便用户之间信息的共享。QQ 还提供了群组功能,用户可以加入其他用户创建的 QQ 群,或者当自己的等级达到要求后创建自己的用户群。群内提供多用户信息交流的平台和文件共享的平台,QQ 群组功能实现了多人一起交流、讨论、信息分享的功能。此外,QQ 还在用户信息管理方面提供了强大的功能,用户可以根据自己的需要创建分组,将不同的其他用户放入不同的分组进行管理,对不同的用户可以设置不同的操作,如隐身对其可见等。

6.5.9 博客

Blog,中文称为网络日志或部落格,或者称为博客,是网上一个共享空间,用户可以以日记的形式在网络上发表自己的个人内容。通常的博客网站都是一种由个人管理的不定期张贴新的文章的网站,现在一般大型综合网站都提供了此项功能,如新浪、网易等。

Blog以网络作为载体,用户可以简易迅速、便捷地发布自己的心得,及时、有效、轻松地与他人进行交流,再集丰富多彩的个性化展示于一体,是一个综合性平台。一般说来,一个博客(blog)就是一个网页,它通常是由简短且经常更新的帖子所构成,博客的内容可以是文字、图像、其他博客或网站的链接,以及其他与主题相关的媒体,并且博客允许其他浏览用户以互动的方式和博客拥有者交流信息。目前,博客已经成为网上用户技术交流、心得体会发表的重要途径之一。

习　题

1.填空题

(1)①128.36.199.3　②21.12.240.17　③183.194.76.253　④192.12.69.248　⑤89.3.0.1　⑥200.3.6.2

以上各网络的类别分别为:________是A类,________是B类,________是C类。

(2)因特网的两大组成部分是________和________。

(3)开放互联(OSI)模型描述________层协议网络体系结构。

(4)HTML语言可以用来编写Web文档,这种文档的扩展名是________。

(5)因特网中电子邮件的地址格式为________。

(6)在Internet的基本服务功能中,远程登录所使用的命令是________。

(7)最早出现的计算机网络是________。

(8)根据Internet的域名代码规定,域名中的.com表示________机构网站,.gov表示________机构网站,.edu代表________机构网站,.net代表________机构网站。

2.简答题

(1)IP地址是如何定义的?共分为几类?如何辨别?

(2)什么是域名系统,其作用是什么?

(3)目前常用的Internet接入方式有哪些?

(4)网页制作的原则及过程是什么?

(5)Internet上有哪几种服务方式?

第7章 Windows 操作系统应用基础

Windows 系列操作系统是如今个人电脑上使用最为广泛的操作系统。它的第一个版本 Windows 1.0 于 1985 年面世,本质为基于 MS-DOS 系统之上的图形用户界面的 16 位系统软件,但同时具有许多操作系统的特点。Windows 1. X 和 Windows 2. X 市场反应并不太好,并未占据大量的市场份额,但从 Windows 3. X 开始,Windows 操作系统逐渐成为使用最为广泛的桌面操作系统。从 Windows 3.0 开始,Windows 系统提供了对 32 位 API 的有限支持。1995 年 8 月 24 日发售的 Windows 95 则是一个混合的 16 位/32 位 Windows 系统,仍然基于 DOS 核心,但也引入了部分 32 位操作系统的特性,具有一定的 32 位处理能力。但与此同时,微软开发了 Windows NT 核心,并在 2000 年 2 月发布了基于 NT5.0 核心的 Windows 2000,正式取消了对 DOS 的支持,成为纯粹的 32 位系统。微软又于 2001 年发布了 Windows 2000 的改进型号 Windows XP,大幅度增强了系统的易用性,成为最成功的操作系统之一,直到 2012 年其市场占有率才降至第二。2006 年底微软发布了基于 NT6.0 核心的新一代操作系统 Windows Vista,提供了新的图形界面 Windows Aero,大幅提高了安全性,但市场反应惨淡,其市场份额始终未超过 Windows XP。为了挽回市场形象,微软于 2009 年推出了 Windows Vista 的改进型 Windows 7,重新获得成功。之后 2012 年微软推出了支持 ARM CPU、取消开始菜单、带有 Metro 界面的 Windows 8 以抵御 iPad 等平板对 Windows 地位的影响,但结果令广大消费者不满意。微软决定在 2013 年 6 月 23 日发布 Windows 8.1 开发者预览版,此版本为 Windows 8 的改进版本,恢复了开始菜单。

教学目的:

- 了解软件的基本概念;
- 了解系统软件和应用软件的概念和常用软件;
- 了解操作系统的功能、发展、分类和常见的操作系统;
- 了解软件工程的基本概念;
- 掌握程序设计的基本过程;
- 掌握算法的概念和基本的程序设计方法。

7.1　操作系统概述

操作系统(Operating System,OS)是管理和控制计算机硬件与软件资源的计算机程序,是直接运行在“裸机”上的最基本的系统软件,任何其他软件都必须在操作系统的支持下才能运行。操作系统是用户和计算机的接口,同时也是计算机硬件和其他软件的接口。操作系统的功能包括管理计算机系统的硬件、软件及数据资源,控制程序运行,改善人机界面,为其他应用软件提供支持等,使计算机系统所有资源最大限度地发挥作用,提供了各种形式的用户界面、使用户有一个好的工作环境,为其他软件的开发提供必要的服务和相应的接口。实际上,用户是不用接触操作系统的,操作系统管理着计算机硬件资源,同时按应用程序的资源请求为其分配资源,如划分 CPU 时间、开辟内存空间、调用打印机等。

7.1.1　操作系统的层次结构

若从层次的观点看操作系统本身,可将其分为系统层、管理层和应用层。

①系统层为内层,具有初级中断处理、外部设备驱动、处理机调度,以及实时进程控制和通信的功能。操作系统的层次结构组成模块如图 7.1 所示。

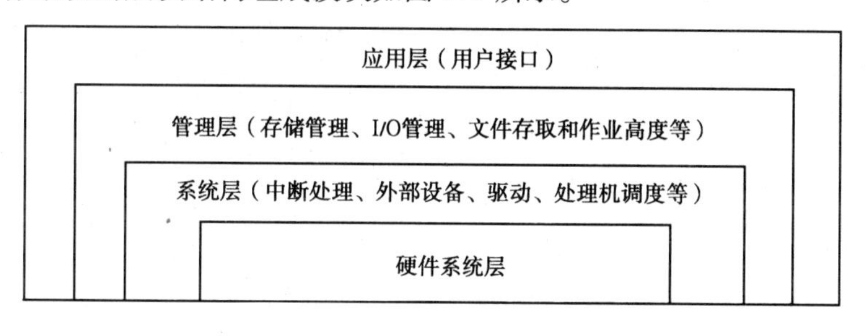

图 7.1　操作系统的层次结构组成模块

②管理层包括存储管理、I/O 管理、文件存取和作业调度等。

③应用层处于最外层,是接收并解释用户命令的接口,允许用户与操作系统进行交互。有些操作系统的用户界面只提供输入命令行的形式,而有些则可以通过菜单和图标的方式来实现。

7.1.2　操作系统的主要特征

现代操作系统广泛采用并行操作技术,使多种硬件设备能够并行工作。例如,I/O 操作和 CPU 计算同时进行,在内存中同时存放并执行多道程序等。以多道程序设计为基础的现代操作系统具有以下主要特征:

(1)并发性

并发性是指两个或多个事件在同一时间间隔内发生。在多道程序环境下,并发性是指在一段时间内,宏观上有多个程序在同时运行,但在单处理机系统中,每一时刻只能有一道程序执行,所以,在微观上这些程序只能是分时地交替执行。倘若在计算机系统中有多个处理机,则这些可以并发执行的程序便可被分配到多个处理机上,实现并行执行,即利用每个处理机来处理一个可并发执行的程序。这样,多个程序便可同时执行。两个或多个事件在同一时刻发生称为并行,在操作系统中存在着许多并发或并行的活动。例如,系统中同时有 3 个程序在运行,它们可能以交叉方式在 CPU 上执行,也可能一个在执行计算,一个在进行数据输入,另一个在进行计算结果的打印。

(2)共享性

共享是指系统中的资源可供内存中多个并发执行的程序共同使用。由于资源属性的不同,对资源共享的方式也不同,目前主要有以下两种资源共享方式:

①互斥共享方式,是指系统中的某些资源,如打印机、磁带机等。虽然它们可以提供给多个用户程序使用,但为使所打印或记录的结果不造成混淆,应规定在一段时间内只允许一个用户程序访问该资源。

②同时访问方式,系统中还有另一类资源,允许在一段时间内由多个用户程序"同时"对它们进行访问。这里所谓的"同时"往往是宏观上的,而在微观上,这些用户程序可能是交替地对该资源进行访问,例如对磁盘设备的访问。

并发和共享是操作系统两个最基本的特征,它们又互为对方存在的条件。一方面,资源共享是以程序的并发执行为条件的,若系统不允许程序并发执行,自然不存在资源共享问题;另一方面,若系统不能对资源共享实施有效管理或协调好多个程序对共享资源的访问,也必然影响到程序并发执行的程度,甚至根本无法并发执行。

(3)虚拟性

虚拟性是指将一个物理实体映射为若干个逻辑实体。前者是客观存在的,后者是虚构的,是一种感觉性的存在,即主观上的一种想象。例如,在多道程序系统中,虽然只有一个 CPU,每次只能执行一道程序,但采用多道程序技术后,在一段时间间隔内,宏观上有多个程序在同时运行。在用户看来,就好像有多个 CPU 在各自运行自己的程序。这种情况就是将一个物理的 CPU 虚拟为多个逻辑上的 CPU,逻辑上的 CPU 称为虚拟处理机。类似的还有虚拟存储器、虚拟设备等。

(4)不确定性

在多道程序环境下,允许多个程序并发执行,但只有程序在获得所需的资源后方能执行。在单处理机环境下,由于系统中只有一个处理机,因而每次只允许一个程序执行,其余程序只能等待。当正在执行的程序提出某种资源要求时,如打印请求,而此时打印机正在为其他程序打印,由于打印机属于互斥型共享资源,因此正在执行的程序必须等待,且放弃处理机,直到打印机空闲并再次把处理机分配给该程序,该程序方能继续执行。可见,由于资源等因素的限制,使程序的执行通常都不是"一气呵成",而是以"停停走走"的方式运行的。内存中的每个程序在何时能获得处理机运行,何时又因提出某种资源请求而暂停,以及程序以怎样的速度向前推进,每道程序总共需要多少时间才能完成等,都是不可预知的。因此,在操作系统中存在着不确定性。

7.2 Windows 操作系统的特点

微型计算机中广泛使用的是采用 Microsoft 公司推出的图形化界面的 Windows 系列操作系统,主要有 Windows 95、Windows 98、Windows Me、Windows 2000、Windows XP、Windows 2003、

Windows Vista 和 Windows 7 等多个版本。Windows 系列操作系统具有如下特点：

(1)具有非常友好的图形界面,使用鼠标操作起来非常方便

Windows 操作系统全部采用图形界面,用户只需掌握鼠标的移动、单击、双击和拖动操作,即可轻松使用 Windows。此外,大多数 Windows 应用程序都具有一致的风格和界面,用户只需熟悉一个 Windows 应用程序的使用方法,就可以很容易地学会其他 Windows 应用程序的使用方法。

(2)多任务的操作系统

Windows 是一个多任务的操作系统,可以同时运行多个应用程序,执行多项任务,每个程序和每个任务之间既能轻易地切换,又能方便地交换数据。例如,在 Windows 操作系统中,用户可以一边听音乐,一边上网,一边进行文字的输入;同时,还可以使用剪贴板,在几个应用程序之间相互交换数据。同时,Windows 也是一个多用户的操作系统,允许建立多个用户,每个用户可以设置自己的密码,保留自己的桌面风格等。

(3)支持即插即用(PNP)功能

Windows 中的硬件安装非常容易。对于大多数新增硬件来说,在正确安装好硬件后,只要一开机,Windows 系统就能自动识别该硬件并安装好驱动程序。如果硬件较新或不常见,Windows 系统本身没有它的驱动程序,也会进入提示安装驱动程序界面,这也就是通常所说的"即插即用(PNP)"功能。

(4)先进的内存管理模式

Windows 中采用了先进的内存管理模式,能够自动完成对内存空间的分配、保护和扩充。它突破了传统 DOS 操作系统 640 KB 基本内存的限制,可以更充分地利用内存来运行各种大型程序。

(5)具有良好的网络支持功能

Windows 支持多种网络,用户可以方便地访问 Windows NT 服务器、Netware 服务器和国际互联网 Internet。利用 Windows 提供的"网上邻居",可以快速访问各种网络资源,甚至利用 Windows 就可以组建一个简单的对等网,实现任意两台计算机之间资源的相互共享。在 Windows XP 操作系统中,建立 ADSL 宽带连接也变得非常简单。

(6)向下兼容 DOS

在 DOS 环境下运行的大部分程序,也可以在 Windows 环境下正常运行。同时,Windows 提供了使用 DOS 命令的窗口,对于喜欢 DOS 命令的人来说,一样很方便。

(7)很强的多媒体功能

Windows 自带 CD 播放器、媒体播放器(Windows Media Player)和录音机等多媒体软件,使得在 Windows 下播放 CD 音乐、VCD 光盘和通过传声器录音变得轻松自如。

(8)强大的帮助功能

Windows 提供了内容全面的帮助系统,初学者可以通过帮助系统获得所需的帮助信息。同时,Windows 还充分发挥了鼠标右键的功能。当用户在某个对象上不知如何操作时,可以单击鼠标右键,系统会立即弹出一个与该对象相关的快捷菜单供用户选择所需的命令,这一点对于初学者来说非常实用,也非常方便。

Windows XP 是在 Windows 2000 操作系统的基础上开发的新一代操作系统,它将 Windows 2000 的众多优点(基于标准的安全性、易管理性和可靠性),以及 Windows 98 和 Windows Me

的最佳特性(即插即用、易于使用的用户界面以及创新的支持服务)完美集成在一起。通过使用 Windows XP,用户可以轻松地操纵计算机进行娱乐和工作。虽然2011年7月初,微软表示将于2014年春季彻底取消对 Windows XP 的所有技术支持。但是如今该操作系统仍然广泛应用于微机上,它主要包含家庭版(Home Edition)和专业版(Professional Edition)两种,此外还有针对企业用户的64位版。

7.3 Windows XP 系统的启动及退出

(1)Windows XP 系统的启动

打开计算机外部设备的电源,然后打开计算机主机电源。计算机自检后,停留在登录界面,如图7.2所示。界面中,已注册的用户名以图标形式出现,用鼠标单击用户图标,会提示用户输入密码,密码确认之后进入 Windows XP 桌面。

图7.2 Windows XP 登录界面

(2)Windows XP 系统的退出

在关闭 Windows XP 之前应该保存正在做的所有工作,防止数据丢失。退出 Windows XP 也就关闭了计算机。执行以下步骤关闭计算机:

①单击"开始"按钮 开始 ,弹出"开始"菜单。

②单击"开始"菜单的关闭计算机按钮 ,弹出"关闭计算机"对话框,如图7.3所示。

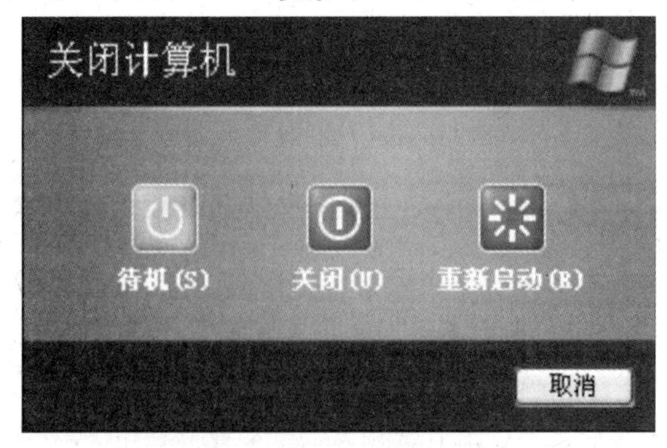

图7.3 关闭计算机对话框

③单击"关闭"按钮,Windows XP 提示关闭计算机电源。

④关闭计算机后按下显示器、音箱等外部设备的电源开关,关闭其电源。如果已经关闭了

所有程序窗口,这时按下“Alt + F4”键,也会出现“关闭计算机”对话框。

(3)Windows XP的重新启动

①单击“开始”按钮,弹出“开始”菜单。

②单击“开始”菜单的“关闭计算机”项,弹出“关闭计算机”对话框。

③单击“重新启动”按钮,Windows XP重新启动计算机。

在Windows XP的关闭计算机对话框中选择“重新启动”与“Ctrl + Alt + Delete”键不同,如果在Windows XP中按“Ctrl + Alt + Delete”键,会出现Windows任务管理器,在这个对话框中可以结束所选择的任务,也可以选择该对话框“关闭”菜单下的“重新启动”项来重新启动计算机。

(4)待机

当计算机处在待机状态时,将关闭监视器和硬盘,以使计算机使用较少的电量。想重新使用计算机时,它将快速退出等待状态,而且桌面精确恢复到等待前的状态。要将计算机手动置于待机状态,可以采用以下步骤:

①单击“开始”按钮,打开“开始”菜单,单击“控制面板”项,将显示出“控制面板”窗口。

②单击“性能和维护”图标,单击“电源选项”图标,打开“电源选项”对话框。

③在“高级”选项卡的“在按下计算机电源按钮时”下拉框下选择“待机”。如果使用的是便携式计算机,则选择“当关上便携式计算机盖子时”下拉框下面的“待机”项。

④单击“确定”按钮或“应用”按钮,然后关闭电源或关闭便携式计算机的盖子。这样,用户就可以使用待机状态了。

(5)休眠状态

休眠状态是把当前计算机的内存中的内容全部保存到硬盘中,关闭显示器和硬盘,然后关闭计算机。重新启动计算机时,又回到原来的工作状态。采用下列步骤将计算机手动置于休眠状态:

①单击“开始”按钮,打开“开始”菜单,单击“控制面板”菜单项,打开“控制面板”窗口。

②切换到经典视图,单击“电源选项”图标,打开“电源选项”对话框。

③打开“休眠”选项卡并选中“启用休眠”复选框。如果“休眠”选项卡不可用,则计算机不支持该功能。

④单击“应用”按钮。

⑤单击“高级”选项卡,“在按下计算机电源按钮时”提示的下拉框下选择“休眠”,单击“确定”按钮,关闭“电源选项”对话框。这样,当关闭计算机时,计算机就会转入休眠状态。

7.4 Windows XP用户界面

7.4.1 桌面

启动Windows XP后,所显示的整个屏幕称为桌面,桌面可放置图标、窗口、菜单和对话框等。Windows XP对桌面进行了重大的改进,采用了绚丽的色彩,并减少了桌面图标的数量,如图7.4所示。

图 7.4 Windows XP 桌面及开始菜单

默认情况下,Windows XP 桌面上只有“回收站”图标,以前用户熟悉的“我的文档”“我的电脑”“网上邻居”“Internet Explorer”等已经被整理到“开始”菜单中。考虑到用户的操作习惯,也可以将 Windows XP 的“开始”菜单样式还原为以前的经典样式,或通过自定义桌面设置,在桌面上显示“我的电脑”等图标。

7.4.2 菜单

菜单栏由一些菜单命令组成,用鼠标单击菜单命令可以显示出相应的下拉菜单,项目不同的窗口可能会有不同的菜单选项,如图 7.5 所示。

某些菜单项后面带“▶”符号,表示有下一级菜单(子菜单)。

另一种菜单项称作单选菜单项。这类菜单项的左边通常都有一个“·”标记,表示对应的菜单项功能被激活。这类菜单项具有单选的特点,选择其他项时即自动将以前选中的菜单项功能禁止。也就是说,在一个分隔区域内一次只能激活一个菜单项功能,在一个分隔区域中只能出现一个“·”标记,各个菜单项功能之间是不相交的。

如果一个菜单命令下所需要设置的选项过多,通常会在运行该菜单命令时打开一个对话框,以便用户输入较多的数据,这种菜单项通常都带有“...”符号。

某些菜单项呈现灰色,表示该菜单项在当前状况下无效,一旦当前状态被改变,则该菜单项可能又会变为有效状态。

7.4.3 对话框

对话框是一种特殊的窗口,可以在桌面上移动,有标题栏,但没有边框,不能改变窗口的大小。Windows XP 中提供了大量的对话框,每个对话框内有不同形式的操作选项,常见的操作

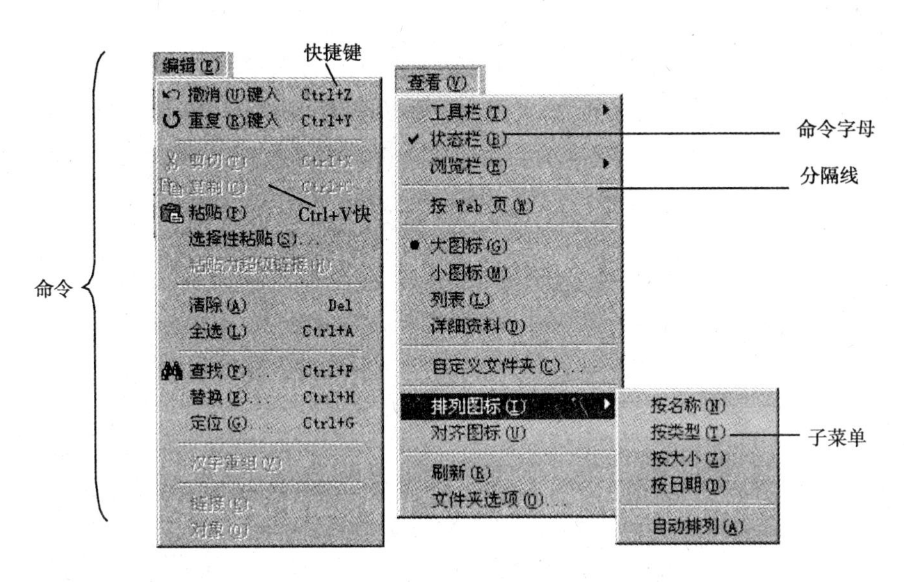

图 7.5　菜单

选项有选项卡、文本框、列表框、下拉列表框、复选框和单选按钮等。

(1)选项卡

将命令参数按类归入不同的选项卡,单击选项卡可以将其中的内容显示在对话框中,如图 7.6 所示。

(2)文本框

文本框用于输入信息,如文件名等。单击文本框,使文本插入点进入文本框,在插入点左面可输入文字,如图 7.7 所示。

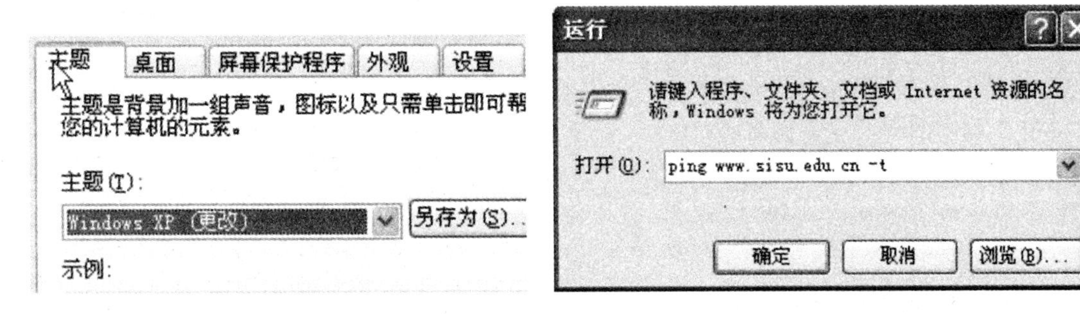

图 7.6　选项卡对话框截图

图 7.7　文本框

(3)列表框

单击列表框中的某一项即可将其选中,如图 7.8 所示。

(4)下拉列表框

下拉列表框形式与列表框相似,但它是通过单击下拉列表框右边的( )按钮来展开下拉列表的,它的内容有时可以像文本框那样输入,如图 7.9 所示。

(5)复选框

复选框表示在若干个项目中可以选择其中一项或多项,也可以例行或一个都不选。鼠标单击复选框,可以选中或取消选中,小方框内出现"√"表示选中,如图 7.10 所示。

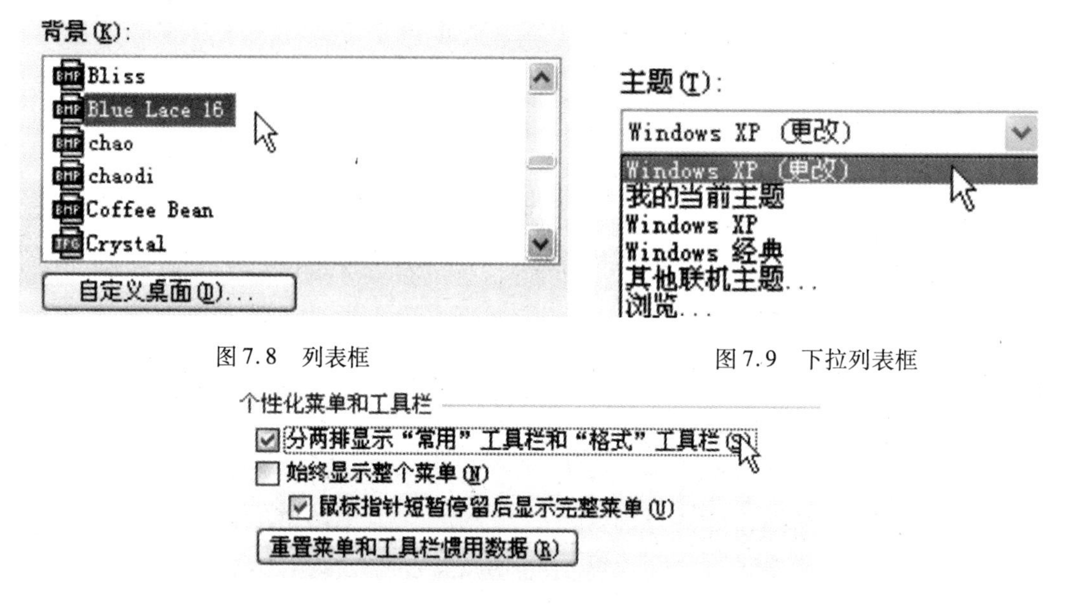

图 7.8　列表框

图 7.9　下拉列表框

图 7.10　复选框

(6)单选按钮

单选按钮有多个时,表示在若干个项目中一次只能选择其中一项。单击某个单选按钮,该按钮的圆圈内出现一个黑点,表示选中该项,如图 7.11 所示。

图 7.11　单选钮

7.5　Windows XP 系统的基本操作

7.5.1　鼠标的基本操作

用户手握鼠标器在平滑桌面上移动时,鼠标指针随之在显示器屏幕上移动。指针的形状多种多样,常见的如图 7.12 所示。

Windows 操作系统下常用的鼠标操作如下。

- 移动:鼠标器在平滑平面上移动时,鼠标指针随之在屏幕上移动。
- 指向:移动鼠标,使鼠标指针定位在要处理的对象上。
- 单击:按一下鼠标左键(通常用食指)。
- 右击:按一下鼠标右键(通常用无名指)。
- 双击:连续快按两下鼠标左键。
- 三击:连续快按三下鼠标左键。
- 拖动:按下鼠标的左键(不放),并将鼠标移动到新的目标位置,然后释放鼠标左键。

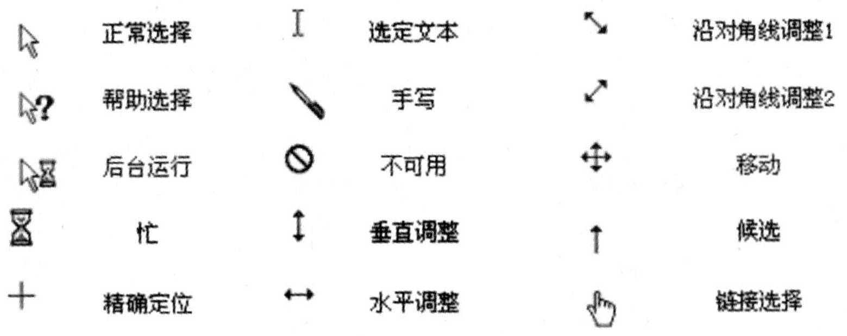

正常选择	选定文本	沿对角线调整1
帮助选择	手写	沿对角线调整2
后台运行	不可用	移动
忙	垂直调整	候选
精确定位	水平调整	链接选择

图 7.12

• 右键拖动：按下鼠标的右键（不放），并将鼠标移动到新的目标位置，然后释放鼠标右键。

7.5.2　窗口的管理与操作

Windows 翻译为中文就是窗口，这非常形象地说明了它的基本结构，用户进行的操作主要是通过各种不同窗口完成的。窗口分为应用程序窗口和文档窗口两类。应用程序窗口表示一个正在运行的应用程序，程序名显示在标题栏中；文档窗口出现在应用程序窗口中，共享应用程序窗口的菜单栏。文档窗口有自己的标题栏，最大化时，它与应用程序共享一个标题栏。

1）窗口的组成

以"我的电脑"窗口为例，双击桌面上的"我的电脑"图标，会出现如图 7.13 所示的"我的电脑"窗口。"我的电脑"窗口是最基本的 Windows XP 窗口，一般由以下几个主要部分组成：

（1）标题栏

标题栏用来显示窗口标题（应用程序或文档名）。用鼠标拖动标题栏可以移动窗口，双击标题栏可以将窗口最大化或还原。

（2）控制菜单图标

不同的应用程序有不同的控制菜单图标。用鼠标单击它可以打开控制菜单，利用其中的命令可以最大化、最小化、移动、改变窗口大小或关闭窗口等。

（3）最小化、最大化（或还原）、关闭按钮

单击这些按钮可以分别使窗口最小化、最大化、还原或者关闭窗口。

（4）菜单栏

菜单栏由一些菜单命令组成，用鼠标单击可以显示出相应的下拉菜单。单击下拉菜单中的命令就可以执行相应的操作。

（5）工具栏

工具栏中的每个按钮对应菜单中的常用命令。单击这些按钮就可以执行相应的操作。不同的窗口或不同的操作状态下工具栏的按钮也不相同。

（6）地址栏

地址栏显示当前的地址，在地址栏中显示的内容可以是真正的 Internet 地址、局域网地址，也可以是用户本地硬盘上的路径和目录位置。地址栏的主体是一个可以直接输入文本的区域，用户在其中直接输入要访问的 Internet 地址、Intranet 地址、局域网地址以及本地硬盘文件夹的名称，按下 Enter 键即可在窗口的主体部分显示出相应的内容。单击地址栏右边的下

三角按钮,会显示一个下拉列表,允许用户快速访问某些地址,例如硬盘驱动器。

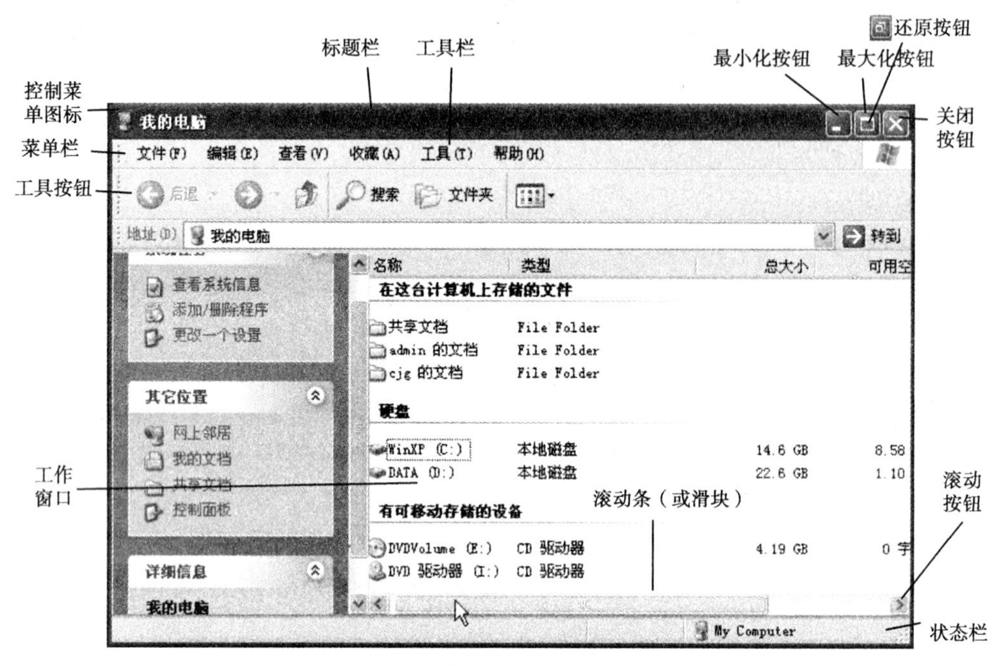

图 7.13　典型 Windows XP 窗口

(7)工作区

窗口内部的区域是应用程序实际工作的区域。工作区的内容可以是文件或文件夹的名称或图标,也可以是某个文档内容。

(8)水平滚动条和垂直滚动条

当内容无法在窗口内全部显示时,窗口的底部和右侧会分别出现水平滚动条和垂直滚动条。滚动条的两端都有三角形的滚动箭头,两个滚动箭头之间有一个滚动框。滚动框的位置对应于工作区内容在整个工作区中的相对位置。

(9)边框

每个窗口都有一个双线边界框,以标识出窗口的边界。当鼠标指针移到某个边框时,鼠标指针会变成垂直或水平的双向箭头,按下鼠标左键并拖动即可改变窗口的大小。

(10)状态栏

状态栏位于窗口的底部,用于显示当前窗口中对象的属性,包括选中对象的数目、有多少个隐藏对象、选中对象的大小等。如果窗口过小,则显示文件大小的区域会被遮挡起来。窗口的性质不同,状态栏上的内容通常也会随之发生变化。

2)最大化、最小化、还原窗口

每个窗口都有3种状态:最大化、最小化和还原。当打开一个窗口后,窗口就以其初始位置和大小显示在桌面上,除非改变了它的位置大小,否则下次打开后还是以同样的位置和大小显示。然而,有时为了使用方便需要使窗口最大化、最小化,之后还可能要将其还原到初始大小。

(1)最大化窗口

单击"最大化"按钮可以将窗口扩大到整个屏幕,这时"最大化"按钮的位置将变成"还原"按钮。此外,还可以通过双击窗口的标题栏最大化窗口。

(2)还原窗口

当将窗口最大化后,单击“还原”按钮,就可以将窗口还原到初始大小,这时“还原”按钮将变成“最大化”按钮。此外,当窗口最大化后,双击窗口的标题栏就可以还原窗口到初始大小。

(3)最小化窗口

单击“最小化”按钮,即最小化窗口到任务栏。如果需要将最小化的窗口还原,则单击任务栏上对应的按钮。

3)切换窗口

同时打开多个窗口后,最后打开的那个窗口将处于激活状态,并且这个窗口覆盖在其他窗口之上。被激活的窗口称为当前窗口,其中的程序处于前台运行状态,其他窗口的程序在后台运行。桌面底部的任务栏上有相应的任务按钮与各个窗口对应。

如果要从当前窗口切换到其他窗口,只需在所要激活的窗口内的任意位置单击鼠标左键,就可以将该窗口切换为当前窗口。也可以通过单击任务栏中该窗口对应的任务按钮激活该窗口。此外,还可以用前面提到的“Alt + Tab”组合键来在不同的窗口之间切换。

4)调整窗口大小

除了将窗口最大化和最小化之外,还可以任意改变窗口的大小。将鼠标指针移动到窗口的边框上,鼠标指针变成双向箭头显示,这时拖动,可以看见一个窗口轮廓虚框随着鼠标指针的移动而改变大小,拖到合适大小后释放鼠标左键,就改变了窗口的大小。当拖动窗口 4 个角上的边框时,可以同时改变窗口的长和宽。

5)移动窗口

当窗口不是处于最大化或最小化状态时,可以将窗口从一个位置移动到另一个位置。用鼠标拖动该窗口的标题栏,这时会出现一个窗口轮廓虚框跟着一起移动,拖到所需的位置后释放鼠标左键,窗口就移动到目标位置。

6)布局窗口

除了手工调整窗口的大小和位置外,还可以使用 Windows XP 提供的命令对窗口进行调整。其操作步骤如下:

①在任务栏上的空白位置单击鼠标右键,弹出快捷菜单。

②选择其中的“层叠窗口”“横向平铺窗口”或“纵向平铺窗口”命令,可以将窗口进行相应的排列。

7)关闭窗口

如果想关闭窗口,单击窗口标题栏右边的“关闭”按钮即可。也可以单击窗口标题栏左边的控制菜单图标,打开控制菜单,单击“关闭”项。此外,还可以按快捷键“Alt + F4”关闭当前窗口。

8)滚动显示窗口中的内容

当窗口面积太小,不能完全显示所有内容时,滚动条通常会出现在窗口的底部或者右侧。如果窗口中的内容超出水平范围,则会出现水平滚动条;如果窗口中的内容超出垂直范围,则会出现垂直滚动条。滚动条是一个长矩形区域,包括两端的箭头以及中间的滑块,以及箭头和滑块中间的滚动轨道区域。浏览时,用户可以通过鼠标在箭头上单击来一步一步浏览窗口内容,也可以通过拖动滚动条上的滑块来快速浏览窗口中的内容。如果用户使用鼠标在滚动条上箭头和滑块之间的区域进行单击,则会看到窗口的内容以一页一页的方式翻动。

7.6 在 Windows XP 系统中运行程序

Windows XP 是一个多任务操作系统,同一时间可以运行多个应用程序,打开多个窗口,并根据需要在这些应用程序之间进行切换。

1)启动应用程序的方法

①启动桌面上的应用程序:双击桌面上的应用程序图标;

②通过“开始”菜单启动应用程序;

③用“开始”菜单中的“运行”选项启动应用程序;

④通过浏览驱动器和文件夹启动应用程序:在“我的电脑”或“Windows 资源管理器”中浏览驱动器和文件夹,找到应用程序文件后,双击该应用程序图标。

2)应用程序切换的方法

①用鼠标单击应用程序窗口中的任何位置。

②按“Alt + Tab”键在各应用程序之间切换。

③在任务栏上单击应用程序的任务按钮。

3)关闭应用程序的方法

①在应用程序的“文件”菜单中选择“关闭”选项。

②双击应用程序窗口左上角的控制菜单框。

③单击应用程序窗口左上角的控制菜单框,在弹出的控制菜单中选择“关闭”选项。

④单击应用程序窗口右上角的“关闭”按钮。

⑤按“Alt + F4”键。

4)“开始”菜单

Windows XP 的“开始”菜单集成了系统的所有功能,所有的操作都可以从这里开始。单击任务栏左侧的“开始”按钮,可以弹出“开始”菜单,如图 7.14 所示。

“开始”菜单的顶部是当前的用户名。

“开始”菜单的左侧中间位置是用户使用得最频繁的应用程序,并不断自动更新。左侧上部是固定项目,如浏览器、电子邮件的快捷方式等,用户也可以将其他应用程序的快捷方式拖动到这里。左侧下部是“所有程序”菜单,用来启动基于 Windows 环境的所有应用程序,如后面将讲到的 Word、Excel 和 PowerPoint 等都可以通过这里来启动。

“开始”菜单的右侧是一些常见的系统文件夹和命令,如“我的文档”“我最近的文档”“控制面板”“我的电脑”“运行”和“搜索”等命令。

“开始”菜单的下边是“注销”和“关闭计算机”命令。

“开始”菜单中的一些命令带有右三角符号,这意味着这一命令包含子菜单。当鼠标指针指向带有右三角符号的命令时,将弹出子菜单。

“开始”菜单中的“帮助和支持”命令用来打开 Windows XP 的帮助程序。

对于没有在“所有程序”菜单中列出来的程序,可以使用“运行”命令来启动。方法为:选择“开始”→“运行”命令,弹出“运行”对话框,输入要运行的程序名或单击“浏览”按钮选择某个程序,单击“确定”按钮即可运行该程序,如图 7.15 所示。

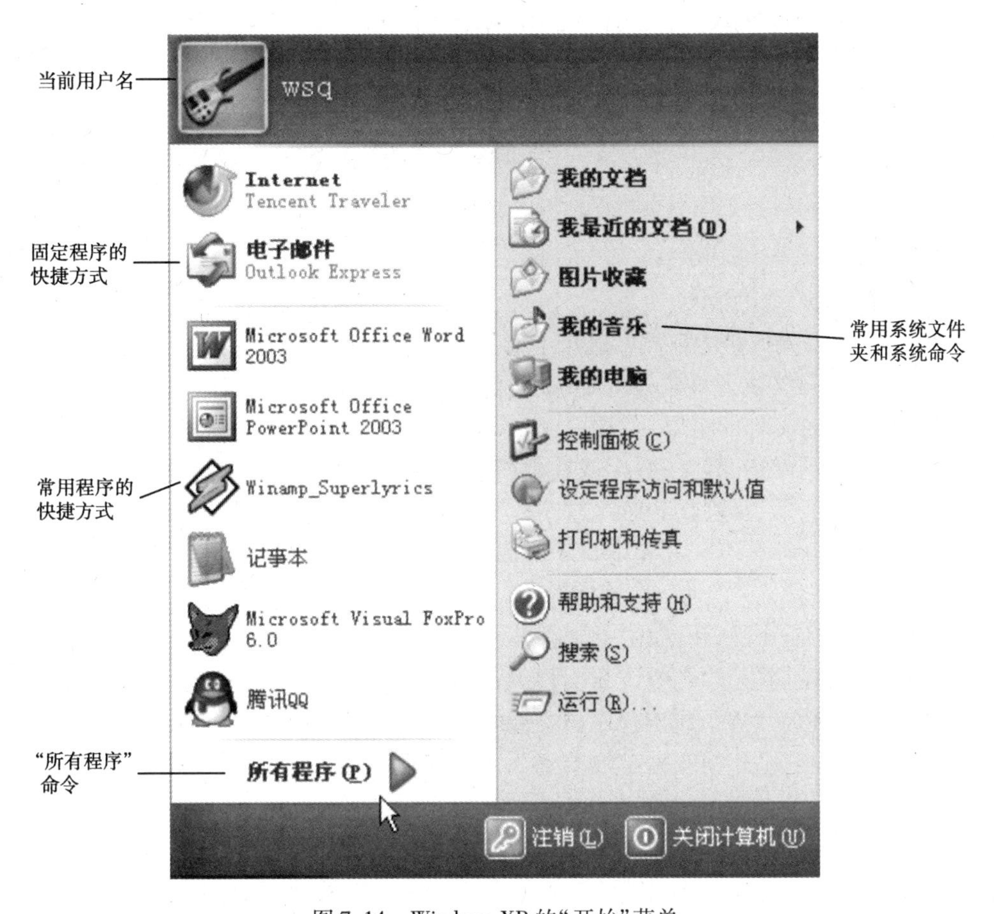

图 7.14　Windows XP 的“开始”菜单

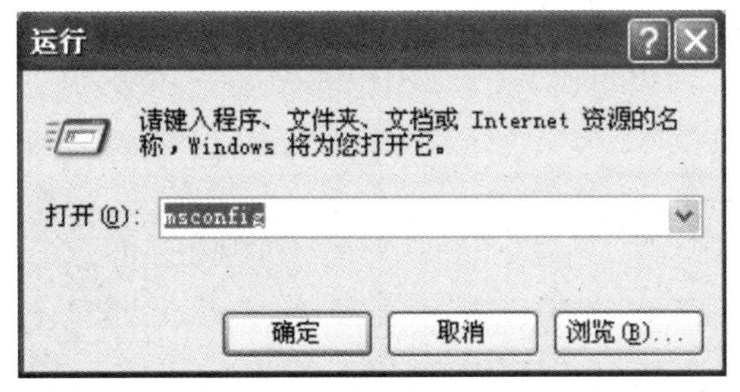

图 7.15　“运行”对话框

例如,在 Windows XP 的“运行”对话框中输入“msconfig”,然后单击“确定”按钮,可以弹出“系统配置实用程序”对话框。在该对话框中,可以禁用一些启动项目。

在 Windows XP 的“运行”对话框中输入“cmd”,然后单击“确定”按钮,可以打开 DOS 窗口。在 DOS 窗口中输入“exit”命令,可以关闭 DOS 窗口;输入“ipconfig”命令,可以查看本机的 IP 地址、子网掩码和网关。

7.7 文件系统简介

7.7.1 文件

1)文件的概念

Windows XP 中,文件是指存储在磁盘上的信息的集合。每个文件都有一个文件名。文件名通常由主文件名和扩展名两部分组成,主文件名和扩展名之间使用句点“.”隔开。操作系统通过文件名实施对文件的存取。

文件名可以采用汉字、英文、数字或其他符号,最多不能超过 255 个字符,但其中不能包含/,\,:,*,?,”,<,>,| 几个字符。

在 Windows 中文件名不区分大小写。例如同一个文件夹下的“a. txt”和“A. TXT”是指同一个文件。

2)文件的类型

一般来说,文件的主文件名应该和文件的内容相关,扩展名用来区分文件的类型。Windows XP 中根据扩展名建立了应用程序与文件的关联关系。例如,扩展名为. txt 的文本文件和“记事本”应用程序相关联,当双击扩展名为“. txt”的文件时,操作系统将启动“记事本”应用程序将其打开。常见的文件类型见表 7.1。

表 7.1 常见的文件类型

扩展名	文件类型	扩展名	文件类型
com	可执行的二进制命令文件	sys	系统文件
exe	可执行的程序文件	htm、html	网页文件
bat	批处理文件	swf	Flash 动画文件
txt	文本文件	rar	WinRAR 压缩文件
doc	Word 文档	wav	声音文件
xls	Excel 工作簿	mpg	视频文件
ppt	PowerPoint 演示文稿	mp3	MP3 音乐文件

3)文件和文件夹属性

文件和文件夹的属性有 4 种:只读、隐藏、存档和系统。

①只读:表示对文件或文件夹只能读,不能修改。

②隐藏:可以在系统不显示隐藏文件时,将该对象隐藏起来。

③存档:当用户新建一个文件或文件夹时,系统自动为其设置“存档”属性。

④系统:只有系统文件才具有该属性,其他文件不具有系统属性。

7.7.2　文件夹和路径

1）文件夹

文件夹相当于DOS中的目录，是在磁盘上组织程序和文档的容器，可包含文件和子文件夹。文件夹的命名规则与文件的命名规则相同。由于Windows使用文件名管理文件和文件夹，所以在一个文件夹中不能存放同名的文件或文件夹，但在不同的文件夹中可以存放同名的文件或文件夹。

一个硬盘可以存放成千上万个文件，如果直接把成千上万个文件随意存放在磁盘上，就像把一个图书馆的书籍堆放在一起一样，将给管理和使用文件带来困难。为了有效地管理大量的磁盘文件，Windows使用文件夹分类存放文件。用户可以在磁盘上建立文件夹，文件夹中既可以存放文件，也可以再建立文件夹。把文件分类存放在不同的文件夹中，这样既避免了存放同名文件带来的麻烦，又减少了查找文件的难度。例如，可以在C盘上建立一个Student文件夹，在Student文件夹中再建立两个文件夹：Data、Picture，用于分类存放某个学生的数据文件和图片文件。

2）路径

Windows XP中采用树形结构实现对文件的管理。在计算机中，主要的数据存储介质就是磁盘，如软盘、硬盘、移动硬盘和U盘等。新购买的硬盘存储空间一般都很大，需要对其进行分区。可以只划分一个分区，也可以划分多个分区，分区进行格式化后才能使用。磁盘每个分区都用一个字母来表示。软盘驱动器一般用“A:”或“B:”表示，硬盘分区从“C:”开始。每一个盘符下可以包含多个文件和文件夹，每个文件夹下又可以包含多个文件和子文件夹，形成一个树形的结构，如图7.16所示。

图7.16　文件夹的树形结构

在树形目录结构中，从根目录到末端的数据文件之间只有一条唯一路径。这样利用路径就可以唯一地表示一个文件。路径有两种表示形式：绝对路径和相对路径。在Windows系统中规定以“\”分隔一系列路径名。

绝对路径又称为全路径，是指从根目录开始到达所要查找文件的路径，例如“C:\Downloads\1.doc”。

相对路径是为每个用户设置一个当前目录，访问某个文件时，就从该当前目录开始向下依次检索。如果当前目录是“C:\Documents and Setting”，假设Documents and Setting文件夹中包含文件夹“大学计算机基础”，且文件夹“大学计算机基础”中又包含文件2.doc，则表示文件2.doc的相对路径就是“大学计算机基础\2.doc”。

7.7.3　文件系统

文件系统是操作系统中管理信息资源的一种软件，主要负责用户文件的建立、撤销、读写、修改和复制等操作，完成对文件按名存取和控制，提供安全可靠的共享和保护手段，且要方便用户使用。

文件系统的主要功能是：

①管理文件存储空间;

②实现文件名和存储空间的映射;

③管理文件和目录;

④文件保护和共享。

Windows 系统有两种文件系统:一种是文件分配表文件系统 FAT(FAT16)和 FAT32;另一种是 NTFS(New Technology File System)文件系统,是 Windows NT 及以上的新文件系统。

常用文件系统 FAT32 与 NTFS 的比较,如表 7.2 所示。

表 7.2 FAT32、NTFS 的比较

文件系统	FAT32	NTFS
操作系统	Win 95 OSR2 之后	Win 2000 之后
最小扇区	512 bytes	512 bytes
最大扇区	64 KB	64 KB
最大单一文件	2 bytes-4 GB	最大分割容量
最大格式化容量	32 GB、2 TB	2 TB
档案数量	4 194 304	无

7.8 磁盘管理

7.8.1 磁盘分区和引导记录

1)磁盘分区

计算机中存放信息的主要的存储设备就是硬盘,但是硬盘不能直接使用,必须对硬盘进行分割。分割成的一块一块的硬盘区域就是磁盘分区。在传统的磁盘管理中,常将一个硬盘分为两大类分区:主分区和扩展分区。主分区是能够安装操作系统,能够进行计算机启动的分区,这样的分区可以直接格式化,然后安装系统,直接存放文件。

在一个 MBR 分区表类型的硬盘中最多只能存在 4 个主分区。如果一个硬盘上需要 4 个以上的磁盘分块的话,那么就需要使用扩展分区了。如果使用扩展分区,那么一个物理硬盘上最多只能有 3 个主分区和 1 个扩展分区。扩展分区不能直接使用,它必须经过第二次分割,成为一个一个的逻辑分区,然后才可以使用。一个扩展分区中的逻辑分区可以任意多个。

磁盘分区后,必须经过格式化才能够正式使用,格式化后常见的磁盘格式有:FAT(FAT16)、FAT32、NTFS、ext2、ext3 等。

2)引导记录

引导记录(Boot record)存放在 DOS 分区的第一个扇区里。系统启动时,它自动装入内存并由它负责装入操作系统的其他部分。引导记录是在格式化(Format)程序对磁盘格式化时写在磁盘上的。

7.8.2　Windows XP 系统中的磁盘管理

1)硬盘分区

对于新的硬盘,在格式化之前一般都要先进行硬盘分区。所谓硬盘分区,就是指将大容量硬盘的存储空间划分成多个独立的区域,每个区域都是一个单独的盘符,可以用来存放不同的数据。例如,一般都是将操作系统安装在第一个分区(盘符为 C)中,因此,这个分区也称为主分区。除主分区之外的其他分区统称为扩展分区,扩展分区一般又被划分成多个逻辑盘符(从盘符 D 开始)。

对于硬盘分区,可以使用 DOS 和 Windows 9X 操作系统提供的 FDISK 命令,也可以使用其他的分区工具,如魔术分区大师 PQMagic。后者可以在保留分区数据的情况下,改变分区的大小和创建新的分区;而在使用 FDISK 命令改变分区大小后,将丢失分区上的所有数据,因此只适用于新硬盘或没有重要数据的硬盘分区。

2)格式化磁盘

对磁盘进行格式化就是重新划分磁盘分区上的磁道和扇区,在磁盘上建立一个根目录。在使用新磁盘之前必须对其格式化,对已经装有数据的磁盘进行格式化会删除磁盘中的全部数据,因此要慎重。

要对磁盘格式化,可以采用以下几种方法:

①在“资源管理器”或“我的电脑”窗口中右击磁盘盘符,在弹出的快捷菜单中选择“格式化”命令;

②在“资源管理器”或“我的电脑”窗口中,选择要进行格式化的磁盘盘符,选择“文件”→“格式化”命令。

执行上述操作后,系统将弹出磁盘“格式化”对话框,如图 7.17 所示。

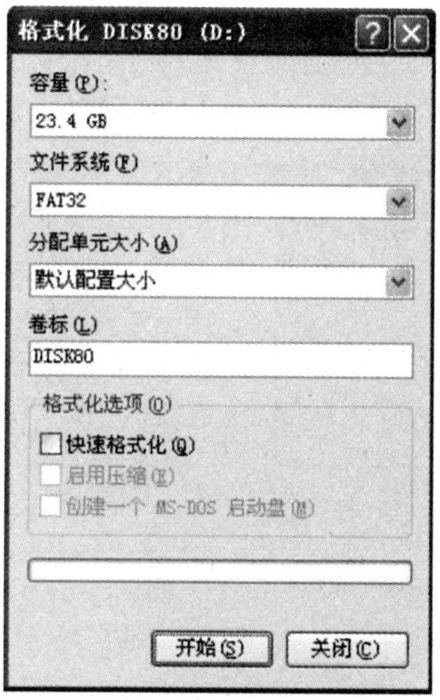

图 7.17　“格式化”对话框

在“格式化”对话框中,用户可以设置文件系统(一般选择 FAT32 选项),也可以设置磁盘卷标,即磁盘的名称。如果选择“快速格式化”复选框,系统将仅删除磁盘中所有的文件,不检查坏扇区。

单击“开始”按钮,可以进行磁盘格式化,并在格式化完成后显示磁盘信息,例如,是否有坏扇区和可用空间大小等。

注意

格式化是很危险的操作,磁盘上的原有数据将全部丢失,只有当确定磁盘中的数据确实没有用时,才可以进行这种操作。另外,格式化操作只能对硬盘、软盘和可移动磁盘进行,不能对只读光盘进行。

3)磁盘清理

如果想释放硬盘上的临时文件、Internet 缓存文件或可以安全删除的不需要的程序文件,可以使用磁盘清理程序。

启动“磁盘清理程序”的方法是:选择“开始”→“所有程序”→“附件”→“系统工具”→“磁盘清理”命令,在弹出的对话框中选择要清理的驱动器,单击“确定”按钮,Windows XP 会自动扫描该磁盘上的可删除文件,然后以列表的形式询问是否对某些项目进行删除,如图7.18所示。

如果要进行进一步的清理工作,可选择“磁盘清理”对话框中的“其他选项”选项卡。这里集成了 Windows 组件、安装的程序和系统还原 3 部分内容,对它们进行清理将能释放出更多的磁盘空间,如图 7.19 所示。

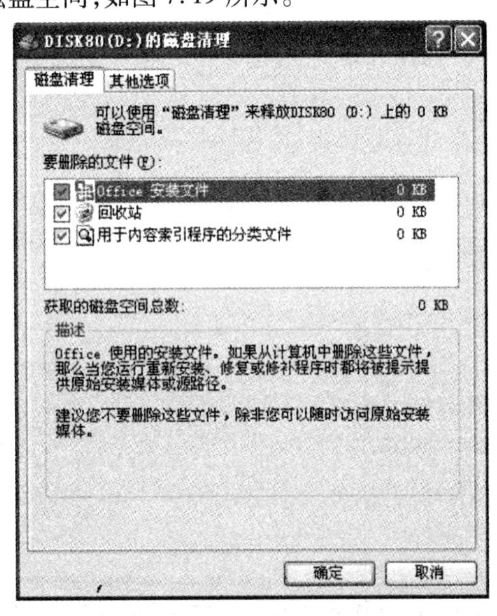

图 7.18 “磁盘清理”选项卡

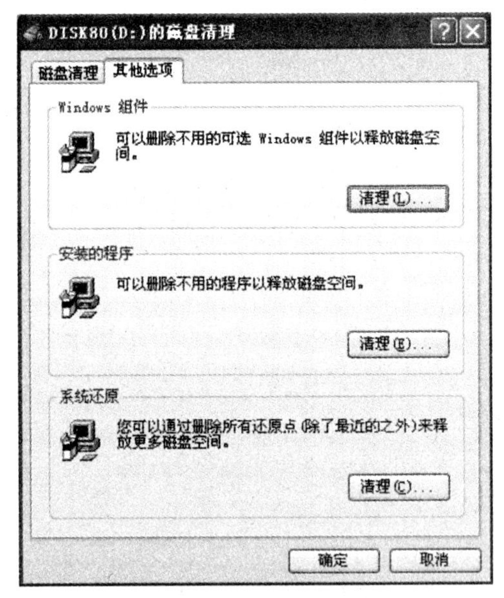

图 7.19 “其他选项”选项卡

4)磁盘碎片整理

磁盘在使用一段时间后,由于反复写入和删除文件,磁盘中的空闲扇区会分散到整个磁盘中不连续的物理位置上,从而使文件不能保存在连续的扇区内。这样,在读写文件时就需要到不同的位置读取,增加了磁头来回移动的次数,降低了磁盘的访问速度。而磁盘碎片整理程序可以将磁盘上的文件和空闲空间重新排列,使文件总是存在于一段连续的扇区中,将空闲空间合并,从而加快了硬盘的访问速度,提高了大型程序的运行速度。

启动“磁盘碎片整理程序”的方法是:选择“开始”→“所有程序”→“附件”→“系统工具”

→“磁盘碎片整理程序”命令,打开“磁盘碎片整理程序”窗口,如图 7.20 所示。

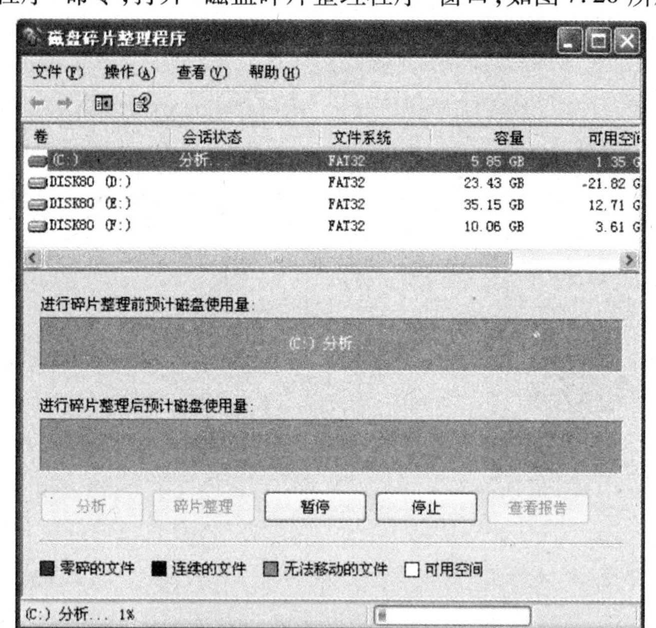

图 7.20　“磁盘碎片整理程序”窗口

用户选择要整理的磁盘后,单击“碎片整理”按钮,即可开始碎片整理过程。

5)文件备份/还原

Windows 提供的备份/还原工具可以帮助用户对磁盘上的文件进行备份或还原操作。备份数据后,万一数据被意外删除或覆盖时,可以使用还原功能恢复丢失的数据。

启动备份/还原工具的方法是:选择“开始”→“所有程序”→“附件”→“系统工具”→“备份”命令,可以启动备份/还原向导,对磁盘上的文件进行备份和还原。

具体的备份/还原过程可以参照屏幕提示一步步进行操作。

6)查看磁盘的信息

用户存放的文件和程序越多,占用的磁盘空间越大,磁盘剩余的可用空间越少。如果想查看磁盘的详细信息,可以使用以下方法:在“资源管理器”或“我的电脑”窗口中右击磁盘驱动器,在弹出的快捷菜单中选择“属性”命令或选择“文件”→“属性”命令,系统将弹出磁盘“属性”对话框,如图 7.21(a)所示。

在磁盘“属性”对话框中可以进行如下操作:

①选择“常规”选项卡,可以查看当前磁盘的卷标、已用空间、可用空间和容量等信息。单击该选项卡中的“磁盘清理”按钮,也可以启动“磁盘清理”程序。

②单击“工具”选项卡中的“开始检查”按钮,可以启动磁盘检查程序来对磁盘上可能存在的错误进行检查和自动修复,如图 7.21(b)所示。当磁盘出现物理性损坏时,磁盘检查程序会将损坏区域标出,以便不再使用这些损坏区域。每次启动 Windows 时,系统会自动进行磁盘扫描,以修复磁盘上可能存在的错误。

③单击“工具”选项卡中的“开始整理”按钮,可以启动磁盘碎片整理程序,对磁盘碎片进行整理。

④单击“工具”选项卡中的“开始备份”按钮,可以启动备份/还原向导,对磁盘上的文件进

行备份/还原。

⑤选择“硬件”选项卡,可以查看本机所有的驱动器。

⑥选择“共享”选项卡,可以设置将当前磁盘共享给网络上的其他用户。

(a)“常规”选项卡

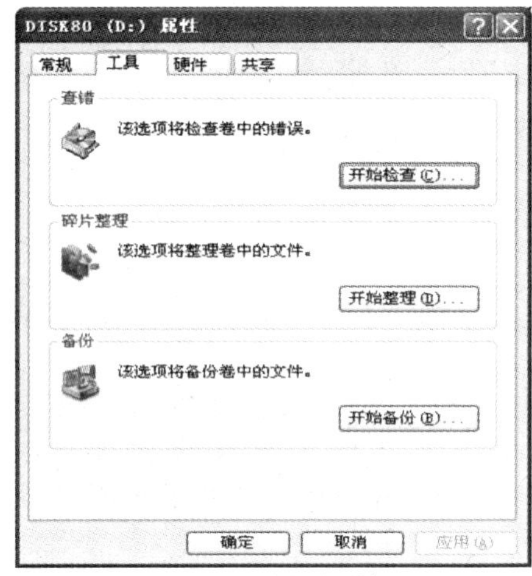

(b)“工具”选项卡

图 7.21 磁盘“属性”对话框

7)磁盘管理工具

磁盘管理工具可用于对计算机上的所有磁盘进行综合管理,可以进行打开磁盘,管理磁盘资源,更改驱动器名称和路径,格式化或删除磁盘分区,以及设置磁盘属性等操作。具体操作步骤如下:

①右击“我的电脑”图标,在弹出的快捷菜单中选择“管理”命令,打开“计算机管理”窗口。

②在左侧窗格中双击展开“磁盘管理”目录,在右侧窗格的上方列出了所有磁盘的基本信息,包括类型、文件系统、容量和状态等;在窗口的下方将按照磁盘的物理位置给出简略的示意图,并以不同的颜色表示不同类型的磁盘,如图 7.22 所示。

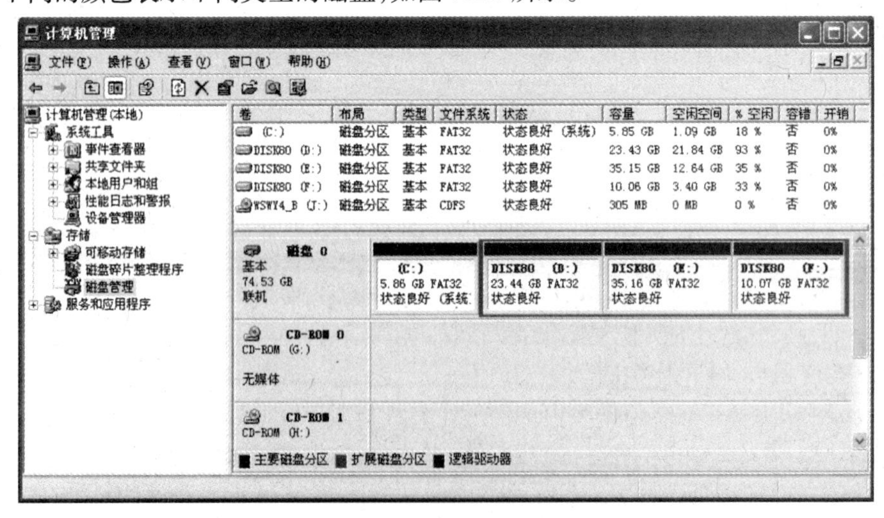

图 7.22 “计算机管理”窗口

③右击需要进行操作的磁盘,在弹出的快捷菜单中选择相应的命令便可以对磁盘进行管理操作。

7.9　文件管理

7.9.1　“我的电脑”和“资源管理器”

在 Windows XP 中,“我的电脑”(如图 7.23 所示)与“资源管理器”(如图 7.24 所示)的区别不大,实际上它们就是同一个程序。利用“我的电脑”,可以完成对文件或和文件夹的各种操作。

图 7.23　我的电脑

1)打开“我的电脑”

单击“开始”按钮,然后单击“我的电脑”,或者双击桌面上“我的电脑”图标,都可以打开我的电脑窗口。

在已经打开的“我的电脑”窗口单击工具栏上的“文件夹”按钮,可以实现“我的电脑”和“资源管理器”切换。

2)使用“我的电脑”

“我的电脑”窗口最上面是标题栏,标题栏上显示当前打开的文件夹。标题栏下是菜单栏,单击菜单栏中的菜单可以执行相应的操作。菜单栏下是工具栏,其图标按钮的名称和功能见表 7.3。

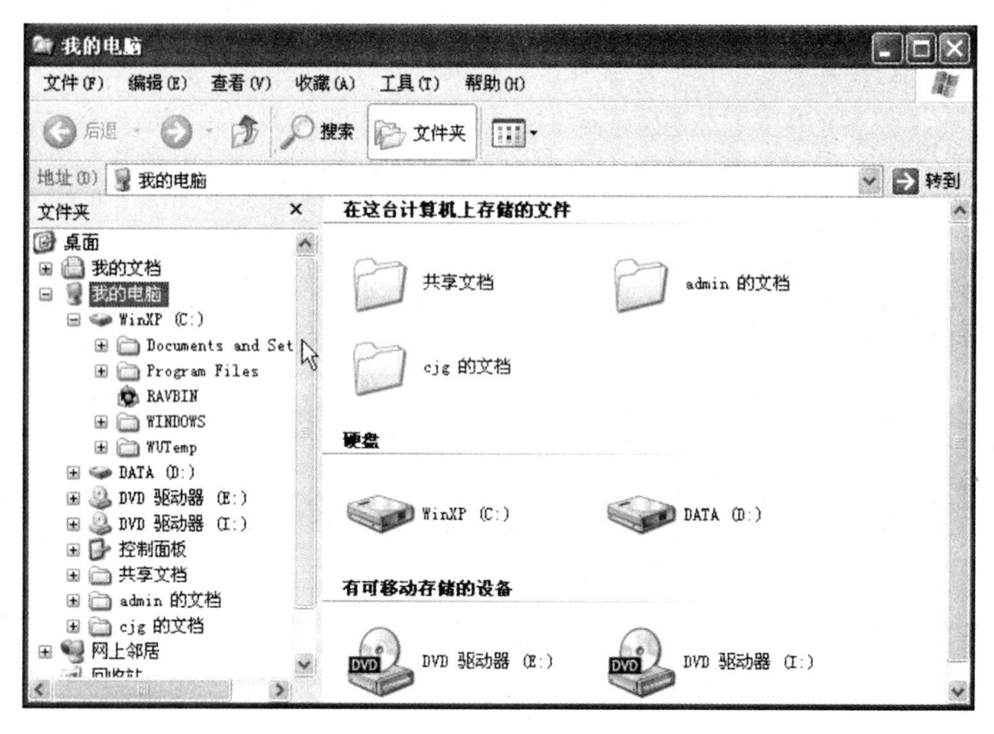

图 7.24　资源管理器

表 7.3　“我的电脑”标准按钮说明

按钮	说明
后退	后退到上一次浏览的位置。单击“后退”按钮右侧的下三角按钮,可以在弹出的下拉列表中选择位置,进行跳跃式后退。
(前进)	前进到执行后退操作前的浏览位置。单击“前进”按钮右侧的下三角按钮,可以在弹出的下拉列表中选择位置,进行跳跃式前进。
(向上)	回到比当前位置高一级的文件夹位置。
搜索	打开或关闭“搜索”窗格,可搜索文件、文件夹、计算机、用户或网页。
文件夹	用于打开或关闭“文件夹”窗格。
(查看)	用于选择结果窗格中文件和文件夹的显示方式,有缩略图、平铺、图标、列表和详细信息 5 种。

工具栏下面是地址栏,通过在地址栏中输入文件夹的路径和名称可以快速打开文件夹。

地址栏下面是“资源管理器”窗口的两个主要窗格。不选中工具栏的“文件夹”按钮,左边窗格显示的是系统任务和其他位置栏。通过它们可以快速执行与右边窗格中内容有关的操作,或者打开“网上邻居”“我的文档”等。右边窗格是结果窗格,其中显示的是文件夹中的项目的图标,如磁盘、文件夹和文件。双击这些图标,可以打开相应的文件夹窗口。例如,双击窗口中的 C:盘图标,就可以打开 C 盘文件夹,查看 C 盘上的文件内容。如果双击的是文件,则会运行相应的应用程序。

不选中工具栏的“文件夹”按钮,左边显示的是文件夹窗格,其中用树状列表显示了计算机中的所有文件夹,等级由高到低依次为:桌面、我的电脑、驱动器、文件夹、子文件夹。

将鼠标指针指向左窗格和右窗格之间的窗口分隔条,使鼠标指针变为左右双向箭头,然后按住鼠标左键左右拖动分隔条,可以改变文件夹窗格和结果窗格的大小。

(1)浏览文件和文件夹

在文件夹窗格中,一些文件夹的左侧带有一个“ + ”号,这表示在该文件夹中还含有子文件夹。单击“ + ”号,可以展开该文件夹内的下一级文件夹,此时该文件夹左侧的“ + ”号会变成“ - ”号;而单击“ - ”号,又可以将该文件夹折叠起来,不显示其中的子文件夹。

单击文件夹列表中某个文件夹旁边的“ + ”号,不会在右窗格中显示文件夹的内容。要在右窗格中显示文件夹内容,可以在“文件夹”列表中单击该文件夹。这将关闭先前打开的文件夹,并显示所选中文件夹中的文件和子文件夹。

双击右窗格中的文件夹图标,将打开该文件夹,在右窗格中显示其中的内容,同时在左窗格中自动展开其上一级文件夹。

(2)设置显示组件

在 Windows XP 的资源管理器中内置有许多功能组件,如“标准按钮”“地址”“链接”工具栏、状态栏等。用户可以根据实际需要,显示或隐藏上述功能组件。其操作步骤如下:

①在资源管理器中单击“查看”菜单项。

②移动鼠标指针到“工具栏”项,弹出子菜单,可以看到在“标准按钮”“地址栏”和“链接”命令前有一个“√”号标记,表示显示相关工具栏。

③单击“链接”菜单项,即隐藏“链接”工具栏。这时如果再次打开“工具栏”子菜单就可以看到“链接”命令前面的标记消失了。

④依次选择“查看”“状态栏”,可显示或隐藏状态栏。

⑤依次选择“查看”“浏览器”“收藏夹”,将在域窗格中显示收藏夹内容。单击工具栏上的“文件夹”按钮,就又在域窗格中显示出树状文件夹列表。

(3)移动工具栏和菜单栏

改变菜单栏、工具栏或地址栏位置的操作步骤如下:

①依次选择“查看”→“工具栏”→“锁定工具栏”菜单项,然后取消该命令前的选中标记,菜单栏、工具栏和地址栏左侧将出现“|”标记。

②移动鼠标指针到菜单栏、工具栏或地址栏最左侧的“|”标记,指针变为一个四向箭头时,直接拖动即可以改变菜单栏、工具栏或地址栏的位置。

(4)使用地址栏

通过地址栏,可启动应用程序,直接打开指定的文件夹,也可以输入网址直接打开网站的主页。

在地址栏中输入文件夹的路径,然后按回车键,可打开相应的文件夹。单击地址栏右侧的下拉箭头,会弹出一个下拉列表,其中显示了计算机上的文件夹,单击其中的选项即可快速打开相应的文件夹。如果要浏览网页,直接在地址栏中输入网址后按回车键即可。如果要运行应用程序,直接在地址栏输入应用程序名(含完整路径)后按回车键即可。

7.9.2　文件与文件夹操作

1)查看文件和文件夹

要查看文件或文件夹,只要在“我的电脑”或资源管理器的右窗格中双击它即可。如果是文件,可调用相关联的应用程序来打开它;如果是文件夹,则打开相应的文件夹,显示其中的文件和文件夹。

若要改变文件和文件夹的显示方式,用户可以在“查看”菜单的下述6种显示方式中任选其一,如图7.25所示。

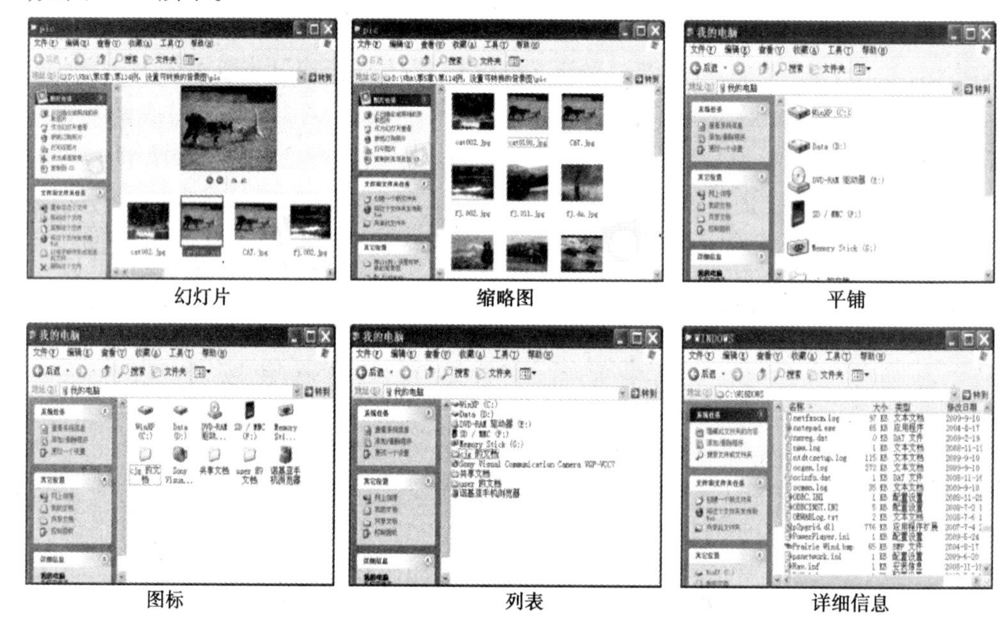

图7.25　文件和文件夹显示方式

(1)幻灯片

一般使用“幻灯片”方式浏览文件夹中的图片。图片以单行缩略图的形式显示,并在上方放大显示选择的图片,通过左右箭头按钮可以切换放大显示的图片。双击图片的缩略图,将打开“Windows 图片和传真查看器”窗口显示该图片。

(2)缩略图

采用这种方式,将在右边的窗格中以缩略图的形式显示图片文件(其他文件以图标显示)以及文件和文件夹的名称。缩略图方式主要用于快速浏览图像文件。

(3)平铺

这是大多数文件夹的默认显示方式,在右边的窗格中将多行显示直观的大图标以及文件、文件夹的名称、类型及大小。

(4)图标

如果想在屏幕上显示出更多的文件和文件夹,可以采用这种方式,它将在右边的窗格中多行显示小图标及文件、文件夹的名称。

(5)列表

使用这种方式将多列显示最小的图标及文件、文件夹的名称。

(6)详细信息

采用这种方式将单列显示最小图标及文件和文件夹的名称、大小、类型和修改时间等信息。单击窗格顶部的“名称”“大小”“类型”或“修改时间”按钮,“结果”窗格中的文件和文件夹会按照相应的详细信息进行排序。按钮上的上三角或下三角箭头,表示“结果”窗格中的文件和文件夹按照该信息升序或降序进行排列。

在常用的详细信息显示方式下,“结果”窗格中显示的详细信息类型、位置和宽度是可以改变的。可以选择“查看”菜单,选择其中的“选择详细信息”,打开“选择详细信息”对话框进行设置。

另外,将鼠标指针指向“结果”窗格顶部某个详细信息按钮右侧的分隔线位置,然后在鼠标指针变为一个左右双向箭头的十字形时,左右拖动鼠标,也可改变此详细信息栏的宽度。

2)文件和文件夹的排序

为了方便查找文件或文件夹,可以选择“查看”菜单中的“排列图标”子菜单中的一种排序方式,根据文件和文件夹的“名称”“大小”“类型”和“修改日期”顺序排列,无论选择哪种排列方法,文件夹图标总是显示在文件图标的前面。

3)选择文件夹、文件和磁盘驱动器

在Windows操作系统中,在执行任何操作之前,都需要选择操作对象。例如,要移动或复制文件,就要先选择待移动或复制的文件。

(1)选择单个对象

在文件夹窗口中单击对象图标,就选择了这个对象。

(2)选择连续对象

方法1:在文件夹窗口中,在要选择的一组连续对象的第一个对象图标上面单击鼠标左键;按住Shift键,在这组对象的最后一个对象图标上面再次单击鼠标左键。

方法2:在要框选对象所在的区域的左上角按下鼠标左键并向右下角拖动鼠标指针,这时会发现一个虚线框随着鼠标指针移动,同时该虚线框中的对象就处于被选中状态。到合适大小后释放鼠标左键,处于虚线框中的对象就被选中了。当然,不一定非要从左上角拖动到右下角,可以从任意位置开始向任意方向拖动,只要虚线框框住要选中的对象即可。

(3)选择非连续对象

在文件夹窗口中,单击第一个要选择的对象图标,按住Ctrl键,依次单击其他要选择的对象的图标,直到需要的对象全部选中为止。若选错对象,只要再次单击该对象图标,即可取消该选择。

(4)选择全部对象

方法1:单击“编辑”菜单中的“全部选定”。

方法2:按组合功能键“Ctrl + A”。

(5)清除选择的对象

如果要清除文件夹窗口中被选择的对象,在文件夹窗口中的任意空白位置单击鼠标即可。

4)设置文件夹的属性

单击“工具”菜单中的“文件夹选项”,打开“文件夹选项对话框,单击“显示”选项卡,如图7.26所示,在“高级设置”列表框中可以对文件和文件夹的显示进行设置。这里只讲解其中常用的几项设置。

工具(T) 帮助(H)
映射网络驱动器(N)...
断开网络驱动器(D)...
同步(S)...
文件夹选项(O)...

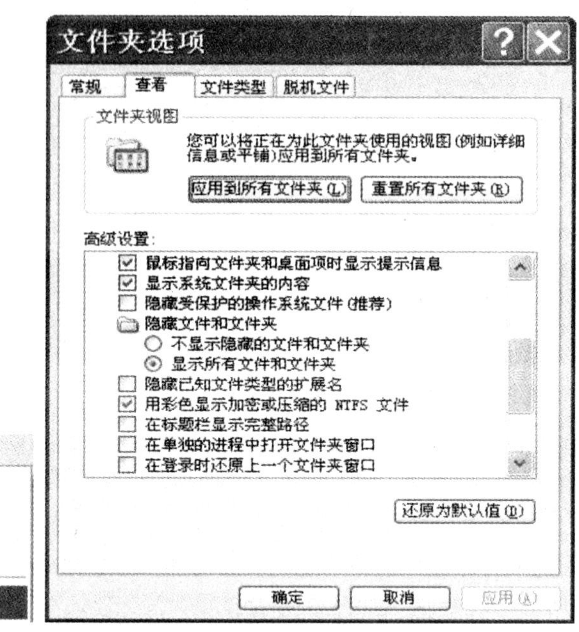

图 7.26　文件夹选项对话框

①鼠标指向文件夹和桌面项时显示提示信息。选中此复选框,可在将鼠标指针指向文件夹和桌面项目时显示有关该文件夹或桌面项目的提示信息。

②显示系统文件夹内容。选中此复选框,可在“控制面板“窗口中显示所有可设置选项,并在资源管理器窗口中显示当前文件夹内的所有内容。

③隐藏受保护的操作系统文件。选中此复选框,可使操作系统文件不在文件夹中显示,以避免其被删除或误操作。

④隐藏文件和文件夹。可以指定显示或隐藏带有“隐藏”属性的文件和文件夹。

⑤隐藏已知文件类型的扩展名。选中此复选框,隐藏已知文件类型的扩展名。若要对文件进行改名,注意取消该复选框,以免改错。

⑥在文件夹提示中显示文件大小信息。在选中“鼠标指向文件夹和桌面项时显示提示信息”复选框的同时选中此复选框,可在鼠标指向文件夹时显示的文件夹提示信息中显示其中的文件大小。

在更改上述设置后,单击“还原为默认值”按钮,可将“查看”选项卡中的设置还原为默认值。

5)创建文件或文件夹

(1)创建文件

方法1:用户可以用 Word、写字板或其他编辑软件创建自己的程序文件或文档文件。

方法2:右击文件夹窗口空白,单击“新建”按钮,然后选择要创建的文件。

(2)创建文件夹

创建新文件夹可以在“我的电脑”或“资源管理器”中进行。

右击“我的电脑”,选择“资源管理器”,打开“资源管理器”窗口,在左边文件夹窗格中选择要放置新文件夹的磁盘或文件夹。例如要在 C 盘的根目录创建新文件夹 MYDATA,则在文件夹窗格中单击 C 盘，并在“文件”菜单中指向“新建”，屏幕显示如图 7.27 所示。

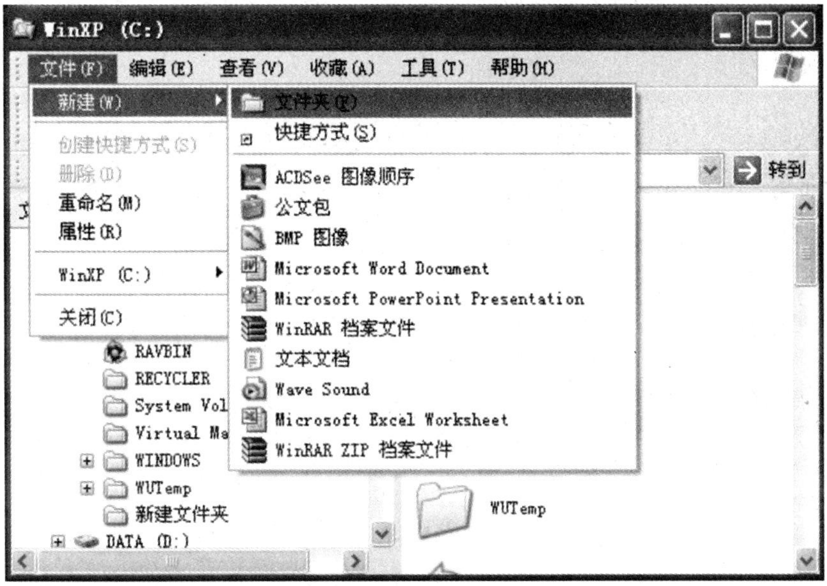

图 7.27　用资源管理器创建新文件夹

单击“文件夹”菜单项，屏幕出现图 7.28 所示画面。图中右下角有一个“新建文件夹”图标，图标下文字处光标闪烁，用键盘直接键入新文件夹名并按回车键。例如键入“MYDATA”（Windows 中文件名不区分大小写），“新建文件夹”文字样即被“MYDATA”替换，新文件夹 MYDATA 即创建成功。

图 7.28　输入文件名

启动“我的电脑”，在其窗口单击磁盘盘符或文件夹，然后将鼠标指向“文件”菜单中的“新建”，屏幕显示与图 7.28 类似。单击“文件夹”后，窗口右侧出现“新建文件夹”字样，同样只要直接键入文件夹名并按回车键即可创建新文件夹。

6)移动和复制

对已有的文件或文件夹,可以将它们从一个位置移动或复制到另一个位置。例如,可以将一个或多个文件移动或复制到一个文件夹中,也可以将一个文件夹中的一个或几个文件移动或复制到另一个文件夹中,还可以将文件、文件夹移动或复制到其他的磁盘上。

(1)使用菜单实现移动和复制

使用菜单进行文件或文件夹的复制或移动,需要经过选择、剪切和粘贴3个步骤。

①打开"资源管理器",在窗口右侧选择要移动或复制的文件或文件夹。

②如果要移动选中的文件或文件夹,则在"编辑"菜单中选择"剪切";或者在选择的文件或文件夹上单击鼠标右键,在弹出的快捷菜单中选择"剪切";或者用鼠标在工具栏上单击"剪切"按钮。

如果要复制选中的文件或文件夹,则在"编辑"菜单中选择"复制";或者在选择的文件或文件夹上单击鼠标右键,在弹出的快捷菜单中选择"复制";或者用鼠标在工具栏上单击"复制"。

③在"资源管理器"窗口的左侧选择要将文件或文件夹移动或复制到目的文件夹。然后在"编辑"菜单中选择"粘贴";或者在选择的文件夹上单击鼠标右键,在弹出的快捷菜单中选择"粘贴";或者用鼠标在工具栏上单击"粘贴"按钮。

(2)使用鼠标拖放功能实现文件或文件夹的快速移动或复制

使用鼠标拖放功能进行文件或文件夹的复制或移动,既可以用鼠标左键,也可以用鼠标右键。在"资源管理器"或"我的电脑"中,先选择要移动或复制的文件或文件夹,用鼠标左键拖动或复制的文件或文件夹到目标文件夹。如果选定的对象与目标文件夹在相同的分区,则结果为移动;如果选定的对象与目标文件夹在不同的分区,则结果为复制。用鼠标左键和Shift键拖动到目标文件夹,则为移动;用鼠标左键和Ctrl键拖动,则为复制。

用鼠标右键拖动文件或文件夹到目的文件夹,再释放鼠标,这时,屏幕弹出如图7.29所示的菜单。单击"移动到当前位置"或"复制到当前位置",可分别实现文件或文件夹的移动或复制。

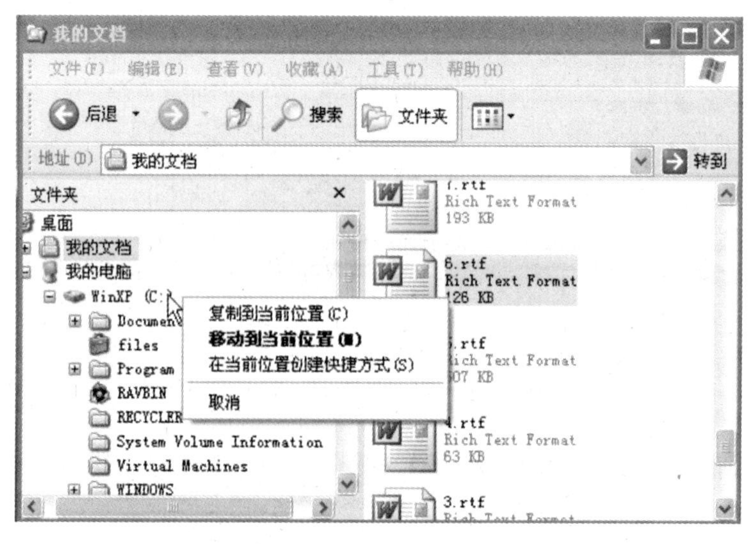

图7.29 用鼠标实现文件和文件夹的快速移动或复制

拖动鼠标执行复制操作时，鼠标光标的箭头尾部带有“+”号，而执行移动操作时，鼠标光标的箭头上不带“+”号。

(3)文件或文件夹在硬盘和软盘或U盘之间的复制

方法1：如果要进行文件或文件夹在硬盘和软盘之间的复制，也可以使用菜单和鼠标拖放功能实现。

方法2：使用“发送”功能。在“我的电脑”或“资源管理器”中，选定要复制的文件或文件夹，右击后弹出快捷菜单，如图7.30所示，选择“发送到”→“A盘”或U盘的盘符。

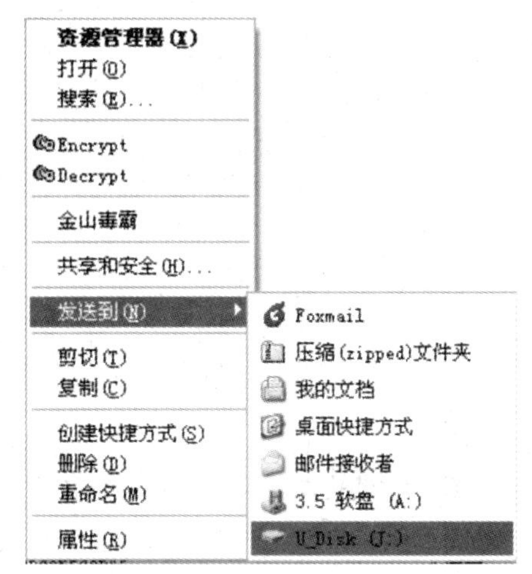

图7.30　将文件或文件夹复制到U盘

7)修改名称

(1)用鼠标修改

在“我的电脑”或“资源管理器”中，单击要改名的文件或文件夹的名称，或者右击要改名的文件或文件的图标，弹出快捷菜单，选择“重命名”，在选定的文件或文件夹名称上出现一个框和闪烁的光标，输入新的名称，然后按回车键。

(2)用键盘修改

①在“我的电脑”或“资源管理器”中用光标键选择要改名的文件或文件夹；

②用Alt及光标键选择“文件”菜单中的“重命名”或按F2键，在选定的文件或文件夹名称上出现一个框和闪烁的光标，输入新的名称，然后按回车键。

8)删除文件或文件夹

(1)文件或文件夹的删除

①在“我的电脑”或“资源管理器”中选择要删除的文件或文件夹。

②在键盘上按Del键。或者用鼠标右键单击被选择的对象，弹出快捷菜单，选择“删除”。或者选择窗口的“文件”菜单中的“删除”菜单项。

③弹出确认对话框后，选择“是”按钮，就会把文件或文件夹丢到“回收站”。

软盘中的文件或文件夹不会被丢到“回收站”，而是直接被删除。若要直接删除硬盘上的文件，可以使用“Shift+Del”组合键。

(2)恢复被删除的文件或文件夹

“回收站”是硬盘上的一块区域。“回收站”中的文件太多，会减少硬盘空间，因此，应该将“回收站”内不再需要的内容及时清除。

被删除的文件或文件夹存放在“回收站”中。当用户删除一个文件或文件夹后，假如还没有执行其他操作，可以按“Ctrl+Z”组合键或选择“编辑”菜单中的“撤销”命令，将刚刚删除的文件或文件夹恢复，然后按F5键刷新操作窗口中的显示；如果删除了硬盘上的文件或文件夹后又进行了其他操作，则可以在“回收站”中找到被删除的对象并将其恢复。软盘上被删除的文件或文件夹不能用“回收站”恢复。

双击桌面的“回收站”图标，打开“回收站”窗口，如图7.31所示。选择要恢复的文件或文件夹，单击窗口左侧窗格中的“还原选定的项目”。

图 7.31 回收站

9)设置文件或文件夹的属性

在 Windows XP 中,文件或文件夹有只读、隐藏、存档和系统四种。只读属性是指文件或文件夹只能读而不能删除或修改;系统属性是指系统文件由操作系统指定;隐藏属性是指在通常情况下,该文件或文件夹不能在“我的电脑”中显示;存档属性是指该文件或文件夹的档案位被设置成1,这将影响它们的备份。设置了存档属性可以备份,反之则不能备份。

右击要设置属性的文件或文件夹,弹出该文件或文件夹的属性对话框,如图 7.32 所示。

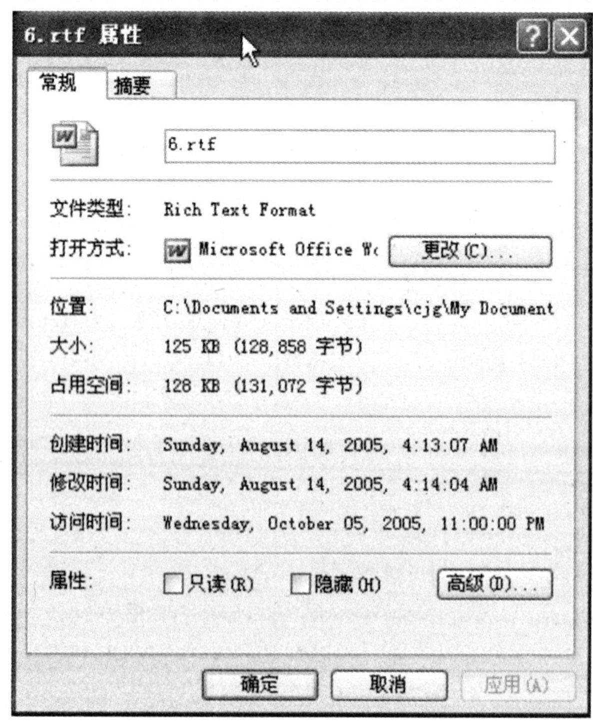

图 7.32 文件属性对话框

在“常规”选项卡中，可以了解该文件或文件夹的类型、打开方式、位置、大小、占用空间、创建时间、修改时间、访问时间和属性等，通过选择复选按钮即可设置或取消它们的属性。单击“高级”按钮，弹出文件高级属性对话框，如图7.33所示，可以设置文件存档属性、是否建立索引及设置压缩或加密属性等。

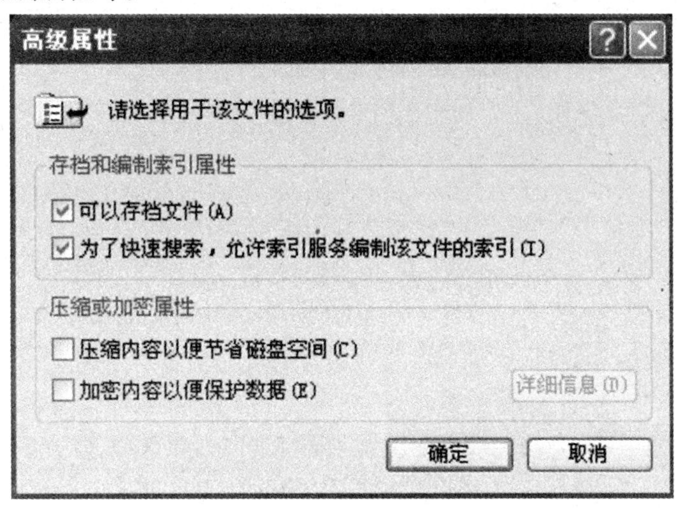

图7.33　文件高级属性对话框

10)压缩文件夹

Windows XP内置有一个非常实用的压缩/解压缩程序——压缩文件夹程序。这个与操作系统紧密结合的实用程序可以非常方便地用来压缩或解压缩文件和文件夹，既可以提高数据的传输效率，又可以节省磁盘空间，还可以省去安装其他压缩工具软件的额外开支和麻烦。

使用压缩文件夹程序压缩文件或文件夹后所产生的压缩文件称为压缩文件夹(或压缩包)，其图标与普通文件夹的标准图标基本相同，只是压缩文件夹图标上多带有一个拉链。

(1)压缩文件和文件夹

方法1：

①首先打开要在其中创建压缩文件夹的文件夹。

②右击结果窗格中的空白区域，选择快捷菜单中的“新建”→“压缩文件夹”命令，在当前文件夹中创建一个空的压缩文件夹。

③更改该压缩文件夹的名称。

④直接把需要压缩的文件或文件夹拖放到该压缩文件夹图标上，即可给该压缩文件夹添加压缩文件或文件夹。

方法2：

①在Windows资源管理器中选中待压缩的文件或文件夹。

②在选中的文件或文件夹上单击鼠标右键，依次选择快捷菜单中的“发送到”→“压缩文件夹”，即在当前文件夹中创建一个包含所选文件和文件夹的压缩文件夹，文件和文件夹名称自动产生。

(2)解压缩文件

将文件压缩保存后，如果要使用压缩文件夹中的文件，就需要解压缩文件。有两种方法可以提取压缩文件。

双击压缩文件夹图标,即可打开该压缩文件夹。选择“详细信息”查看方式查看该压缩文件夹中的文件是否加密以及压缩比率等信息。

打开压缩文件夹往外拖放文件或文件夹,就可以直接从压缩文件夹中提取压缩文件或文件夹。还可以采用先在压缩文件夹中选择、复制待解压缩的文件和文件夹,然后在目标文件夹中粘贴这些文件和文件夹的方式提取所需的文件和文件夹。

另外,在打开压缩文件夹后,如果往压缩文件夹窗口中拖放文件或文件夹,也可以向该压缩文件夹添加压缩文件。

11)搜索文件或文件夹

对于具体位置不明确的文件和文件夹,可以通过 Windows XP 的搜索功能来快速定位。

①选择“开始”菜单中的“搜索”项或单击 Windows 资源管理器中的“搜索”按钮,打开“搜索结果”窗口,在窗口的左侧出现“您要查找什么”窗格,如图 7.34 所示。

②例如,这里单击“所有文件和文件夹”超链接,在“全部或部分文件名”文本框中输入“ * . exe”,在“在这里寻找”下拉列表框中选择搜索范围,如图 7.35 所示。这里“ * ”号和“?”号作为通配符使用,“ * ”代表一个字符串,“?”代表一个字符,例如“ * . doc”表示所有以. doc 为扩展名的文件,而“a??”代表以字母 a 开头的由三个字母组成的文件。

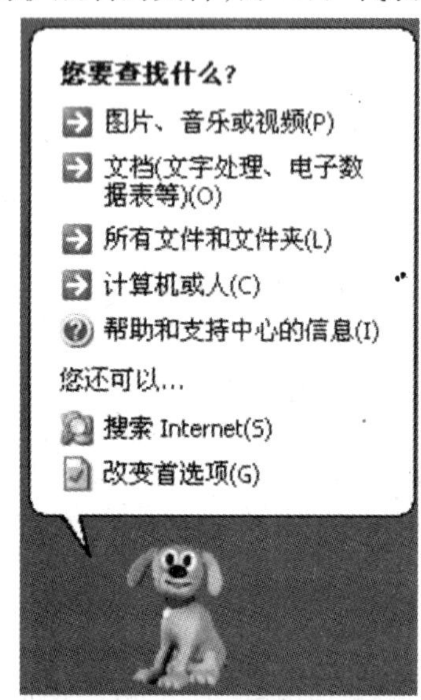

图 7.34　您要查找什么窗格

图 7.35　搜索结果窗口

③单击“搜索”按钮开始搜索,搜索结果将实时显示在右侧的窗格中,可以对搜索到的文件或文件夹直接进行各种操作,也可以随时单击“停止搜索”按钮,终止搜索操作。

12)建立快捷方式

用户可以为一些经常使用的应用程序、文件、文件夹、打印机或网络中的计算机等创建桌面快捷方式,这样在需要打开这些项目时,就可以通过双击桌面快捷方式的方法快速打开了。

方法一：

①单击“开始”按钮，选择“我的电脑”，打开“我的电脑”。

②选定要创建快捷方式的应用程序、文件、文件夹、打印机或计算机等。

③选择“文件”→“创建快捷方式”命令，或单击右键，在打开的快捷菜单中选择“创建快捷方式”命令，即可创建该项目的快捷方式。

④将该项目的快捷方式拖到桌面上即可，如 Word 的快捷方式图标为![W]。

方法二：

①单击“开始”按钮，选择“我的电脑”，打开“我的电脑”。

②找到要放置快捷方式的位置。

③选择菜单“文件”→“新建”→“创建快捷方式”命令，或单击右键，在打开的快捷菜单中选择”新建”→“创建快捷方式”命令，打开“创建快捷方式”对话框，可以在对话框中直接输入内容，也可以单击“浏览”按钮，浏览要建立快捷方式的项目，然后单击“下一步”按钮。

④输入快捷方式的名称，单击“确定”按钮。

注意，删除某项目的快捷方式之后，原项目不会被删除，它仍在计算机中的原始位置。

7.10　用户管理

Windows XP 是一个多用户操作系统，以满足多人使用同一台计算机的需要。用户拥有各自个性化的操作环境，也可以管理自己创建的文件且具有一定的安全性，但是管理员仍可以查看您的文件。

依次选择“开始”菜单→“控制面板”→“用户账户”→打开用户账户窗口，如图 7.36 所示。有关账户管理的操作都在此窗口下以向导方式实现，非常简便直观。

图 7.36　用户账户管理窗口

7.10.1　创建用户账户

在用户账户管理窗口中,单击“创建一个新账户”链接,如图7.37所示,在“为新账户键入一个名称:”输入框中输入用户名,例如:abc,单击“下一步”按钮。

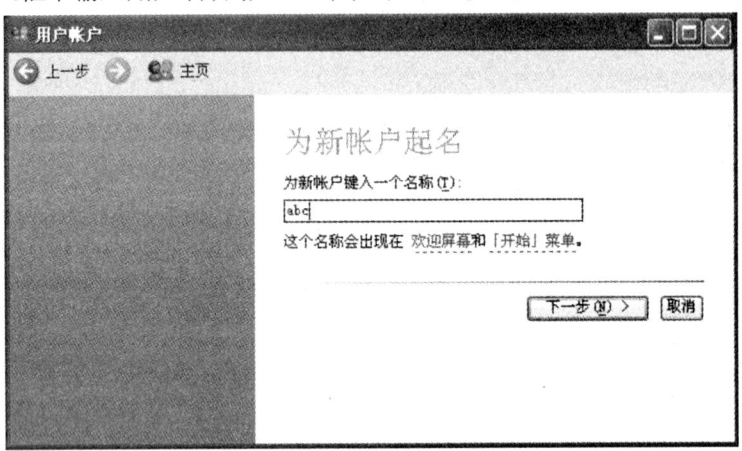

图7.37　为账户起名

选择账户类型,如图7.38所示,默认是“计算机管理员”,对操作系统具有完全权限;“受限”权限仅有部分权限,可以更改自己的账户密码、桌面主题、查看自己创建的文件,但不能安装或删除程序、不能查看他人创建的文件等。

单击“创建账户”按钮,就新建了一个名为“abc”的账户。

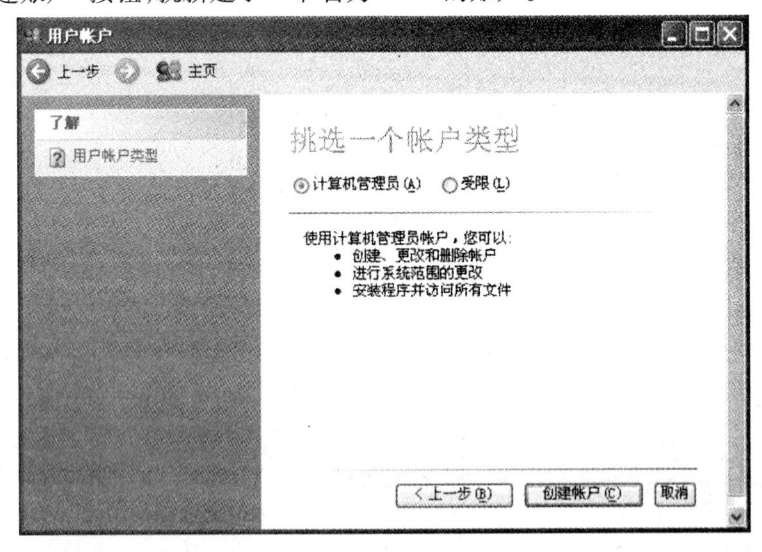

图7.38　选择账户类型

7.10.2　设置、修改用户密码

在用户账户管理窗口中,单击“更改账户”按钮,然后选择abc账户,或直接单击位于窗口下半部分的abc账户,进入下一步,如图7.39所示,单击“创建密码”链接。

在输入框中两次输入相同的密码内容,注意密码并不以明文显示出来。也可以在“输入词或短语作为密码提示”中输入描述性或有意义的文本，以便于用户记住密码，单击“创建密码”按钮，如图 7.40 所示。

图 7.39　账户属性管理

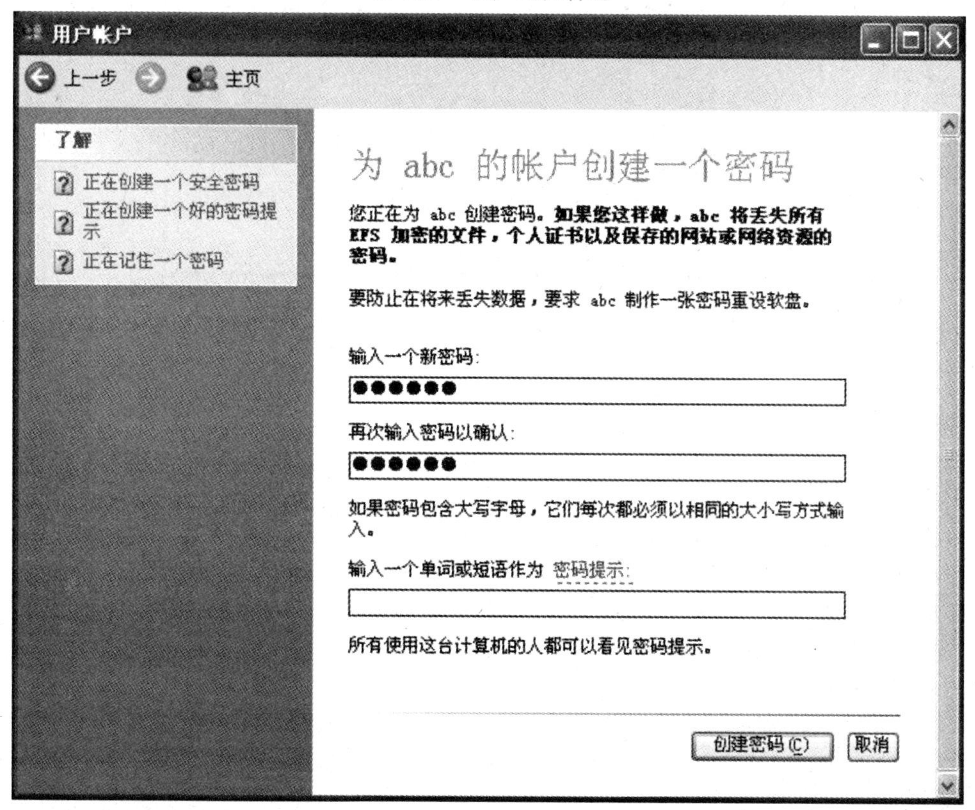

图 7.40　为账户设置密码

7.10.3　删除用户

在用户账户管理窗口中单击 abc 账户，进入下一步；单击“删除账户”按钮，进入下一步，如图 7.41 所示。单击“保留文件”或“删除文件”按钮，进入下一步，如图 7.42 所示，单击“删除账户”按钮,就删除了 abc 账户。

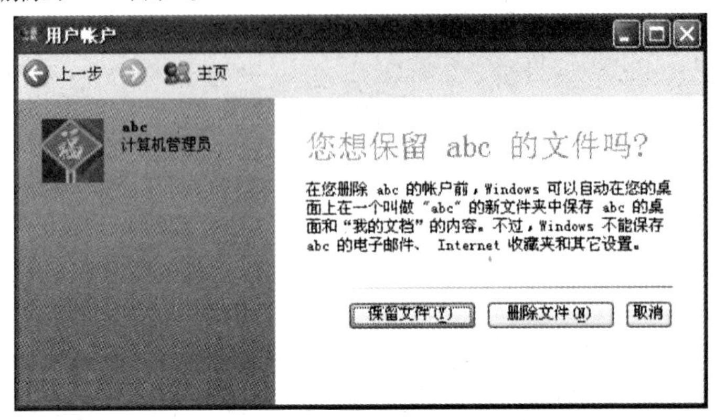

图 7.41　是否保留文件

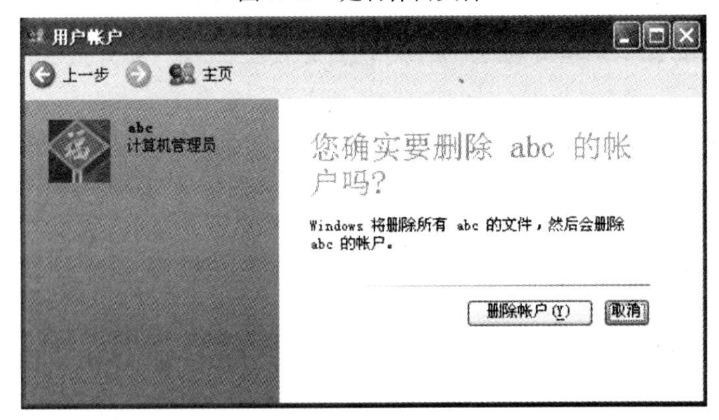

图 7.42　删除账户

7.11　设置工作环境

7.11.1　控制面板

在 Windows XP 中,可以通过“控制面板”对操作系统硬件、软件及各种参数进行设置,如打印机设置,日期时间设置,添加/删除程序,设置鼠标、键盘设备,添加输入法等。

1)打印机设置

硬件的安装可分为两种情况:即插即用型硬件设备的安装和非即插即用型硬件设备的安装。

安装即插即用型硬件设备,先根据生产商提供的设备说明书,将设备正确连接到计算机上或插入计算机的扩展槽内,Windows XP 将自动检测新的即插即用型设备,并根据提示安装所需的驱动程序即可。

安装非即插即用型硬件设备,应先根据生产商提供的设备说明书,将设备正确连接到计算机上或插入计算机的扩展槽内。打开计算机电源进入操作系统,选择“开始”菜单中的“控制面板”,打开“控制面板”窗口,切换到经典视图,双击“添加硬件”图标,打开“添加硬件向导”

对话框,单击“下一步”按钮,Windows XP 将开始搜索待安装的硬件。如果搜索到新的设备,“添加硬件向导”会显示出搜索到的新设备,插入该设备所附带的安装软盘或光盘,向导可自动搜索并安装其驱动程序。如果没有检测到新的设备,则让用户选择安装的硬件,根据提示安装即可。

2)键盘设置

使用“控制面板”中的“键盘”可以调整键盘的光标闪烁频率、重复延迟和重复率。

要打开键盘,依次单击“开始”“控制面板”“打印机和其他硬件”,然后单击“键盘”,在“速度”选项卡中可作如下更改:

①要调整按住一个键之后字符重复出现的延迟时间,可拖动“重复延迟”滑块。

②要调整按住一个键时字符重复的速率,可拖动“重复率”滑块。

③调整光标闪烁频率,则拖动“光标闪烁频率”滑块。测试光标在滑块区左端以新频率闪烁。

3)鼠标设置

使用“控制面板”中的“鼠标”选项可以调整鼠标按钮功能、双击速度、指针外观等。请依次单击“开始”→“控制面板”→“打印机和其他硬件”,然后单击“鼠标”项。

(1)设置“左撇子”功能

在“鼠标”选项卡中,复选“切换主要和次要的按钮”,即可实现左右键功能交换。

(2)调整双击速度

在“鼠标”选项卡中,拖动“速度”滑块,可调整双击速度。

(3)更改指针的外观

在“指针”选项卡中,可执行下面一项或两项操作:

①要同时更改所有的指针,可在“方案”下选择一种新方案。

②要更改指针,可以在“自定义”列表中进行选择。单击“浏览”,然后双击要用于该任务的新指针名。

另外,在“指针选项”选项卡中还可以对鼠标指标移动速度、指针移动时是否显示踪迹、打字时是否隐藏指针等选项进行设置。

4)添加/删除程序

“添加/删除程序”可以帮助用户管理计算机上的程序和组件,比如添加或删除 Windows XP 自带的组件,或安装其他应用程序。

要打开“添加/删除程序”,依次选择“开始”→“控制面板”项,然后选择“添加或删除程序”项。

(1)添加/删除 Windows 组件

在“添加/删除程序”对话框中单击“添加/删除 Windows 组件”按钮,会弹出“Windows 组件向导”对话框,在列表框中复选想要安装的组件,取消复选想要删除的组件,单击“下一步”按钮,单击“完成”按钮。

(2)添加新程序

在“添加或/除程序”对话框中单击“添加新程序”按钮,然后单击“光盘或软盘”,按照提示要求操作即可。

(3)更改/删除程序

在“添加或删除程序”对话框中单击“更改或删除程序”按钮,在列表框单击想要进行操作的程序,再单击“更改”或“删除”按钮,按照提示要求操作即可。

5)日期/时间设置

要打开“日期和时间”,请依次选择“开始”→“控制面板”→“日期、时间语言和区域设置”,然后单击“日期和时间”选项卡。

在“日期和时间”选项卡中,要更改月份,单击月份下拉框选择正确的月份;要更改年份,输入正确的年份;要更改天,在日历中单击正确的天;要更改时间,在时间输入框中输入正确的时分秒。要更改时区,则单击“时区”选项卡,单击时区下拉列表框,选择正确的时区。

6)区域选项设置

使用“控制面板”中的“区域和语言选项”,可以更改 Windows XP 日期、时间、金额、大数字和带小数点数字的格式,以及更改键盘语言等。

要打开“区域和语言选项”,依次选择“开始”→“控制面板”→“日期、时间语言和区域设置”,然后单击“区域和语言选项”。

(1)设置区域

在“区域选项”选项卡中的“标准和格式”单击区域设置下拉列表框,选择区域,则日期、时间、数字和货币格式都使用该地区的格式。

(2)设置键盘语言和输入法

在“语言”选项卡中单击“详细信息”按钮,弹出“文字服务和输入语言”对话框,单击“默认输入语言”下拉列表框,选择想要的语言键盘。如果下拉列表没有想要的语言,单击“添加”按钮,可以添加其他输入语言。

(3)删除语言或输入法

有时,Windows XP 默认提供的输入法不能满足用户的需求,这就需要添加新的输入法了。对于那些几乎不使用的输入法,最好将它删除,这样可以减少按“Ctrl + Shift”组合键切换输入法时的按键次数。

右击语言栏,然后在弹出的菜单中选择“设置”命令,打开“文字服务和输入语言”对话框,单击“添加”按钮,可以添加输入法或选择其他输入语言。选择“已安装的服务”列表框中的输入法,单击“删除”按钮,即删除该输入法。

7.11.2 修改桌面风格

在 Windows XP 中可以为当前账户进行个性化的设置,如设置显示主题,设置桌面,设置屏幕保护程序,设置显示外观,设置屏幕分辨率以及调整监视器的刷新频率等。

1)设置显示主题

桌面主题是图标、字体、颜色、鼠标指针、声音和其他窗口元素的预定义集合。通过设置不同的桌面主题,能使桌面具有与众不同的外观。

(1)选择主题

Windows XP 预定义了几套标准的显示主题,以方便用户进行选择。选择主题的操作步骤如下:

①右击桌面空白区域,在弹出的快捷菜单中选择“属性”命令,打开“显示属性”对话框,选

择“主题”选项卡，如图7.43所示。

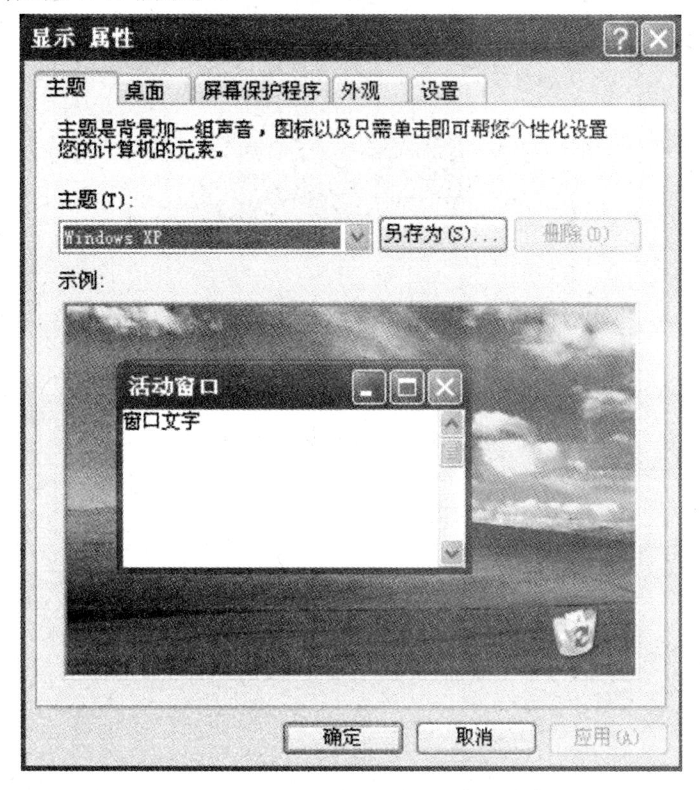

图7.43 显示属性对话框

②在“主题”下拉列表框中选择一个 Windows XP 内置的主题。这时可在下面的“示例”显示框中预览所选主题的显示效果。

③单击“确定”或“应用”按钮，经过几秒钟的等待后，Windows XP 即使用新选定的主题。

(2)创建或修改主题

如果对 Windows XP 提供的桌面主题不满意，可以创建或在现有主题的基础上进行修改。

①打开“显示属性”对话框，选择“主题”选项卡。选择一个主题，然后在此主题的基础上进行修改。

②在“显示属性”对话框中设置桌面、外观、屏幕保护程序等。

③返回“主题”选项卡，单击“另存为”按钮，保存当前主题文件。

④单击“确定”或“应用”按钮，使新设置生效。

(3)删除主题

①打开“显示属性”对话框，选择“主题”选项卡。

②在“主题”下拉列表框中选定欲删除的主题，单击“删除”按钮。

③单击“确定”或“应用”按钮，使新设置生效。

2)设置桌面背景

①打开“显示属性”对话框，选择“桌面”选项卡。如图7.44所示。

②在“背景”列表框中选择某一图片或 HTML 文件，列表框上方将显示出所选项目的预览效果。也可以单击“浏览”按钮，打开“浏览”对话框在本地计算机或网络系统中选择所需的背

图 7.44　显示属性的桌面选项卡

景图片文件。

③在“位置”下拉列表框中可选定以“居中”“平铺”或“拉伸”方式显示所选的背景图片。

④在“颜色”下拉列表框中选择要用于桌面背景的颜色。如果在“背景”列表框中“无”选项，那么所选颜色将充满整个桌面。

⑤单击“自定义桌面”按钮，弹出“桌面项目”对话框，如图 7.45 所示，可以复选要显示在桌面上的图标。

⑥单击“确定”或“应用”按钮，即将所作的设置应用于桌面。

3）设置屏幕保护程序

屏幕保护程序是一个可使屏幕暂停显示或以动画形式显示的应用程序。只要用户在指定的时间内没有操作计算机，它便会自动运行，既能对显示器设备起到保护作用，还能隐藏屏幕上显示的信息。进入屏幕保护程序后，只需移动一下鼠标或按键盘上的任意键，即可退出屏幕保护程序。

设置屏幕保护程序的具体操作步骤如下：

①右击桌面空白区域，在弹出的快捷菜单中选择“属性”命令，打开“显示属性”对话框，选择“屏幕保护程序”选项卡，如图 7.46 所示。

②在“屏幕保护程序”下拉列表框中选择一种屏幕保护程序，然后单击右侧的“设置”按钮，对所选的屏幕保护程序进行更多设置。单击右侧的“预览”按钮，可以立即启动该屏幕保护程序，预览其效果。按空格键可退出预览。

③选中“在恢复时返回到欢迎屏幕”复选框，可在退出屏幕保护程序时返回到 Windows XP 的欢迎屏幕。

④在“等待”文本框中输入自动启动所选屏幕保护程序前的系统等待时间。

图7.45　桌面项目对话框

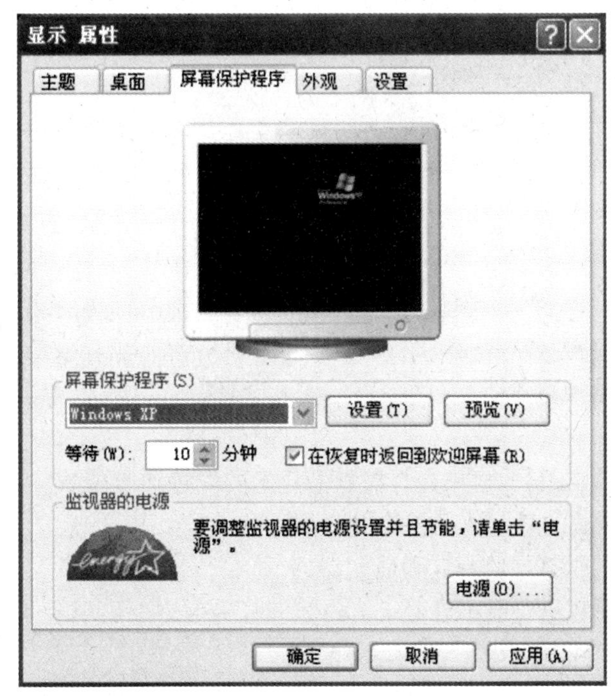

图7.46　显示属性的屏幕保护程序选项卡

⑤单击“监视器的电源”选项组中的“电源”按钮，可以打开“电源选项属性”对话框对电源进行设置。

⑥单击“确定”或“应用”按钮，使设置生效。

4)显示设置

在"显示属性"对话框中的"设置"选项卡中,还可以设置屏幕分辨率、颜色质量和刷新频率。屏幕分辨率是指屏幕的尺寸,在 Windows 中最低为 640×480 像素。刷新频率是指屏幕上显示内容的刷新速度。刷新率太低,屏幕看起来就会闪烁,从而影响视力。

设置屏幕分辨率、颜色质量和刷新频率的操作步骤如下:

①右击桌面空白区域,在弹出的快捷菜单中选择"属性"命令,打开"显示属性"对话框,选择"设置"选项卡,如图 7.47 所示。

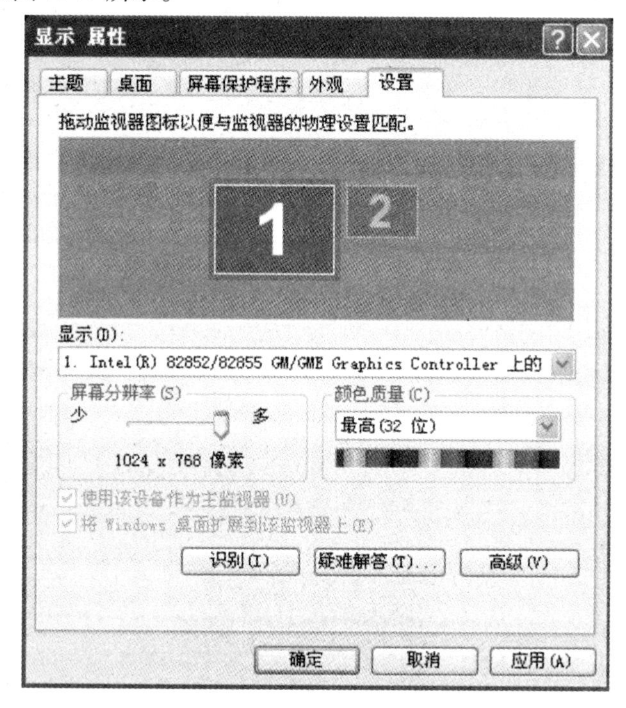

图 7.47 显示属性的设置选项卡

②拖动"屏幕分辨率"选项组中的滑块,即可改变当前屏幕分辨率。一般设为 800×600 或 1 024×768 像素,滑块越靠右,屏幕分辨率越大,屏幕上可显示的内容也就越多,但文字显示将变小。

③在"颜色质量"下拉列表框中选择监视器显示的颜色质量位数。颜色质量位数越高,屏幕显示就越逼真,但系统的显示速度将放慢。一般用户选择 24 位或 32 位即可。

④单击"高级"按钮,打开监视器和适配器的"属性"对话框,还可以设置 DPI 的值以及"屏幕刷新频率"等。刷新频率一般不应低于 75 Hz,否则看起来会出现闪烁。

⑤单击"确定"或"应用"按钮,使该设置生效。

7.12 任务管理器

如果遇到应用程序没有响应,无法正常关闭的情况,可以通过"Windows 任务管理器"窗口来结束该应用程序。

启动“Windows 任务管理器”的方法是:按“Ctrl + Alt + Delete”组合键或在任务栏的空白位置右击,在弹出的快捷菜单中选择“任务管理器”命令,系统将打开“Windows 任务管理器”窗口,如图 7.48 所示。

①“应用程序”选项卡下显示了计算机上正在运行的程序的状态。单击要结束的应用程序,再单击“结束任务”按钮,即可关闭该应用程序。对于没有响应的应用程序,一般应使用这种方法来关闭。

②“进程”选项卡下显示关于计算机上正在运行的进程的信息,例如 CPU 和内存的使用情况等。如果要结束某个进程,可以选择该进程,然后单击“结束进程”按钮。

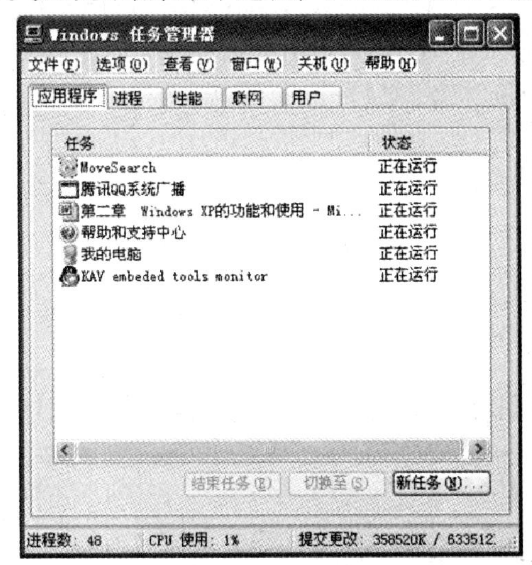

(a)“应用程序”选项卡

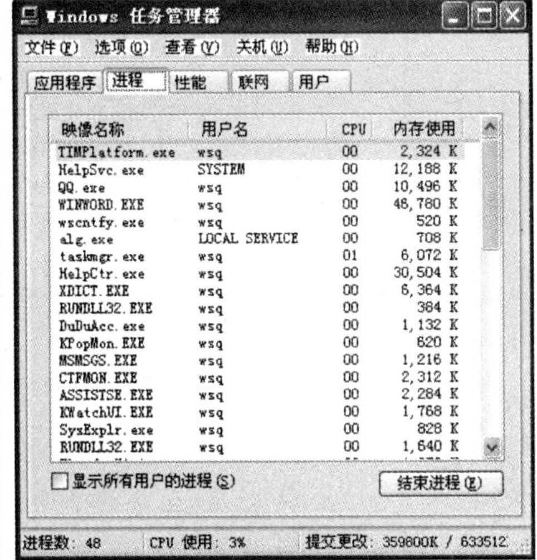

(b)“进程”选项卡

图 7.48　“Windows 任务管理器”窗口

7.13　“附件”中的应用程序

7.13.1　记事本

记事本是 Windows XP 内置的一个小型文本编辑程序,它只能以纯文本 ASCII 格式编辑和保存文本,可用来创建或编辑不包含任何格式且小于 64 K 的文本文件,如写一些便条,查看小型文本文件内容等。

依次选择“开始”→“所有程序”→“附件”→“记事本”命令,可打开“记事本”应用程序,如图 7.49 所示。

在启动记事本时,记事本就默认建立了一个空白的文本文件。在文本编辑区中有个闪烁的光标,这是输入文本的位置,称为插入点。用户可以在此输入英文字符和汉字。在记事本中可以对文本进行删除、复制、剪切和粘贴、查找和替换、保存和打印等操作。可通过“文件”菜单打开文件,还可以直接将文件拖动到记事本窗口内打开该文件。

6506-1.TXT - 记事本

文件(F) 编辑(E) 格式(O) 查看(V) 帮助(H)

```
 local-server nas-ip 127.0.0.1 key huawei
#
 temperature-limit 0 20 80
 temperature-limit 1 10 80
 temperature-limit 2 10 80
 temperature-limit 3 10 80
   #
 undo ip redirects
 ip ttl-expires
 undo ip unreachables
#
acl number 3000
 rule 0 deny udp destination-port eq 135
 rule 1 deny udp destination-port eq netbios-ns
 rule 2 deny udp destination-port eq netbios-dgm
 rule 3 deny udp destination-port eq 445
```

图 7.49　记事本窗口

7.13.2　写字板

写字板(图 7.50 所示)的功能远比记事本强大,可以使用写字板创建和编辑简单文本文档,也可以编辑有复杂格式和图形的文档。写字板具有字体选择、字体颜色设置、文本格式设置、对象插入、打印页面设置以及打印预览等功能。

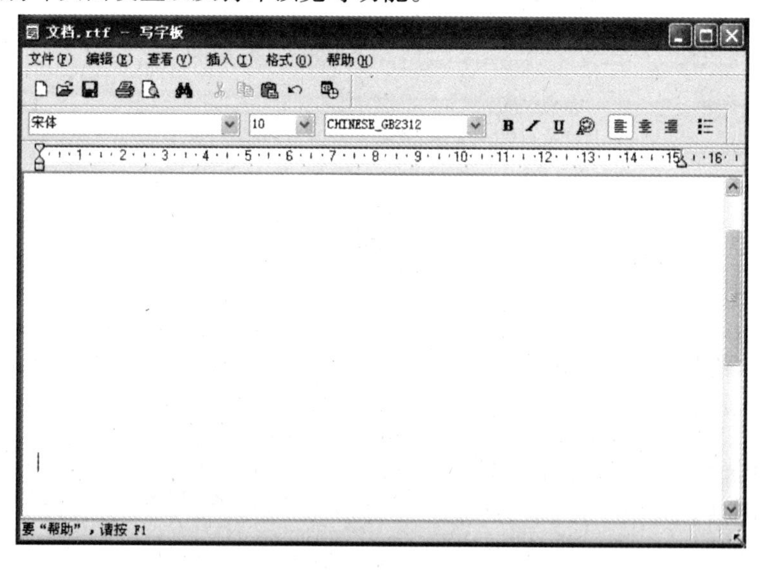

图 7.50　写字板窗口

在打开写字板时,写字板就默认建立了一个空白的 rtf 文件,可以进行文字的输入和编辑,也可以进行设置字体、字色、字型等格式操作。

1) 插入图片

将光标移到想要插入图片的位置,单击“插入”菜单的“对象”菜单项,弹出“插入对象”对话框,如图 7.51 所示。

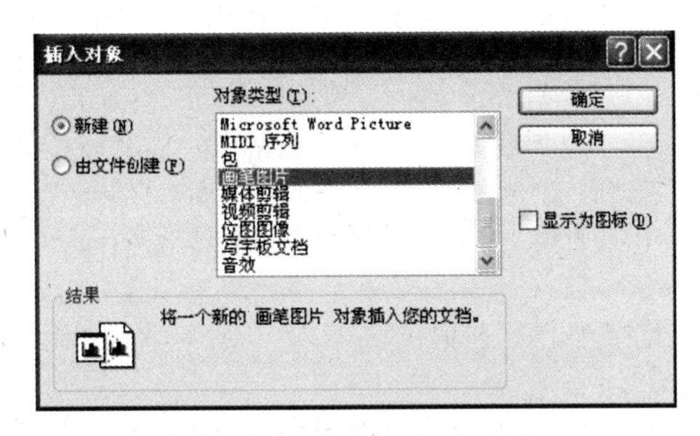

图 7.51　写字板插入对象对话框

单击“新建”单选钮，在“对象类型”列表框中选择要新建的对象类型，这里选择“画笔图片”，单击“确定”按钮，就在写字板中插入了一个图片编区，如图 7.52 所示，可以在该编辑区内绘制图片。

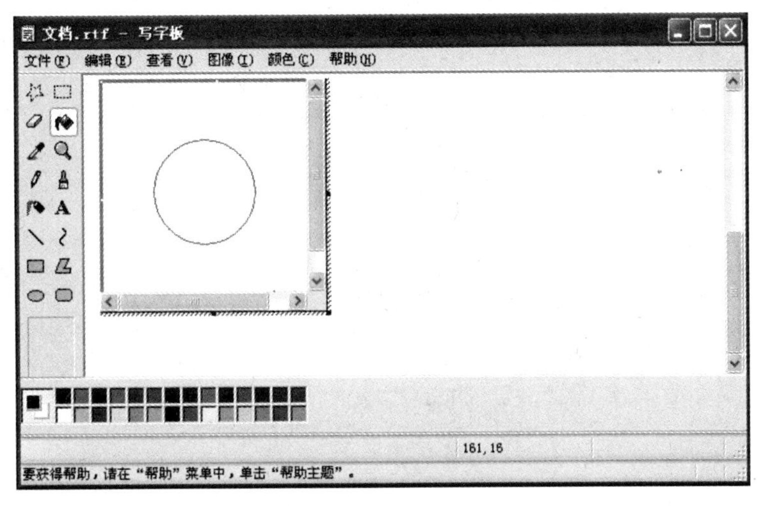

图 7.52　写字板新建位图窗口

使用同样的办法可以插入想要插入的对象。

2) 插入日期和时间

将光标移到想要插入日期和时间的位置，单击“插入”菜单的“日期和时间”菜单项，弹出“日期和时间”对话框，如图 7.53 所示。

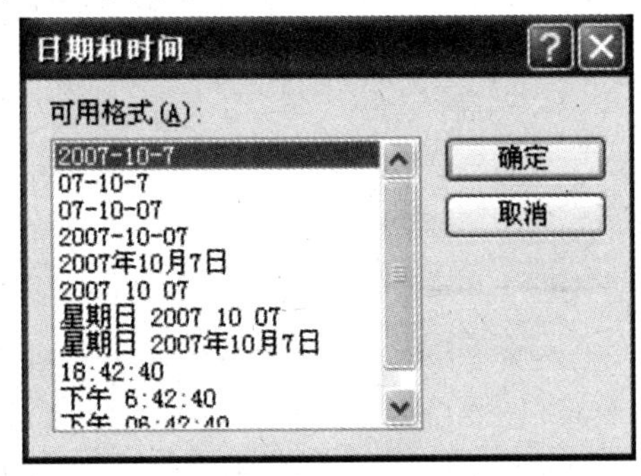

图 7.53　写字板插入日期和时间对话框

在"可用格式"列表框中选择合适的日期和时间格式,单击"确定"按钮。

7.13.3 画图工具

画图工具是一个用于绘制、调色和编辑图片的简单绘图程序。可以使用画图工具来绘制简单图片和有创意的设计,或者将文本和设计图案添加到其他图片。可将这些图片保存为多种图片格式。

要打开画图工具,请单击"开始"按钮,依次指向"所有程序"→"附件",然后选择"画图"菜单项,如图7.54所示。

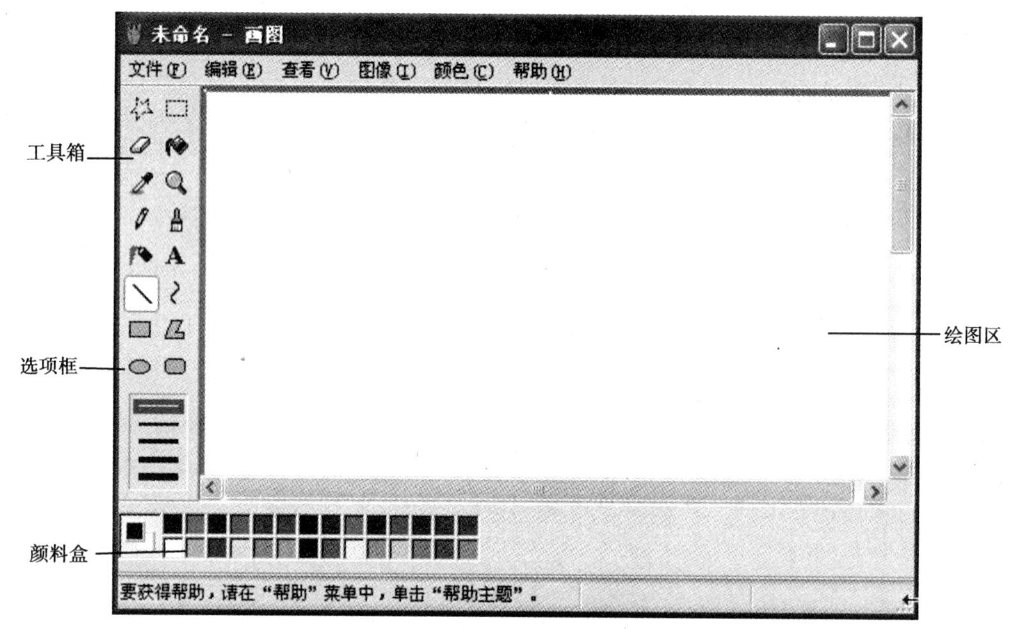

图7.54 画图窗口

1)设定画图区域大小

单击"图像"菜单的"属性"菜单项,在弹出的对话框(如图7.55所示)中输入合适的高度和宽度,选择"黑白"或"彩色",单击"确定"按钮。

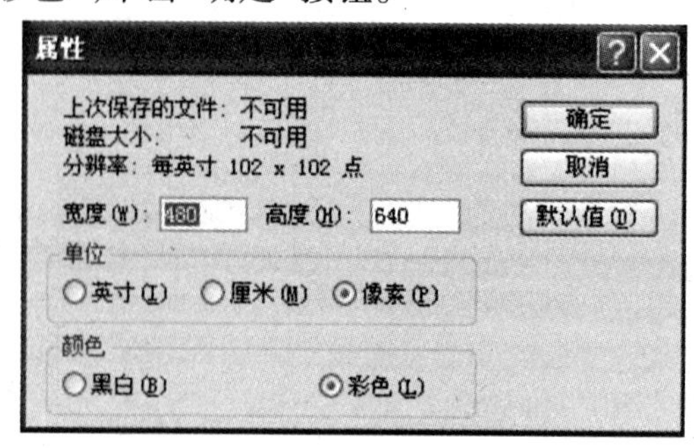

图7.55 画图属性对话框

2)选取颜色

在颜料盒内,单击选取想要的前景色,右击选取想要的背景色,双击可以选取更多的颜色。

3)工具箱

画图的工具箱中包含绘图工具集合,使用时非常方便。可以使用这些工具创建徒手画并向图片中添加各种形状。

任意形状的裁剪:可以剪切不规则图形。在工具箱中单击该按钮,在绘图区域拖动指针,就完成了裁剪。可以将裁剪的内容拖动到绘图区的其他地方,或剪切到剪贴板供其他图片使用。

选定工具:剪切规则的图形。

橡皮/彩色橡皮擦:用背景颜色的橡皮擦擦除图案。在工具箱中单击该按钮,在绘图区域拖动指针,橡皮会擦除经过之处的图案。

用颜色填充:填充的是一个封闭的区域,左键填充前景色,右键填充背景色。在工具箱中单击该按钮,在绘图区域中单击要填充颜色的图形。

取色:在画图时,如想使用画面上的某种颜色,左键取前景色,右键取背景色。

放大镜:可对某一个图形区域放大,以便细致绘图。

铅笔:在工具箱中单击该按钮,在绘图区域拖动指针,就可以像铅笔一样画线写字了,拖动过程中同时按shift键可绘水平和垂直线。

刷子:和铅笔工具类似,有圆头、方头、扁头三种刷型。

喷枪:在工具箱中单击该按钮,在绘图区域拖动指针,以点的形状进行喷绘。

A 文字:在工具箱中单击"文本"铵钮;在绘图区域,沿对角线方向拖动指针得到需要大小的文本输入框;单击"查看"菜单的"文字工具栏"菜单项,显示文字工具栏;在文字工具栏上,单击所需的文字字体、字号和字型;在输入框中,输入文字。文字的颜色由前景颜色定义。要使文本的背景透明,请单击。要使背景不透明并定义背景颜色,请单击。

直线:在工具箱中单击"直线"按钮,在选项框中选择要使用的线宽,在颜料盒中单击要使用的颜色,在绘图区域拖动指针即可。拖动指针过程中同时按住shift键可绘水平、垂直、45°的斜线。

曲线:在工具箱中单击"曲线"铵钮;在选项框中选择线宽;拖动指针绘制直线,单击曲线的一个弧所在的位置,然后拖动指针调整曲线形状;对第二个弧线重复该操作。

矩形:有轮廓(形状内部透明,有边框)、填充轮廓(形状边框为前景色,内部为背景色填充)、纯色(形状为背景色填充,无边框)三种选择,拖动指针过程中同时按shift键可绘制正方形。

多边形:在工具箱中,单击"多边形"按钮;在选项框中选择填充形式,有轮廓(形状内部透明,有边框)、填充轮廓(形状边框为前景色,内部为背景色填充)、纯色(形状为背景色填充,无边框)。在绘图区域拖动指针,单击以结束绘制第一条边;拖动指针绘制下一条边,然后单击以结束绘制该边。重复拖动单击,创建最后一条边并闭合该多边形,双击完成。

椭圆:种类与矩形类似,拖动指针过程中同时按shift键可绘制圆形。

圆角矩形:与矩形类似,只不过角是圆角。

4)简单图片处理

①缩小图片:单击"图像"菜单的"拉伸/扭曲"菜单项,水平输入"50",垂直输入"50",确

定后图片缩小到原来的一半。

②旋转图片:单击“图像”菜单的“翻转/旋转”菜单项,选择“按一定角度旋转”单选项,再选择90°。确定后图片顺时针旋转了90°。

对于只希望进行简单图片处理而不愿学习专业的图形图像处理软件的人士,画图是一个实用有效的工具。如对数码像机拍摄的照片进行简单的处理后,另存为JPG文件,就可以把图片发送到互联网上或电邮给友人了。

7.13.4 计算器

使用Windows XP在附件中提供的计算器程序,可以完成所有通常用手持计算器完成的标准操作。计算器有标准型和科学型两种类型。前者用于简单计算,后者用于科学计算和统计计算等。

1)使用标准型计算器

使用标准型计算器进行计算,方法和手持计算器相同,只需通过单击按钮依次输入要计算的表达式,然后按“=”按钮即可计算出结果。

依次选择“开始”→“所有程序”→“附件”→“计算器”命令,可打开“计算器”应用程序,如图7.56所示。

图7.56 标准型计算器

用鼠标单击数字键或功能键,数值及结果可依次显示在显示框中。例如:输入计算的第一个数字“123”,再单击“+”按钮,然后输入计算的下一个数字“124”,最后单击“=”按钮进行计算,二者之和就显示在显示框中。此外,还可以进行连续计算输入,例如,先输入数字“2”,按“*”按钮,然后输入“3”,接着按“+”按钮,就得到2×3的结果,但这时还要输入和这个结果进行加法运算的另一个数。当输入完所有的数后,最后单击“=”按钮,结果即显示在显示框中。

有的数字位数较多,选择“查看”→“数字分组”命令,设置在这个数字中每三位数用符号“,”进行分隔,从而一目了然地读出这一数字。

2)使用科学型计算器

科学型计算器可满足一般的复杂计算要求。对于十六进制、八进制及二进制来说,有四字(64位表示法)、双字(32位表示法)、单字(16位表示法)和字节(8位表示法)四种可用的显示类型。对于十进制来说,有角度、弧度和梯度三种可用的显示类型。

在标准型“计算器”窗口中选择菜单“查看”→“科学型”命令,可切换到科学型计算器,如图 7.57 所示。科学型计算器同标准型计算器的操作一样,通过鼠标单击数字键和功能键,在显示框中得到相应的计算结果。并可以选择菜单“编辑”→“复制”命令,将计算结果复制到其他程序中使用。

图 7.57　科学型计算器

7.14　Windows 7 操作系统简介

7.14.1　Windows 7 操作系统概述

Windows 7 是由微软公司(Microsoft)开发的操作系统,核心版本号为 Windows NT 6.1。Windows 7 可供家庭及商业工作环境、笔记本电脑、平板电脑、多媒体中心等使用。2009 年 7 月 14 日,Windows 7 RTM (Build 7600.16385)正式上线。2009 年 10 月 22 日,微软于美国正式发布 Windows 7,同时也发布了服务器版本——Windows Server 2008 R2。2011 年 2 月 23 日凌晨,微软面向大众用户正式发布了 Windows 7 升级补丁——Windows 7 SP1 (Build7601.17514.101119-1850),另外还包括 Windows Server 2008 R2 SP1 升级补丁。

微软公司称,2014 年,微软将取消 Windows XP 的所有技术支持。Windows 7 将是 Windows XP的继承者。

以加拿大滑雪圣地 Blackcomb 为开发代号的作业系统最初被计划为 Windows XP 和 Windows Server 2003 的后续版本。Blackcomb 计划的主要特性是强调数据的搜索查询和与之配套名为 WinFS 的高级文件系统。但在 2003 年,随着开发代号为 Longhorn 的过渡性简化版本的提出,Blackcomb 计划被延后。

2003 年中,Longhorn 具备了一些原计划在 Blackcomb 中出现的特性。2003 年,3 个在 Windows 操作系统上造成严重危害的病毒暴发后,微软改变了它的开发重点,把一部分 Longhorn 上的主要开发计划搁置,转而为 Windows XP 和 Windows Server 2003 开发新的服务包。Windows Vista 的开发工作被“重置”了,或者说在 2004 年 9 月推迟,许多特性被去掉了。

2006 年初,Blackcomb 被重命名为 Vienna,然后又在 2007 年改称 Windows Seven。2008 年,微软宣布将 7 作为正式名称,成为现在的最终名称——Windows 7。

2008 年 1 月,对选中的微软合作伙伴发布第一个公布版本 Milestone 1,组件 6519。在 2008 年的 PDC(Professional Developers Conference,专业开发人员会议)上,微软发表了 Windows 7 的新工作列以及开始功能表,并在会议结束时发布了组件 6801,但是所发表的新工作列并没有在这个版本中出现。

2008 年 12 月 27 日,Windows 7 Beta 透过 BitTorrent 泄漏到网络上。ZDNet 针对这个版本做了运行测试,它在多个关键处都胜过了 Windows XP 和 Windows Vista,包括开关机的耗时,档案和文件的开启; 2009 年 1 月 7 日,64 bit 的 Windows 7 Beta(组件 7000)被泄漏到网络上,并在不少的 torrent 档案中附带了特洛伊木马病毒。在 2009 年的国际消费电子展(CES)上,微软的首席执行官史蒂夫 · 巴尔默(Steve Ballmer)公布 Windows 7 Beta 已提供 ISO 映像档给 MSDN 以及 TechNet 的使用者下载;该版本亦于 2009 年 1 月 9 日开放给大众下载。微软预计当日的下载次数能达到 250 万人次,但由于流量过高,下载的时间就因而拖延了。一开始,微软将下载期限延长至 1 月 24 日,后来又延至 2 月 10 日。无法在 2 月 10 日前下载完成的人会有两天的延长期限。2 月 12 日之后,未完成的下载工作会无法继续,但已下载完成的人仍然可以从微软的网站上取得产品序号。这个预览版本会自 2009 年 7 月 1 日起开始每隔数小时自动关机,并于同年 8 月 1 日过期失效。2009 年 4 月 30 日,RC(Release Candidate)版本(组件 7100)提供给微软开发者网络以及 TechNet 的付费使用者下载;5 月 5 日开放大众下载。它亦透过 BitTorrent 被泄漏到网络上。RC 版本提供五种语言,并会自 2010 年 3 月 1 日起开始每隔两小时自动关机,并于同年 6 月 1 日过期失效。根据微软,Windows 7 的最终版本将于 2009 年的假期消费季发布。2009 年 6 月 2 日,微软证实 Windows 7 将于 2009 年 10 月 22 日发行,并同时发布 Windows Server 2008 R2。2009 年 7 月下旬,Windows 7 零售版提供给制造商作为随机作业系统销售或是测试之用,并于 2009 年 10 月 22 日上午 11 时(UTC -4)由微软首席执行官史蒂夫 · 巴尔默正式在纽约展开发布会。

7.14.2 Windows 7 操作系统与 Windows XP 系统的区别

两者的区别如表 7.4 所示。

表 7.4 Windows 7 操作系统与 Windows XP 系统的区域

		Windows XP	Windows Vista	Windows 7	功　能
简化日常任务(✔+ = 有改进)	多任务操作更加容易	✔	✔	✔+	Windows 任务栏
	使用免费的照片、邮件和即时消息程序进行聊天和共享	✔	✔	✔	Windows 软件包
	更方便、更安全地进行网络浏览	✔	✔	✔	Internet Explorer 8
	快速查找文件和程序		✔	✔+	Windows 搜索
	单击一次或两次即可打开最常用的程序和文件			✔	跳转列表
	单击三次即可连接到任何可用的无线网络			✔	查看可用网络

续表

		Windows XP	Windows Vista	Windows 7	功　能
简化日常任务（✔+ = 有改进）	更快速地导航打开的窗口			✔	透视、晃动、贴靠
	在家庭网络中轻松共享文件、照片和音乐			✔	家庭组
	家中的多台电脑共享一台打印机			✔	家庭组
	更好地管理打印机、相机和其他设备			✔	Device Stage
	毫不费力地整理大量文件、文档和照片			✔	Windows 库
按照所需方式运行	使用主题和照片对桌面进行个性化设置	✔	✔	✔+	桌面
	更安全地连接到公司网络	✔	✔	✔+	域加入功能
	与 64 位电脑完全兼容	✔	✔	✔	64 位支持
	运行 Windows XP 业务程序	✔		✔	Windows XP Mode
	针对间谍软件及其他恶意软件的内置防御		✔	✔+	Windows Defender
	有助于保护数据的私密性和安全性		✔	✔+	BitLocker
	管理并监督孩子对电脑的使用		✔	✔	家长控制
	休眠和恢复速度更快			✔	性能改进
	改进了电源管理，可延长电池寿命			✔	电源管理
使新事物成为可能	在电脑上观看和录制电视节目	✔	✔	✔+	Windows Media Center
	在几分钟内创作和共享影片和幻灯片		✔	✔	Movie Maker
	最逼真的游戏场景和最生动的多媒体体验		✔	✔	DirectX 11
	将音乐、照片和视频流式传输到家中的多种设备			✔	播放到
	外出时也可连接到家中的电脑媒体库			✔	远程媒体流
	触摸和点击代替了指点和单击			✔	Windows 触控功能

7.15 Android 操作系统简介

7.15.1 Android 操作系统概述

Android(中文俗称安卓)是一个以 Linux 为基础的半开源操作系统,主要用于移动设备,由 Google 成立的 Open Handset Alliance(OHA,开放手持设备联盟)持续领导与开发。

Android 系统最初由安迪·鲁宾(Andy Rubin)开发制作,最初开发这个系统的目的是利用其创建一个能够与 PC 联网的“智能相机”生态圈。但是后来,智能手机市场开始爆炸性增长,Android 被改造为一款面向手机的操作系统,于 2005 年 8 月被美国科技企业 Google 收购。2007 年 11 月,Google 与 84 家硬件制造商、软件开发商及电信营运商成立开放手持设备联盟来共同研发改良 Android 系统。随后,Google 以 Apache 免费开源许可证的授权方式,发布了 Android 的源代码,让生产商推出搭载 Android 的智能手机,Android 操作系统后来更逐渐拓展到平板电脑及其他领域。

Google 通过官方网上商店平台 Google Play,提供应用程序和游戏供用户下载,截至 2012 年 6 月,Google Play 商店拥有超过 60 万个官方认证应用程序。同时用户亦可以通过第三方网站下载。

2010 年末数据显示,仅正式推出两年的 Android 操作系统在市场占有率上已经超越称霸逾十年的诺基亚 Symbian 系统,成为全球第一大智能手机操作系统。

7.15.2 Android 操作系统发展历程

2003 年 10 月,Andy Rubin 等人创建 Android 公司,并组建 Android 团队。2005 年 8 月 17 日,Google 低调收购了成立仅 22 个月的高科技企业 Android 及其团队。安迪鲁宾成为 Google 公司工程部副总裁,继续负责 Android 项目。

2007 年 11 月 5 日,谷歌公司正式向外界展示了这款名为 Android 的操作系统,并且在这天宣布建立一个全球性的联盟组织。该组织由 34 家手机制造商、软件开发商、电信运营商以及芯片制造商共同组成,并与 84 家硬件制造商、软件开发商及电信营运商组成开放手持设备联盟(Open Handset Alliance)来共同研发改良 Android 系统,这一联盟将支持谷歌发布的手机操作系统以及应用软件。Google 以 Apache 免费开源许可证的授权方式,发布了 Android 的源代码。2008 年,在 Google I/O 大会上,谷歌提出了 AndroidHAL 架构图,在同年 8 月 18 号,Android 获得了美国联邦通信委员会(FCC)的批准。在 2008 年 9 月,谷歌正式发布了 Android 1.0系统,这也是 Android 系统最早的版本。

2009 年 4 月,谷歌正式推出了 Android 1.5 这款手机。从 Android 1.5 版本开始,谷歌开始将 Android 的版本以甜品的名字命名,Android 1.5 命名为 Cupcake(纸杯蛋糕)。该系统与 Android 1.0 相比有了很大的改进。

2009 年 9 月份,谷歌发布了 Android 1.6 的正式版,并且推出了搭载 Android 1.6 正式版的手机 HTC Hero(G3)。凭借着出色的外观设计以及全新的 Android 1.6 操作系统,HTC Hero (G3)成为当时全球最受欢迎的手机。Android 1.6 也有一个有趣的甜品名称,它被称为 Donut

(甜甜圈)。

2010年2月份,Linux内核开发者Greg Kroah-Hartman将Android的驱动程序从Linux内核“状态树(staging tree)”上除去,从此,Android与Linux开发主流将分道扬镳。在同年5月份,谷歌正式发布了Android 2.2操作系统。谷歌将Android 2.2操作系统命名为Froyo,翻译名为“冻酸奶”。

2010年10月份,谷歌宣布Android系统达到了第一个里程碑,即电子市场上获得官方数字认证的Android应用数量已经达到了10万个,Android系统的应用增长非常迅速。在2010年12月,谷歌正式发布了Android 2.3操作系统Gingerbread(姜饼)。

2011年1月,谷歌称每日的Android设备新用户数量达到了30万部,到2011年7月,这个数字增长到55万部,而Android系统设备的用户总数达到了1.35亿,Android系统已经成为智能手机领域占有率最高的系统。

2011年8月2日,Android手机已占据全球智能机市场48%的份额,并在亚太地区市场占据统治地位,终结了Symbian(塞班系统)的霸主地位,跃居全球第一。

2011年9月份,Android系统的应用数目已经达到了48万,而在智能手机市场,Android系统的占有率已经达到了43%,继续排在移动操作系统首位。谷歌将会发布全新的Android 4.0操作系统,这款系统被谷歌命名为Ice Cream Sandwich(冰激凌三明治)。

2012年1月6日,谷歌Android Market已有10万开发者推出超过40万活跃的应用,大多数的应用程序为免费。Android Market应用程序商店目录在新年首周周末突破40万基准,距离突破30万应用仅4个月。在2011年早些时候,Android Market从20万增加到30万应用也只花了4个月。

7.15.3　Android操作系统平台优势

Android(如图7.58所示)作为谷歌大力倡导的智能手机操作系统,超过iPhone不是一种偶然,而是一种必然。那么它到底有何优势呢?接下来就来简单了解一下。

图7.58　Android系统图标

1) Android价格占优,价廉性能并不低

消费者选择产品,价格是必然要考虑的一大因素,iphone虽好,但是价格让一般人望而却步。苹果就像是宝马、奔驰,虽然大家都认为它很好,但是一般人消费不起,而Android比较大众,满大街都是,不仅如此,还有一些型号是可以与 iphone 相媲美的。

虽然 Android 平台的手机价廉,但是其性能却一点也不低廉,触摸效果并不比苹果差到哪里去。Android 平台简单实用,无论是功能还是外观设计,都可以与苹果一决高下。当消费者考虑价格因素之后,在数量众多的 Android 手机中,消费者总是会找到一款满意的 Android 手机取代价格高昂的 iPhone。

2)应用程序发展迅速

智能机玩的就是应用。虽然现在 Android 的应用还无法与苹果相竞争,但是随着 Android 的推广与普及,应用程序数在成指数级增长,Android 应用在可预见的未来是有能力与苹果相竞争的。

而来自 Android 应用商店最大的优势是,不对应用程序进行严格的审查,在这一点上优于苹果。

3)智能手机厂家助力

苹果的自我中心是它成功的一大法宝,从硬件到软件,到其独特的推广方式,苹果形成了一个很好的、很完整的产业链。在一个封闭的圈子中创造一个又一个的奇想,让消费者的体验得到了很大的满足。但是这样并不能使其长期占据有利位置。

现在,世界很多智能手机厂家几乎都加入了 Android 阵营,并推出了一系列的 Android 智能机。摩托罗拉、三星、HTC、LG、Lumigon 等厂家都与谷歌建立了 Android 平台技术联盟。

加盟的厂商越多,手机终端就会越多,其市场潜力就越大。Android 智能机最近 6 个月在美国市场的占有率足以说明这一点。

4)运营商的鼎力支持

在国内,三大运营商是卯足了劲推出 Android 智能机。联通的"0 元购机",电信的千元 3G,移动的索爱 A8i 定制机,都显示了运营商对 Android 智能机的期望。

在美国,T-Mobile、Sprint、AT&T 和 Verizon 全部推出了 Android 手机。此外,KDDI(日本);NTTDoCoMo,TelecomItalia(意大利电信)、T-Mobile(德国)、Telefónica(西班牙)等众多运营商都是 Android 的支持者。

有这么多的运营商支持 Android,自然会占据巨大的市场份额。

相对于 Android 的运营商联盟,只有 AT&T 一家运营商销售 iPhone。而苹果其特有的自我封闭性,无论是对手机厂商还是对运营商,都带来了一定的威胁性。手机联盟的形成,在一定程度上直指苹果。

5)机型多、硬件配置优

自从谷歌推出 Android 系统以来,各大厂家纷纷推出自己的 Android 平台手机,HTC、索尼爱立信、魅族、摩托罗拉、夏普、LG、三星、联想等,每一家手机厂商都推出了各自的 Android 手机,机型多样,数不胜数。

摩托罗拉的 DroidX、三星的 Galaxy,HTC 从开始的 T-MobileG1 到当前的 EVO4G,每一款都有着优秀的配置,都有可取之处。

6)系统开源利于创新

苹果的自我封闭性使其创新必须源自内部。而 Android 是开源的,允许第三方修改,这在很大程度上容许厂家根据自己的硬件更改版本,从而能够更好地适应硬件,与之形成良好的结合。

相比于苹果的封闭，开源能够提供更好的安全性能，也给开发人员提供了一个更大的创新空间，从而使Android版本升级更快。

习　题

1. 单选题

(1)操作系统诞生于(　　)计算机

A. 第一代　　B. 第二代　　C. 第三代　　D. 第四代

(2)编辑菜单中和剪贴板有关的基本操作及其对应热键应为(　　)

A. 复制Ctrl + C、剪切Ctrl + V、重做Ctrl + U

B. 撤销Ctrl + Z、剪切Ctrl + C、粘贴Ctrl + V

C. 复制Ctrl + P、剪切Ctrl + X、粘贴Ctrl + V

D. 复制Ctrl + C、剪切Ctrl + X、粘贴Ctrl + V

(3)鼠标的单击操作是指(　　)

A. 移动鼠标器使鼠标指针出现在屏幕上的某一位置

B. 按住鼠标器按钮，移动鼠标器把鼠标指针移到某个位置后再释放按钮

C. 按下并快速地释放鼠标按钮

D. 快速连续地二次按下并释放鼠标按钮

(4)下列均为删除硬盘文件的操作，其中(　　)在“回收站”找不到被删除文件。

A. 使用“文件”菜单的“删除”　　B. 使用“Delete”键

C. MS-DOS方式下，使用DEL命令　　D. 使用快捷菜单的“删除”

(5)在Windows XP中，可以通过(　　)进行输入法程序的安装和删除。

A. 附件组　　B. 输入法生成器　　C. 状态栏　　D. 控制面板

(6)在资源管理器中，当删除一个或一组子目录时，该目录或该目录组下的(　　)将被删除。

A. 文件　　B. 所有子目录

C. 所有子目录及其所有文件　　D. 所有子目录下的所有文件(不含子目录)

(7)“控制面板”无法完成(　　)。

A. 改变屏幕颜色　　B. 注销当前注册用户

C. 改变软硬件的设置　　D. 调整鼠标速度

(8)在Windows中，不能进行打开“资源管理器”窗口的操作是(　　)。

A. 用鼠标右键单击“开始”按钮

B. 用鼠标左键单击“任务栏”空白处

C. 用鼠标左键单击“开始”菜单中“程序”下的“Windows资源管理器”项

D. 用鼠标右键单击“我的电脑”图标

(9)为了完成文件的复制、删除、移动等操作，可使用(　　)。

A. 剪贴板　　B. 任务栏　　C. 桌面　　D. 资源管理器

(10)窗口右上角的“×”按钮是(　　)

A. 关闭按钮　　B. 最大化按钮　　C. 最小化按钮　　D. 选择按钮

(11)在 Windows 中,将窗口最小化的操作是(　　)。

A. 单击最小化按钮　　B. 双击标题行

C. 单击控制菜单图标　　D. 双击控制菜单图标

(12)Ctrl + Alt + Del 在 DOS 中有热启动作用,如果在 Windows XP 中同时按下这三个键将(　　)。

A. 立即重新热启动计算机　　B. 进入任务管理器

C. 进行多个任务之间的切换　　D. 切换至 DOS 状态

(13)在 Windows 环境下,要设置屏幕保护,可在(　　)进行。

A. 我的电脑　　B. 控制面板　　C. 网上邻居　　D. 资源管理器

(14)Windows XP 的系统工具中,磁盘碎片整理程序的功能是(　　)。

A. 把不连续的文件变成连续存储,从而提高磁盘读写速度

B. 把磁盘上的文件进行压缩存储,从而提高磁盘利用率

C. 诊断和修复各种磁盘上的存储错误

D. 把磁盘上的碎片文件删除掉

(15)在 Windows 中,“任务栏”的作用是(　　)。

A. 显示系统的所有功能

B. 只显示当前活动窗口名

C. 只显示正在后台工作的窗口名

D. 实现窗口之间的切换

(16)下面说法正确的是(　　)。

A. 桌面上所有的文件夹都可以删除

B. 桌面上所有的文件夹都可以改名

C. 桌面上的图标可以放到任务栏上的“开始”菜单中

D. 桌面上的图标不能放到任务栏上的“开始”菜单中

(17)在 Windows 中的“附件”组中,有(　　)程序项,可用于编辑图文并茂的文档。

A. 书写器　　B. 画图　　C. 记事本　　D. 写字板

(18)MS-DOS 是(　　)。

A. 分时操作系统　　B. 分布式操作系统

C. 单用户、单任务操作系统　　D. 单用户、多任务操作系统

(19)在 Windows 中的不同的运行着的应用程序间切换,可以利用快捷键(　　)。

A. Alt + Esc　　B. Ctrl + Esc　　C. Alt + Tab　　D. Ctrl + Tab

(20)在 Windows 中,以鼠标右键单击桌面图标的时候(　　)。

A. 立即弹出一个快捷菜单　　B. 立即执行该快捷

C. 直接删除该快捷　　D. 与鼠标左键单击效果一致

2. 填空题

(1)文件属性包括:________、________、________。

(2)回收站是一块________上的存储区域。

(3)剪贴板是________中的一个区域。

(4)WINDOWS中反向选择的命令位于编辑菜单中,全选对象的快捷键是________。

(5)________和________是用于文件和文件夹管理的两个应用程序,利用它们可以显示文件夹的结构和文件的详细信息。

3.判断题

(1)桌面上每个快捷方式图标,均须对应一个应用程序才可运行。　(　　)

(2)在Windows环境下资源管理器中可以同时打开几个文件夹。　(　　)

(3)同一文件夹下可以存放两个内容不同但文件名相同的文件。　(　　)

(4)在复制文件和文件夹时,系统首先把文件和文件夹的全部内容拷贝到“剪贴板”中,然后再选择目标位置粘贴。　(　　)

(5)任务管理器提供正在使用的计算机上运行的程序和进程的相关信息。　(　　)

4.简答题

(1)操作系统的主要特征。

(2)简述任务管理器和资源管理器的区别。

(3)简述相对路径和绝对路径的基本概念并举例说明。

第8章 文字处理软件 Word 2007

微软的文字处理软件 Word 是一种在 Windows 环境下使用的文字处理软件,它主要用于日常的文字处理工作,如书写编辑信函、公文、简报、报告、文稿和论文、个人简历、商业合同、Web 页等,具有处理各种图、文、表格混排的复杂文件,实现类似杂志或报纸的排版效果等功能。

教学目的:

- 了解 Word 2007 的特点;
- 掌握 Word 2007 文字编辑及排版操作;
- 掌握 Word 2007 的表格处理;
- 了解 Word 2007 的页面设置及打印。

8.1 制作迎新晚会策划书

Word 2007 提供了一套完整的工具,用户可以创建、编辑和排版文档。本节以制作一份如图 8.1 所示的"迎新晚会策划书"为例,介绍如何在 Word 中输入文本内容,以及字符格式、段落格式、艺术字、页眉、页脚、目录、页面设置等的设置方法。

8.1.1 相关知识点

1) Word 2007 窗口的组成

Word 2007 的窗口主要由标题栏、Office 按钮、快速访问工具栏、功能区、工作区等组成,如图 8.2 所示。

下面介绍 Word 2007 窗口主要组成部分的功能。

(1) Office 按钮

Office 按钮位于窗口的左上角,单击该按钮,可在弹出的菜单中执行新建、打开、保存、打印、关闭文档及 Word 程序的操作,它相当于 Word 2003 的"文件"菜单。

(2) 快速访问工具栏

用户可以在"快速访问工具栏"上放置一些最常用的命令按钮。

图 8.1　“迎新晚会策划书”的制作效果

(3)功能区

功能区包含选项卡、组和按钮。选项卡位于标题栏下方,每一个选项卡都包含若干个组,组是由代表各种命令的按钮组成的集合。Word 2007 的命令是以面向对象的思想进行组织的,同一组的按钮其功能是相近的。

(4)工作区

Word 2007 窗口中间最大的白色区域就是工作区,即文档编辑区。在工作区,用户可以进行输入文字,插入图形、图片,设置和编辑格式等操作。在工作区,无论何时,都会有插入点(一条竖线)不停闪烁,它指示下一个输入文字的位置。

2) Word 2007 的视图方式

Word 2007 中的视图方式主要有页面视图、阅读版式视图、Web 版式视图、大纲视图和普通视图 5 种。用户可以在文档的右下角单击按钮来进行切换。

(1)页面视图

页面视图是 Word 2007 的默认视图方式,它直接按照用户设置的页面大小进行显示,各种对象在页面中浏览的效果与打印效果完全一致,是真正的“所见即所得”的视图方式。页面视图适用于编辑页眉页脚、调整页边距、处理分栏和绘制图形等操作。

图 8.2　Word 2007 窗口的组成

(2)阅读版式视图

Word 2007 对阅读版式视图进行了优化设计。在阅读版式视图方式下,文档上方只有一排工具栏,可以利用最大的屏幕空间阅读或批注文档,增加文档可读性。

(3)Web 版式视图

Web 版式视图是唯一按照窗口大小而不是页面大小进行显示的视图方式,浏览效果与打印效果不一致,文档段落会自动换行适应窗口大小,因此可以方便地浏览联机文档和制作 Web 页。在此视图中,文档不显示分页符和分隔符等与 Web 页无关的信息,用户可以在此视图中编辑文档,并存储为 HTML 网页格式。

(4)大纲视图

对于一个具有多重标题的文档而言,大纲视图可以按照文档标题的层次清晰显示文档结构。在这种视图方式下,可以通过标题移动、复制等操作,改变文档的层次结构。

(5)普通视图

普通视图是 Word 2007 最基本的视图方式,由于简化了页面布局,显示速度相对较快,因此是最佳的文本输入和插入图片的编辑环境。此视图中,页与页之间用单虚线作为分页符,节与节之间用双虚线作为分节符,文档内容连续显示,阅读方便。

在普通视图模式下,不能显示页眉和页脚;不能显示多栏排版,如果需要编辑文本,只能在一栏中输入;不能绘制图形。

8.1.2　制作步骤

1)启动 Word 2007

启动 Word 2007 的方法有很多种,最常用的有两种:

(1)使用“开始”菜单启动

单击桌面左下角的 开始 按钮,然后依次选择 程序(P) → Microsoft Office → Microsoft Office Word 2007 应用程序,如图 8.3 所示,即可启动 Word 2007。

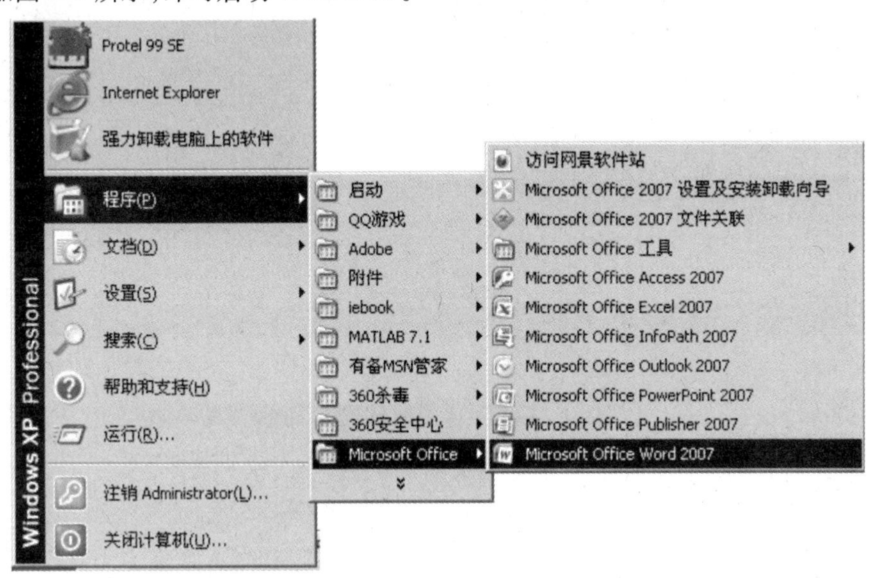

图 8.3　从“开始”菜单启动 Word 2007

(2)使用桌面快捷方式启动

如果在 Word 2007 的安装过程中根据屏幕提示在桌面上创建了 Word 2007 的快捷方式图标,用户双击该快捷图标,即可启动 Word 2007。

2)新建文档

启动 Word 2007 时,系统将自动打开一个名为“文档 1”的空白文档,如图 8.4 所示。

3)页面设置

在输入文本之前,可以先对文档进行页面设置,以方便后期的排版操作。

新建文档时,Word 2007 对纸张、方向、页边距、版式、文档网络进行了默认设置,可以根据实际需要改变相应的设置。如“迎新晚会策划书”中纸张是 A4 纸,上、下页边距为 2.5 cm,左右页边距为 3 cm。

(1)设置纸张类型

步骤 1:在“页面布局”选项卡中单击 纸张大小 按钮,弹出其下拉列表,如图 8.5 所示。

步骤 2:在该列表中选择 A4 (21 x 29.7 cm) 21 厘米 x 29.7 厘米 选项即可,或是选择“页面布局”选项卡中的 页面设置 命令,弹出“页面设置”对话框,打开 纸张 选项卡,如图 8.6 所示,从中选择 A4,单击 确定 按钮即可。

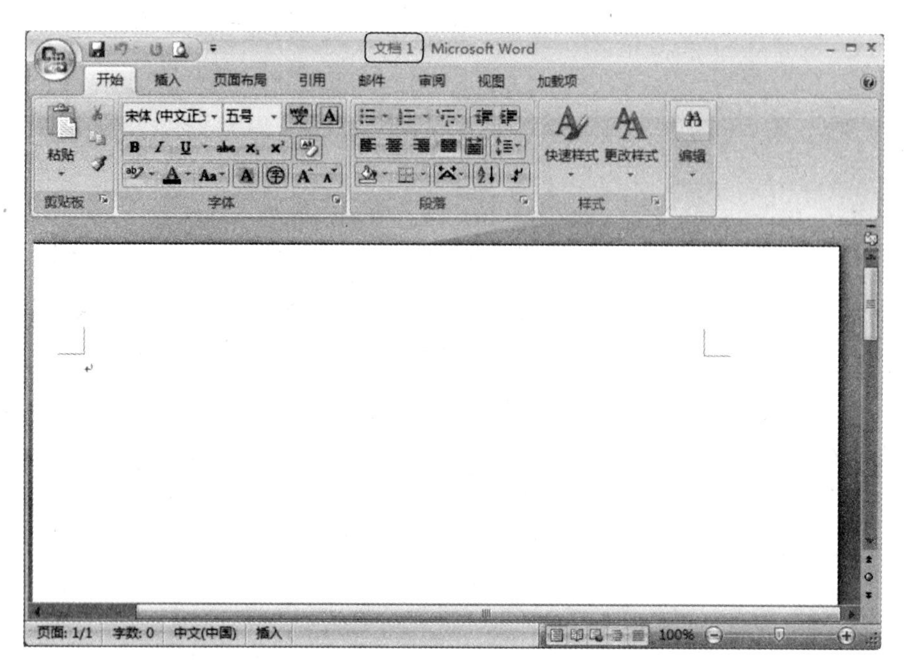

图 8.4　文档 1

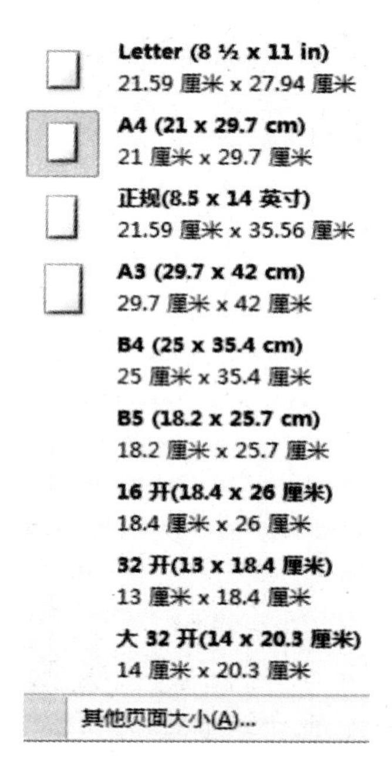

图 8.5　纸张大小下拉列表

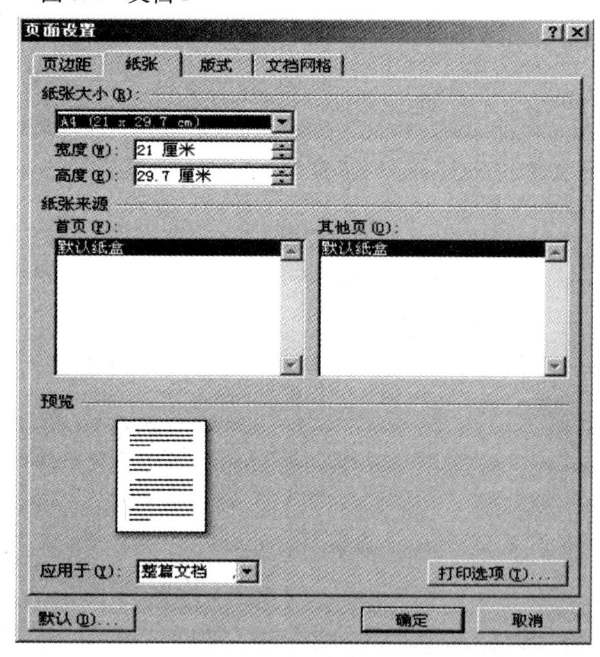

图 8.6　“纸张”选项卡

(2)设置页边距

步骤 1:在“页面布局”选项卡中单击页边距按钮,弹出其下拉列表,如图 8.7 所示。

步骤 2:在该列表中选择自定义边距(A)...命令,弹出“页面设置”对话框,如图 8.8 所示,在“页边距”选项卡中输入新的页边距值,单击确定按钮即可。

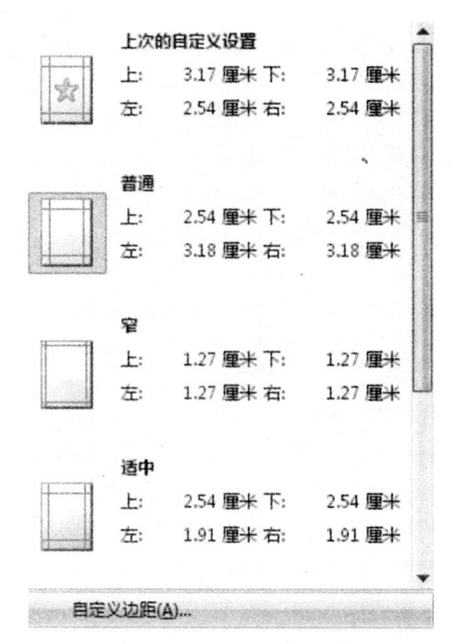

图 8.7　页边距下拉列表

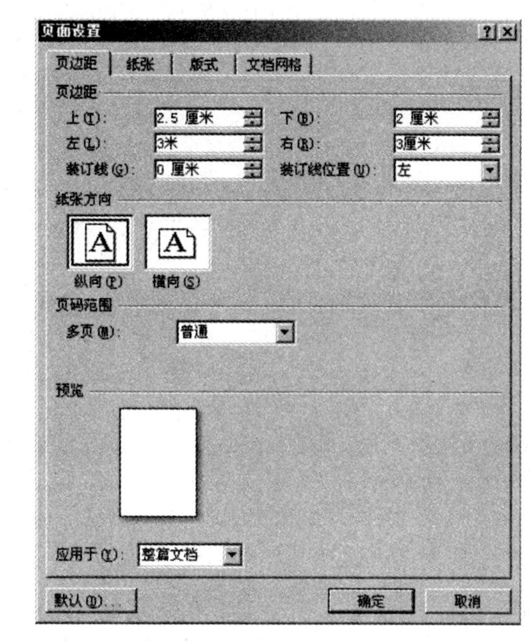

图 8.8　“页面设置”对话框

4)输入文档内容

(1)输入文字

创建一个新文档后,在工作区会有闪烁的光标显示,光标的位置就是当前正在编辑的位置。此时选择一种中文输入法,就可以在文档中输入文字了,如图 8.9 和图 8.10 所示。

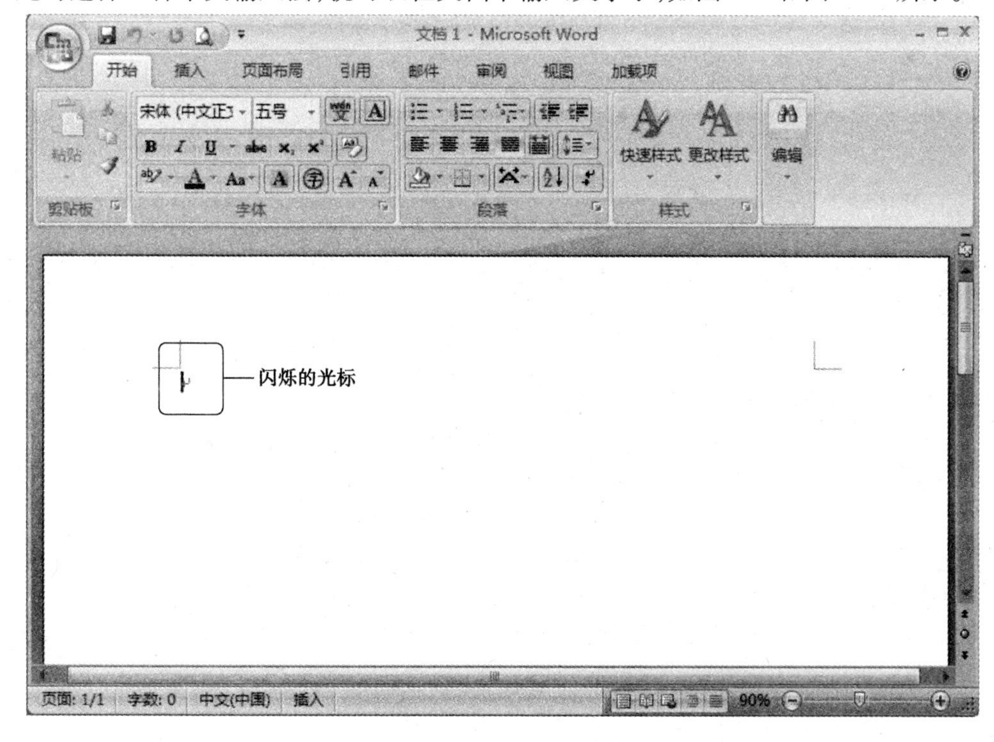

图 8.9　新建文档 1

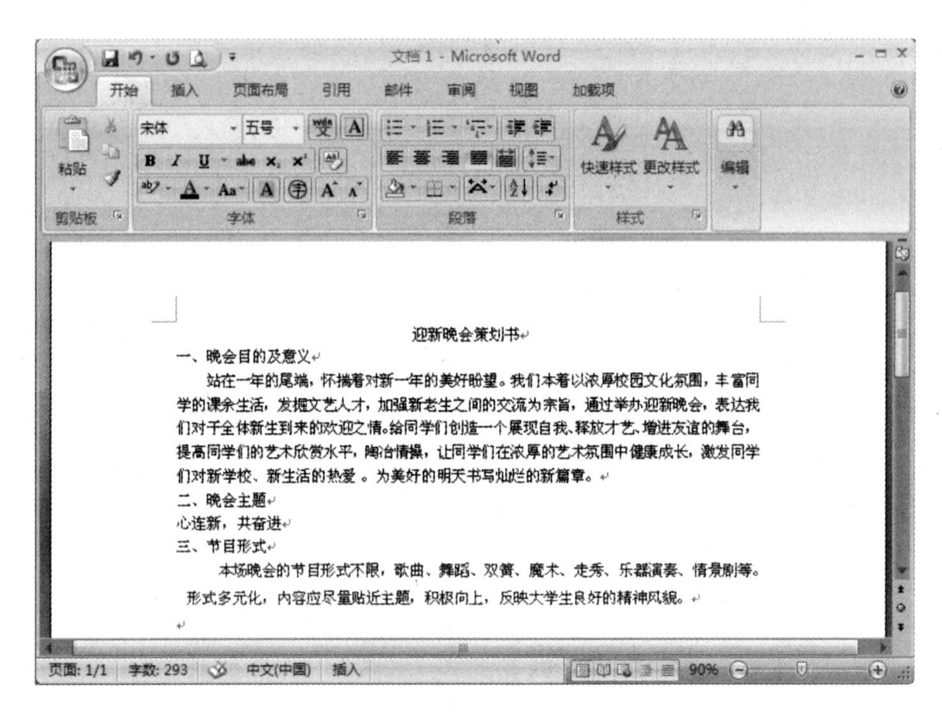

图 8.10　输入“迎新晚会策划书”的文本内容

注意

在文字输入过程中,若出现了输入错误,可按“Backspace”键删除光标左侧的一个字符,或按“Delete”键删除光标右侧的一个字符。

接着输入“迎新晚会策划书”剩余的文本内容,输入完成后如图 8.11 所示。

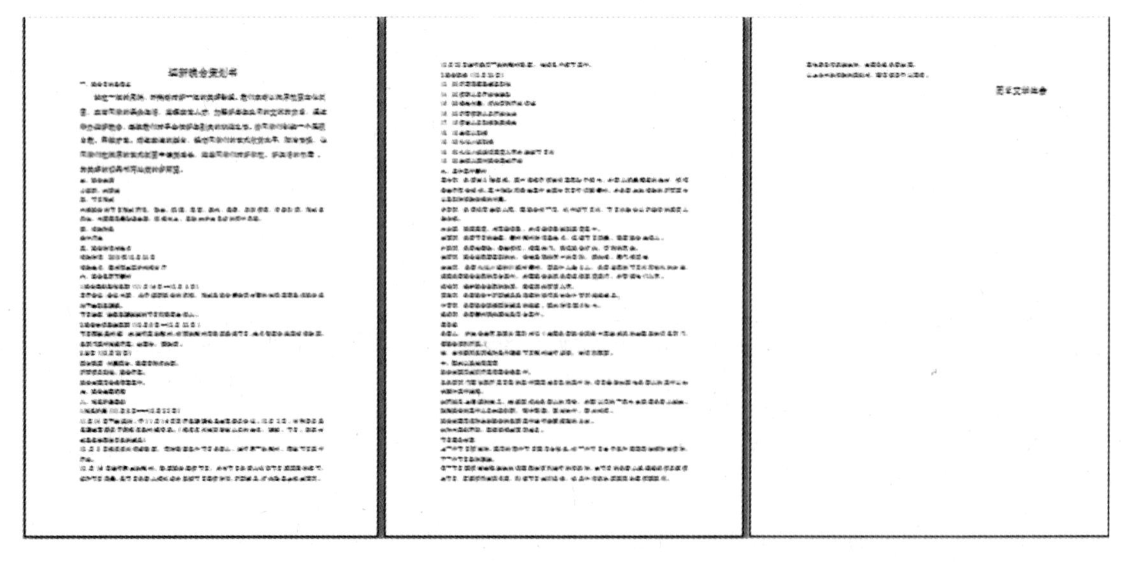

图 8.11　输入剩余文本内容

注意

文字有两种输入状态：插入状态和改写状态。将光标置于文字之间，若所写字符直接插入在光标所在处，则为“插入状态”；若所写字符代替光标后一个字符，则为“改写状态”。

两种输入状态的切换方法：单击状态栏中的 插入 或按键盘中的“Insert”按键。

(2)输入特殊符号

Word 是一个强大的文字处理软件，通过它不仅可以输入文字，还可以输入特殊符号，从而使制作的文档更加丰富、活泼。例如在“迎新晚会策划书”的文本内容中插入特殊符号“★”。

步骤 1：将光标放在要插入特殊符号的位置，在功能区用户界面中的 插入 选项卡中单击 符号 按钮，在弹出的下拉列表中单击 更多... 按钮，如图 8.12 所示，弹出“插入特殊符号”对话框，如图 8.13 所示。

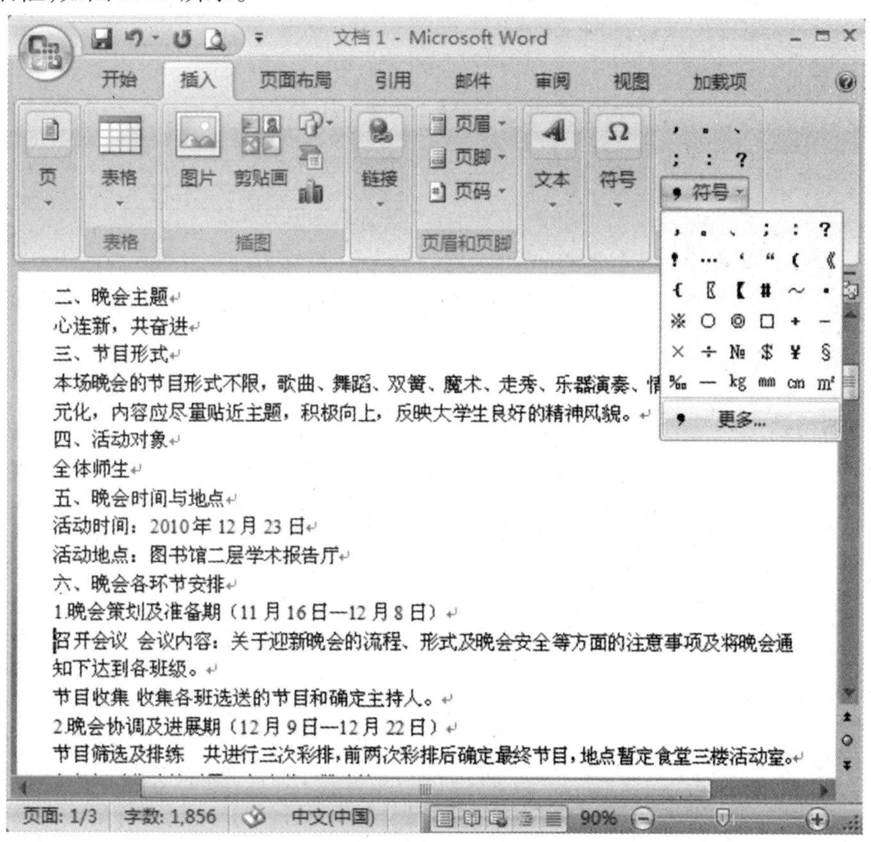

图 8.12　单击“更多...”按钮

步骤 2：在“插入特殊符号”对话框中单击“特殊符号”选项卡，如图 8.14(a)所示；选择“★”符号，然后单击 确定 按钮，即可在文档中的插入点插入特殊符号，如图 8.14(b)所示。

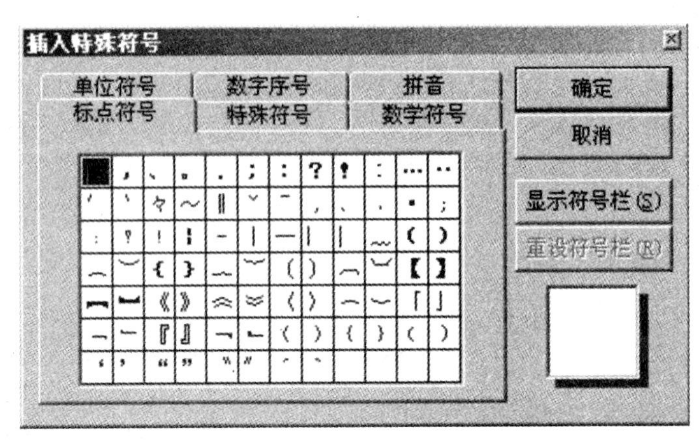

图 8.13 “插入特殊符号”对话框

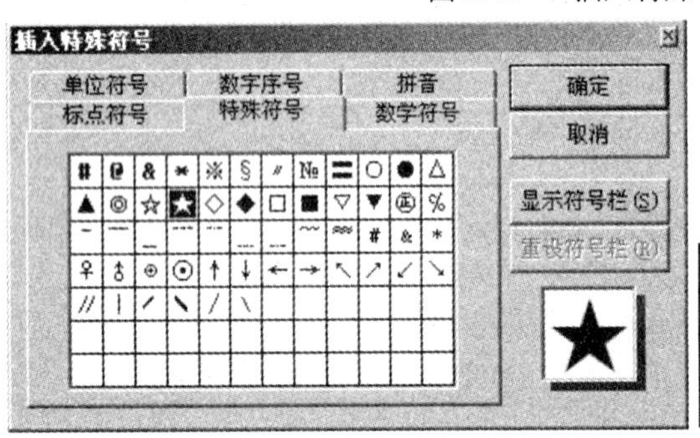

(a)

六、晚会各环节安排
1.晚会策划及准备期(11 月 16 日—12 月 8 日)
★召开会议 会议内容:关于迎新晚会的流程、形式及晚会
通知下达到各班级。
★节目收集 收集各班选送的节目和确定主持人。

(b)

图 8.14 插入特殊符号

注意

利用输入法状态栏上的“软键盘”也可输入特殊符号。方法为:打开输入法,右击输入法状态栏中“软键盘”标志,在展开的列表中选择一种符号类型,如“特殊符号”,打开“特殊符号”软键盘,如图 8.15 所示,单击软键盘上的符号或是按键盘上的相应按键,即可输入特殊符号。

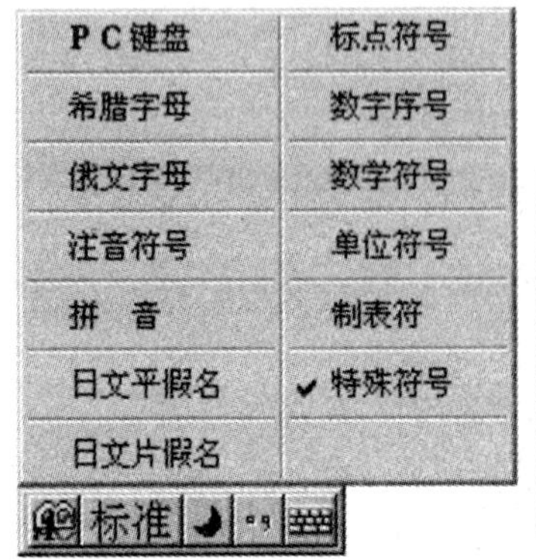

图 8.15 使用软键盘输入特殊符号

(3)添加项目符号和编号

为使文档更加清晰易懂,可以在文本前添加项目符号或编号。Word 2007 为用户提供了自动添加项目符号和编号的功能。用户可以在输入文字前添加项目符号或编号,也可以在输入文字后设置。

步骤 1:选中要设置“项目符号”的段落,按住“Ctrl”键的同时拖动鼠标,可以同时选择几个不相邻的段落,如图 8.16 所示。

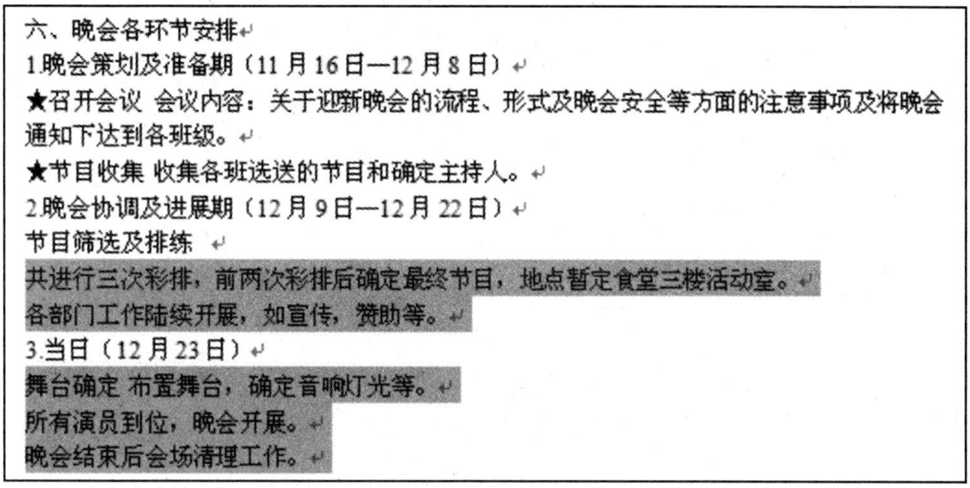

六、晚会各环节安排
1.晚会策划及准备期（11 月 16 日—12 月 8 日）
★召开会议 会议内容：关于迎新晚会的流程、形式及晚会安全等方面的注意事项及将晚会通知下达到各班级。
★节目收集 收集各班选送的节目和确定主持人。
2.晚会协调及进展期（12 月 9 日—12 月 22 日）
节目筛选及排练
共进行三次彩排，前两次彩排后确定最终节目，地点暂定食堂三楼活动室。
各部门工作陆续开展，如宣传，赞助等。
3.当日（12 月 23 日）
舞台确定 布置舞台，确定音响灯光等。
所有演员到位，晚会开展。
晚会结束后会场清理工作。

图 8.16　选中段落

步骤 2:在功能区用户界面中的“开始”选项卡中“段落”组中单击“项目符号”按钮右侧的下三角按钮,弹出“项目符号库”下拉列表,如图 8.17 所示。

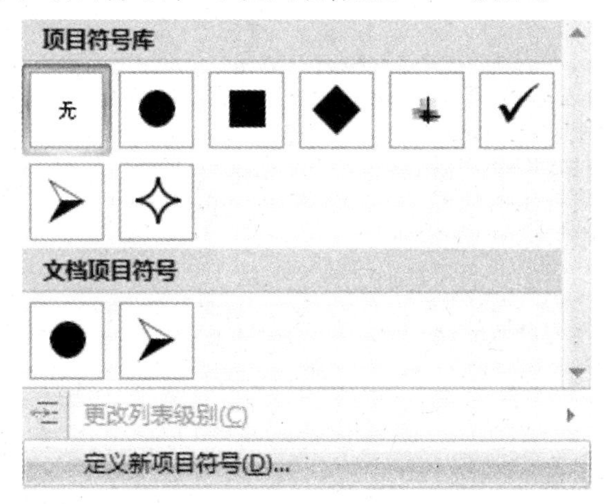

图 8.17　“项目符号库”下拉列表

步骤 3:在“项目符号库”选择项目符号,即可对选中的文本内容添加项目符号,如图 8.18所示。

按照上述类似的方法可添加“编号”。

步骤 1:选中要设置“编号”的段落,如图 8.19 所示。

步骤 2:在功能区用户界面中的“开始”选项卡中“段落”组中单击“编号”按钮右侧的

下三角按钮▾,弹出“编号库”下拉列表,如图8.20所示。

步骤3:在“编号库”选择编号1. 2. 3.,即可对选中的文本内容添加上编号,如图8.21所示。

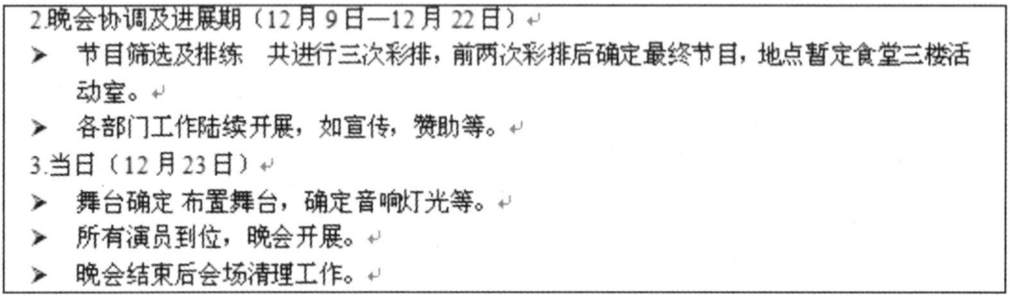

2.晚会协调及进展期(12月9日—12月22日)
➢ 节目筛选及排练 共进行三次彩排,前两次彩排后确定最终节目,地点暂定食堂三楼活动室。
➢ 各部门工作陆续开展,如宣传,赞助等。
3.当日(12月23日)
➢ 舞台确定 布置舞台,确定音响灯光等。
➢ 所有演员到位,晚会开展。
➢ 晚会结束后会场清理工作。

图8.18 添加“项目符号”的效果图

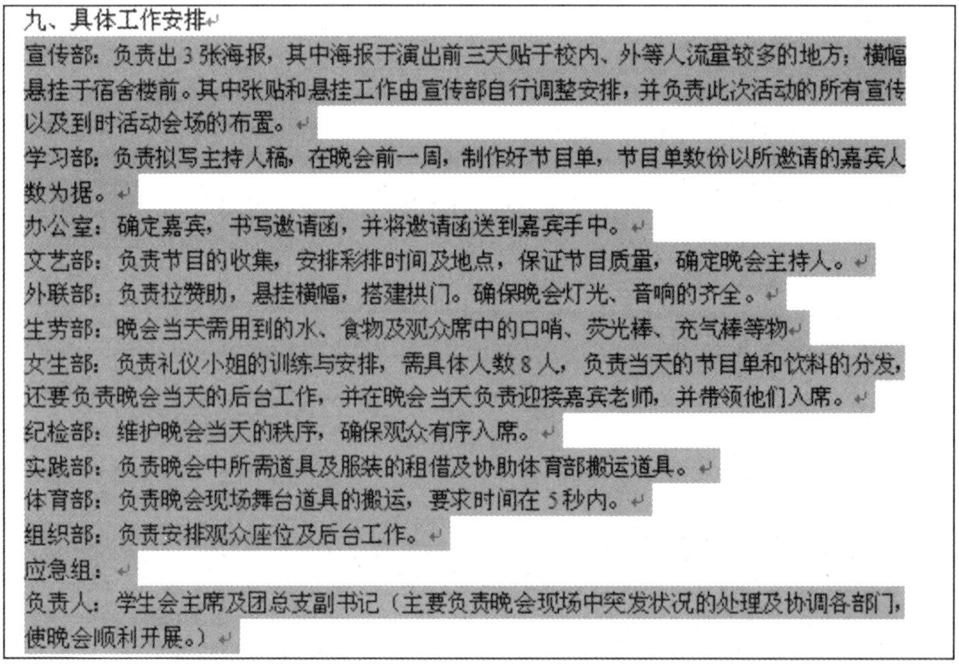

九、具体工作安排
宣传部:负责出3张海报,其中海报于演出前三天贴于校内、外等人流量较多的地方;横幅悬挂于宿舍楼前。其中张贴和悬挂工作由宣传部自行调整安排,并负责此次活动的所有宣传以及到时活动会场的布置。
学习部:负责拟写主持人稿,在晚会前一周,制作好节目单,节目单数份以所邀请的嘉宾人数为据。
办公室:确定嘉宾,书写邀请函,并将邀请函送到嘉宾手中。
文艺部:负责节目的收集,安排彩排时间及地点,保证节目质量,确定晚会主持人。
外联部:负责拉赞助,悬挂横幅,搭建拱门。确保晚会灯光、音响的齐全。
生劳部:晚会当天需用到的水、食物及观众席中的口哨、荧光棒、充气棒等物
女生部:负责礼仪小姐的训练与安排,需具体人数8人,负责当天的节目单和饮料的分发,还要负责晚会当天的后台工作,并在晚会当天负责迎接嘉宾老师,并带领他们入席。
纪检部:维护晚会当天的秩序,确保观众有序入席。
实践部:负责晚会中所需道具及服装的租借及协助体育部搬运道具。
体育部:负责晚会现场舞台道具的搬运,要求时间在5秒内。
组织部:负责安排观众座位及后台工作。
应急组:
负责人:学生会主席及团总支副书记(主要负责晚会现场中突发状况的处理及协调各部门,使晚会顺利开展。)

图8.19 选中段落

注意

也可使用快捷菜单中“项目符号”和“编号”菜单添加项目符号和编号,如图8.22和图8.23所示。

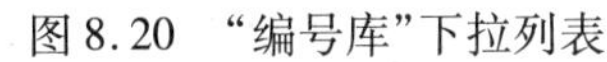

图 8.20　“编号库”下拉列表

九、具体工作安排
1. 宣传部：负责出 3 张海报，其中海报于演出前三天贴于校内、外等人流量较多的地方；横幅悬挂于宿舍楼前。其中张贴和悬挂工作由宣传部自行调整安排，并负责此次活动的所有宣传以及到时活动会场的布置。
2. 学习部：负责拟写主持人稿，在晚会前一周，制作好节目单，节目单数份以所邀请的嘉宾人数为据。
3. 办公室：确定嘉宾，书写邀请函，并将邀请函送到嘉宾手中。
4. 文艺部：负责节目的收集，安排彩排时间及地点，保证节目质量，确定晚会主持人。
5. 外联部：负责拉赞助，悬挂横幅，搭建拱门。确保晚会灯光、音响的齐全。
6. 生劳部：晚会当天需用到的水、食物及观众席中的口哨、荧光棒、充气棒等物
7. 女生部：负责礼仪小姐的训练与安排，需具体人数 8 人，负责当天的节目单和饮料的分发，还要负责晚会当天的后台工作，并在晚会当天负责迎接嘉宾老师，并带领他们入席。
8. 纪检部：维护晚会当天的秩序，确保观众有序入席。
9. 实践部：负责晚会中所需道具及服装的租借及协助体育部搬运道具。
10. 体育部：负责晚会现场舞台道具的搬运，要求时间在 5 秒内。
11. 组织部：负责安排观众座位及后台工作。
12. 应急组：
13. 负责人：学生会主席及团总支副书记（主要负责晚会现场中突发状况的处理及协调各部门，使晚会顺利开展。）

图 8.21　添加“编号”的效果图

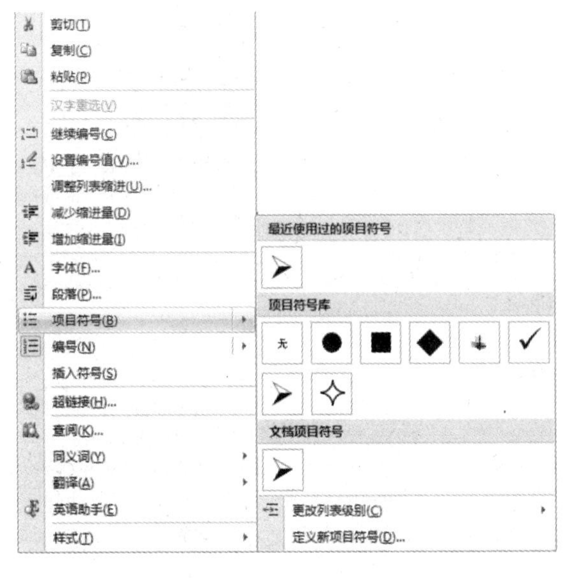

图 8.22　快捷菜单中“项目符号”菜单

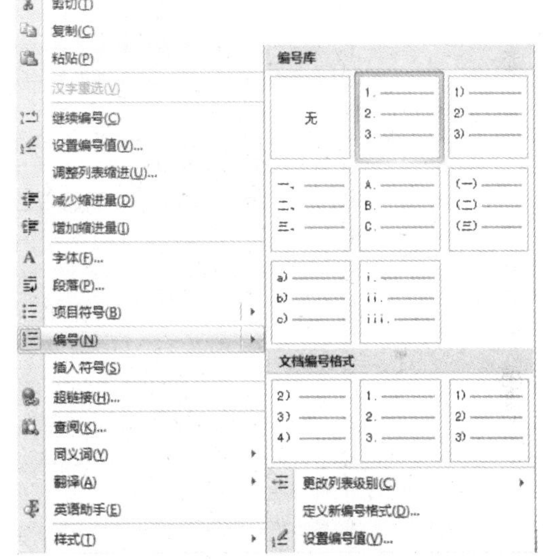

图 8.23　快捷菜单中“编号”菜单

5)插入艺术字

艺术字是一个文字样式库，在文字的形态、颜色以及版式的设计上起到装饰性的效果。

在“迎新晚会策划书”文本内容的前面添加封面页，使用艺术字填写封面内容，效果如图 8.24 所示。

步骤 1：将光标定位于插入艺术字的文档中。

步骤 2：单击“插入”选项卡中的“文本”组中的 艺术字 按钮，在艺术字列表框中选择一种样式，如“艺术字样式 16”，如图 8.25 所示。

步骤 3：打开“编辑艺术字文字”对话框，输入文本“心连新　共奋进”，设置字体为隶书，字号为 36 磅，如图 8.26 所示。

图 8.24　艺术字效果

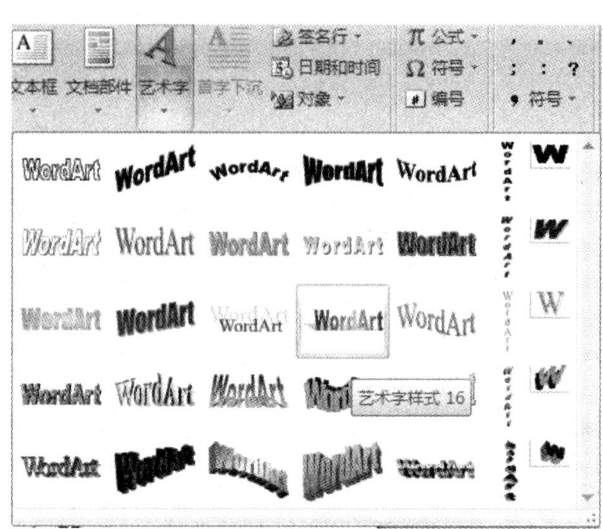

图 8.25　选择艺术字样式

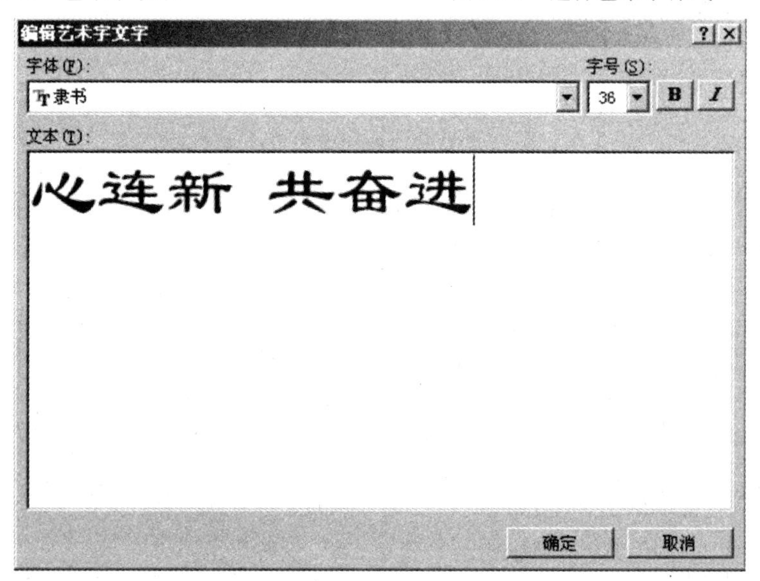

图 8.26　设置艺术字

利用上述相同的方法,用"艺术字样式 11"输入文本"迎新晚会策划书",设置字体为楷体,字号为"36"。

6)插入自选图形

利用 Word 2007"插入"选项卡"插图"组中的"形状",可轻松、快速地绘制出效果生动的图形,可以在绘制的图形中添加文字等设置。

在"迎新晚会策划书"中以自选图形绘制"七、晚会主要流程",效果如图 8.27 所示。

步骤 1:单击"插入"选项卡中的"插图"组中的按钮,弹出其下拉列表,如图 8.28 所示,在该列表中选择圆角矩形按钮。

步骤 2:在文档中单击鼠标并拖动,到达合适的位置后释放鼠标左键,即可绘制出圆角矩形,如图 8.28 所示。

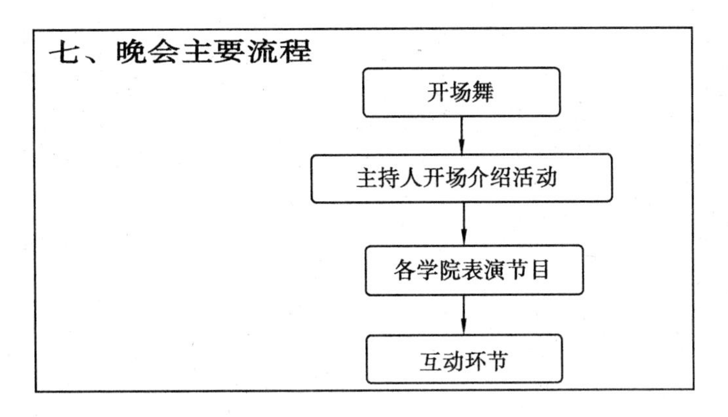

图 8.27　“晚会主要流程”效果图

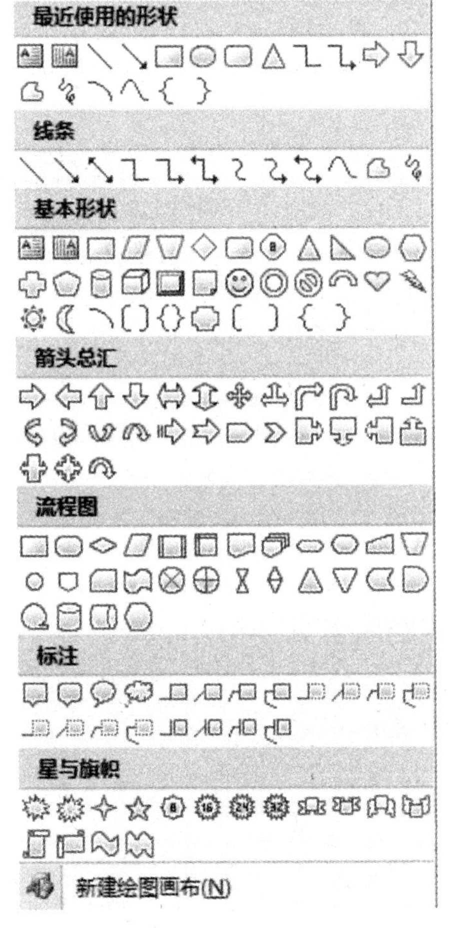

图 8.28　“形状”下拉列表

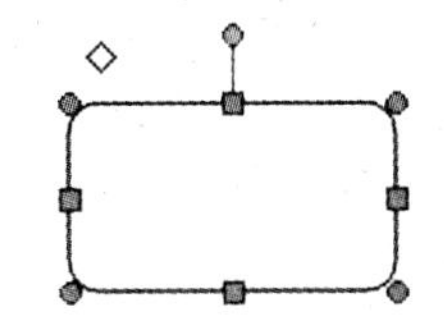

图 8.28　绘制圆角矩形

步骤 3:在绘制的图形上单击鼠标右键,如图 8.29 所示,然后单击“添加文字”,添加上所需要的文字内容,如图 8.30 所示。

步骤 4:按照上述的步骤继续绘制其他的图形和添加文本内容,用“箭头”将绘制的圆角矩形连接起来即可得到要求的“晚会主要流程”。

剪切(T)
复制(C)
粘贴(P)
添加文字(X)
组合(G)
叠放次序(R)
超链接(H)...
设置自选图形的默认效果(D)
设置自选图形格式(O)...

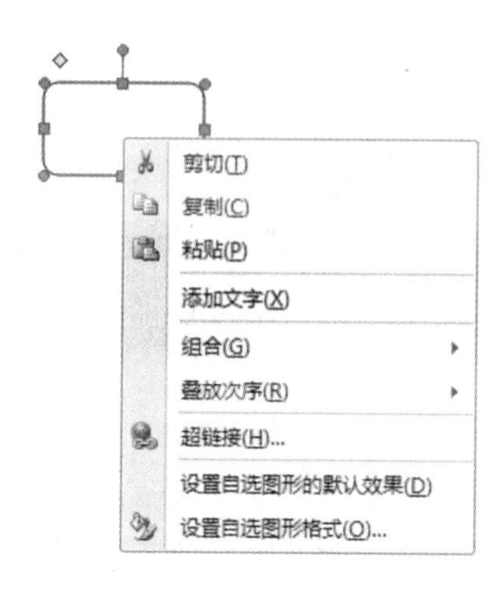

图 8.29 “形状”的快捷菜单

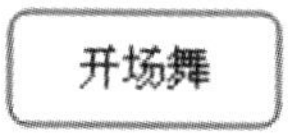

开场舞

图 8.30 在形状上添加文本

注意

对所插入的“艺术字”和“自选图形”可利用快捷菜单进行编辑、排版。

7)设置文档格式

(1)设置字符格式

默认情况下,在 Word 文档中输入的文本格式为宋体、5 号字。设置字符格式的方法是利用“浮动”工具栏“开始”选项卡中的“字体”组的工具或“字体”对话框进行设置。

对于“迎新晚会策划书”中的正文内容设置为宋体、小四。下面以“浮动工具栏”为例说明字符格式的设置方法。

步骤 1:选中正文内容,此时显示出浮动工具栏,如图 8.31 所示。

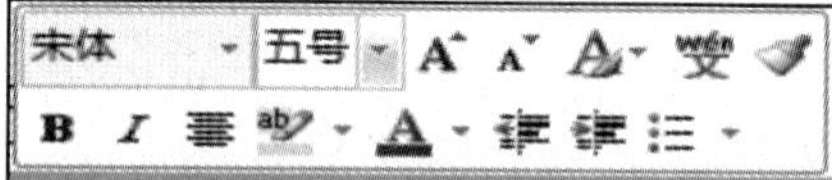

宋体
五号
站在一年的尾端，怀揣着对新一年的美好盼望。我们本着以浓厚校园文化氛围，丰富同学的课余生活，发掘文艺人才，加强新老生之间的交流为宗旨，通过举办迎新晚会，表达我们对于全体新生到来的欢迎之情。给同学们创造一个展现自我、释放才艺、增进友谊的舞台，提高同学们的艺术欣赏水平，陶冶情操，让同学们在浓厚的艺术氛围中健康成长，激发同学们对新学校、新生活的热爱 。为美好的明天书写灿烂的新篇章。

图 8.31 设置字符格式的文本

步骤 2:单击工具栏中“字号”按钮,从中选择小四号,效果如图 8.32 所示。

(2)设置段落格式

段落的格式设置主要包括段落的缩进、行间距、段间距、对齐方式以及对段落的修饰等。通过设置段落格式,可以使文档的版式更有层次感,便于阅读。设置段落格式可以通过浮动工具栏、“开始”选项卡中的“段落”组和“段落”对话框来设置。

“迎新晚会策划书”中的正文段落格式设置为首行缩进 2 字符,1.5 倍行距。下面以“段落”对话框为例说明段落格式的设置方法。

步骤 1:选择要设置段落格式的段落,以第一段为例。

站在一年的尾端，怀揣着对新一年的美好盼望。我们本着以浓厚校园文化氛围，丰富同学的课余生活，发掘文艺人才，加强新老生之间的交流为宗旨，通过举办迎新晚会，表达我们对于全体新生到来的欢迎之情。给同学们创造一个展现自我、释放才艺、增进友谊的舞台，提高同学们的艺术欣赏水平，陶冶情操，让同学们在浓厚的艺术氛围中健康成长，激发同学们对新学校、新生活的热爱 。为美好的明天书写灿烂的新篇章。

图 8.32　设置字符格式后的效果图

步骤 2:单击“开始”选项卡中的 “段落”对话框启动器 ,弹出“段落”对话框,如图 8.33 所示。

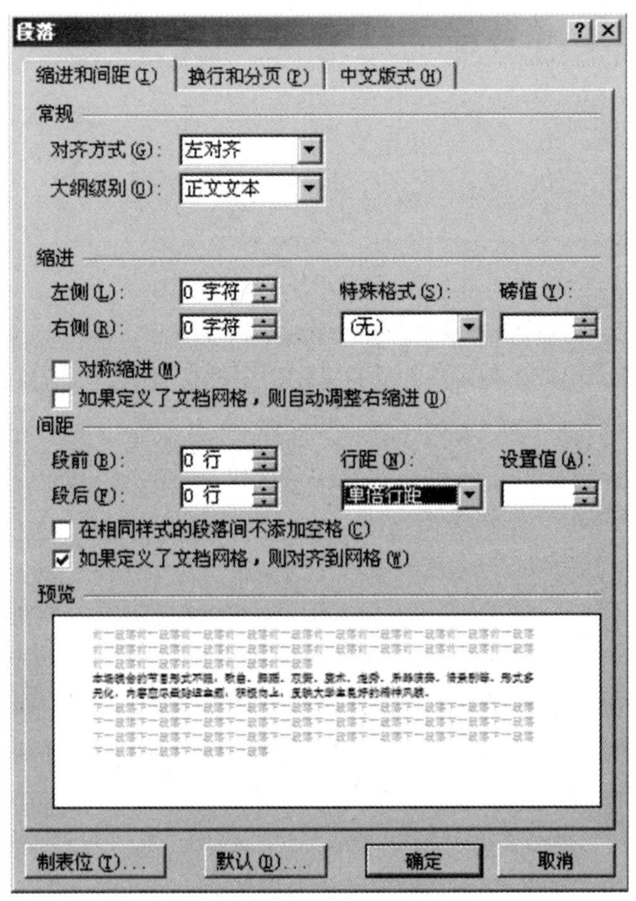

图 8.33　“段落”对话框

步骤 3:“段落”对话框中选择特殊格式为“首行缩进”,磅值为“2 字符”,行距为“1.5 倍行距”,如图 8.34 所示,设置好段落格式的文本如图 8.35 所示。

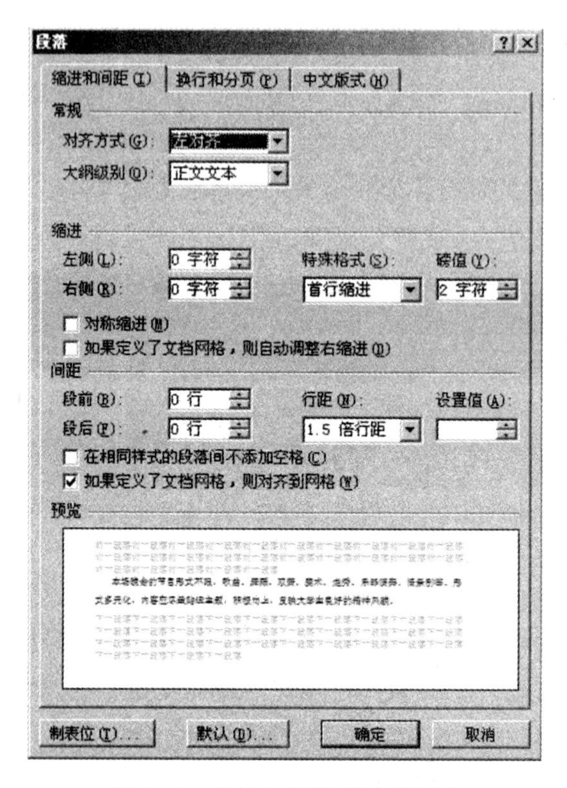

图 8.34　设置好的“段落”对话框

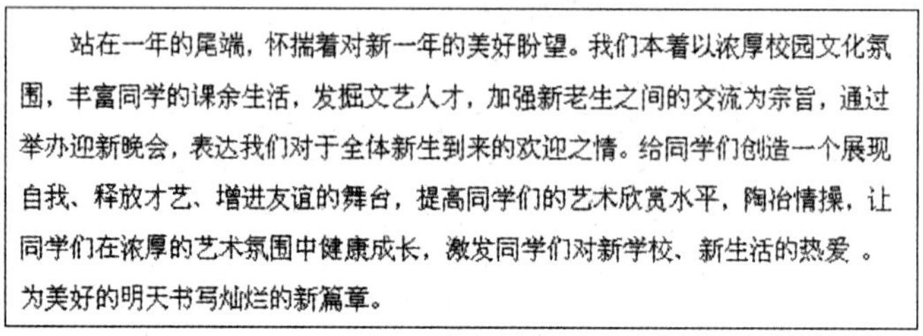

站在一年的尾端，怀揣着对新一年的美好盼望。我们本着以浓厚校园文化氛围，丰富同学的课余生活，发掘文艺人才，加强新老生之间的交流为宗旨，通过举办迎新晚会，表达我们对于全体新生到来的欢迎之情。给同学们创造一个展现自我、释放才艺、增进友谊的舞台，提高同学们的艺术欣赏水平，陶冶情操，让同学们在浓厚的艺术氛围中健康成长，激发同学们对新学校、新生活的热爱 。为美好的明天书写灿烂的新篇章。

图 8.35　效果图

注意

当文档中有多处需要设置相同的字符格式、段落格式或样式时，可以利用“格式刷”按钮，快速地将选定的文本格式复制到其他的文本或段落中，提高工作效率。

“迎新晚会策划书”中的其他正文格式与第一段的格式相同，下面利用“格式刷”按钮来设置其他的正文格式。

步骤 1：选中复制格式的段落——第一段，双击“开始”选项中的“格式刷”按钮，此时鼠标变成小刷子的形状。

步骤 2：选中希望应用此格式的段落，释放鼠标，完成格式复制，效果如图8.36所示。

步骤 3：继续在其他段落中拖动鼠标，将格式应用于这些段落，复制完毕后，再次单击“格式刷”按钮或按“Esc”键结束操作。

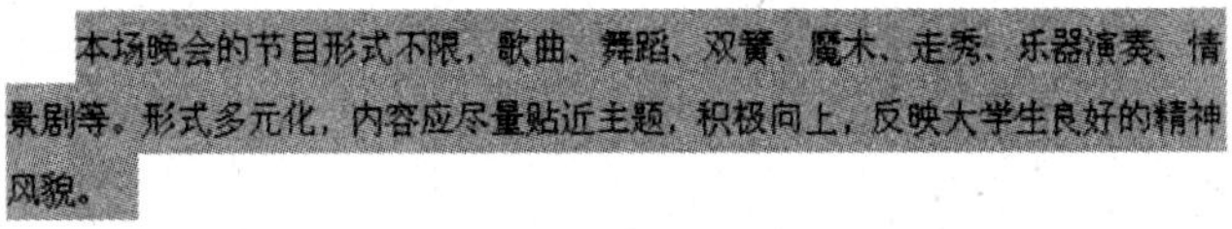

本场晚会的节目形式不限，歌曲、舞蹈、双簧、魔术、走秀、乐器演奏、情景剧等。形式多元化，内容应尽量贴近主题，积极向上，反映大学生良好的精神风貌。

图 8.36　利用“格式刷”复制格式

注意

由于本文档中要多次使用复制格式，故在选中文本后双击“格式刷”按钮复制格式。若只复制一次格式，则在选中文本后单击“格式刷”按钮即可。

8）设置文档分页与分节

（1）设置分页

通常情况下，用户在编辑文档时，系统会自动分页。但是，用户也可通过插入分页符在特定位置强制分页。

例如，现需要在“迎新晚会策划书”第一页后插入新的一页，用于书写目录。方法是将光标置于第二页的开始位置，单击“页面布局”组中的“分隔符”按钮，在展开的列表中选择“分页符”命令，如图 8.37 所示。

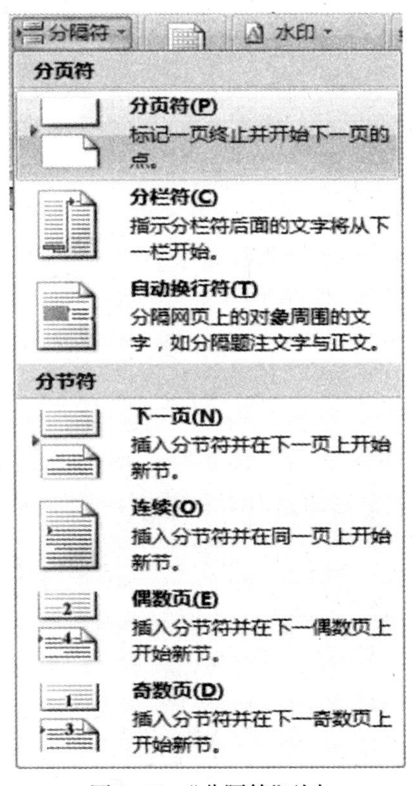

图 8.37　“分隔符”列表

（2）设置分节

为了便于对同一文档中不同部分的文本进行不同格式化，用户可以将文档分隔成多个节。节是文档格式化的最大单位，只有在不同的节中，才可以设置与前面文本不相同的页眉、页脚、页边距、页面方向等格式。分节使文档的编辑排版更灵活,版面更美观。

例如,“迎新晚会策划书”中的封面、目录和正文要设置成不同的格式,则需要将整个文档分成三节。具体步骤是将光标置于第一页的最后,单击“页面布局”组中的“分隔符”按钮 分隔符 ,在展开的列表中选择“分节符”中的“下一页”命令,如图 8.38 所示。在第二页的最后也执行同样的操作。

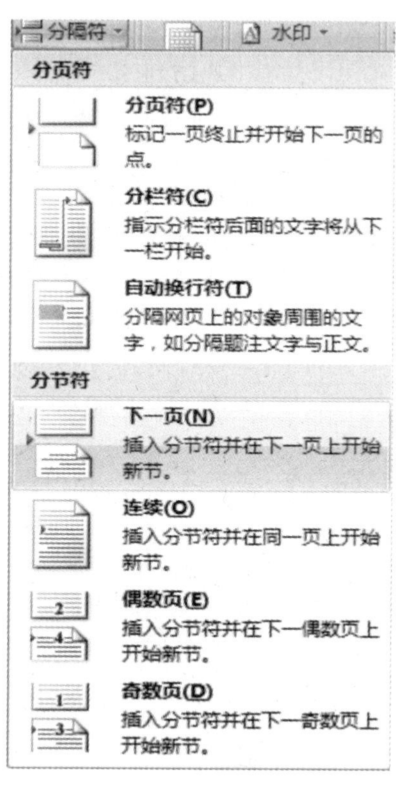

图 8.38 “分隔符”列表

注意

在普通视图下可以查看到设置的分节符效果,如图 8.39 所示。若需删除分节符,可在选中要删除的分节符后按 Delete 键。

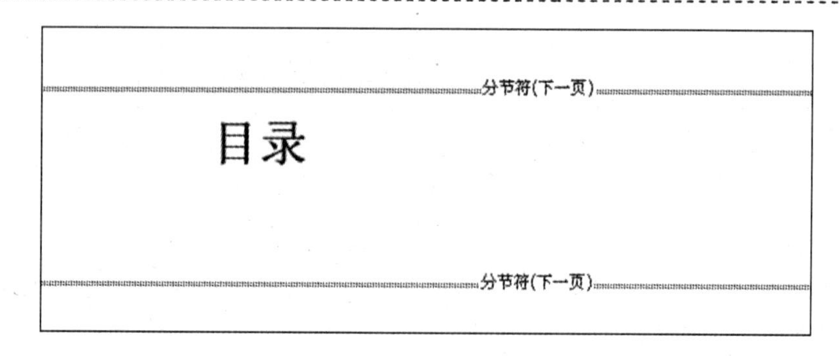

图 8.39 设置的“分节符”效果

9)设置页眉和页脚

页眉和页脚是文档中每个页面顶部、底部中的区域,常用于现实文档的附加信息,可以在其中插入、更改文本或图形。例如,可以添加页码、时间和日期、公司徽标、文档标题、文件名或作者姓名等。

利用设置好的“分节符”可以将封面、目录、正文设置成不同的页眉和页脚。

现在要求“迎新晚会策划书”的封面、目录不设置页眉和页脚,正文的页眉输入宋体、5 号字的文本“迎新晚会策划书”,页脚添加数字形式的页码。

步骤 1:单击“插入”选项卡“页眉和页脚”组中的“页眉”按钮,在展开的下拉列表框中选择页眉样式“空白型”,如图 8.40 所示。

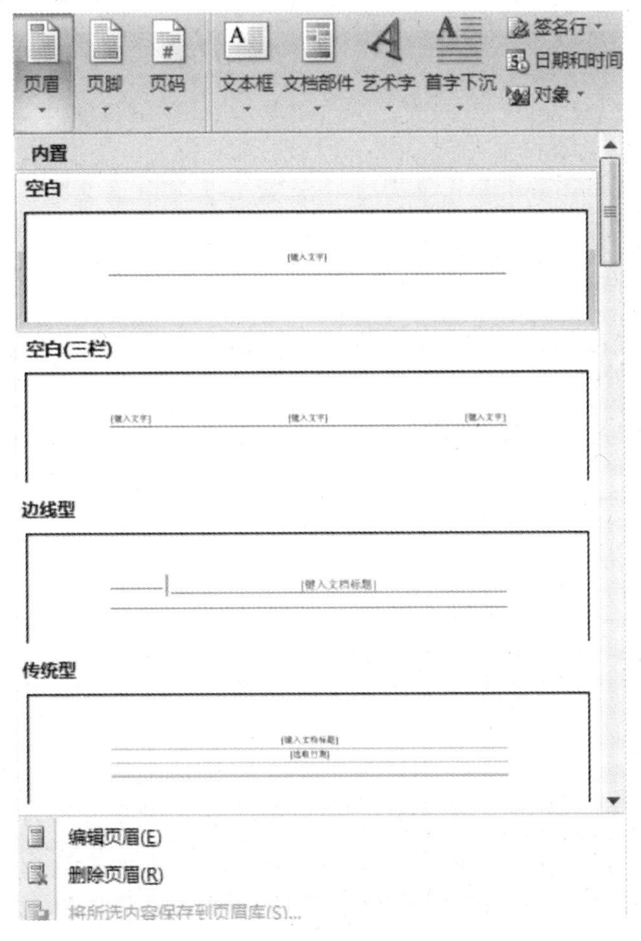

图 8.40　选择页眉样式

步骤 2:在打开的“页眉”设置中,将光标置于“目录”页的页眉处,在“页眉和页脚工具设计”选项卡的“导航”组中取消“链接到前一条页眉”命令,如图 8.41 所示。

步骤 3:分别将光标置于“目录”页的页脚处和“迎新晚会策划书”正文的第一页的页眉、页脚处,执行步骤 2,取消“链接到前一条页眉”命令。

步骤 4:在正文的页眉处输入宋体、5 号字的文本“迎新晚会策划书”。

步骤 5:将光标置于页脚处,在“页眉和页脚工具设计”选项卡的“页眉和页脚”组中单击

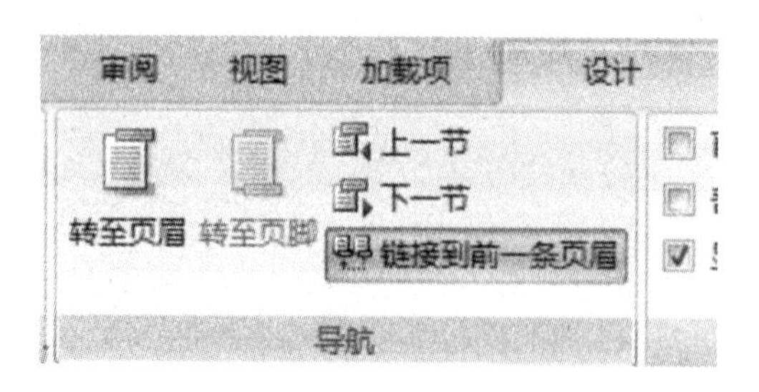

图 8.41 “页眉和页脚工具设计”选项卡

“页码”中的“页面底端”命令,选择“普通数字 2”型页码,如图 8.42 所示。

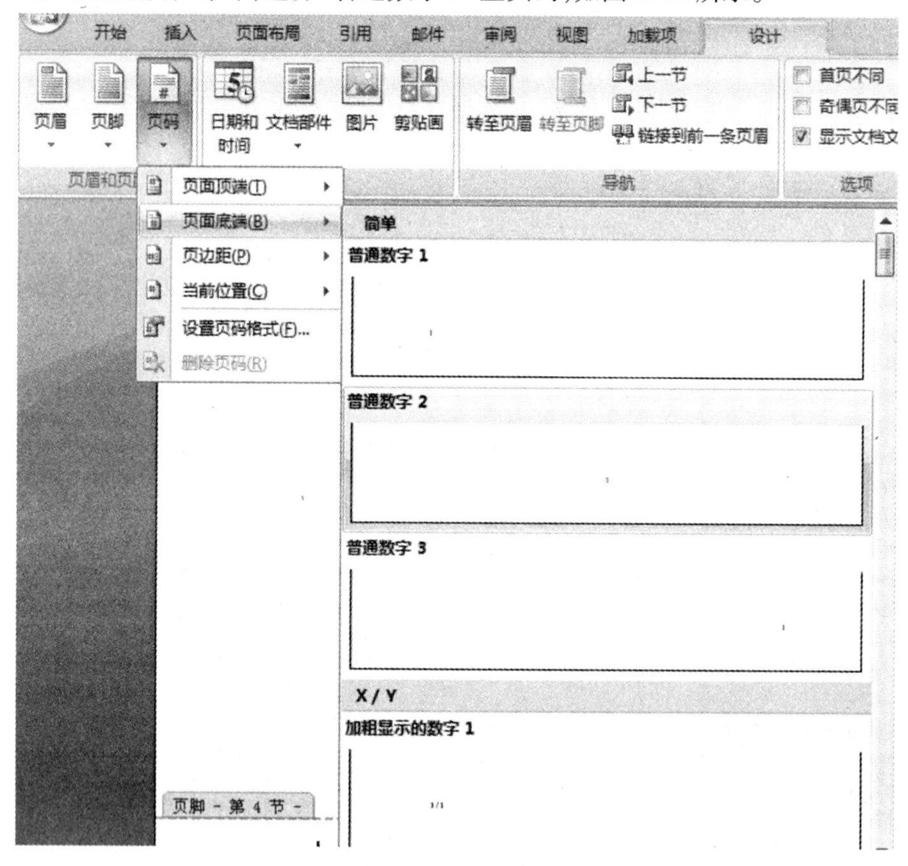

图 8.42 为文档添加页脚

步骤 6:选择“页眉和页脚工具设计”选项卡的“页眉和页脚”组中 “设置页码格式”命令,打开“页码格式”对话框,如图 8.43(a)所示,设置页码编号为起始页码 1,如图 8.43(b)所示。

步骤 7:单击“页眉和页脚工具设计”选项卡中的“关闭页眉和页脚按钮” ,设置好的页眉和页脚效果如图 8.44 所示。

10)自动生成文档目录

在书籍、论文中,目录是必不可少的重要内容,它可使用户大概了解文档的层次结构和主要内容。

要自动生成目录,前提是将文档中各级标题用样式中的“标题”统一格式化。目录一般分为 3 级,使用相应的 3 级“标题 1”“标题 2”“标题 3”样式来格式化。“迎新晚会策划书”中分级较少，只设置“标题 1”样式。现在设置“迎新晚会策划书”正文的目录。

步骤 1：将光标定位在标题文本中，例如“迎新晚会策划书”中的文本内容“一、晚会目的及意义”，单击“开始”选项卡“样式”组中“标题 1”样式，如图 8.45 所示。

步骤 2：设置“一、晚会目的及意义”的字号为四号。

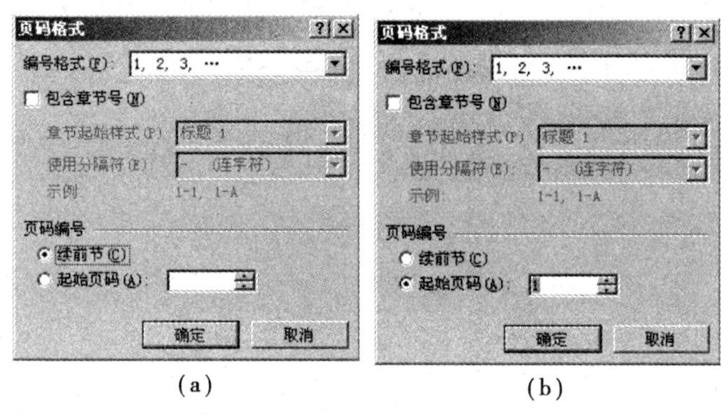

图 8.43　设置“页码格式”对话框

图 8.44　设置“页眉和页脚”效果图

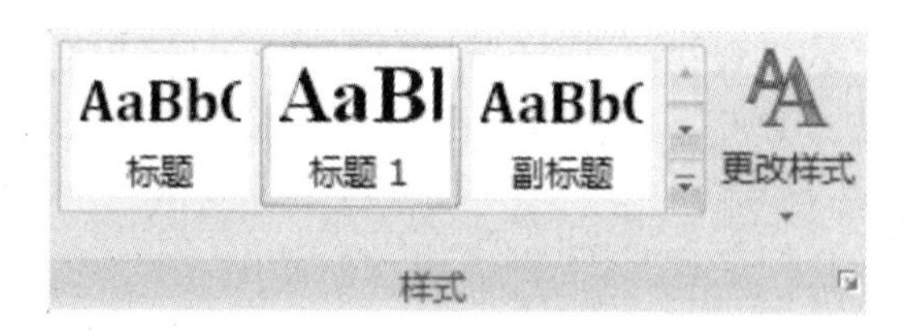

图 8.45　选择“标题”样式

步骤 3:利用“格式刷”按钮复制“一、晚会目的及意义”的“标题 1”样式至“迎新晚会策划书”中其他标题文本中。

步骤 4:将光标置于“目录”页中,单击“引用”选项卡“目录”组中“目录”命令,选择“插入目录”,如图 8.46(a)所示;打开“目录”对话框,如图 8.46(b)所示。

步骤 5:单击“目录”对话框中的 确定 命令,即可自动生成如图 8.47 所示的目录效果。

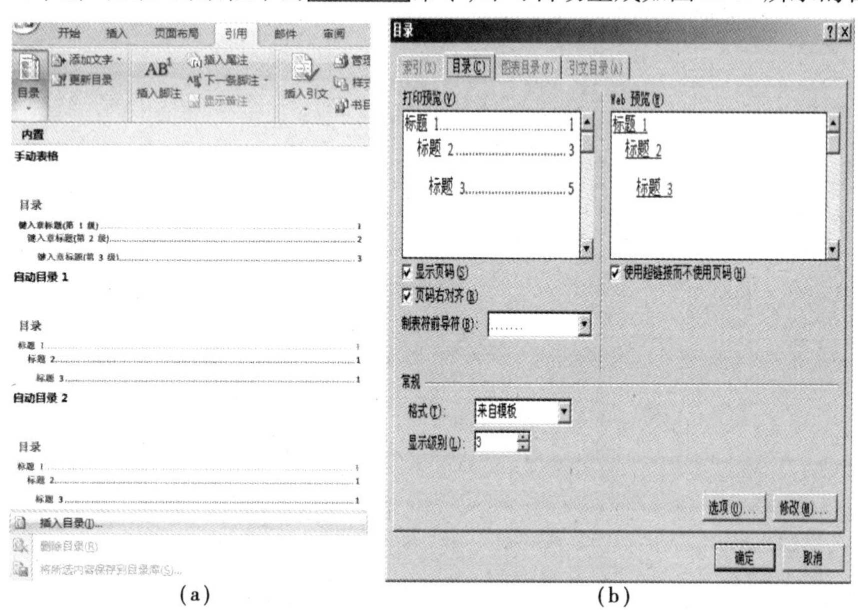

图 8.46　设置“目录”

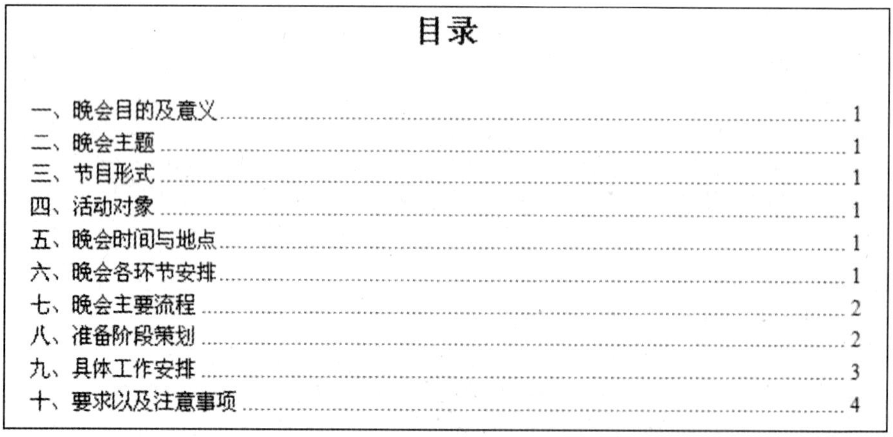

目录

一、晚会目的及意义 1
二、晚会主题 1
三、节目形式 1
四、活动对象 1
五、晚会时间与地点 1
六、晚会各环节安排 1
七、晚会主要流程 2
八、准备阶段策划 2
九、具体工作安排 3
十、要求以及注意事项 4

图 8.47　自动生成目录的效果

注意

如果文字内容在编制目录后发生了变化，Word 2007 可以很方便地对目录进行更新。方法是：在目录上单击鼠标右键，在快捷菜单中选择“更新域”命令，如图 8.48 所示，在打开的“更新目录”对话框中，再选择“更新整个目录”选项，单击“确定”按钮完成对目录的更新工作。

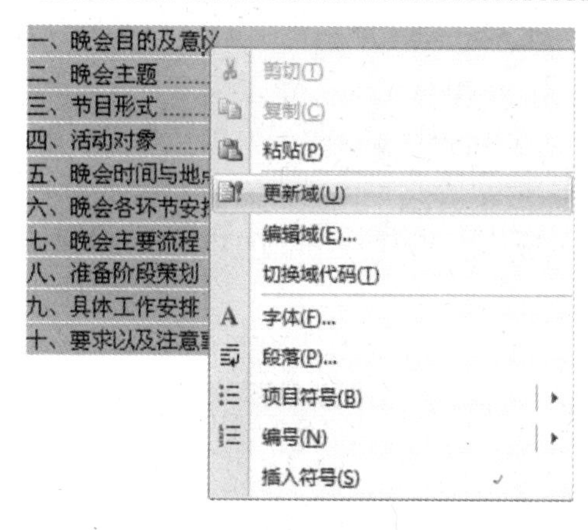

图 8.48　“目录”的快捷菜单

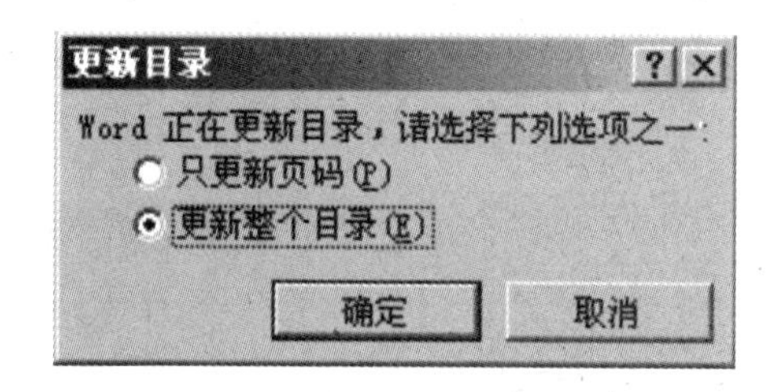

图 8.49　“更新目录”对话框

11）保存文档

文档编辑、排版完成后应及时保存。方法为单击 Office 按钮或“快速访问工具栏”上的“保存”按钮，在弹出的快捷菜单中选择“保存”命令，打开“另存为”对话框，在该对话框中输入要保存的文件名“迎新晚会策划书”并选择保存类型，如图 8.50 所示。

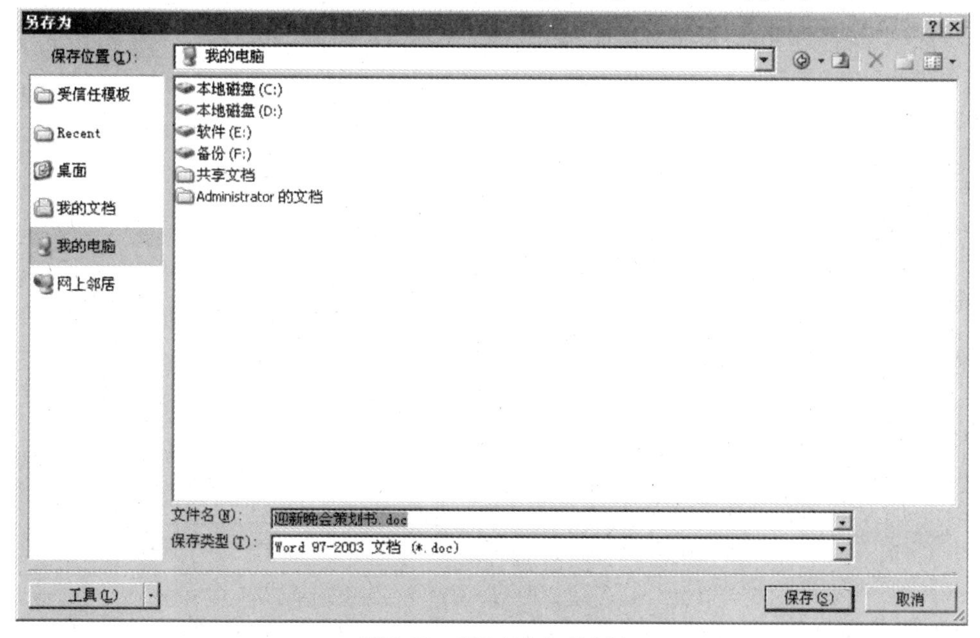

图 8.50　“另存为”对话框

注意

Word 2007 文档的默认扩展名为.docx,选择保存类型为“Word 97-2003 文档”,可用 Word 97-2003 软件打开该文档。

8.2 创建销售情况统计表

用表格可以将各种复杂的信息简明、扼要地表达出来。Word 2007 具有强大的功能和便捷的表格制作、编辑功能。

本节以制作一份如图 8.51 所示的“销售情况统计表”为例,介绍在 Word 中创建表格、输入文本、编辑及美化表格的方法。

销售情况统计表

月份 产品	1月	2月	3月	4月	5月	合计
食品	2 245	3 255	3 250	3 010	3 500	15 260
烟酒	1 354	2 138	1 528	1 820	2 500	9 340
文具	2 254	3 241	4 230	3 620	3 250	16 595
日用品	1 124	1 234	1 458	1 425	1 040	6 281
服装	5 235	5 620	4 325	4 782	5 200	25 162
化妆品	3 325	4 432	5 327	4 520	3 800	21 404

图 8.51 销售情况统计表效果图

8.2.1 相关知识点

1) 单元格

Word 中,表格是由单元格组成的,单元格是表格排序或计算的基本单位。为了方便在单元格之间进行的运算,Word 表格中用 A,B,C……从左到右表示列,用正整数 1,2,3……自上而下表示行。每一个单元格的名字则由它所在的列和行的编号组合而成,如表 8.1 所示。

表 8.1 设置单元格参数表

A1	B1	C1
A2	B2	C2
A3	B3	C3

2) 单元格区域

多个单元格的组合称为单元格区域,表 8.2 中列举了几种典型的利用单元格参数表示单元格区域的方法。

表 8.2　单元格区域的表示方法

A1:C2	表示由 A1,A2,B1,B2,C1,C2 六个单元格组成的矩形区域
A1,B2	表示 A1、B2 两个单元格
1:1	表示整个第一行
SUM(C:C)	表示求整个第三列的和
ACERAGE(1:1,2:2)	表示求第一行和第二行数据的平均值

8.2.2　制作步骤

1)创建表格

创建一个表格的常用方法有:使用表格网格、使用"插入表格"对话框或使用"绘制表格"工具。这些创建表格的方法各有所长。现在以使用表格网格的方法创建"销售情况统计表"的表格。

步骤 1:将光标定位在要插入表格的位置。

步骤 2:单击"插入"选项卡的"表格"按钮,在弹出列表的网格中拖动鼠标选择表格行、列单元格数量(7 行 7 列)。此时,所选网格会突出显示,同时文档中实时显示出要创建的表格,如图 8.52 所示。

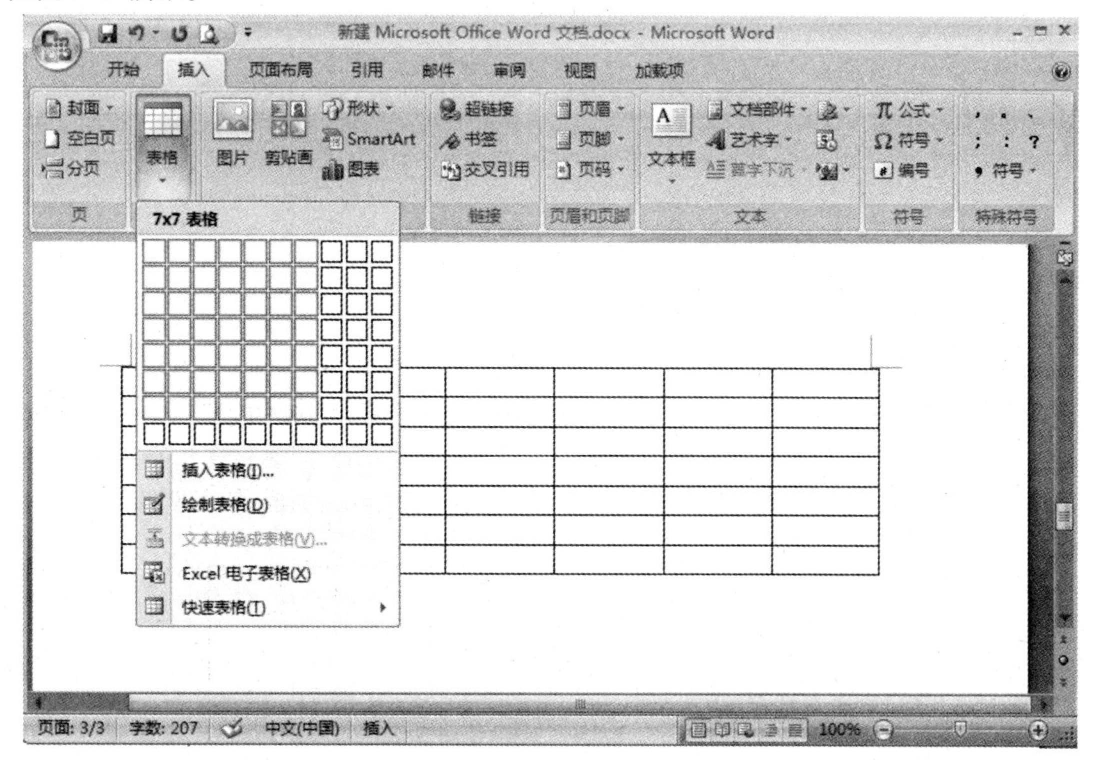

图 8.52　利用表格网格插入表格

步骤3:选定所需的单元格数量后,单击鼠标即可完成表格的创建。

注意

表格左上角的作用:单击 可选中整个表格,按住鼠标左键拖动可调整表格的位置。

表格右下角的作用:单击可选中整个表格,按住鼠标左键拖动可改变表格的大小。

2)绘制斜线表头

步骤1:将光标置于表格内的任意位置。

步骤2:单击“表格工具布局”选项卡的“表”组中的“绘制斜线表头”按钮,打开如图8.53所示的“插入斜线表头”命令框。

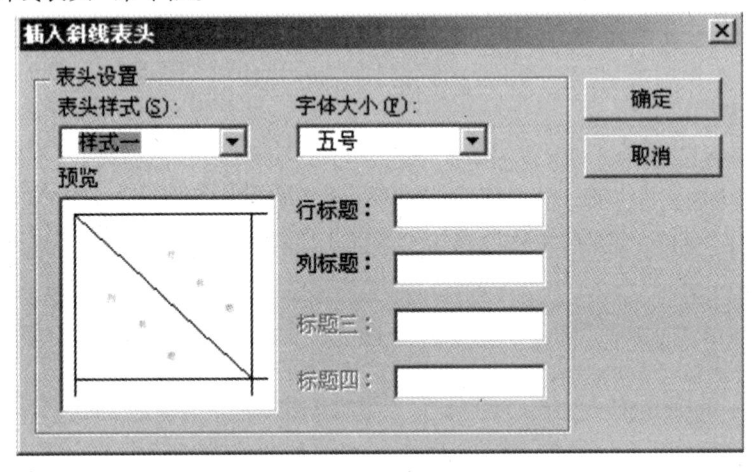

图8.53 “插入斜线表头”命令框

步骤3:输入行标题“月份”,列标题“产品”,单击 确定 按钮,即可完成斜线表头的绘制,如图8.54所示。

月份 产品						

图8.54 “插入斜线表头”效果图

3）输入表格内容

输入如图 8.55 所示的表格的名称和内容。

销售情况统计表

月份 产品	1月	2月	3月	4月	5月	合计
食品	2 245	3 255	3 250	3 010	3 500	
烟酒	1 354	2 138	1 528	1 820	2 500	
文具	2 254	3 241	4 230	3 620	3 250	
日用品	1 124	1 234	1 458	1 425	1 040	
服装	5 235	5 620	4 325	4 782	5 200	
化妆品	3 325	4 432	5 237	4 520	3 800	

图 8.55　输入表格的名称和内容

4）编辑表格

（1）设置文字对齐方式

步骤 1：选择除表头以外的文本内容。

步骤 2：单击“表格工具 布局”选项卡“对齐方式”组中的“水平居中”按钮，如图 8.56 所示。表格中的文字均以水平和垂直居中显示，效果如图 8.56 所示。

图 8.56　设置“对齐方式”

（2）设置边框

“销售情况统计表”中的外边框设置为 2.25 磅的粗线。

步骤 1：单击“表格工具 设计”选项卡上“绘制边框”组中的“绘制表格”按钮，同时选择 2.25磅的粗线，如图 8.57 所示，此时鼠标指针变成铅笔形状。

步骤 2：将鼠标沿表格外框线绘制一圈，即可将表格外框线修改为 2.25 磅的粗线。

步骤 3：绘制完毕后，再次单击“绘制表格”按钮或按键盘上“Esc”键可取消绘制表格命令。

（3）设置底纹

“销售情况统计表”中第一行和第一列设置为茶色底纹。

步骤 1：按住键盘上的“Ctrl”键，同时选择表格的第一行和第一列。

步骤 2：单击“表格工具 设计”选项卡上的“表样式”组中的“底纹”命令按钮，在打开的“主题颜色”中选择一种“茶色”，如图 8.58 所示。单击鼠标左键，即可为第一行和第一列同时添加茶色底纹。

销售情况统计表

月份/产品	1月	2月	3月	4月	5月	合计
食品	2 245	3 255	3 250	3 010	3 500	
烟酒	1 354	2 138	1 528	1 820	2 500	
文具	2 254	3 241	4 230	3 620	3 250	
日用品	1 124	1 234	1 458	1 425	1 040	
服装	5 235	5 620	4 325	4 782	5 200	
化妆品	3 325	4 432	5 327	4 520	3 800	

图 8.57　设置“对齐方式”的效果图

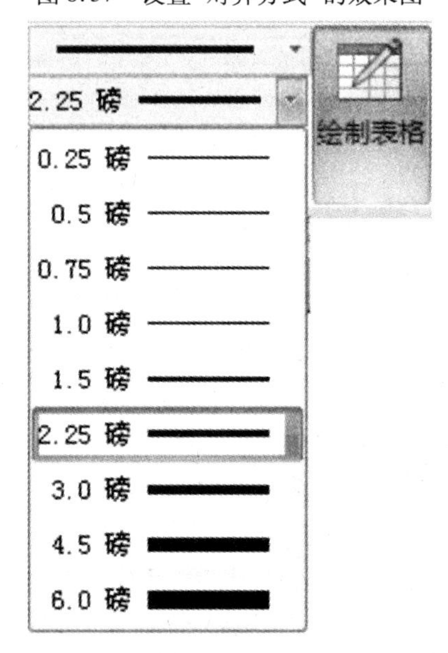

图 8.58　选择 2.25 磅的线

5)表格计算

在表格中,可以通过输入带有加、减、乘、除(+ 、- 、* 、/)等运算符的公式进行计算,也可以使用 Word 附带的函数进行较为复杂的运算。

“销售情况统计表”中需要计算每种产品 5 个月的销售合计。

步骤 1:将光标置于“合计”下方的一个单元格中。

步骤 2:单击“表格工具 布局”选项卡“数据”组的“公式”按钮 *fx* 公式 ,打开“公式”对话框,如图 8.60 所示。

步骤 3:“公式”对话框中显示的公式“ =SUM(LEFT)”表示对光标所在处的左侧的所有单元格数据求和,单击 确定 按钮即可。

步骤 4:以同样的方法计算出其他数据结果。

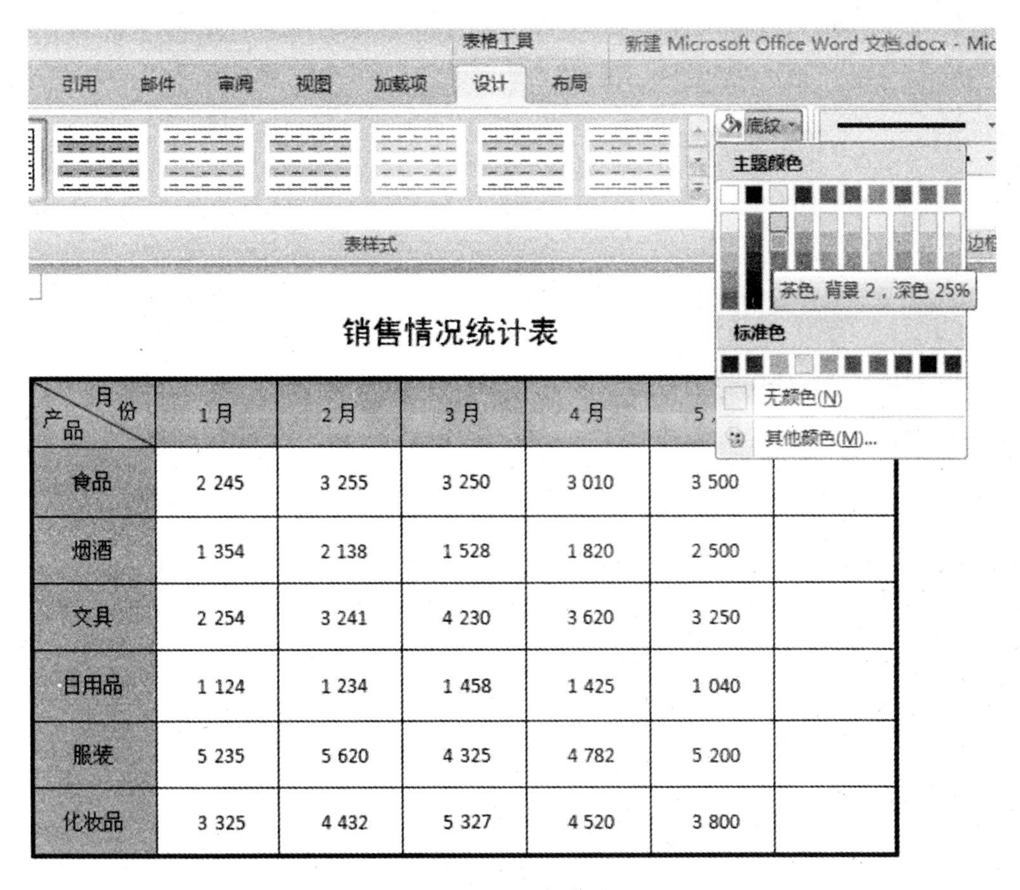

销售情况统计表

月份 / 产品	1月	2月	3月	4月	5	
食品	2 245	3 255	3 250	3 010	3 500	
烟酒	1 354	2 138	1 528	1 820	2 500	
文具	2 254	3 241	4 230	3 620	3 250	
日用品	1 124	1 234	1 458	1 425	1 040	
服装	5 235	5 620	4 325	4 782	5 200	
化妆品	3 325	4 432	5 327	4 520	3 800	

图 8.59　添加底纹

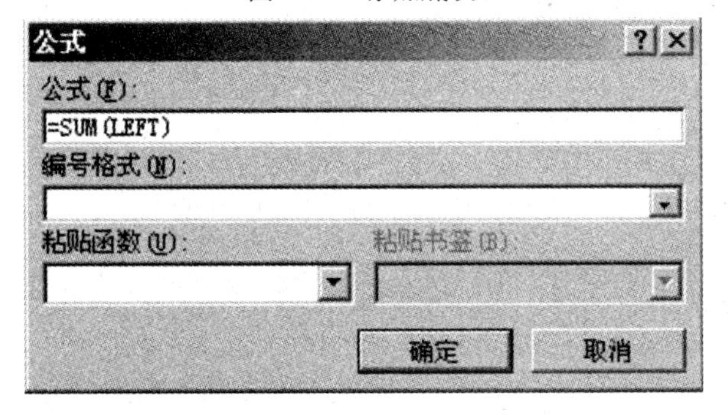

图 8.60　“公式”对话框

注意

“食品”的合计也可使用公式“ = SUM(B2:B6)”或“ = B2 + B3 + B4 + B5 + B6”来实现。

习　题

1. 填空题

(1)要选中不连续的多处文本,应按下________键控制选取。

(2)省略号应在中文标点状态下,用________组合键输入。

(3)当要在 Word 2007 中插入某一对话框窗口画面时,应按下________组合键后,再用"Ctrl + V"组合键粘贴。

(4)F4 功能键的作用是________。

(5)在 Word 2007 中,按________快捷键可新建一个文档;按________快捷键,可以选中整个文档。

(6)Word 2007 默认的打印纸张为________,页面方向为________。

(7)用户在创建目录之前,必须确保对文档的标题应用了________。

2. 选择题

(1)在 Word 2007 中第一次存盘会弹出(　　)对话框。

A. 保存　　B. 打开

C. 退出　　D. 另存为

(2)关闭 Word 2007 窗口,下列(　　)操作是错误的。

A. 双击窗口左上角的 office 按钮　　B. 选择 office 按钮中的"退出"命令

C. 按"Ctrl + F4"键　　D. 按"Alt + F4"键

(3)在段落格式中可以更改段落的对齐方式,效果上差别不大的是(　　)。

A. 左对齐和右对齐　　B. 左对齐和分散对齐

C. 左对齐和两端对齐　　D. 两端对齐和分散对齐

(4)Word 2007 中文档文件的扩展名是(　　)。

A. *.dat　　B. *.dotx

C. *.docx　　D. *.doc

(5)在 Word2007 中,每个文档都是在(　　)的基础上建立的。

A. 样式表　　B. 模板

C. 其他文档　　D. 空白文档

(6)在 Word 2007 中若要选中一个段落,最快的方法是(　　)。

A. 将光标停在段落的范围之内　　B. 将光标移至某一行的左边双击

C. 拖黑　　D. 借助 Shift 键分别单击段落的开头和结尾

(7)在 Word 2007 中要利用矩形区域选择文本,应该(　　)。

A. 先按下 Alt 键,再用鼠标拖选　　B. 后按下 Alt 键,再用鼠标拖选

C. 先按下 Ctrl 键,再用鼠标拖选　　D. 后按下 Ctrl 键,再用鼠标拖选

(8)在文本选择区三击鼠标,可选定(　　)。

A. 一句　　B. 一行

C. 一段　　D. 整个文本

(9)在 Word 2007 的编辑状态打开了“文档 1. DOC”文档,若要将经过编辑后的文档以“文档 2. DOC”为名存盘,应当执行“文件”菜单中的命令是(　　)。

A. 保存　　B. 另存为 HTML

C. 另存为　　D. 版本

(10)在 Word 2007 编辑中,查找和替换中能使用的通配符是(　　)。

A. + 和 -　　B. * 和,

C. * 和?　　D. / 和 *

(11)要在 Word 2007 的同一个多页文档中设置三个以上不同的页眉页脚,必须(　　)。

A. 分栏　　B. 分节

C. 分页　　D. 采用不同的显示方式

(12)要设置各节不同的页眉页脚,必须在第二节始的每一节处单击(　　)按钮后编辑内容。

A. 上一项　　B. 链接到前一个

C. 下一项　　D. 页面设置

(13)在已选定页面尺寸的情况下,在页面设置对话框中,能用于调整每页行数和每行字数的选项卡是(　　)。

A. 页边距　　B. 版式

C. 文档网格　　D. 纸张

(14)下列关于页眉、页脚,说法正确的是(　　)。

A. 页眉线就是下划线　　B. 页码可以插入在页面的任何地方

C. 页码可以直接输入　　D. 插入的对象在每页中都可见

(15)要复制字符格式而不复制字符内容,需用(　　)按钮。

A. 格式选定　　B. 格式刷

C. 格式工具框　　D. 复制

(16)关于样式和格式的说法正确的是(　　)。

A. 样式是格式的集合　　B. 格式是样式的集合

C. 格式和样式没有关系　　D. 格式中有几个样式,样式中也有几个格式

(17)在 Word 2007 中自定义的样式,在(　　)的状况下能在其后新建的文档中应用。

A. 选中“自动更正”　　B. 选中“纯文本”

C. 选中“添加到模板”　　D. 设置快捷键

(18)要将使用自定义样式的正文段落提取为目录文本,应在“引用”→“插入目录”中使用(　　)按钮。

A. 显示级别　　B. 修改

C. 选项　　D. 前导符

(19)一张完整的图片,只有部分区域能够排开文本,其余部分被文字遮住。这是因为(　　)。

A. 图片是嵌入型　　　　B. 图片是紧密型
C. 图片是四周型　　　　D. 图片进行了环绕顶点的编辑

(20)在 Word 2007 中插入的艺术字在文档中可作为(　　)来处理。
A. 图形对象　　　　B. 文本
C. 文字　　　　D. 图形和文字

(21)在 Word 2007 的表格中,下面的(　　)不能从一个单元格移动到另一单元格。
A. 方向键　　　　B. Tab 键
C. 回车键　　　　D. 单击下一个单元格

(22)打印文档时,表示有 4 页的是(　　)。
A. 2-6　　　　B. 1,3-5,7
C. 1-2,4-5　　　　D. 1,4

(23)将 Word 2007 表格中两个单元格合并成一个单元格后,单元格中的内容(　　)。
A. 只保留第 1 个单元格内容　　B. 2 个单元格内容均保留
C. 只保留第 2 个单元格内容　　D. 2 个单元格内容全部丢失

3. 判断题

(1)在字符格式中,衡量字符大小的单位是号和磅。(　　)
(2)关于字符边框,其边框线不能单独定义。(　　)
(3)设置分栏时,可以使各栏的宽度不同。(　　)
(4)有时需要给文章加页码,在页眉或者页脚中可以直接输入对应的页码。(　　)
(5)在 Word 2007 中,剪贴板上的内容可粘贴多次,但最多不超过 12 次。(　　)
(6)横排文本框不可以跟竖排文本框建立连接。(　　)
(7)图形既可浮于文字上方,也可衬于文字下方。(　　)
(8)在 Word 2007 中,一个表格的大小不能超过一页。(　　)
(9)在 Word 2007 中,文字方向作用于文本框时,5 种方向只有 3 种可用。(　　)

第 9 章

电子表格软件 Excel 2007

Excel 2007 是目前最强大的电子表格制作软件之一,它不仅具有强大的数据组织、计算、分析和统计功能,还可以通过图表、图形等多种形式对处理结果加以形象地显示,更能够方便地与 Office 2007 其他组件相互调用数据,实现资源共享。

教学目的:

- 了解 Excel 2007 的窗口构成;
- 掌握工作簿的创建,保存等基本操作;
- 掌握工作表中公式和函数的使用;
- 掌握图表的创建;
- 了解页面设置、打印等操作。

9.1 制作销售业绩统计表

Excel 2007 的核心功能是表格处理。本节以制作一份如图 9.1 所示的"销售业绩统计表"为例,介绍如何在 Excel 中输入数据和字符格式、边框、对齐方式、页面设置等的设置方法,以及填充柄、打印预览的使用方法。

9.1.1 相关知识点

1) Excel 2007 窗口的构成

图 9.2 显示了 Excel 2007 启动后的工作界面。该窗口主要由 Office 按钮、功能区、编辑栏、快速访问工具栏、状态栏等组成,有关这些组成元素的作用与 Word 2007 相似,这里不再说明。

2) 工作簿、工作表、单元格

(1)工作簿

Excel 用于保存表格内容的文件叫工作簿,扩展名为.xlsx。一个工作簿可以包含一个或多个工作表(Excel 2007 最多可创建 255 个工作表)。Excel 启动后,自动打开一个被命名为"Book1"的工作簿。

**电器有限公司一季度销售业绩统计表					
编号	姓名	部门	一月份	二月份	三月份
0001	程小丽	销售(1)部	66500	92500	95500
0002	张艳	销售(1)部	73500	91500	64500
0003	卢红	销售(1)部	75500	62500	87000
0004	刘丽	销售(1)部	79500	98500	68000
0005	杜月	销售(1)部	82050	63500	90500
0006	杜乐	销售(1)部	96000	72500	100000
0007	刘大为	销售(1)部	96500	86500	90500
0008	唐艳霞	销售(1)部	97500	76000	72000
0009	张恬	销售(2)部	56000	77500	85000
0010	李丽敏	销售(2)部	58500	90000	88500
0011	马燕	销售(2)部	63000	99500	78500
0012	张小丽	销售(2)部	69000	89500	92500
0013	刘艳	销售(2)部	72500	74500	60500
0014	彭旸	销售(2)部	74000	72500	67000
0018	李成	销售(2)部	92500	93500	77000
0019	张红	销售(2)部	95000	95000	70000
0020	李诗	销售(2)部	97000	75500	73000
0021	杜乐	销售(3)部	62500	76000	57000
0022	黄海生	销售(3)部	62500	57500	85000
0023	唐艳霞	销售(3)部	63500	73000	65000
0024	李娜	销售(3)部	85500	64500	74000
0025	詹荣华	销售(3)部	86500	65500	67500
0026	许泽平	销售(3)部	94000	68050	78000
0027	刘志刚	销售(3)部	96500	74500	63000

图 9.1　销售业绩统计表

(2)工作表

工作表是在 Excel 中用于存储和处理各种数据的主要文档,也称电子表格。工作表始终存储在工作簿中。工作表由排列成行和列的单元格组成,工作表的大小为 1 048 576 行 × 16 384列。默认情况下,创建的新工作簿时总是包含 3 个工作表,它们的标签分别为 Sheet1、Sheet2 和 Sheet3。

(3)单元格

在工作表中,行和列相交构成单元格。单元格用于存储公式和数据。单元格按照它在工作表中所处位置的坐标来引用,列坐标在前,行坐标在后。列坐标用大写英文字母表示,从 A 开始(A,B…AA…ZZ,AAA…XFD),最大列号为 XFD;行坐标用阿拉伯数字表示,从 1 开始,最大行号为 1 048 576。例如,显示在第 B 列和第 3 行交叉处的单元格,其引用形式为 B3。

3)活动单元格

活动单元格是指光标所指向的单元格。输入的内容将出现在活动单元格中。

4)单元格区域

单元格区域是一组单元格,可以是连续的,也可以是不连续的。对定义的区域可以进行多种操作,如移动、复制、删除、计算等。用区域的左上角单元格和右下角单元格的位置表示该区域,中间用冒号隔开。例如,区域“B2:D4”表示的范围为 B2,C2,D2,B3,C3,D3 六个单元格。单元格区域也可用逗号表示区域,例如区域“B2,C3”表示 B2,C3 两个单元格。

9.1.2　制作步骤

1)启动 Excel 2007

启动 Excel 2007 有多种方式,其中最常用的启动方式是:单击“开始”菜单,然后选择“程序”→“Microsoft Office”→“Microsoft Office Excel 2007”菜单项,此时将启动 Excel 2007 并自动创建一个名为 Book1 的空白工作簿,如图 9.2 所示。

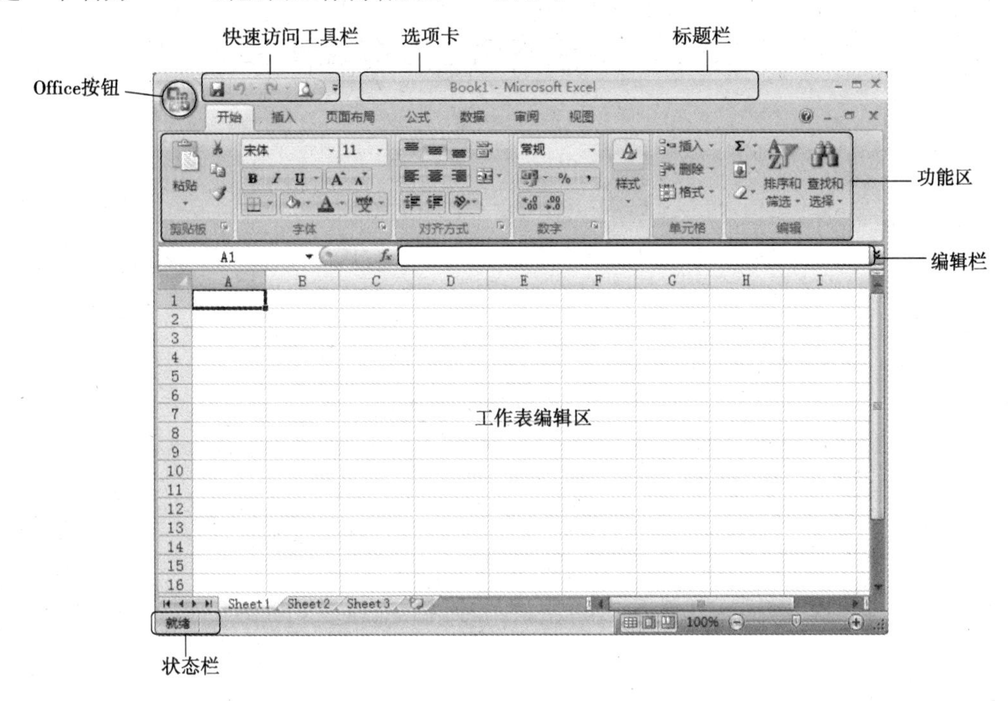

图 9.2　Excel 2007 窗口的组成

注意

在 Windows 桌面上为 Excel 2007 创建快捷方式的方法是:

单击“开始”菜单,依次将鼠标移到“程序”和“Microsoft Office”,用鼠标右键单击“Microsoft Office Excel 2007”。在弹出的快捷菜单中选择“发送到”→“桌面快捷方式”,如图 9.3 所示。

在创建的 Book1. xlsx 中输入“销售业绩统计表”内容。

2)输入文本

(1)输入标题

由于“销售业绩统计表”的内容占 6 列,标题需要 6 个单元格,需要使用 Excel 中的“合并及居中单元格”命令。

步骤 1:先选定 6 个单元格区域“A1:F1”。

步骤 2:打开“开始”选项卡,单击“对齐方式”组中的“合并及居中”按钮,效果如图 9.4 所示。

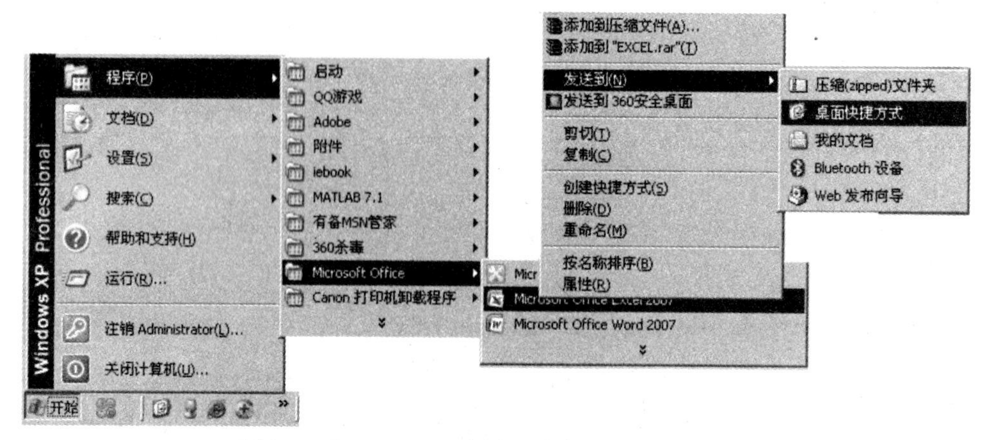

图 9.3　为 Excel 2007 创建一个桌面快捷方式图标

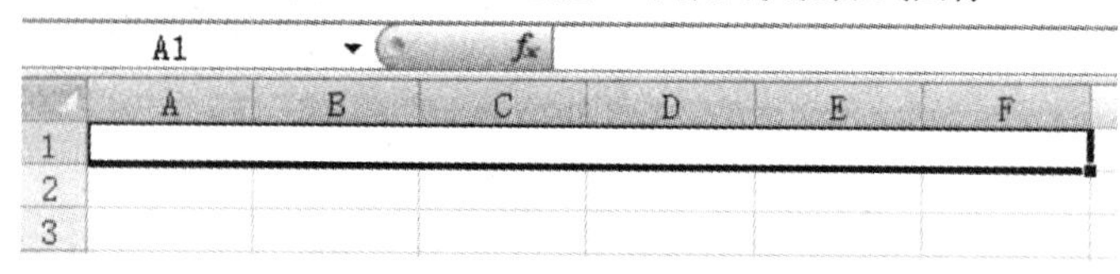

图 9.4　合并及居中单元格

步骤 3:在合并及居中的单元格中输入标题内容“ × ×有限公司一季度销售业绩统计表”。

(2)输入编号

Excel 对输入的数据自动区分为数值型、文本型。文本型数据输入时,文本在单元格中默认左对齐。数值型数据输入时,数据在单元格中默认右对齐。

由于本案例中使用的编号类型为“0001”,在单元格中直接填“0001”,显示的结果为“1”,因此需要修改单元格数据的输入类型,将单元格设置为文本型输入,则可显示出需要的结果。

步骤 1:在 A3 单元格中输入“'0001”(注意单撇号为英文标点)。

步骤 2:按回车键,即可显示出如图 9.5 所示的结果。

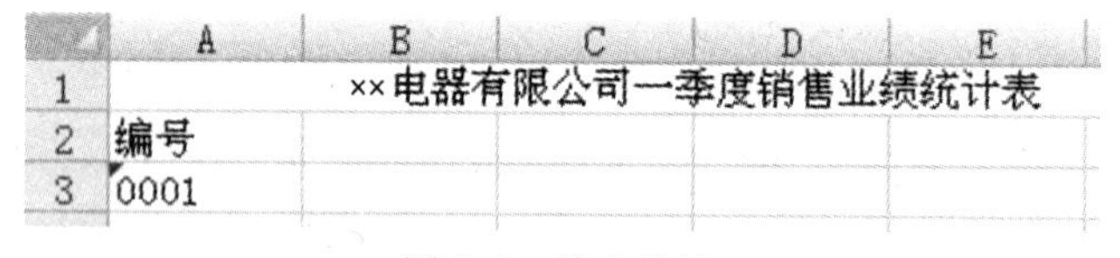

图 9.5　输入编号

注意

文本型数据 0001 的其他常用输入方法:

方法 1:在单元格中书写 =“0001”,然后按回车键。

方法 2:设置单元格的格式为“文本型格式”。具体方法为选定要输入文本的单元格,打开“开始”选项卡,单击“数字”组中的按钮,打开“设置单元格格式”对话框,从中选择“文本”格式,如图 9.6 所示,最后在选定的单元格中直接输入 0001 即可。

以编号“0001”所在的单元格为初始单元格,利用“填充柄”快速输入其他递增的编号。填充柄是位于选定单元格或选定单元格区域右下角的小黑方块。

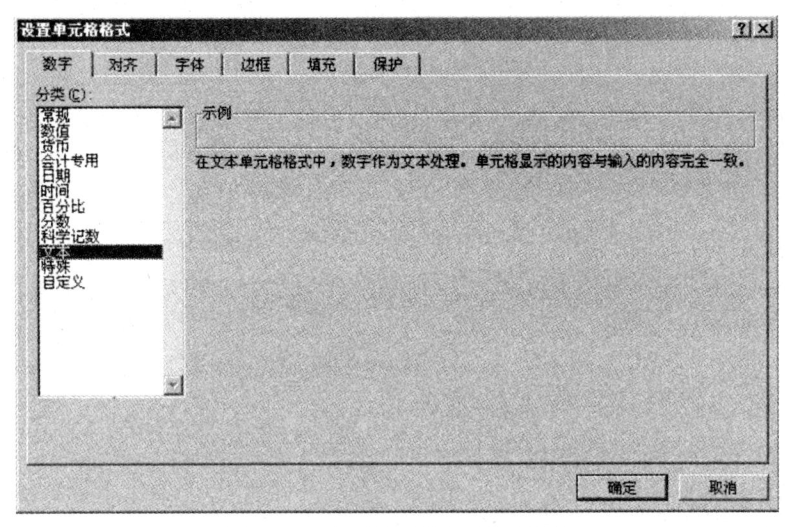

图 9.6　“设置单元格格式”对话框

步骤 1:选定 A3 单元格,将鼠标指针移到单元格右下角填充柄上,此时鼠标指针变成实心的十字形✚。

步骤 2:按下鼠标左键并向下拖动鼠标至 A26 单元格,释放鼠标即可完成数据的填充,如图 9.7 所示。

	A
1	
2	编号
3	0001
4	0002
5	0003
6	0004
7	0005
8	0006
9	0007
10	0008
11	0009
12	0010
13	0011
14	0012
15	0013
16	0014
17	0018
18	0019
19	0020
20	0021
21	0022
22	0023
23	0024
24	0025
25	0026
26	0027

图 9.7　利用“填充柄”快速填充数据

注意

利用"填充柄"可以快速填充不包含数字的字符串,包含数字的字符串,日期、时间或星期。能够快速填充数据是 Excel 的重要优点之一。

3)冻结窗格

在输入"销售业绩统计表"的其他内容时,希望标题行在内容滚动时始终可见,可选择设置工作表的"冻结窗格"功能。

利用"冻结窗格"功能,可以保持工作表的某一部分在其他部分滚动时可见。

现要使工作表的前两行可见,操作步骤如下:

步骤1:选中要冻结行的下一行,单击行号3。

步骤2:单击"视图"选项卡"窗口"组中的"冻结窗格"按钮,在展开的菜单中选择"冻结拆分窗格"命令,如图9.8所示。

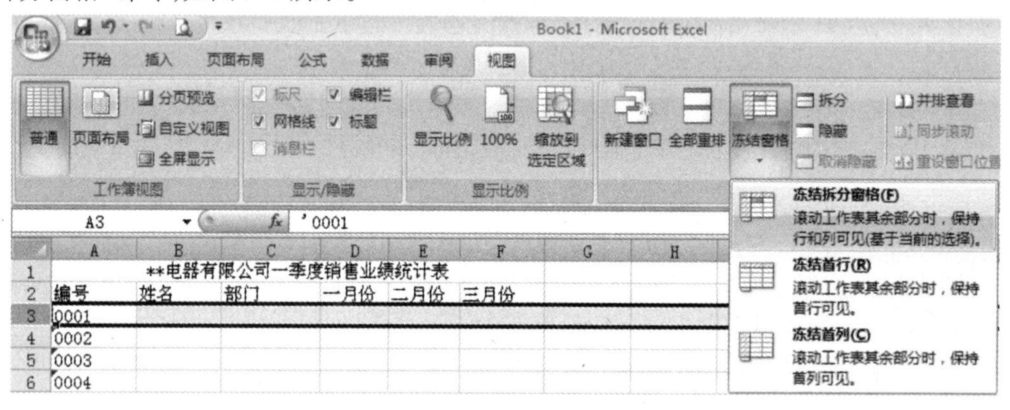

图9.8 选择"冻结拆分窗格"命令

被冻结的窗口部分以黑线区分,当拖动垂直滚动条向下查看时,前两行始终显示,如图9.9所示。

4)输入"销售业绩统计表"的其他内容

姓名和数据可直接输入,"销售(1)部、销售(2)部、销售(3)部"可借助于"填充柄"快速填充,填写好的内容如图9.10所示。

5)设置字符格式

为了使工作表中的标题醒目和突出,也为了使整个版面更为丰富,现对首行的字符格式设置为宋体、字号为16磅、红色加粗。

步骤1:选定首行。

步骤2:打开"开始"选项卡,单击"字体"组中的"字号"按钮,在"字号"下拉列表框中选择字号16磅,然后单击加粗按钮 **B** 。

步骤3:单击"颜色"按钮,在"颜色"下拉列表框中选择颜色"红色"。

6)设置单元格边框

通常,在工作表中所看到的单元格都带有浅灰色的边框线,这是 Excel 默认的网格线,不会被打印出来。而在制作报表时,常常需要把报表设计成表格的形式,使数据及其文字层次更加分明,这可以通过设置表格和单元格的边框线来实现。

	A	B	C	D	E	F
1	**电器有限公司一季度销售业绩统计表					
2	编号	姓名	部门	一月份	二月份	三月份
9	0007					
10	0008					
11	0009					
12	0010					
13	0011					
14	0012					
15	0013					
16	0014					
17	0018					
18	0019					
19	0020					
20	0021					
21	0022					
22	0023					
23	0024					
24	0025					
25	0026					
26	0027					

图 9.9　冻结标题行、向下查看

	A	B	C	D	E	F
1	**电器有限公司一季度销售业绩统计表					
2	编号	姓名	部门	一月份	二月份	三月份
3	0001	程小丽	销售(1)部	66500	92500	95500
4	0002	张艳	销售(1)部	73500	91500	64500
5	0003	卢红	销售(1)部	75500	62500	87000
6	0004	刘丽	销售(1)部	79500	98500	68000
7	0005	杜月	销售(1)部	82050	63500	90500
8	0006	杜乐	销售(1)部	96000	72500	100000
9	0007	刘大为	销售(1)部	96500	86500	90500
10	0008	唐艳霞	销售(1)部	97500	76000	72000
11	0009	张恬	销售(2)部	56000	77500	85000
12	0010	李丽敏	销售(2)部	58500	90000	88500
13	0011	马燕	销售(2)部	63000	99500	78500
14	0012	张小丽	销售(2)部	69000	89500	92500
15	0013	刘艳	销售(2)部	72500	74500	60500
16	0014	彭旸	销售(2)部	74000	72500	67000
17	0018	李成	销售(2)部	92500	93500	77000
18	0019	张红	销售(2)部	95000	95000	70000
19	0020	李诗	销售(2)部	97000	75500	73000
20	0021	杜乐	销售(3)部	62500	76000	57000
21	0022	黄海生	销售(3)部	62500	57500	85000
22	0023	唐艳霞	销售(3)部	63500	73000	65000
23	0024	李娜	销售(3)部	85500	64500	74000
24	0025	詹荣华	销售(3)部	86500	65500	67500
25	0026	许泽平	销售(3)部	94000	68050	78000
26	0027	刘志刚	销售(3)部	96500	74500	63000

图 9.10　“销售业绩统计表”内容

设置方法可以采用“边框”菜单和“边框”选项卡,现以“边框”选项卡说明设置边框的步骤。

步骤 1:选择要添加边框的单元格区域“A1:F26”,然后单击“字体”组右下角的对话框启动器按钮。

步骤 2:打开“设置单元格格式”对话框,选择“边框”选项卡,选择细线,然后单击“外边框”按钮和“内边框”按钮,如图 9.11 所示。

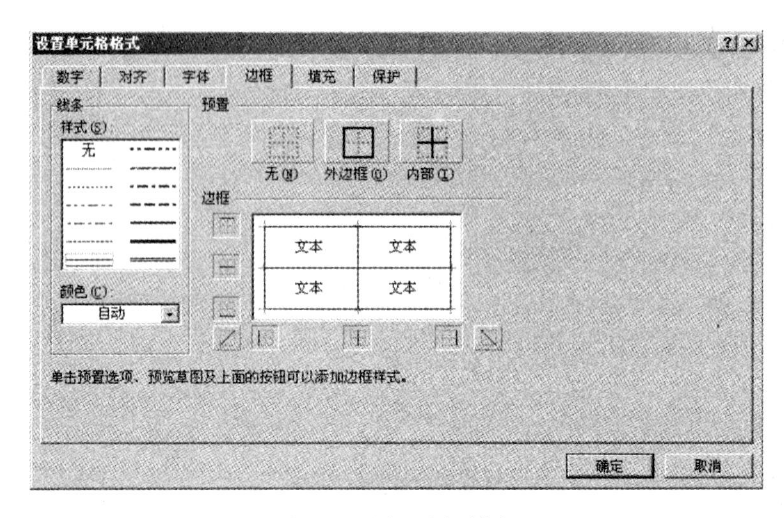

图 9.11　设置边框样式

步骤 3:单击“确定”按钮,添加内、外边框后的表格效果如图 9.12 所示。

	A	B	C	D	E	F
1	**电器有限公司一季度销售业绩统计表					
2	编号	姓名	部门	一月份	二月份	三月份
3	0001	程小丽	销售(1)部	66500	92500	95500
4	0002	张艳	销售(1)部	73500	91500	64500
5	0003	卢红	销售(1)部	75500	62500	87000
6	0004	刘丽	销售(1)部	79500	98500	68000
7	0005	杜月	销售(1)部	82050	63500	90500
8	0006	杜乐	销售(1)部	96000	72500	100000
9	0007	刘大为	销售(1)部	96500	86500	90500
10	0008	唐艳霞	销售(1)部	97500	76000	72000
11	0009	张恬	销售(2)部	56000	77500	85000
12	0010	李丽敏	销售(2)部	58500	90000	88500
13	0011	马燕	销售(2)部	63000	99500	78500
14	0012	张小丽	销售(2)部	69000	89500	92500
15	0013	刘艳	销售(2)部	72500	74500	60500
16	0014	彭旸	销售(2)部	74000	72500	67000
17	0018	李成	销售(2)部	92500	93500	77000
18	0019	张红	销售(2)部	95000	95000	70000
19	0020	李诗	销售(2)部	97000	75500	73000
20	0021	杜乐	销售(3)部	62500	76000	57000
21	0022	黄海生	销售(3)部	62500	57500	85000
22	0023	唐艳霞	销售(3)部	63500	73000	65000
23	0024	李娜	销售(3)部	85500	64500	74000
24	0025	詹荣华	销售(3)部	86500	65500	67500
25	0026	许泽平	销售(3)部	94000	68050	78000
26	0027	刘志刚	销售(3)部	96500	74500	63000

图 9.12　添加边框效果图

注意

单击“字体”组中的“边框”按钮,在“边框”下拉列表框中选择“无框线”命令,可取消添加的边框线。

7)设置对齐方式

对齐是指单元格内容在显示时相对单元格上下左右的位置。

为了使表格看起来整齐,需要统一设置单元格区域中文字的对齐方式为"水平垂直居中"。使用"对齐方式"选项组中的命令设置对齐方式,设置方法如下:

图9.13　设置对齐方式

步骤1:选中要设置对齐方式的单元格区域"A1:F26"。

步骤2:在"开始"选项卡的"对齐方式"组中单击"垂直居中"按钮和"水平居中"按钮,如图9.13所示。

8)页面设置

通过页面设置,可以确定工作表中的内容在纸张中打印出来的位置。页面设置包括纸张大小、页边距、打印方向、页眉/页脚等命令。

现在给"销售业绩统计表"设置页脚"第1页,共1页"。

步骤1:在"页面布局"选项卡中单击"页面设置"组右下角的对话框启动器按钮。

步骤2:打开"页面设置"对话框,从中选择页脚为"第1页,共?页",如图9.14所示,然后单击"确定"按钮。

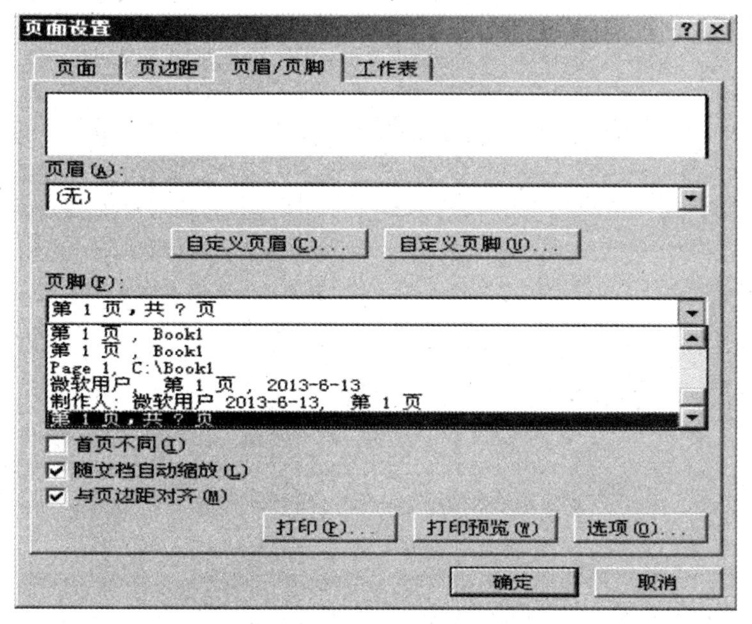

图9.14　"页面设置"对话框

注意

要设置复杂的"页眉和页脚",可使用"插入"选项卡"文本"组中的"页眉和页脚"按钮命令。

9)打印预览

打印之前可使用打印预览功能查看打印的效果,如果满意则打印,如果不满意则需要重新设置。

图 9.15　选择“打印预览”命令

打印预览的步骤为:单击“快速访问工具栏”中的打印预览按钮,如图 9.15 所示,进入打印预览视图,即在窗口中显示了一个打印预览输出的缩小版,如图 9.16 所示。

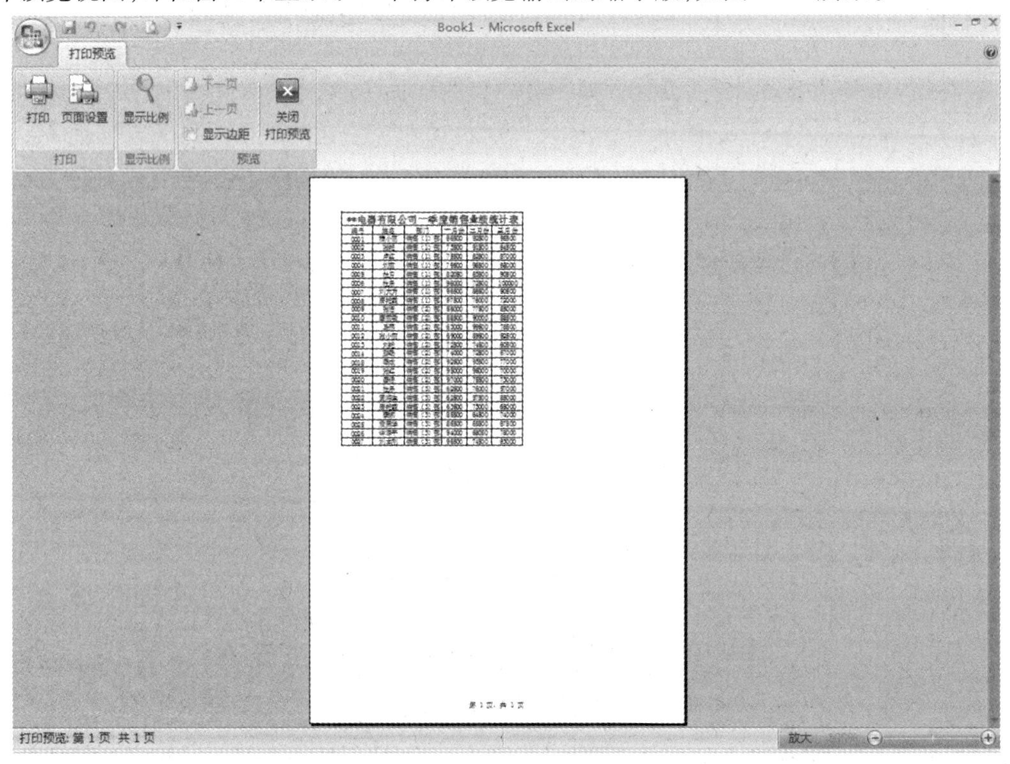

图 9.16　进入打印预览视图

从图 9.16 中可以看到打印预览的效果。如所见效果不满意,可直接单击打印预览视图中的“页面设置”按钮,然后在打开的对话框中重新设置、修改,直到满意为止。

10)保存工作簿

当对工作簿进行了编辑操作后,为防止数据丢失,需将其保存。

步骤 1:单击“快速访问工具栏”中的保存按钮,弹出“另存为”对话框,如图 9.17 所示。

步骤 2:单击“保存”按钮。

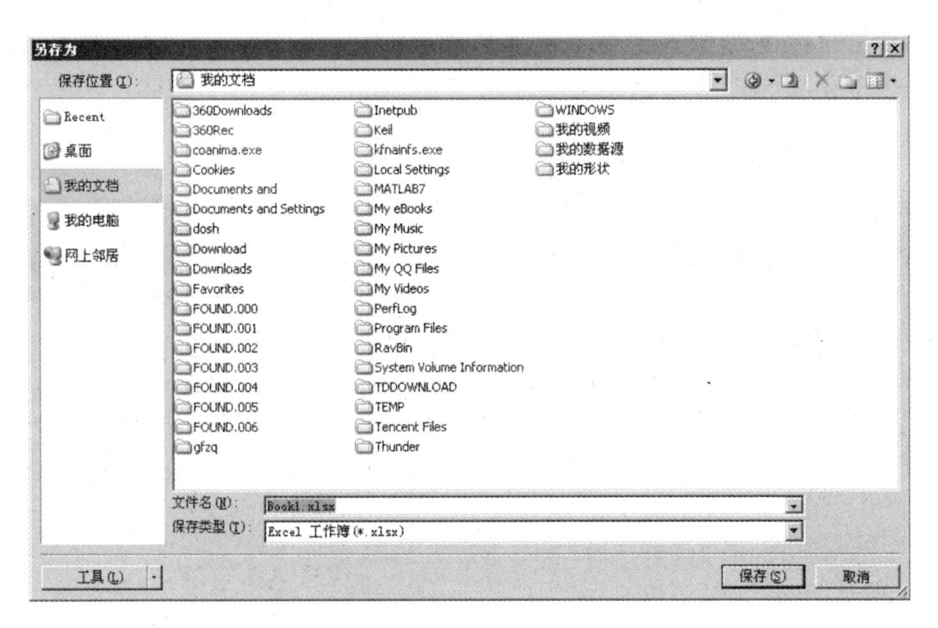

图 9.17　保存工作簿

注意

利用“另存为”对话框可以设置工作簿的密码。设置方法为:单击“另存为”对话框左下角的“工具”命令,选择其中的“常规选项”,打开“常规选项”对话框,在该对话框中可以设置“打开权限密码”和“修改权限密码”,如图 9.18 所示。

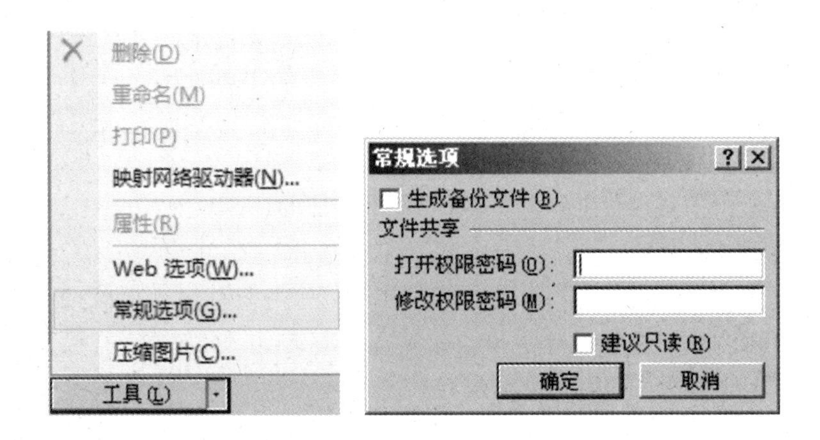

图 9.18　设置工作簿的密码

9.2　销售业绩统计表的综合分析

Excel 2007 的表格创建好之后,可以对表格中的数据进行计算、排序、筛选、汇总等数据管理方面的工作;通过创建统计图表,能显示出数据的分布状况,它使得用户的工作高效、灵活。

本节通过对 9.1 小节中“销售业绩统计表”的综合分析来学习 Excel 2007 表格的综合处理

方法,要求计算出每个人的销售总额、销售排名,对销售排名进行排序,设置自动筛选和高级筛选、分类汇总和创建图表。

9.2.1 相关知识点

1)公式的使用

公式是对工作表中的数值执行计算的等式,可以用于返回信息、操作单元格内容以及测试条件等。利用公式可对工作簿的工作表中单元格的数值进行加、减、乘、除等各种运算。

(1)公式的组成

公式以"="开头,后面跟表达式。表达式由运算符和参与运算的数据对象组成。每个数据对象可以是常量数值、单元格或引用的单元格区域、标志、名称等。

(2)公式的运算符

运算符对公式中的元素进行特定类型的运算。Excel 2007 包含了 4 种类型的运算符:算术运算符、比较运算符、文本运算符与引用运算符。

数学运算符:+、-、*、/、%、^ 等。

比较运算符:=、>、<、>=、<=、<>,其值为逻辑值 TRUE 或 FALSE。

文本运算符:&(连接),将两个文本连接,其操作数可是带引号的文字,也可是单元格地址。

引用运算符::(冒号),(逗号)和(空格),具体含义见表 9.1 所示。

表 9.1 引用运算符及其含义

引用运算符	含 义	实 例
:(冒号)	区域运算符,用于引用单元格区域	B5:D15
,(逗号)	联合运算符,用于引用多个单元格区域	B5:D15,F5:I15
空格	交叉运算符,用于引用两个单元格区域的交叉部分	B7:D7 C6:C8

运算的优先级:数学运算符 > 文字运算符 > 比较运算符。

(3)使用函数

函数的形式为:函数的名称(参数 1,参数 2,…)。其中,参数可是常量、单元格、区域、区域名、公式或其他函数。

(4)常用函数

①求和函数 SUM:表示对选择单元格或单元格区域进行加法运算,其函数语法结构为:SUM(number1,number2,…)。

②平均值函数 AVERAGE:将选择的单元格区域中的平均值返回到需要保存结果的单元格中,其语法结构为:AVERAGE (number1,number2,…)。

③条件函数 IF:实现真假值的判断,根据逻辑计算的真假值返回两种结果。该函数的语法结构为:IF(logical_test,value_if_true,value_if_false)。其中,logical_test 表示计算结果为 ture 或 false 的任意值或表达式;value_if_true 表示当 logical_test 为 ture 值时返回的值;value_if_false 表示当 logical_test 为 false 值时返回的值。

④最大值函数 MAX:返回自变量中所有数值型数据的最大值,其函数语法结构为:

MAX(number1,number2,…)。

⑤最小值函数 MIN:返回自变量中所有数值型数据的最小值,其函数语法结构为:MIN(number1,number2,…)。

⑥计数函数 COUNT:返回自变量数据中数值型数据的个数。参数可以是位置引用、名称等,数据类型任意,但只有数值型数据才被计数。其函数语法结构为:COUNT(number1,number2,…)。

(5)公式常见显示错误原因与解决方法

①错误显示:#####

原因:单元格所包含的数字、日期或时间占位比单元格宽。

解决方案:拖动鼠标指针更改列宽。

②错误显示:#DIV/0!

原因:除数为0,公式中除数使用了空单元格或包含率值单元格的单元格引用。

解决方案:修改单元格引用,或者在用作除数的单元格中输入不为零的值。

③错误显示:#VALUE!

原因:输入了引用文本项的数学公式。如果使用了不正确的参数或运算符,或者执行自动更正公式功能时不能更正公式,都将产生该错误信息。

解决方案:这时应确认公式或函数所需的运算符或参数是否正确,检查公式引用的单元格中包含有效的数位。

④错误显示:#REF!

原因:删除了被公式引用的单元格范围。

解决方案:恢复被引用的单元格范围,或是重新设定引用范围。

⑤错误显示:# N/A

原因:无信息可用于所要执行的计算。在建立模型时,用户可以在单元格中输入#N/A,以表明正在等待数据。任何引用含有#N/A 值的单元格都将返回#N/A。

解决方案:在等待数据的单元格内填充上数据。

⑥错误显示:#NAME?

原因:在公式中使用了 Excel 所不能识别的文本,比如可能是输错了名称,或是输入了一个已删除的名称。如果没有将文字串括在双引号中,也会产生此错误值。

解决方案:如果是使用了不存在的名称而产生这类错误,应确认使用的名称确实存在;如果是名称,就应改正函数名拼写错误;将文字串括在双引号中,确认公式中使用的所有区域引用都使用了冒号。

2)单元格的引用

公式的引用是对工作表中的一个或一组单元格进行标识,从而告诉公式使用哪些单元格的值。通过引用,可以在一个公式中使用工作表不同部分的数据,或者在几个公式中使用同一单元格的数值。在 Excel 2007 中,引用公式的常用方式包括相对引用、绝对引用与混合引用。

(1)相对引用

公式中的相对单元格引用(如 A1),是基于包含公式和单元格引用的单元格的相对位置。如果公式所在单元格的位置改变,引用也将随之改变。如果多行或多列地复制或填充公式,引用会自动调整。默认情况下,新公式使用相对引用。

(2)绝对引用

公式中的绝对单元格引用(如 $A $1)总是在特定位置引用单元格。如果公式所在单元格的位置改变,绝对引用将保持不变。如果多行或多列地复制或填充公式,绝对引用将不作调整。默认情况下,新公式使用相对引用,需要时可将它们转换为绝对引用。例如,如果将某个源单元格中的绝对引用复制或填充到目标单元格中,则这两个单元格中的绝对引用相同。

(3)混合引用

混合引用具有绝对列和相对行,或绝对行和相对列。绝对引用列采用 $1、B $1 等形式,绝对引用行采用 A $1、B $1 等形式。如果公式所在单元格的位置改变,则相对引用将改变,而绝对引用则保持不变。如果多行或多列地复制或填充公式,相对引用将自动调整,而绝对引用则不作调整。

9.2.2 操作步骤

1)计算销售总额

使用公式计算销售总额,要创建公式。对于简单的公式,可以在单元格中直接输入,也可以在编辑栏中输入。下面计算每位员工 3 个月的销售总额。

步骤 1:单击要输入公式的单元格 G3,由于要计算的销售总额和各月份的销售额直接相联系,公式中选用相对引用形式,在 G3 中输入公式“ = D3 + E3 + F3”,如图 9.19 所示。

SUM =D3+E3+F3

	A	B	C	D	E	F	G
1	**电器有限公司一季度销售业绩统计表						
2	编号	姓名	部门	一月份	二月份	三月份	总额
3	0001	程小丽	销售(1)部	66500	92500	95500	=D3+E3+F3
4	0002	张艳	销售(1)部	73500	91500	64500	
5	0003	卢红	销售(1)部	75500	62500	87000	
6	0004	刘丽	销售(1)部	79500	98500	68000	

图 9.19 输入公式

步骤 2:按回车键或单击编辑栏中的“输入”按钮 ✓ 结束公式的输入,单元格中显示公式运算的结果,如图 9.20 所示。

G4

	A	B	C	D	E	F	G
1	**电器有限公司一季度销售业绩统计表						
2	编号	姓名	部门	一月份	二月份	三月份	总额
3	0001	程小丽	销售(1)部	66500	92500	95500	254500
4	0002	张艳	销售(1)部	73500	91500	64500	
5	0003	卢红	销售(1)部	75500	62500	87000	

图 9.20 得出结果

注意

计算销售总额也可使用“开始”选项卡“编辑”组中的 Σ 按钮,单击该按钮,弹出下拉菜单,单击求和命令,此时在 G3 单元格中显示出总额的计算公式“ = SUM(D3:F3)”,如图 9.21 所示,按回车键即可得到与图 9.22 所示的相同结果。

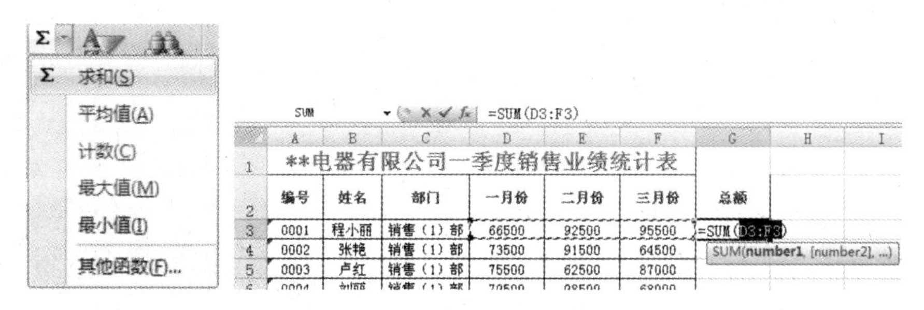

图 9.21　使用函数计算销售总额

步骤3:选定 G3 单元格,利用填充柄向下填充 G3 单元格中的公式,可得到后面员工的销售总额,如图 9.22 所示。

G3　=SUM(D3:F3)

	A	B	C	D	E	F	G
1	**电器有限公司一季度销售业绩统计表						
2	编号	姓名	部门	一月份	二月份	三月份	总额
3	0001	程小丽	销售(1)部	66500	92500	95500	254500
4	0002	张艳	销售(1)部	73500	91500	64500	229500
5	0003	卢红	销售(1)部	75500	62500	87000	225000
6	0004	刘丽	销售(1)部	79500	98500	68000	246000
7	0005	杜月	销售(1)部	82050	63500	90500	236050
8	0006	杜乐	销售(1)部	96000	72500	100000	268500
9	0007	刘大为	销售(1)部	96500	86500	90500	273500
10	0008	唐艳霞	销售(1)部	97500	76000	72000	245500
11	0009	张恬	销售(2)部	56000	77500	85000	218500
12	0010	李丽敏	销售(2)部	58500	90000	88500	237000
13	0011	马燕	销售(2)部	63000	99500	78500	241000
14	0012	张小丽	销售(2)部	69000	89500	92500	251000
15	0013	刘艳	销售(2)部	72500	74500	60500	207500
16	0014	彭旸	销售(2)部	74000	72500	67000	213500
17	0018	李成	销售(2)部	92500	93500	77000	263000
18	0019	张红	销售(2)部	95000	95000	70000	260000
19	0020	李诗	销售(2)部	97000	75500	73000	245500
20	0021	杜乐	销售(3)部	62500	76000	57000	195500
21	0022	黄海生	销售(3)部	62500	57500	85000	205000
22	0023	唐艳霞	销售(3)部	63500	73000	65000	201500
23	0024	李娜	销售(3)部	85500	64500	74000	224000
24	0025	詹莱华	销售(3)部	86500	65500	67500	219500
25	0026	许泽平	销售(3)部	94000	68050	78000	240050
26	0027	刘志刚	销售(3)部	96500	74500	63000	234000

Sheet1　Sheet2　Sheet3　就绪　自动填充选项

图 9.22　利用"填充柄"填充公式

步骤4:利用"格式刷"设置标题行中的"总额"和计算出的总额数据格式。具体方法为:选中 A2:F2 中的某一个单元格(如 F2)或单元格区域,单击"开始"选项卡"剪贴板"组中的"格式刷"按钮,如图 9.23(a)所示。然后单击"总额"所在的单元格,利用相同的方法,选中 A3:F26 中的某一个单元格(如 F10)或单元格区域,单击"开始"选项卡"剪贴板"组中的"格式刷"按钮,最后单击计算出的总额数据,设置的结果如图 9.23(b)所示。这就完成了对新添加列的格式和边框的设置。

	A	B	C	D	E	F	G
1	**电器有限公司一季度销售业绩统计表						
2	编号	姓名	部门	一月份	二月份	三月份	总额
3	0001	程小丽	销售(1)部	66500	92500	95500	254500
4	0002	张艳	销售(1)部	73500	91500	64500	229500
5	0003	卢红	销售(1)部	75500	62500	87000	225000
6	0004	刘丽	销售(1)部	79500	98500	68000	246000
7	0005	杜月	销售(1)部	82050	63500	90500	236050
8	0006	杜乐	销售(1)部	96000	72500	100000	268500
9	0007	刘大为	销售(1)部	96500	86500	90500	273500
10	0008	唐艳霞	销售(1)部	97500	76000	72000	245500
11	0009	张恬	销售(2)部	56000	77500	85000	218500
12	0010	李丽敏	销售(2)部	58500	90000	88500	237000
13	0011	马燕	销售(2)部	63000	99500	78500	241000
14	0012	张小丽	销售(2)部	69000	89500	92500	251000
15	0013	刘艳	销售(2)部	72500	74500	60500	207500
16	0014	彭旸	销售(2)部	74000	72500	67000	213500
17	0018	李成	销售(2)部	92500	93500	77000	263000
18	0019	张红	销售(2)部	95000	95000	70000	260000
19	0020	李诗	销售(2)部	97000	75500	73000	245500
20	0021	杜乐	销售(3)部	62500	76000	57000	195500
21	0022	黄海生	销售(3)部	62500	57500	85000	205000
22	0023	唐艳霞	销售(3)部	63500	73000	65000	201500
23	0024	李娜	销售(3)部	85500	64500	74000	224000
24	0025	詹荣华	销售(3)部	86500	65500	67500	219500
25	0026	许泽平	销售(3)部	94000	68050	78000	240050
26	0027	刘志刚	销售(3)部	96500	74500	63000	234000

(a)　　　　(b)

图 9.23　利用"格式刷"设置格式和边框

2)计算销售排名

在使用 Excel 处理工作表时,经常要用函数和公式来自动处理大量的数据。

Excel 2007 将具有特定功能的一组公式组合在一起以形成函数。与直接使用公式进行计算相比较,使用函数进行计算的速度更快,同时减少了错误的发生。

使用函数时,应遵循一定的语法格式,即以函数名称开始,后面跟左圆括号"(",然后列出以逗号分隔的函数参数,最后以右圆括号")"结束。函数的一般语法格式如下:

function_name(arg1,arg2,…)

其中,function_name 为函数名称,每个函数都拥有一个唯一的名称。例如 AVERAGE 和 SUM 等;arg1 和 arg2 等为函数的参数,这些参数必须用圆括号括起来。有效的参数值可以是参数,也可以是数字、文本、TRUE 或 FALSE 等逻辑值、错误值(如#N/A)或单元格引用。参数还可以是数组或其他函数。

计算销售排名,可使用 RANK( )函数实现。RANK( )函数用来返回指定数字在一列数字中的排位。RANK( )函数的格式为:

RANK (number,ref,order)

其中,number 为待排序的数字;ref 为一列数字;order 用于指定排位的方式,如果为 0 则忽略,降序排列;非零则升序排列。

函数的输入方法有两种：直接输入函数和利用函数向导输入。下面使用这两种方法实现函数的输入。

(1)方法1：直接输入函数

根据 RANK（ ）函数的格式，为了使用填充柄统一计算出每个员工的销售排名，需要在第一位员工排名的单元格利用引用的方法写出公式。第一位员工的 number 为单元格地址 G3（相对引用）。ref 是比较的范围，在利用填充柄向下填充的过程需要保持比较的范围不变，因此 ref 可使用混合引用表示的单元格区域G $3：G $26或使用绝对引用表示的单元格区域 $G $ 3：$G $ 26。本题目采用降序的方式排位，因此可选 order 为0。

通过上述的分析可得出第一位员工排名的公式为“ = RANK（G3，G $3：G $26，0）”。

步骤1：在单元格 H3 或选中 H3 单元格在编辑栏中输入等号“ = ”。

步骤2：在“ = ”右侧输入函数本身“RANK（G3，G $3：G $26，0）”，如图9.24 所示。

RANK　　= RANK(G3, G$3:G$26, 0)

	A	B	C	D	E	F	G	H	I	J
1	**电器有限公司一季度销售业绩统计表									
2	编号	姓名	部门	一月份	二月份	三月份	总额	排名		
3	0001	程小丽	销售（1）部	66500	92500	95500	254500	= RANK(G3,G$3:G$26,0)		
4	0002	张艳	销售（1）部	73500	91500	64500	229500			
5	0003	卢红	销售（1）部	75500	62500	87000	225000			
6	0004	刘丽	销售（1）部	79500	98500	68000	246000			
7	0005	杜月	销售（1）部	82050	63500	90500	236050			
8	0006	杜乐	销售（1）部	96000	72500	100000	268500			
9	0007	刘大为	销售（1）部	96500	86500	90500	273500			

图9.24　直接输入函数

步骤3：输入完后，按回车键确认，得出第一位员工的排名。

步骤4：选中 H3 单元格，利用填充柄向下填充，得出其余员工的排名，如图9.25 所示。

步骤5：选中“A3：G26”中的某一个单元格或单元格区域，单击格式刷，然后用格式刷刷“H3：H26”区域，完成对“排名”列中的数据格式和边框的调整。

(2)方法2：利用函数向导输入

步骤1：单击要插入函数的单元格“H3”。

步骤2：单击“开始”选项卡“编辑”组中的 Σ 按钮，在弹出的下拉列表中单击 其他函数(F)... 按钮。

步骤3：此时弹出“插入函数”对话框，如图9.26 所示，选择列表设置“全部”。

步骤4：选择函数“RANK”，单击 确定 按钮，弹出“函数参数”对话框，如图9.27 所示。

步骤5：在 Number 处输入单元格地址 G3，ref 处输入单元格区域 G $3：G $26，order 处输入0，然后单击 确定 按钮，得出第一位员工的排名。

步骤6：重复方法1 中的步骤4。

H3 fx = RANK(G3,G$3:G$26,0)

	A	B	C	D	E	F	G	H
1	**电器有限公司一季度销售业绩统计表							
2	编号	姓名	部门	一月份	二月份	三月份	总额	排名
3	0001	程小丽	销售(1)部	66500	92500	95500	254500	5
4	0002	张艳	销售(1)部	73500	91500	64500	229500	15
5	0003	卢红	销售(1)部	75500	62500	87000	225000	16
6	0004	刘丽	销售(1)部	79500	98500	68000	246000	7
7	0005	杜月	销售(1)部	82050	63500	90500	236050	13
8	0006	杜乐	销售(1)部	96000	72500	100000	268500	2
9	0007	刘大为	销售(1)部	96500	86500	90500	273500	1
10	0008	唐艳霞	销售(1)部	97500	76000	72000	245500	8
11	0009	张恬	销售(2)部	56000	77500	85000	218500	19
12	0010	李丽敏	销售(2)部	58500	90000	88500	237000	12
13	0011	马燕	销售(2)部	63000	99500	78500	241000	10
14	0012	张小丽	销售(2)部	69000	89500	92500	251000	6
15	0013	刘艳	销售(2)部	72500	74500	60500	207500	21
16	0014	彭旸	销售(2)部	74000	72500	67000	213500	20
17	0018	李成	销售(2)部	92500	93500	77000	263000	3
18	0019	张红	销售(2)部	95000	95000	70000	260000	4
19	0020	李诗	销售(2)部	97000	75500	73000	245500	8
20	0021	杜乐	销售(3)部	62500	76000	57000	195500	24
21	0022	黄海生	销售(3)部	62500	57500	85000	205000	22
22	0023	唐艳霞	销售(3)部	63500	73000	65000	201500	23
23	0024	李娜	销售(3)部	85500	64500	74000	224000	17
24	0025	詹荣华	销售(3)部	86500	65500	67500	219500	18
25	0026	许泽平	销售(3)部	94000	68050	78000	240050	11
26	0027	刘志刚	销售(3)部	96500	74500	63000	234000	14
27								

图 9.25　计算排名

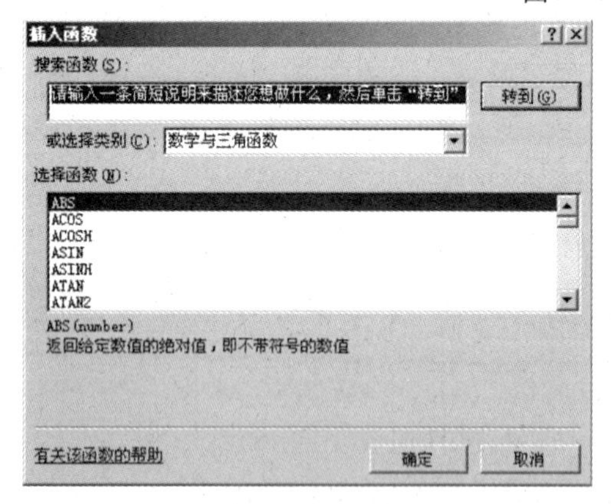

图 9.26“插入函数”对话框

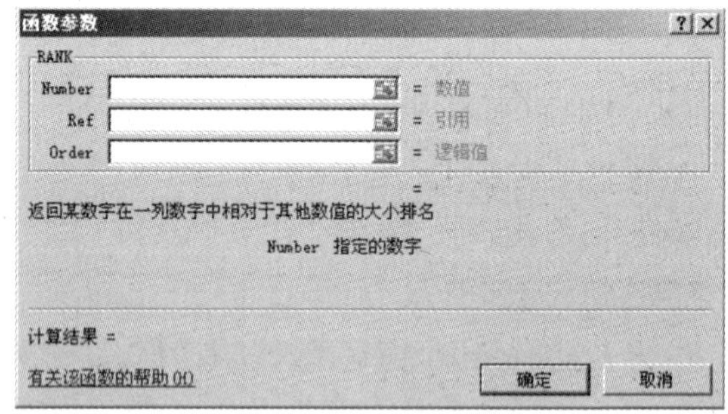

图 9.27　“函数参数”对话框

注意

利用函数向导输入函数，也可单击“公式”选项卡“函数库”组的 其他函数 下拉按钮，在弹出的下拉列表中单击 统计(S) 中的 RANK 函数，如图 9.28 所示。

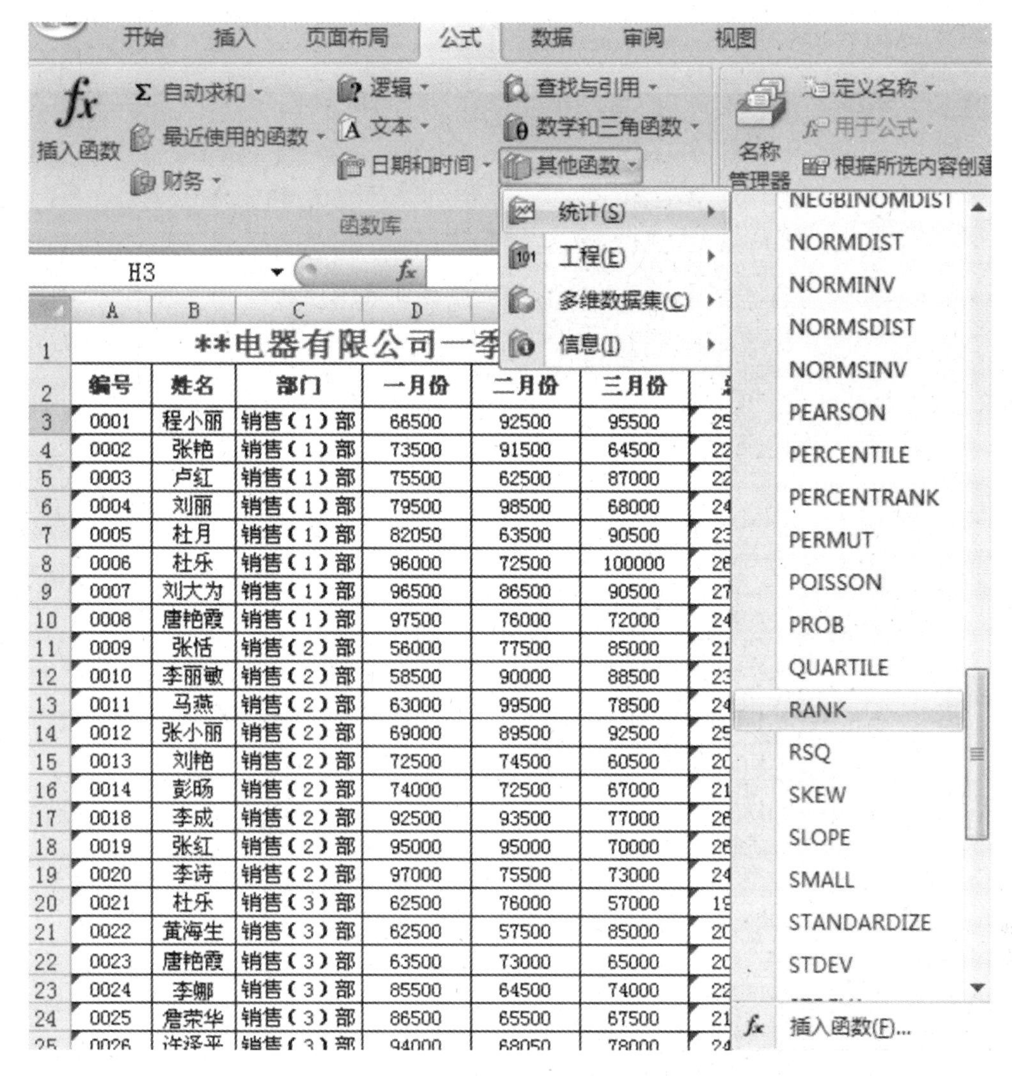

图 9.28　“公式”选项卡中的“函数库”组

注意

“直接输入函数”的方法适用于简单的函数。对于较复杂的函数，为了避免在输入过程中产生错误，常常利用函数向导的输入方法。

3）数据排序

数据排序是指按一定规则对存储在工作表中的数据进行整理和重新排列。数据排序可以为数据的进一步管理作好准备。Excel 2007 的数据排序包括简单排序和高级排序等。

现对“销售业绩统计表”的“排名”按升序进行排序。

步骤 1：选中要进行排序的 H 列中任意一个单元格。

步骤 2：在“数据”选项卡的“排序和筛选”组中单击 A↓Z 按钮，如图 9.29 所示。

步骤 3：得到如图 9.30 所示的排序结果。

开始 插入 页面布局 公式 数据 审阅 视图

自 Access 自网站 自文本 自其他来源 现有连接 获取外部数据 全部刷新 连接 属性 编辑链接 连接 排序... 筛选 清除 重新应用 高级 排序和筛选

H6 = RANK(G6,G$3:G$26,0)

	A	B	C	D	E	F	G	H
1	**电器有限公司一季度销售业绩统计表							
2	编号	姓名	部门	一月份	二月份	三月份	总额	排名
3	0001	程小丽	销售(1)部	66500	92500	95500	254500	5
4	0002	张艳	销售(1)部	73500	91500	64500	229500	15
5	0003	卢红	销售(1)部	75500	62500	87000	225000	16
6	0004	刘丽	销售(1)部	79500	98500	68000	246	7
7	0005	杜月	销售(1)部	82050	63500	90500	236050	13

图 9.29 “排序”按钮

	A	B	C	D	E	F	G	H
1	**电器有限公司一季度销售业绩统计表							
2	编号	姓名	部门	一月份	二月份	三月份	总额	排名
3	0007	刘大为	销售(1)部	96500	86500	90500	273500	1
4	0006	杜乐	销售(1)部	96000	72500	100000	268500	2
5	0018	李成	销售(2)部	92500	93500	77000	263000	3
6	0019	张红	销售(2)部	95000	95000	70000	260000	4
7	0001	程小丽	销售(1)部	66500	92500	95500	254500	5
8	0012	张小丽	销售(2)部	69000	89500	92500	251000	6
9	0004	刘丽	销售(1)部	79500	98500	68000	246000	7
10	0008	唐艳霞	销售(1)部	97500	76000	72000	245500	8
11	0020	李诗	销售(2)部	97000	75500	73000	245500	8
12	0011	马燕	销售(2)部	63000	99500	78500	241000	10
13	0026	许泽平	销售(3)部	94000	68050	78000	240050	11
14	0010	李丽敏	销售(2)部	58500	90000	88500	237000	12
15	0005	杜月	销售(1)部	82050	63500	90500	236050	13
16	0027	刘志刚	销售(3)部	96500	74500	63000	234000	14
17	0002	张艳	销售(1)部	73500	91500	64500	229500	15
18	0003	卢红	销售(1)部	75500	62500	87000	225000	16
19	0024	李娜	销售(3)部	85500	64500	74000	224000	17
20	0025	詹荣华	销售(3)部	86500	65500	67500	219500	18
21	0009	张恬	销售(2)部	56000	77500	85000	218500	19
22	0014	彭旸	销售(2)部	74000	72500	67000	213500	20
23	0013	刘艳	销售(2)部	72500	74500	60500	207500	21
24	0022	黄海生	销售(3)部	62500	57500	85000	205000	22
25	0023	唐艳霞	销售(3)部	63500	73000	65000	201500	23
26	0021	杜乐	销售(3)部	62500	76000	57000	195500	24

图 9.30 “排序”结果

注意

在进行较多数据的排序时,常常使用“自定义排序”对数据排序。具体步骤是:在“数据”选项卡的“排序和筛选”组中单击 排序... 按钮,弹出如图 9.31 所示的“排序”对话框,在该对话框中可根据需要增加“添加条件”,单击“添加条件”,增加排序的“次要关键字”,如图 9.32 所示。

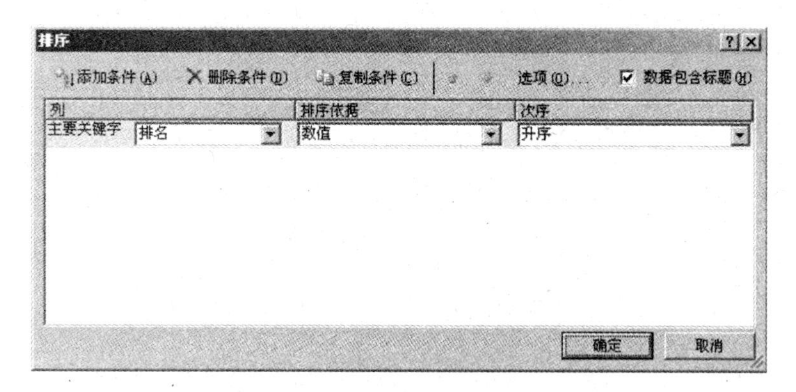

图 9.31　“排序”对话框

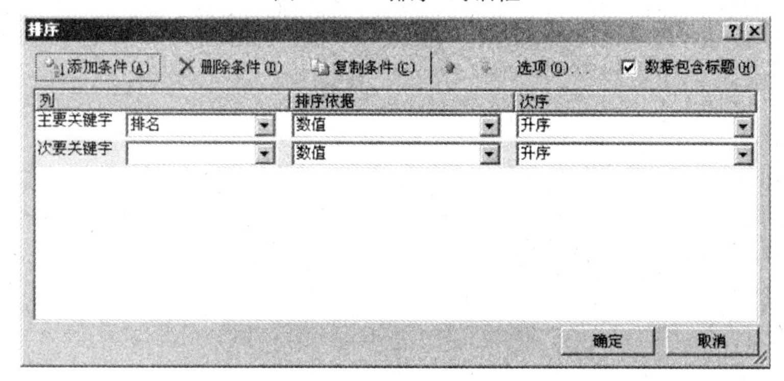

图 9.32　增加“次要关键字”

4)筛选数据

使用筛选可使数据表中仅显示那些满足条件的行,并隐藏那些不希望显示的行。Excel 中的筛选包括自动筛选和高级筛选。筛选数据后,对于筛选过的数据的子集,不需要重新排列或移动就可以复制、查找、编辑、设置格式、制作图表和打印。

(1)自动筛选

自动筛选是按照选定的内容进行排序,适用于条件简单的情况。

步骤1:选定要进行筛选操作的工作表中的任意单元格,单击“数据”选项卡的“排序和筛选”组中 筛选 按钮,即可看到每列旁边有一个下三角按钮▾,如图 9.33 所示。

	A	B	C	D	E	F	G	H
1	**电器有限公司一季度销售业绩统计表							
2	编号	姓名	部门	一月份	二月份	三月份	总额	排名
3	0007	刘大为	销售(1)部	96500	86500	90500	273500	1
4	0006	杜乐	销售(1)部	96000	72500	100000	268500	2
5	0018	李成	销售(2)部	92500	93500	77000	263000	3
6	0019	张红	销售(2)部	95000	95000	70000	260000	4
7	0001	程小丽	销售(1)部	66500	92500	95500	254500	5
8	0012	张小丽	销售(2)部	69000	89500	92500	251000	6
9	0004	刘丽	销售(1)部	79500	98500	68000	246000	7
10	0008	唐艳霞	销售(1)部	97500	76000	72000	245500	8

图 9.33　显示下拉列表框

步骤2:如要筛选“销售(1)部”的销售情况,单击 C 列中的下三角按钮▾,弹出如图 9.34

所示的下拉菜单。

步骤3:在该下拉菜单中,取消“全选”,选中“销售(1)部”,如图9.35所示。

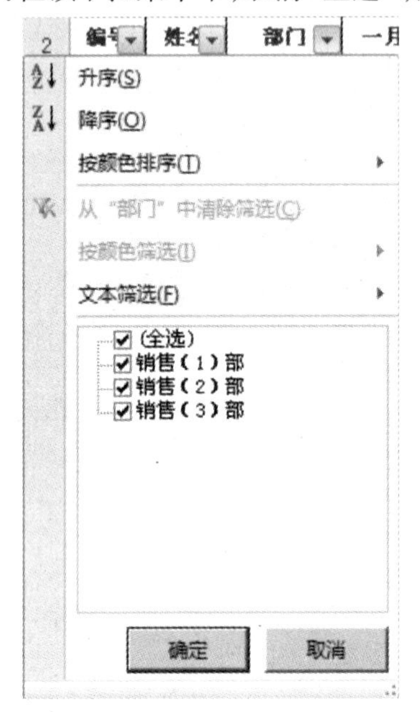

图9.34　下拉菜单

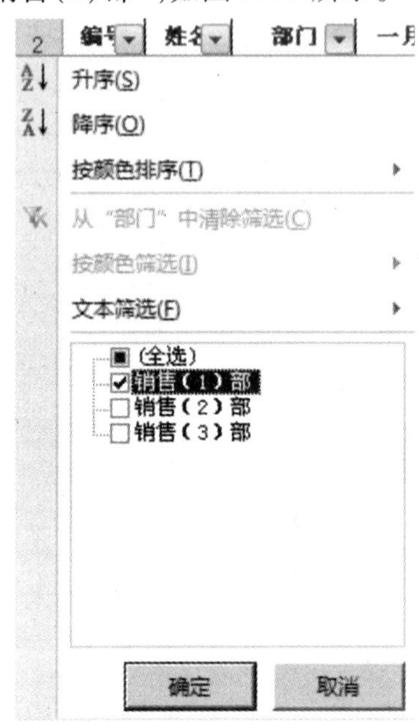

图9.35　选中“销售(1)部”

步骤4:单击 确定 按钮,筛选结果如图9.36所示。

	A	B	C	D	E	F	G	H
1	**电器有限公司一季度销售业绩统计表							
2	编号	姓名	部门	一月份	二月份	三月份	总额	排名
3	0007	刘大为	销售(1)部	96500	86500	90500	273500	1
4	0006	杜乐	销售(1)部	96000	72500	100000	268500	2
7	0001	程小丽	销售(1)部	66500	92500	95500	254500	5
9	0004	刘丽	销售(1)部	79500	98500	68000	246000	7
10	0008	唐艳霞	销售(1)部	97500	76000	72000	245500	8
15	0005	杜月	销售(1)部	82050	63500	90500	236050	13
17	0002	张艳	销售(1)部	73500	91500	64500	229500	15
18	0003	卢红	销售(1)部	75500	62500	87000	225000	16

图9.36　“自动筛选”结果

注意

自动筛选可以对多个字段进行叠加筛选,只要先在一个字段中设置筛选条件,然后在筛选结果中再对另一个字段设置筛选条件即可。

(2)高级筛选

如果要通过复杂的条件来筛选单元格区域,就要使用高级筛选命令。在使用高级筛选命令前,必须在数据表中创建一个条件区域。

注意

条件区域必须具有列标签。多个条件之间若是“并且”的关系，对应条件写在同一行；多个条件之间若是“或者”的关系，对应条件应写在不同行。

例如使用“高级筛选”筛选出“销售(1)部”且“销售排名”在“前 10”的员工记录。操作步骤如下：

步骤 1：输入列标签与筛选条件，单击要进行筛选操作工作表中的任意单元格，再单击“数据”选项卡的“排序和筛选”组中 高级 按钮，如图 9.37 所示，弹出如图 9.38 所示的“高级筛选”对话框。

	A	B	C	D	E	F	G	H
1	**电器有限公司一季度销售业绩统计表							
2	编号	姓名	部门	一月份	二月份	三月份	总额	排名
12	0011	马燕	销售（2）部	63000	99500	78500	241000	10
13	0026	许泽平	销售（3）部	94000	68050	78000	240050	11
14	0010	李丽敏	销售（2）部	58500	90000	88500	237000	12
15	0005	杜月	销售（1）部	82050	63500	90500	236050	13
16	0027	刘志刚	销售（3）部	96500	74500	63000	234000	14
17	0002	张艳	销售（1）部	73500	91500	64500	229500	15
18	0003	卢红	销售（1）部	75500	62500	87000	225000	16
19	0024	李娜	销售（3）部	85500	64500	74000	224000	17
20	0025	詹荣华	销售（3）部	86500	65500	67500	219500	18
21	0009	张恬	销售（2）部	56000	77500	85000	218500	19
22	0014	彭旸	销售（2）部	74000	72500	67000	213500	20
23	0013	刘艳	销售（2）部	72500	74500	60500	207500	21
24	0022	黄海生	销售（3）部	62500	57500	85000	205000	22
25	0023	唐艳霞	销售（3）部	63500	73000	65000	201500	23
26	0021	杜乐	销售（3）部	62500	76000	57000	195500	24
27								
28					部门	排名		
29					销售（1）部	<10		
30								
31								

图 9.37　输入列标签与筛选条件

步骤 2：在“高级筛选”对话框中单击“列表区域”右侧的压缩对话框按钮，选定列表区域 Sheet1！A2：H26，然后单击“条件区域”右侧的压缩对话框按钮，选定条件区域 Sheet1！E28：F29，如图 9.39 所示。

步骤 3：单击 确定 按钮，得到如图 9.40 所示的结果。

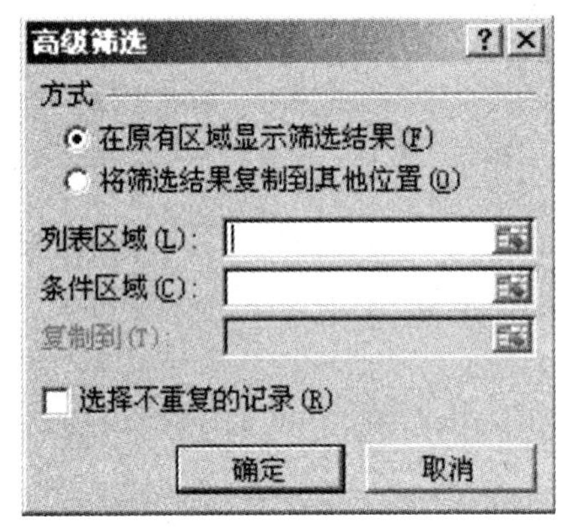

图 9.38 “高级筛选”对话框

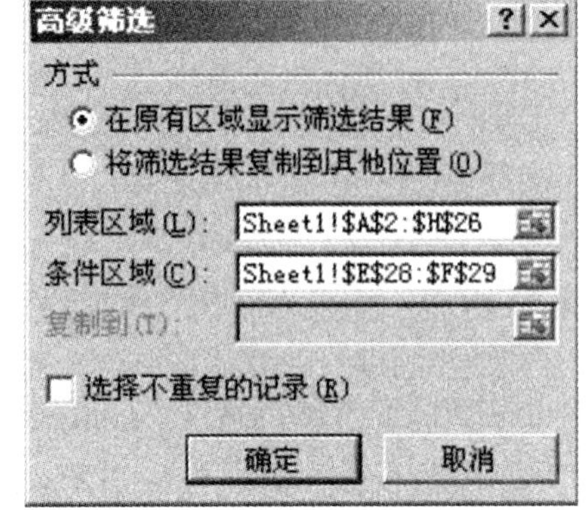

图 9.39 选定相应的区域

	A	B	C	D	E	F	G	H
1	**电器有限公司一季度销售业绩统计表							
2	编号	姓名	部门	一月份	二月份	三月份	总额	排名
3	0007	刘大为	销售(1)部	96500	86500	90500	273500	1
4	0006	杜乐	销售(1)部	96000	72500	100000	268500	2
7	0001	程小丽	销售(1)部	66500	92500	95500	254500	5
9	0004	刘丽	销售(1)部	79500	98500	68000	246000	7
10	0008	唐艳霞	销售(1)部	97500	76000	72000	245500	8
27								
28					部门	排名		
29					销售(1)部	<10		

图 9.40 “高级筛选”结果

注意

若要取消“高级筛选”的结果,可单击“数据”选项卡“排序和筛选”组中的“清除”按钮 清除 。

5)分类汇总

分类汇总是对数据清单进行数据分析的一种方法。分类汇总对数据库中指定的字段进行分类,然后统计同一类记录的有关信息。统计的内容可以由用户指定,也可以统计同一类记录的记录条数,还可以对某些数值段求和、求平均值、求极值等。

在执行分类汇总之前,首先应对数据列表进行排序,将数据列表中关键字相同的一些记录集中在一起。例如对“销售业绩统计表”按“部门”汇总出各部门的销售总额的平均值。操作步骤如下:

步骤 1:选中“部门”所在列中的任意单元格,然后对该列进行升序或降序排序(以升序为例),排序后的结果如图 9.41 所示,可看出关键字相同的一些记录集中在一起。

步骤 2:选定数据列表中的任意一个单元格。

步骤 3:单击“数据”选项卡上“分级”显示组中的“分类汇总”按钮 分类汇总 ,打开如图 9.42 所示的“分类汇总”对话框。

步骤 4:在“分类汇总”对话框中选择“分类字段”为“部门”,“汇总方式”为“平均值”,“选定汇总项”为“总额”,然后单击 确定 按钮,得到如图 9.43 所示的“分类汇总”结果。

	A	B	C	D	E	F	G	H
1	**电器有限公司一季度销售业绩统计表							
2	编号	姓名	部门	一月份	二月份	三月份	总额	排名
3	0007	刘大为	销售（1）部	96500	86500	90500	273500	1
4	0006	杜乐	销售（1）部	96000	72500	100000	268500	2
5	0001	程小丽	销售（1）部	66500	92500	95500	254500	5
6	0004	刘丽	销售（1）部	79500	98500	68000	246000	7
7	0008	唐艳霞	销售（1）部	97500	76000	72000	245500	8
8	0005	杜月	销售（1）部	82050	63500	90500	236050	13
9	0002	张艳	销售（1）部	73500	91500	64500	229500	15
10	0003	卢红	销售（1）部	75500	62500	87000	225000	16
11	0018	李成	销售（2）部	92500	93500	77000	263000	3
12	0019	张红	销售（2）部	95000	95000	70000	260000	4
13	0012	张小丽	销售（2）部	69000	89500	92500	251000	6
14	0020	李诗	销售（2）部	97000	75500	73000	245500	8
15	0011	马燕	销售（2）部	63000	99500	78500	241000	10
16	0010	李丽敏	销售（2）部	58500	90000	88500	237000	12
17	0009	张恬	销售（2）部	56000	77500	85000	218500	19
18	0014	彭旸	销售（2）部	74000	72500	67000	213500	20
19	0013	刘艳	销售（2）部	72500	74500	60500	207500	21
20	0026	许泽平	销售（3）部	94000	68050	78000	240050	11
21	0027	刘志刚	销售（3）部	96500	74500	63000	234000	14
22	0024	李娜	销售（3）部	85500	64500	74000	224000	17
23	0025	詹荣华	销售（3）部	86500	65500	67500	219500	18
24	0022	黄海生	销售（3）部	62500	57500	85000	205000	22
25	0023	唐艳霞	销售（3）部	63500	73000	65000	201500	23
26	0021	杜乐	销售（3）部	62500	76000	57000	195500	24

图 9.41　按“部门”排序

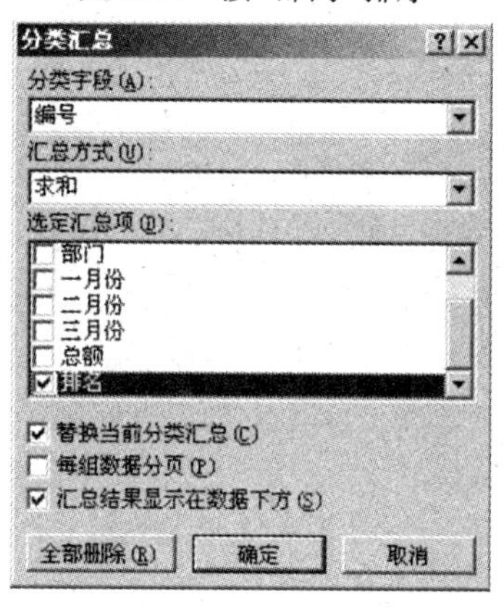

图 9.42　“分类汇总”对话框

	A	B	C	D	E	F	G	H
1	**电器有限公司一季度销售业绩统计表							
2	编号	姓名	部门	一月份	二月份	三月份	总额	排名
3	0007	刘大为	销售（1）部	96500	86500	90500	273500	1
4	0006	杜乐	销售（1）部	96000	72500	100000	268500	2
5	0001	程小丽	销售（1）部	66500	92500	95500	254500	5
6	0004	刘丽	销售（1）部	79500	98500	68000	246000	8
7	0008	唐艳霞	销售（1）部	97500	76000	72000	245500	9
8	0005	杜月	销售（1）部	82050	63500	90500	236050	15
9	0002	张艳	销售（1）部	73500	91500	64500	229500	17
10	0003	卢红	销售（1）部	75500	62500	87000	225000	18
11		销售（1）部 平均值					247318.75	
12	0018	李成	销售（2）部	92500	93500	77000	263000	3
13	0019	张红	销售（2）部	95000	95000	70000	260000	4
14	0012	张小丽	销售（2）部	69000	89500	92500	251000	6
15	0020	李诗	销售（2）部	97000	75500	73000	245500	9
16	0011	马燕	销售（2）部	63000	99500	78500	241000	11
17	0010	李丽敏	销售（2）部	58500	90000	88500	237000	14
18	0009	张恬	销售（2）部	56000	77500	85000	218500	21
19	0014	彭旸	销售（2）部	74000	72500	67000	213500	22
20	0013	刘艳	销售（2）部	72500	74500	60500	207500	23
21		销售（2）部 平均值					237444.44	
22	0026	许泽平	销售（3）部	94000	68050	78000	240050	12
23	0027	刘志刚	销售（3）部	96500	74500	63000	234000	16
24	0024	李娜	销售（3）部	85500	64500	74000	224000	19
25	0025	詹荣华	销售（3）部	86500	65500	67500	219500	20
26	0022	黄海生	销售（3）部	62500	57500	85000	205000	24
27	0023	唐艳霞	销售（3）部	63500	73000	65000	201500	25
28	0021	杜乐	销售（3）部	62500	76000	57000	195500	26
29		销售（3）部 平均值					217078.57	
30			总计平均值				234795.83	

图 9.43　“分类汇总”结果

注意

若要取消“分类汇总”的结果,恢复数据列表的初始状态,操作步骤为:选定分类汇总数据列表中任意一个单元格,然后打开“分类汇总”对话框,单击该对话框中的“全部删除”按钮,最后单击“确定”按钮,即可清除分类汇总。

6)创建图表

为了能更加直观地表达表格中的数据,可将数据以图表的形式表示。通过图表可以清楚地了解各个数据的大小以及数据的变化情况,方便对数据进行对比和分析。

Excel 2007 自带各种各样的图表,如柱形图、折线图、饼图、条形图、面积图、散点图等,各种图表各有优点,适用于不同的场合。图表的组成如图 9.44 所示。

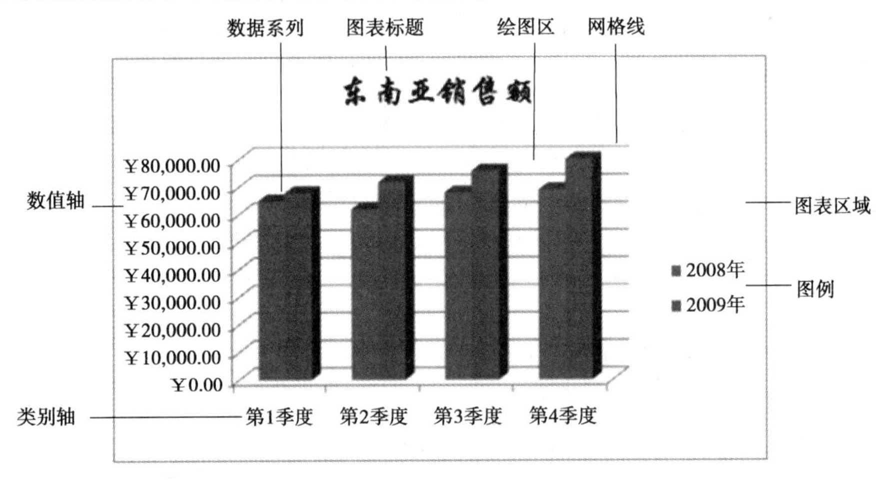

图 9.44　图表的组成

图表分为嵌入式图表和独立图表两类。嵌入式图表与源数据放在同一张工作表中,打印时同时打印。独立图表与源数据放在不同的工作表中,打印时也是分开打印。

现在创建“销售业绩统计表”前两位员工“总额”的嵌入式图表。

步骤 1:选定用于创建图表的数据“B2:B4”,按住 Ctrl 键同时选定“C2:C4”区域。

步骤 2:打开“插入”选项卡,单击“图表”组中“柱形图”按钮,如图 9.45 所示;然后单击“三维柱形图”中“三维簇状柱形图”按钮,得到如图 9.46 所示的嵌入式图表。

注意

若要编辑图表,可通过如图 9.47 所示的“设计”选项卡中的命令设置。

若要修改图表布局,可通过如图 9.48 所示的“布局”选项卡中的命令设置。

若要设置图表格式,可通过如图 9.49 所示的“格式”选项卡中的命令设置。

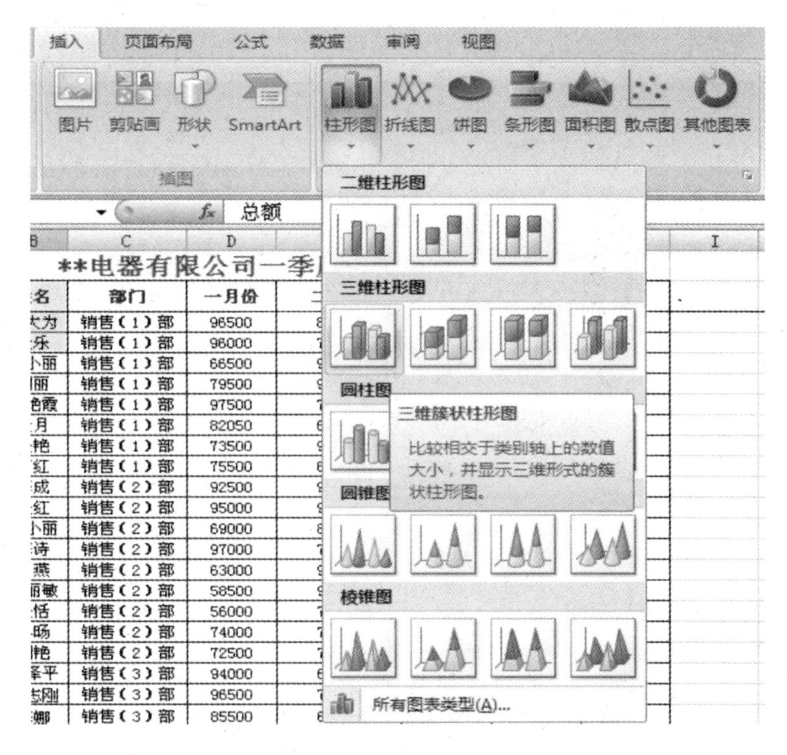

图 9.45　选择图表类型

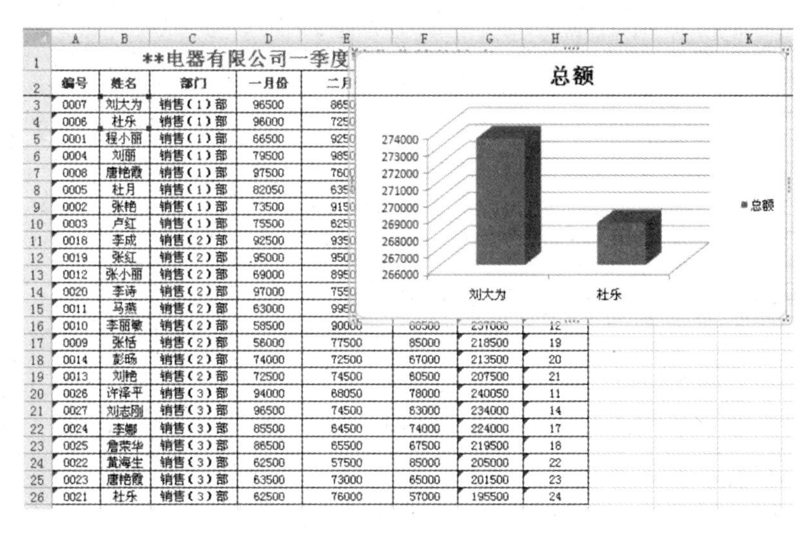

图 9.46　创建图表效果

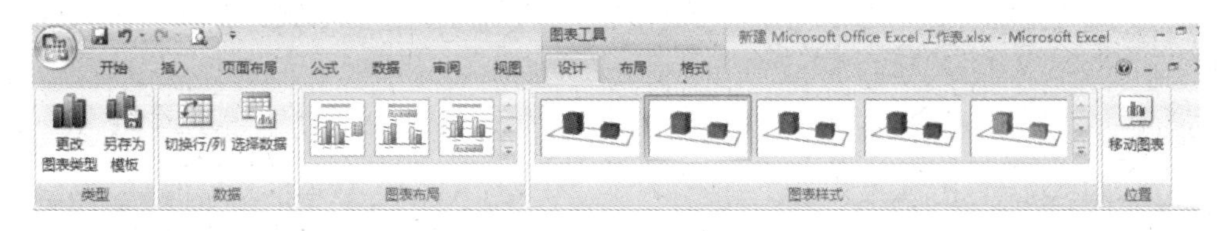

图 9.47　“设计”选项卡

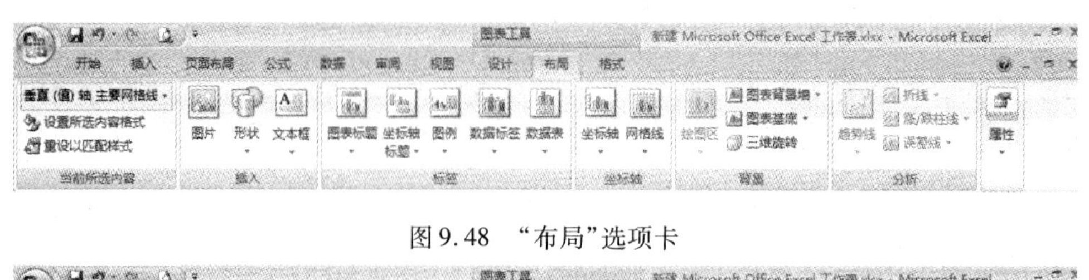

图 9.48 “布局”选项卡

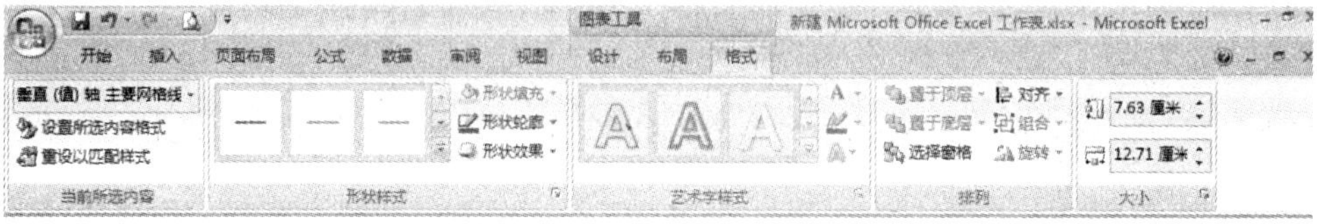

图 9.49 “格式”选项卡

习 题

1. 填空题

(1)工作簿是 Excel 2007 中计算和存储数据的文件,扩展名为________。

(2)每个工作簿内最多可以有________个工作表,当前工作的只有一个,叫做________。

(3)按________键可以同时选中多个连续的工作表,按________键则同时选中多个不连续工作表。

(4)在 Excel 2007 中,A1 和 A2 单元格中的数字分别是“1”和“5”。选定这两个单元格之后,用填充柄填充到“A3:A5”单元格区域,A4 单元格中的值是________。

(5)在 Excel 2007 中,按________键可以输入当前日期。

(6)在 Excel 2007 中,日期型数据在单元格内自动________(左/右)对齐。

(7)在 Excel 2007 中,函数“ =AVERAGE(1,2,3)”的值是________。

(8)要使单元格的列宽正好显示出数据,可以在列标的分隔线上________(单/双)击。

(9)在单元格中输入公式“ =IF(1 +1 =2,“天才”,“奇才”)”后,显示结果是________。

2. 选择题

(1)在 Excel 2007 中,当公式中出现被“0”(零)除的情况时,会产生(　　)错误信息。

A. “######”　　B. “#VALUE!”　　C. “#DIV/0!”　　D. “#NAME?”

(2)在 Excel 2007 中,公式“ =MIN(4,3,2,1)”的值是(　　)。

A. 1　　B. 2　　C. 3　　D. 4

(3)函数 AVERAGE(A1:B5)相当于(　　)。

A. 求(A1:B5)区域的最小值　　B. 求(A1:B5)区域的平均值

C. 求(A1B5)区域的最大值　　D. 求(A1:B5)区域的总和

(4)在 Excel 2007 中,(　　)是绝对地址。在复制或填充公式时,系统不会改变公式中的绝对地址。

A. A1　　B. $A1　　C. A $1　　D. $A $1

(5)在 Excel 2007 中,公式" =IF(1 <2,3,4)"的值是(　　)。

A. 4　　B. 3　　C. 2　　D. 1

(6)在 Excel 2007 中,求最小值的函数是(　　)。

A. IF　　B. COUNT　　C. MIN　　D. MAX

(7)在 Excel 2007 工作表中,用于表示单元格绝对引用的符号是(　　)。

A. #　　B. %　　C. —　　D. $

(8)在 Excel 2007 中,与公式" =SUM(A1:A3,B1)"等价的公式是(　　)。

A. " =A1 +A3 +B1"　　B. " =A1 +A2 +A3"

C. " =A1 +A2 +A3 -B1"　　D. " =A1 +A2 +A3 +B1"

(9)在 Excel 2007 中,单元格区域"A1:B3"共有(　　)个单元格。

A. 4　　B. 6　　C. 8　　D. 10

3. 判断题

(1)在选定区域内移动活动单元格可以使用鼠标左键或者方向键。　(　　)

(2)在工作表的保护中,密码区分大小写。　(　　)

(3)对数字格式的数据,Excel 默认为右对齐。　(　　)

(4)在 Excel 2007 中,MIN 和 SUM 函数功能相同。　(　　)

(5)在 Excel 2007 中,条件格式可以对多个条件设置格式。　(　　)

(6)在 Excel 2007 中,MAX 是求最大单元格地址的函数。　(　　)

(7)在 Excel 2007 中,SUM 函数的参数必须是单元格引用。　(　　)

(8)在 Excel 2007 中,默认的单元格引用方式是混合地址。　(　　)

(9)在 Excel 2007 中,公式填充或复制时,公式中的混合地址不变。　(　　)

(10)在 Excel 2007 中,工作薄包含工作表。　(　　)

(11)在 Excel 2007 中,A1 ~ A2 是一个单元格区域引用。　(　　)

第10章 演示文稿软件 PowerPoint 2007

PowerPoint 2007 是最为常用的演示软件制作软件。它主要应用于设计制作广告宣传、产品演示、会议报告、多媒体教学等方面。利用 PowerPoint,不但可以创建演示文稿,还可以在互联网上召开面对面会议、远程会议或在网页上给观众展示演示文稿。随着办公自动化的普及,PowerPoint 的应用越来越广泛。

教学目的:

- 掌握 Power Point 2007 的基本创建过程;
- 了解演示文稿视图之间的区别;
- 掌握在演示文稿中插入对象的方法;
- 掌握演示文稿播放效果的设置方法;
- 了解演示文稿的页面设置及打印等操作。

10.1 制作新员工入职培训幻灯片

本节通过制作如图 10.1 所示的"新员工入职培训幻灯片",学习 PowerPoint 2007 的基本操作,包括创建幻灯片、编辑幻灯片和丰富幻灯片的内容等。

10.1.1 相关知识点

1) PowerPoint 2007 的工作界面

使用前面所讲的方法启动 PowerPoint 2007,可打开它的工作界面,如图 10.2 所示。

2) 常用术语

(1) 演示文稿

一个 PowerPoint 文件称为一份演示文稿。演示文稿名就是文件名,其扩展名为.pptx。

(2) 幻灯片

幻灯片是指由用户创建和编辑的每一张演示单页,是演示文稿的一种表现形式。一个演示文稿由若干张幻灯片组成。

(3) 对象

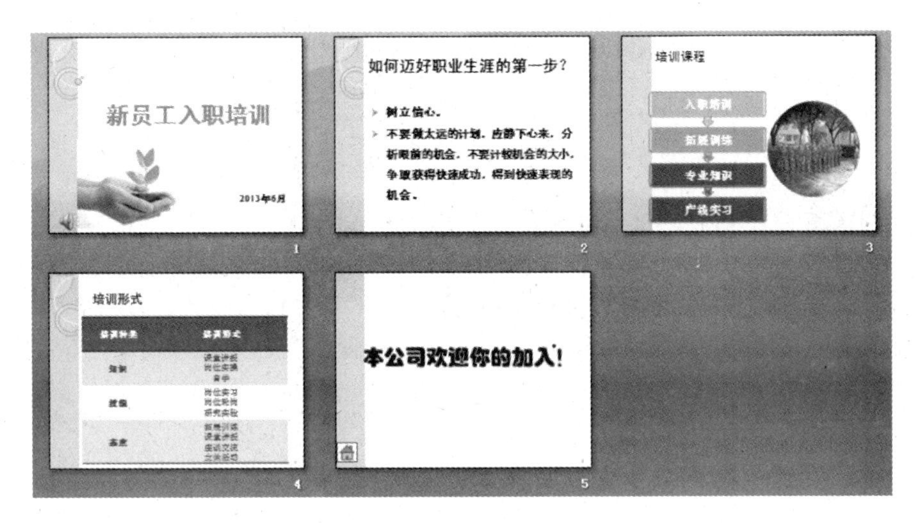

图 10.1　最终效果图

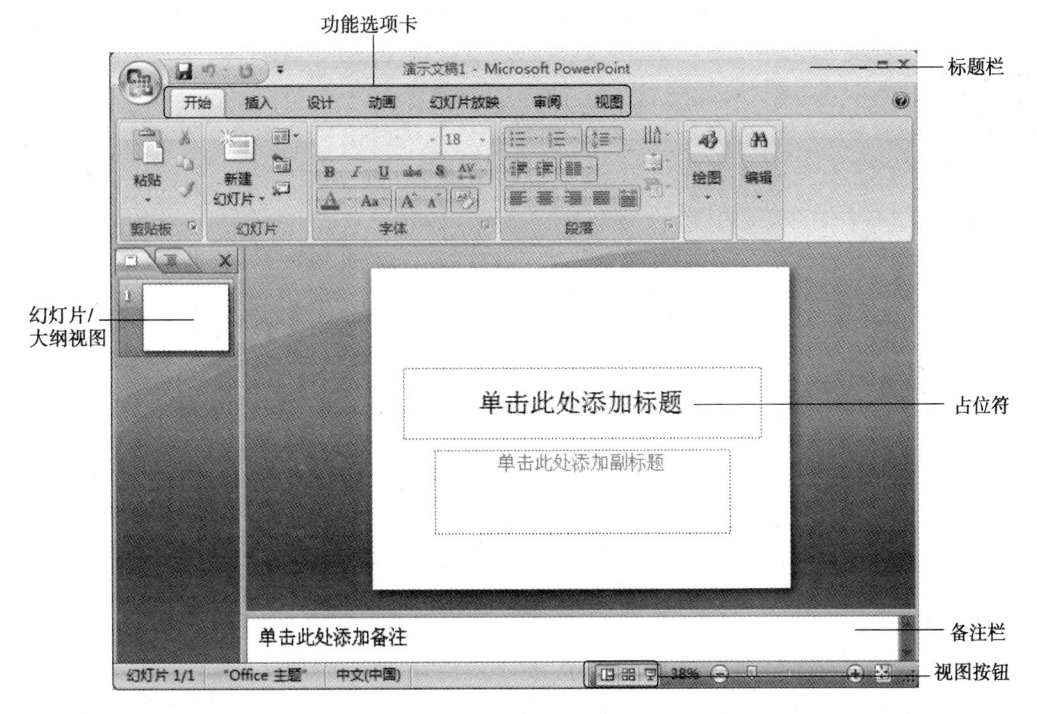

图 10.2　PowerPoint 2007 窗口

对象是构成幻灯片的基本元素。加入幻灯片中的文字、图片、表格甚至视频图像等都称为对象。

(4)母版

所谓母版，实际上就是一张特殊的幻灯片，可以看作一个用于构建其他幻灯片的框架。

(5)演讲者备注

每一张幻灯片都可以有相应的备注。用户可以在备注窗格添加与观众共享的备注信息。

(6)讲义

讲义是用户需要打印幻灯片时选择的一项打印内容，可以选择每页纸张打印的幻灯片数，选择水平顺序或者垂直顺序排放,以及选择是否加边框等。

3)视图方式

(1)普通视图

当启动 PowerPoint 并创建一个新演示文稿时,通常会直接进入普通视图中,可以在其中输入、编辑和格式化文字,管理幻灯片以及输入备注信息。

(2)幻灯片浏览视图

在幻灯片浏览视图中,能够看到整个演示文稿的外观。在该视图中,可以对演示文稿进行编辑,包括改变幻灯片的背景设计,调整幻灯片的顺序,添加、复制或删除幻灯片等。

(3)备注页视图

在一个典型的备注页视图中,可以看到在幻灯片图像的下方带有备注页方框。可以打印一份备注页作为参考。

(4)幻灯片放映视图

幻灯片放映视图能以动态形式显示演示文稿中的各张幻灯片。创建演示文稿时,可通过放映幻灯片来预览演示文稿。若对放映效果不满意,可按“Esc”键退出放映,然后进行修改。

4)演示文稿的设计原则

①尽量减少每张幻灯片的文字内容,因为大量的文字会使观众感到乏味。

②正文字体颜色与所选择的模板颜色对比度要大,突出主体内容。

③其他无关项不能喧宾夺主,在幻灯片中插入的图片或其他内容要与主体内容有关。

④设置动画不要太乱。动画可以体现内容讲解的次序,不要设置多余花哨、烦琐的动画。

10.1.2 制作步骤

1)启动 PowerPoint 2007

PowerPoint 2007 提供了多种创建演示文稿的方法,有创建空白演示文稿、根据模板创建、根据现有内容创建等方法。在此介绍“创建空白演示文稿”的方法。

步骤1:单击 Office 按钮,在弹出的菜单中选择 新建(N) 命令,弹出“新建演示文稿”对话框,如图10.3所示。

步骤2:在该对话框中选择“空白演示文稿”选项,单击 创建 按钮,即可创建一个如图10.2所示的空白演示文稿。

2)制作第一张幻灯片

(1)添加文本

文字是演示文稿中至关重要的部分,它对文稿中的主题、问题的说明与阐述具有其他方式不可替代的作用。无论是新建文稿时创建的空白幻灯片,还是使用模板创建的幻灯片,都类似一张白纸,需要用户将表达的内容用文字表达出来。

现在添加第一张幻灯片中的文本内容:“新员工入职培训”。在幻灯片中输入文本有在占位符中输入和利用文本框添加两种方式。占位符中输入文本的步骤为:

步骤1:用鼠标单击占位符,占位符中即出现输入提示符,此时直接在占位符中输入文本内容:“新员工入职培训”。

步骤2:选定所输入的文本内容,利用“开始”选项卡“字体”组中命令设置字符格式为黑体、字号为 66 磅、浅蓝色,效果如图 10.4 所示。

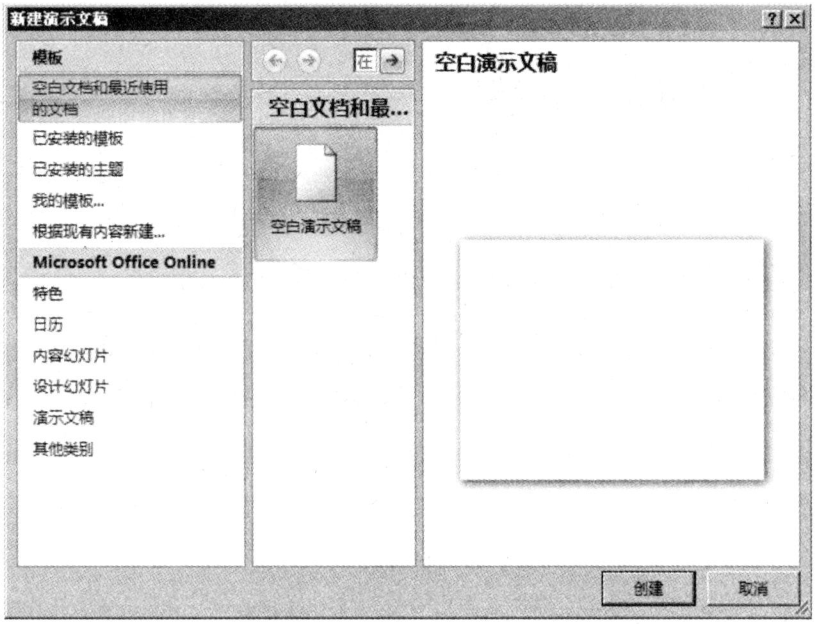

图 10.3　“新建演示文稿”对话框

图 10.4　输入文本

(2)插入日期

在第一张幻灯片第二个占位符处插入当前的日期,并将该日期添加至该幻灯片右下角的位置。具体步骤如下:

步骤 1:用鼠标单击第二个占位符。

步骤 2:单击“插入”选项卡上“文本”组中的“日期和时间”按钮,打开“日期和时间”对话框,如图 10.5 所示。

步骤 3:在“日期和时间”对话框中选择“2013 年 6 月”格式,然后单击确定按钮,即可完成添加日期的操作。

步骤 4:单击插入日期的虚线框,将鼠标放置在虚线框上 8 个白色控制点的任何一个上,按住鼠标左键并拖动,调整文本框的大小,拖动文本框至该幻灯片的右下角,效果如图 10.6 所示。

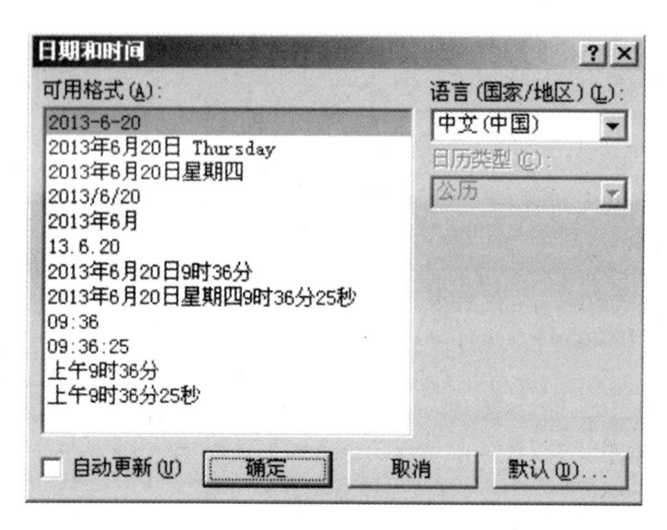

图 10.5 “日期和时间”对话框

图 10.6 插入日期效果图

(3)插入图片

图片是幻灯片中不可缺少的组成元素,它可以形象、生动地表达作者的意思。图片可以是剪贴画、来自文件的图片。

下面在第一张幻灯片中插入来自文件的图片。

步骤 1:单击“插入”选项卡上“插图”组中的“图片”按钮,打开“插入图片”对话框,从中选择图片所处的位置,如图 10.7 所示。

步骤 2:选定图片,单击 插入(S) 按钮,完成图片的插入。用鼠标拖动图片,将图片放于该幻灯片的左下角,效果如图 10.8 所示。

(4)插入声音文件

声音文件属于多媒体文件。PowerPoint 2007 中可供插入的媒体文件有剪辑管理器中的影片、文件中的影片、剪辑管理器中的声音、文件中的声音等。

第一张幻灯片中插入的声音为文件中的声音,具体操作步骤如下:

步骤 1:单击“插入”选项卡上“媒体剪辑”组中的“声音”按钮,在下拉菜单中选择“文件

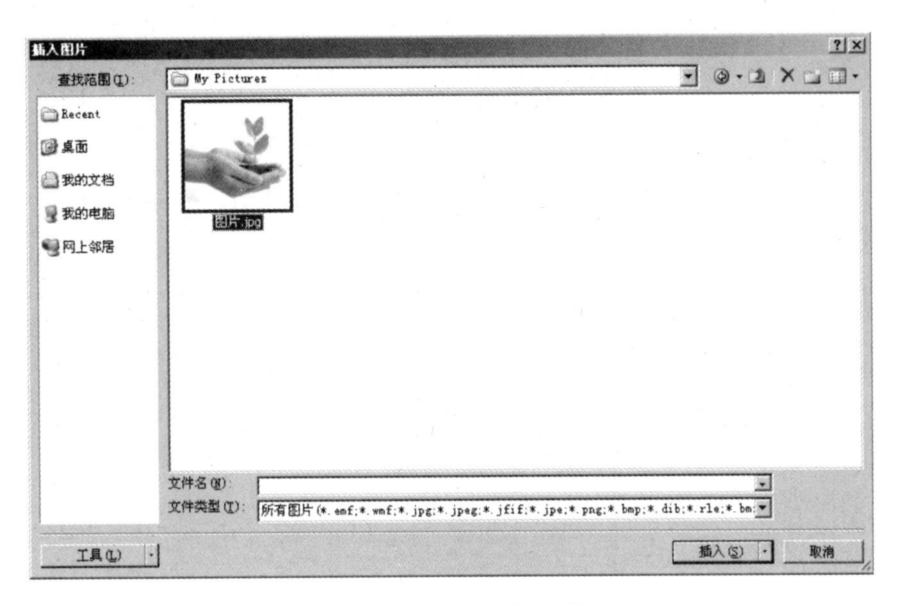

图 10.7　“插入图片”对话框

图 10.8　插入图片效果图

中的声音”,打开“插入声音”对话框,选择声音所在的文件夹,如图 10.9 所示。

步骤 2:选定所需的声音,单击 确定 按钮,系统弹出如图 10.10 所示的提示对话框,用户可通过该对话框确定声音播放的方式。在本幻灯片中单击 在单击时(C) 按钮,此时幻灯片中出现声音文件图标。

步骤 3:用鼠标拖动声音文件至幻灯片的左下角。

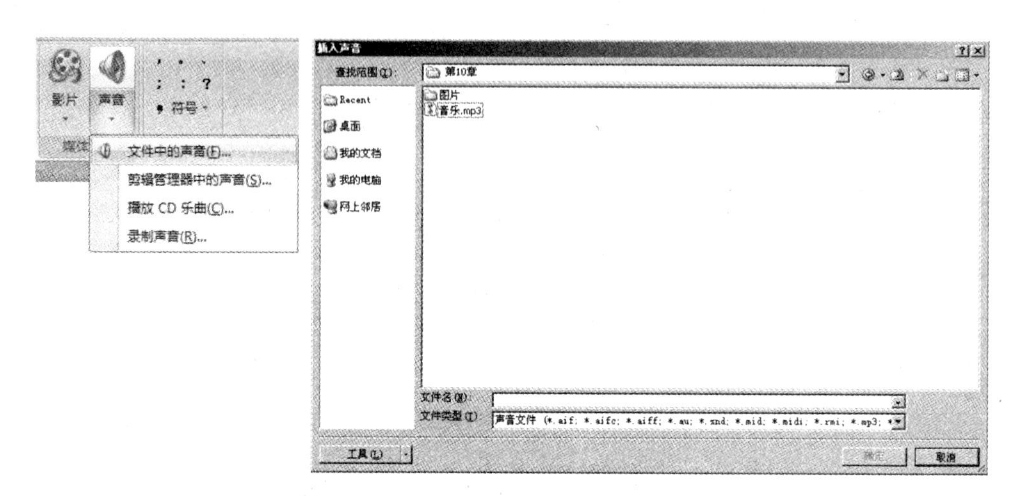

图 10.9 “插入声音”对话框

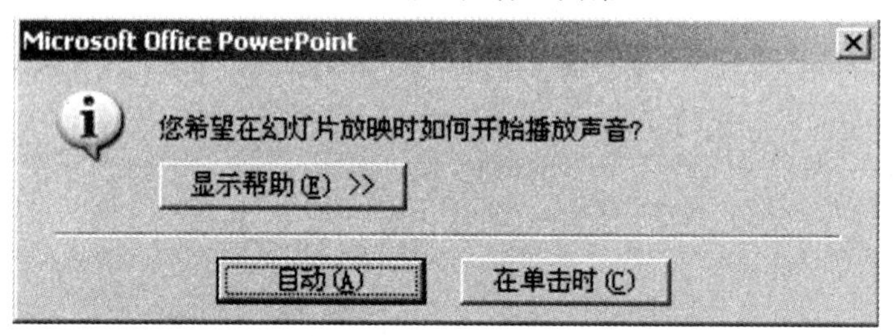

图 10.10 插入声音文件时的提示对话框

注意

若对要播放的声音文件进行设置,可选择声音文件图标,利用在功能区中出现特定的“声音工具”的“ 选项卡,如图 10.11 所示。

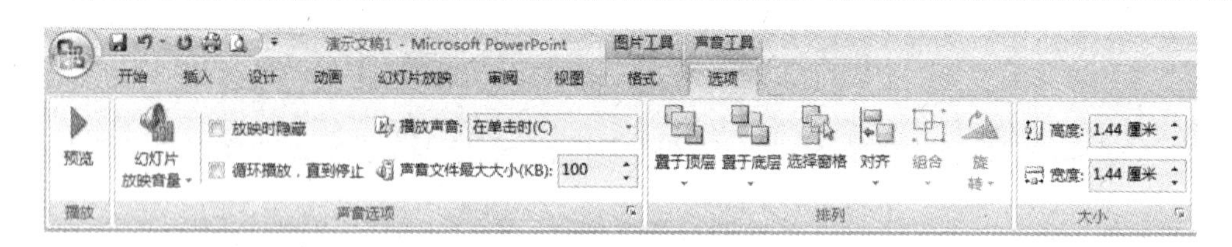

图 10.11 声音文件选项

(5)插入幻灯片编号

幻灯片编号可看出幻灯片所处的位置,具体操作步骤如下:

步骤 1:单击“插入”选项卡上“文本”组中的“幻灯片编号”按钮 幻灯片编号 ,打开“页眉和页脚”对话框,如图 10.12 所示。

步骤 2:在该对话框中选定“幻灯片编号”命令,然后单击 全部应用(Y) 按钮,完成对幻灯片编号的添加。

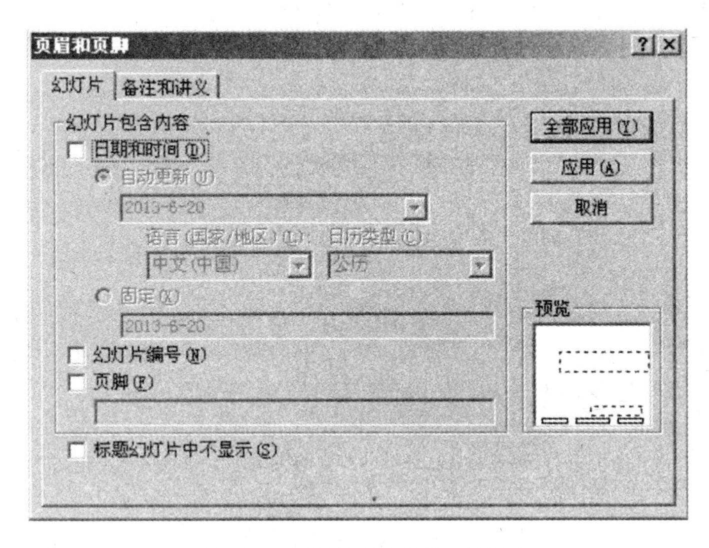

图 10.12　“页眉和页脚”对话框

(6)设置主题

主题是一套统一的设计元素和配色方案,是为幻灯片提供的一套完整的格式集合。其中包括主题颜色(配色方案的集合)、主题文字(标题文字和正文文字的格式集合)和相关主题效果(如线条或填充效果的格式集合)。利用主题,可以非常容易地创建具有专业水准、设计精美的演示文稿。

PowerPoint 2007 自带了多种预设主题,用户在创建演示文稿的过程中可以直接使用这些主题。

步骤 1:单击“设计”选项卡上“主题”组,单击右端的“其他”下拉按钮,可查看到所有可用的文档主题,如图 10.13 所示。

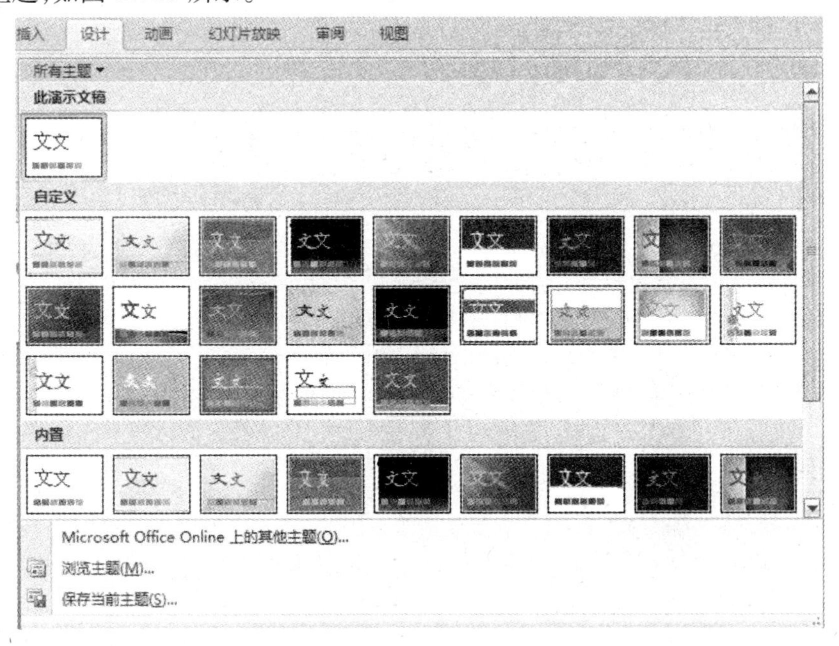

图 10.13　演示文稿的主题

步骤2:从打开的主题中选择第三行的第一个主题,用鼠标单击所选择的主题,完成对幻灯片主题的设置,效果如图10.14所示。

图10.14　第一张幻灯片的效果图

3)制作第二张幻灯片

(1)添加空白幻灯片

在普通视图或幻灯片浏览视图中均可插入空白幻灯片。在普通视图下插入幻灯片的具体操作步骤如下:

步骤1:单击“开始”选项卡上“幻灯片”组的“新建幻灯片”按钮,打开“新建幻灯片”下拉列表,如图10.15所示。

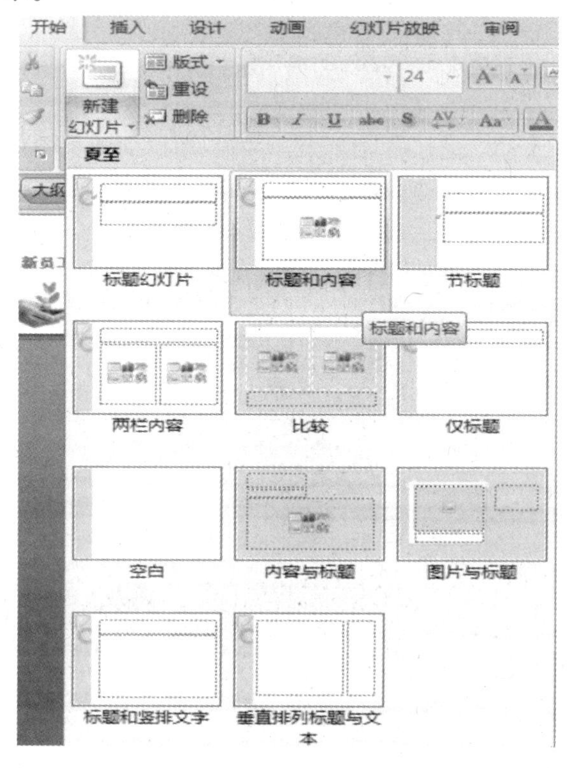

图10.15　“新建幻灯片”下拉列表

步骤 2:从“新建幻灯片”下拉列表中选择“标题和内容”版式,完成第二张幻灯片的添加,效果如图 10.16 所示。

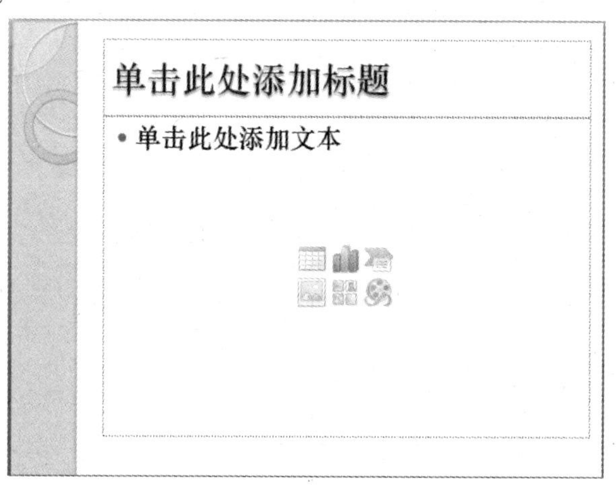

图 10.16　添加第二张幻灯片

(2)输入文本

在第二张幻灯片中添加文本内容,如图 10.17 所示。

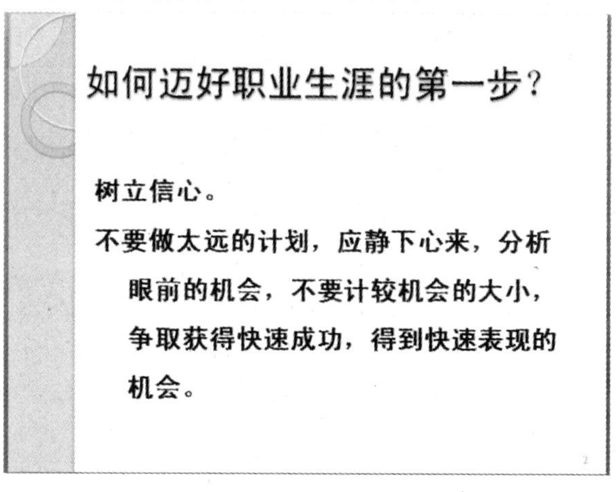

图 10.17　输入文本

(3)添加项目符号

为文本内容添加项目符号,具体操作步骤如下:

步骤 1:选定要添加项目符号的文本。

步骤 2:单击“开始”选项卡上“段落”组的“项目符号”按钮,打开其下拉列表,如图 10.18 所示。

步骤 3:从打开的下拉列表中选择项目符号,完成项目符号的添加,得到第二张幻灯片的效果图,如图 10.19 所示。

4)制作第三张幻灯片

利用前面讲述的方法添加第三张幻灯片,选择“标题和内容”的版式,添加标题内容为“培训课程”。

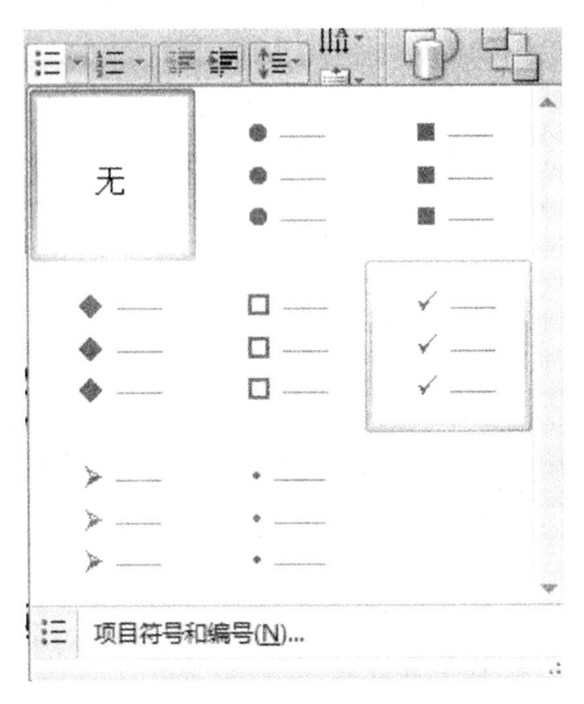

图 10.18　添加项目符号

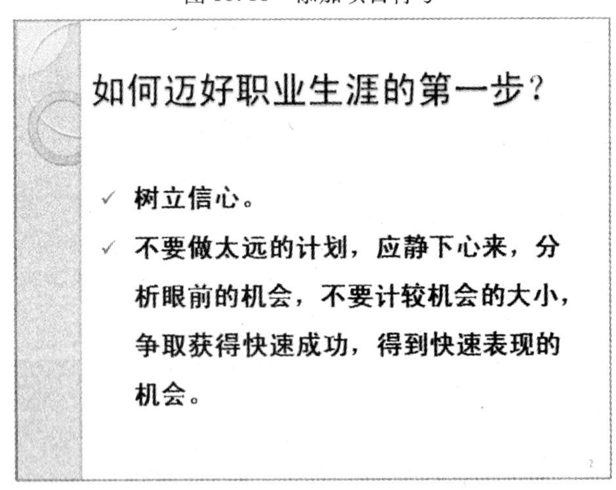

图 10.19　第二张幻灯片的效果图

(1)插入 SmartArt 图形

SmartArt 图形是信息和观点的视觉表示形式,可以在多种布局中创建不同的 SmartArt 图形,从而快速、轻松、有效地传递信息。

步骤 1:在“插入”选项卡中的“插图”选项区中单击“SmartArt”按钮,弹出“选择 SmartArt 图形”对话框,如图10.20所示。

步骤 2:从该对话框选择“垂直流图”,单击 确定 按钮,即可在幻灯片中插入 SmartArt 图形,如图 10.21 所示。

步骤 3:选定其中一个文本框,单击右键,弹出快捷菜单,从中选择“添加形状”→“在后面添加形状”,如图10.22所示,即可添加另外一个文本框。

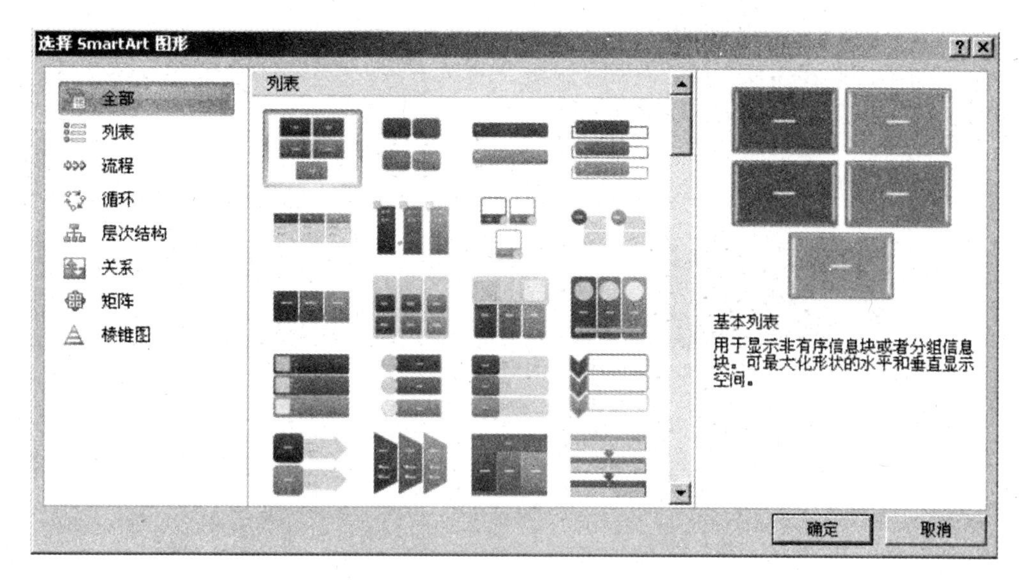

图 10.20　“选择 SmartArt 图形”对话框

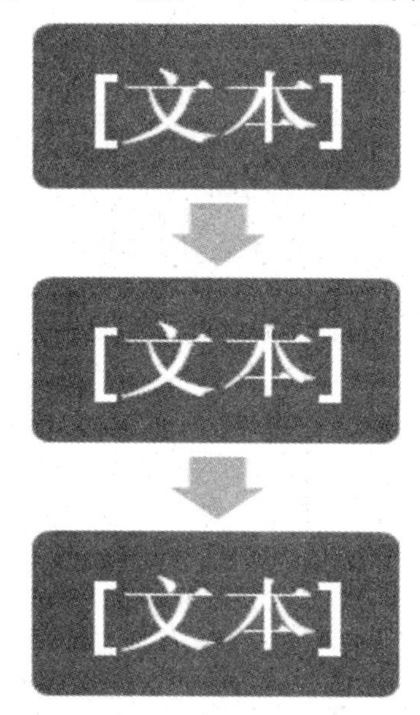

图 10.21　插入 SmartArt 图形

步骤 4:双击插入的 SmartArt 图形,在功能区出现“SmartArt 工具”的“设计”选项卡,如图 10.23 所示。

步骤 5:用该“设计”选项卡设计 SmartArt 图形的颜色和三维样式,并在文本框中输入文字内容,得到绘制好的 SmartArt 图形效果图,如图 10.24 所示。

(2)插入图片

利用前面介绍的方法在第三张幻灯片中插入图片,如图 10.25 所示。

当用户将各种图形插入到幻灯片中以后,还可以根据需要对图片进行相应的编辑调整,以使其更符合用户的实际需要。

图片被插入幻灯片中后,用户不仅可以精确地调整它的位置和大小,还可以进行旋转图片、裁剪图片、添加图片边框及压缩图片等操作。

对该图片进行编辑的步骤是:选中图片,在“图片工具格式”选项卡的“图片样式”组中单击“柔化边缘椭圆”样式,得到图片的效果图,如图 10.26 所示。

图 10.22　SmartArt 图形的快捷菜单

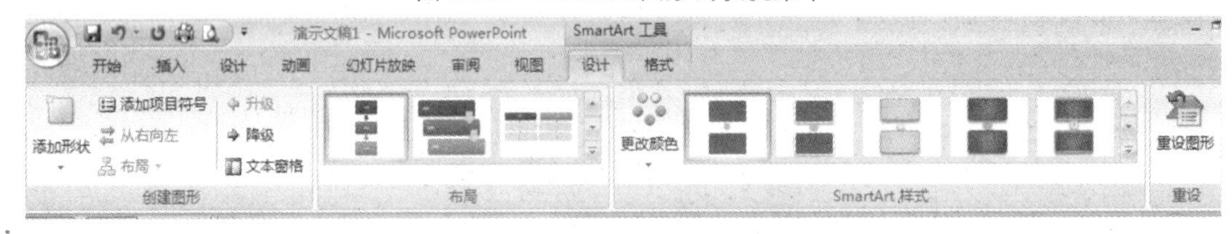

图 10.23　“SmartArt 工具”的“设计”选项卡

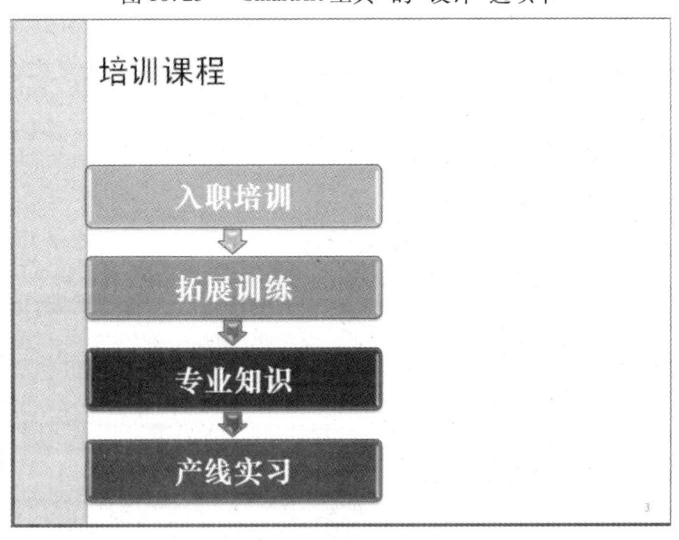

图 10.24　SmartArt 图形效果图

图 10.25　插入图片

图 10.26　第三张幻灯片的效果图

5）制作第四张幻灯片

添加第四张空白幻灯片，选择“标题和内容”版式，输入标题为“培训形式”，按照案例要求在该幻灯片中插入表格。

表格也是 PowerPoint 2007 中经常要用到的，用户可以十分方便地创建具有特定格式的表格和图表。

在 PowerPoint 2007 中插入表格的方法有 3 种，现在以其中一种方法说明如何插入表格。

步骤 1：单击“插入”选项卡上“表格”组的“插入表格”按钮，打开其下拉列表，如图 10.27 所示。在表格预览框中拖动鼠标，即可在幻灯片中创建相应行列数的表格，如图 10.28 所示。

图 10.27 “表格”下拉列表

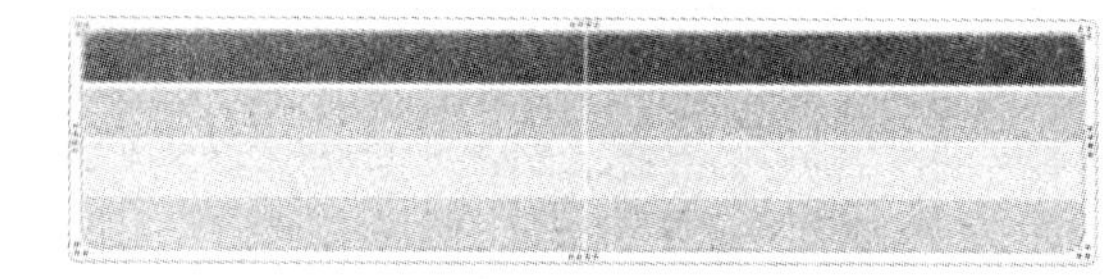

图 10.28 创建的表格

注意

插入表格方法二:在表格下拉列表中选择“插入表格”选项,弹出“插入表格”对话框,如图 10.29 所示。在列数和行数文本框中输入数值,单击“确定”按钮,即可创建表格。

插入表格方法三:在表格下拉列表中选择“绘制表格”选项,鼠标指针将会变成铅笔形状,此时在幻灯片中单击并拖动鼠标,即可绘制一个 1 行 1 列的表格,如图 10.30 所示。

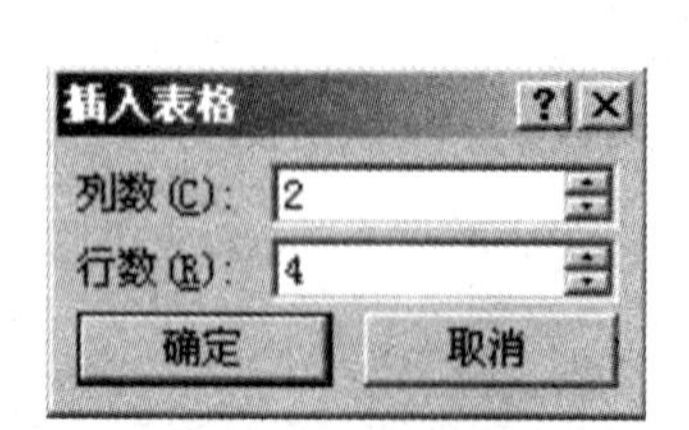

图 10.29 “插入表格”对话框

图 10.30 绘制表格

步骤 2:用鼠标拖动表格至合适的大小,双击表格,功能区中出现“表格工具”的“设计”选项卡,如图 10.31 所示。利用该选项卡中的命令,可对表格进行设置,选择合适的表格样式。

步骤 3:在表格中输入文本内容,如图 10.32 所示。

步骤 4:选定表格内容,单击“开始”选项卡上“段落”组的“居中”按钮,然后单击“对齐文本”按钮,打开其下拉列表,如图 10.33 所示,从中选择“中部对齐”命令,完成对表格内容水平居中和垂直居中的设置,效果如图 10.34 所示。

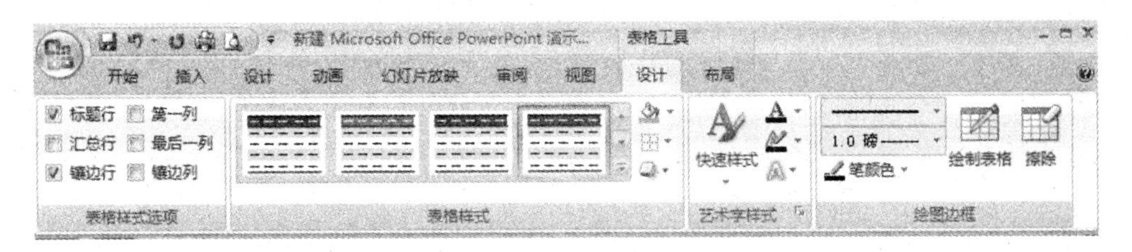

图 10.31　“表格工具”的“设计”选项卡

培训种类	培训形式
知识	课堂讲授 岗位实操 自学
技能	岗位实习 岗位轮岗 研究实验
态度	拓展训练 课堂讲授 座谈交流 文体活动

图 10.32　输入表格文本内容

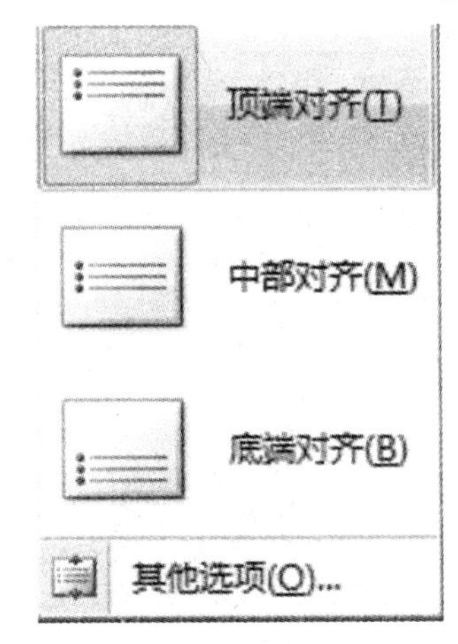

图 10.33　“对齐文本”下拉列表

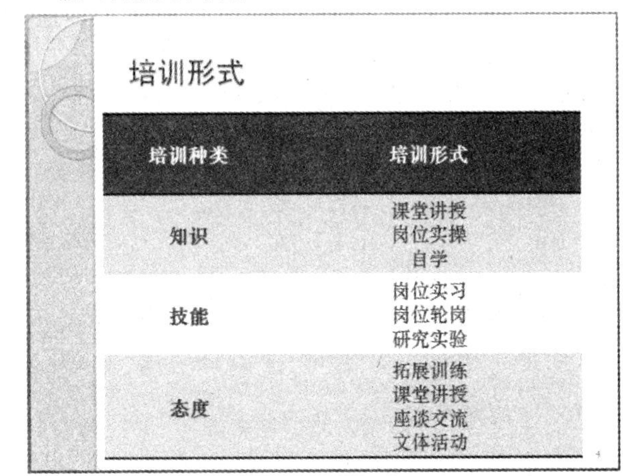

图 10.34　第四张幻灯片的效果图

6)制作第五张幻灯片

添加一张空白的幻灯片,在第五张幻灯片中添加超链接和艺术字。

(1)插入艺术字

艺术字是一组自定义样式的文字,能美化工作表、增强视觉效果。在幻灯片中插入艺术字的具体操作步骤如下:

步骤 1:在“插入”选项卡的“文本”组中单击“艺术字”按钮,弹出其下拉列表,如图10.35 所示。从中选择一种艺术字样式,例如本案例选择第四行的第三种样式,此时在幻灯片中显示如图 10.36 所示的文本框。

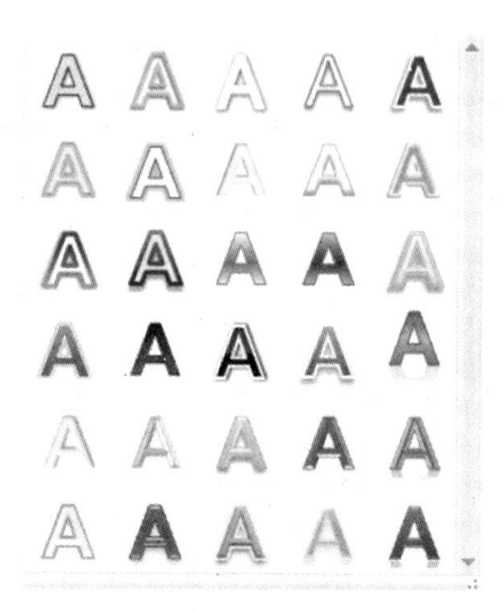

图 10.35 “艺术字”下拉列表

图 10.36 输入艺术字文本框

步骤 2:在文本框中输入文字内容“本公司欢迎你的加入!”即可。

注意

创建艺术字之后,用户还可以对其进行编辑修改。

步骤 1:选中创建的艺术字。

步骤 2:利用“绘图工具”的“格式”选项卡中相关命令,可完成对艺术字的编辑修改,如图 10.37 所示。

图 10.37 “绘图工具”的“格式”选项卡

(2)添加超链接

可以用文本或图形作为幻灯片的超链接对象,创建交互式演示文稿。超链接可以链接到网页、电子邮件地址、新建的网页等。

在 PowerPoint 2007 中,除了可以直接为对象插入链接外,还可以通过为其添加动作按钮来创建超链接。在幻灯片中设置动作按钮是为了更好地控制幻灯片的播放效果,可以在演示文稿中创建交互功能,使其可链接到其他幻灯片、程序、影片甚至是互联网上的任何一个位置。

本案例是以动作按钮作为超链接链接到首页。

步骤 1:打开第五张幻灯片。

步骤 2:在“插入”选项卡上的“插图”组中,单击“形状”按钮弹出其下拉列表,如图 10.38 所示。在该下拉列表中的按钮上的图形都是常用的易理解的符号,将鼠标指针指向任意按钮时,将显示该按钮的名称,如“自定义”“第一张”“帮助”“信息”“后退或前一项”“前进或下一项”“开始”“结束”“上一张”“文档”“声音”和“影片”。

步骤 3:单击选择需要的“第一张”按钮后,按住鼠标左键,在第五张幻灯片左下角的位置拖动或单击鼠标，将绘制出所选动作按钮，并弹出“动作设置”对话框，如图 10.39 所示。

图 10.38　“形状”下拉列表

步骤 4：根据需要选择对话框中的相应命令设置。本案例不选择其他命令，直接单击  确定 按钮即可。

步骤 5：双击动作按钮，在功能区中打开“绘图工具”的“格式”选项卡，从“形状样式”中可根据需要选择一种样式，如图 10.40 所示。此时完成对第五张幻灯片的设置，效果如图 10.41 所示，最后保存。

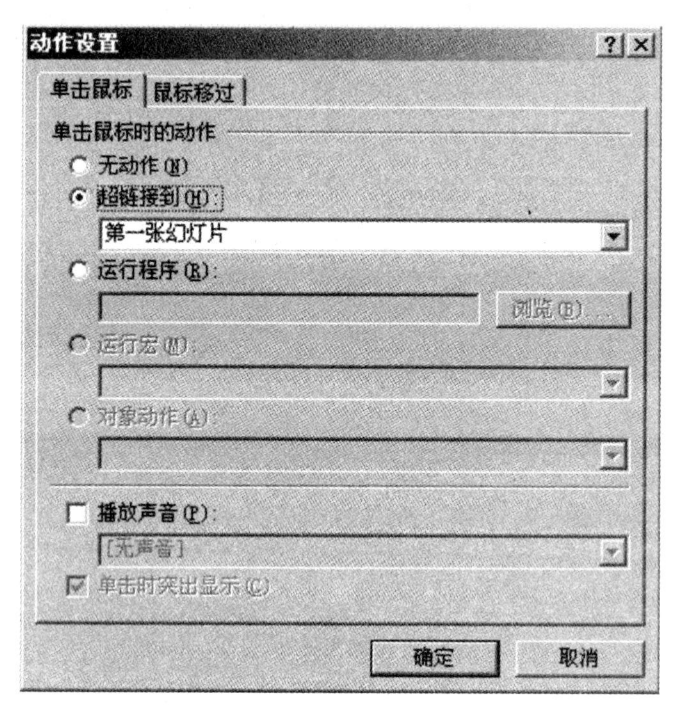

图 10.39 “动作设置”对话框

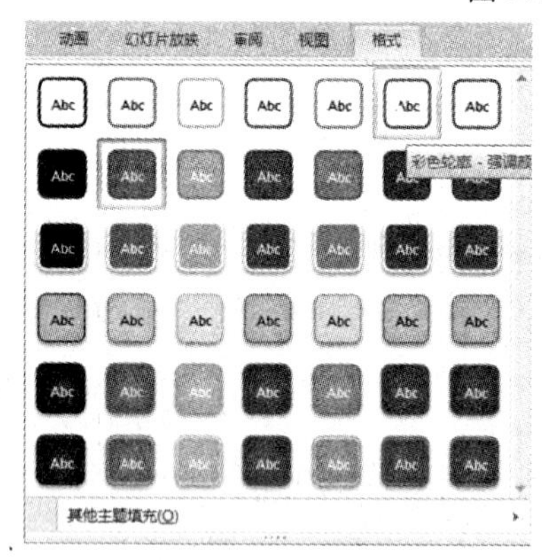

图 10.40 “形状样式”命令

图 10.41 第五张幻灯片的效果图

至此,完成了“新员工入职培训幻灯片”的制作。

10.2 新员工入职培训幻灯片的高级设置

利用 PowerPoint 2007 的基本操作将幻灯片制作好之后,可以对幻灯片进行动画设置,修改幻灯片的母版、幻灯片的切换效果与放映设置等。

10.2.1 相关知识点

1) 母版

母版是定义所有幻灯片或页面格式的演示文稿视图。每个演示文稿的每个关键组件(幻灯片、标题幻灯片、演讲者备注和听众讲义)都有一个母版。在幻灯片中,通过定义母版的格式来统一演示文稿中使用此母版的幻灯片的外观,可以在母版中插入文本、图形、表格等对象,并设置母版中对象的多种效果。这些插入的对象和添加的效果将显示在使用该母版的所有幻灯片中。

在 PowerPoint 2007 中有3个主要母版,它们分别是幻灯片母版、讲义母版及备注母版,可以用来制作统一标志和背景的内容,并设置标题和文字的格式。

(1)幻灯片母版

所谓幻灯片母版,实际上就是一张特殊的幻灯片,它可以被看作是一个用于构建幻灯片的框架。在演示文稿中,所有的幻灯片都基于该幻灯片母版而创建。

(2)讲义母版

讲义母版是为了设置讲义的格式,而讲义一般是用来打印的,所以讲义母版的设置与打印页面有关。

(3)备注母版

幻灯片的空间毕竟是有限的,所以幻灯片中的内容都比较简洁,因此讲演者必须将一些描述性的内容放在备注中。备注母版提供了现场演示时演讲者提供给听众的背景和细节情况。

2)放映方式

用户可以按照在不同场合,根据运行演示文稿的需要选择幻灯片放映方式。

(1)演讲者放映(全屏幕)

这种放映方式由演讲者自动控制全部放映过程,可以采用自动或人工的方式运行放映,还可以改变幻灯片的放映流程。

(2)观众自行浏览(窗口)

这种放映方式可以用于小规模的演示。以这种方式放映演示文稿时,演示文稿会出现在小型窗口内,并提供相应的操作命令,允许移动、编辑、复制和打印幻灯片。在此方式中,观众可以通过该窗口的滚动条从一张幻灯片移到另一张幻灯片,同时打开其他程序。

(3)在展台浏览(全屏幕)

这种方式可以自动放映演示文稿。自动放映的演示文稿是不需要专人播放幻灯片就可以发布信息的绝佳方式,能够使大多数控制都失效,这样观众就不能改动演示文稿。

10.2.2　制作步骤

1)使用幻灯片母版控制幻灯片外观

利用幻灯片母版视图可以编辑文本的大小、字体,设置项目符号,实现幻灯片母版的插入、重命名和删除等操作。

步骤1:选中应用相同主题幻灯片组中的任意一张幻灯片。

步骤2:在"视图"选项卡中的"演示文稿视图"组中单击"幻灯片母版"按钮,即可切换到幻灯片母版视图,如图10.42所示。系统将自动打开"幻灯片母版"选项卡,如图10.43所示。在母版编辑状态下,系统提供了多种幻灯片版式,但只有前3个版式可供用户选择。当用户将鼠标指针置于幻灯片版式附近时,可以查看该版式可供第1张还是第2张幻灯片使用。

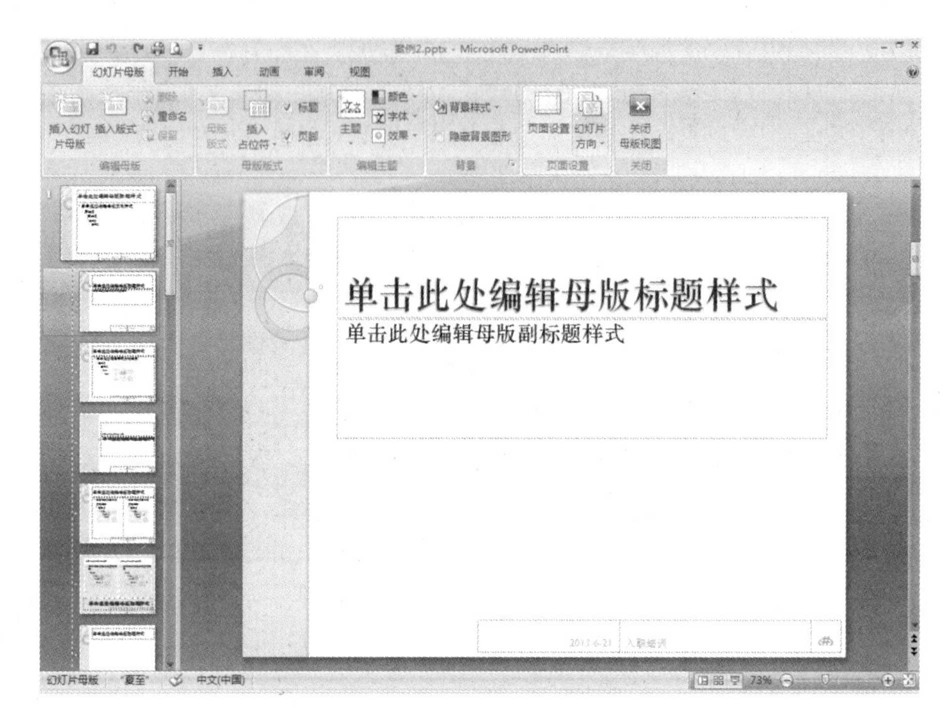

图 10.42　幻灯片母版视图

图 10.43　“幻灯片母版”选项卡

步骤 3:幻灯片母版中各部分的功能见表 10.1,用户根据需要进行设置。本案例对母版不作修改。

表 10.1　幻灯片母版中各占位符的功能

区　域	功　能
标题区	设置演示文稿中所有幻灯片标题文字的格式、位置和大小
对象区	设置幻灯片所有对象的文字格式、位置和大小,以及项目符号的风格
日期区	为演示文稿中的每一张幻灯片自动添加日期,并决定日期的位置、文字的大小和字体
页脚区	为演示文稿中的每一张幻灯片添加页脚,并决定页脚文字的位置、大小和字体
数字区	为演示文稿中的每一张幻灯片自动添加序号,并决定序号的位置、文字的大小和字体

2)设置幻灯片切换方式

在计算机上播放的演示文稿被称为电子演示文稿。它与实际的幻灯片相比,最大的区别是可以在幻灯片之间设置多种风格的换页效果及背景音乐,从而使幻灯片在播放时效果更美观,更具有吸引力。

在 PowerPoint 2007 中,系统预设了大量切换效果,用户可按照以下操作步骤进行设置。

步骤 1:选中要设置切换效果的幻灯片。

步骤 2:在“动画”选项卡中的“切换到此幻灯片”组中单击下拉按钮,打开“切换效果”下拉列表,如图 10.44 所示。用户根据个人的喜好从该列表中选择要使用的切换效果,即可将其应用到所选幻灯片中。

图 10.44　“切换效果”下拉列表

> **注意**
>
> 在幻灯片的切换过程中,用户可以为其添加音效,使其在切换时带有特色音效,也可以设置切换时的速度。其具体方法为利用“动画”选项卡中的“切换到此幻灯片”组中的“切换声音”命令。

3)添加自定义动画

用户可以自己为幻灯片中的每个项目或对象搭配动画效果。在自定义动画中,用户可以为幻灯片中的每个项目或对象设置进入、强调和退出动画效果,也可以设置自定义路径动画效果,对于添加的动画效果,还可以控制它的播放。

添加自定义动画的具体操作步骤如下:

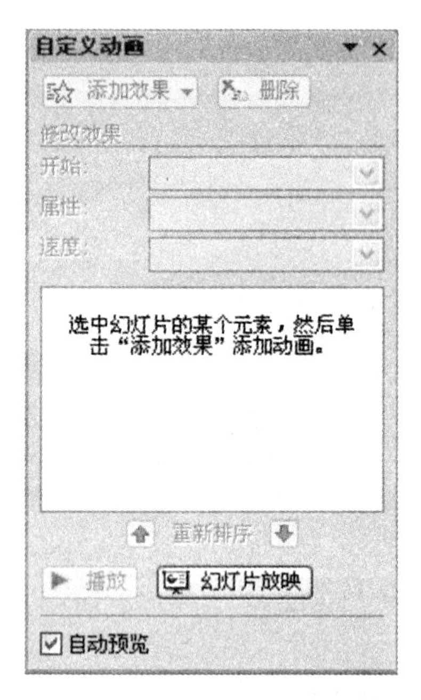

图 10.45 “自定义动画”任务窗格

步骤 1:选中需要设置自定义动画的幻灯片。

步骤 2:在“动画”选项卡中的“动画”组中单击“自定义动画”按钮,打开“自定义动画”任务窗格,如图 10.45 所示。

步骤 3:在幻灯片中选中要添加自定义动画的项目或对象,单击“添加效果”按钮,弹出其下拉菜单,如图 10.46 所示,以选中“进入”为例。

步骤 4:从弹出的级联菜单中选择需要的动画效果。若级联菜单中的动画效果都不能满足用户的需要,则可以选择“其他效果”命令,弹出“添加进入效果”对话框,如图 10.47 所示。在该对话框中对所提供的进入效果进行选择。

4) 设置放映方式

幻灯片中设置的动画和超链接等效果要在放映视图中观看设置效果。演讲者放映方式是默认的放映方式,主要用于演讲者亲自播放演示文稿。

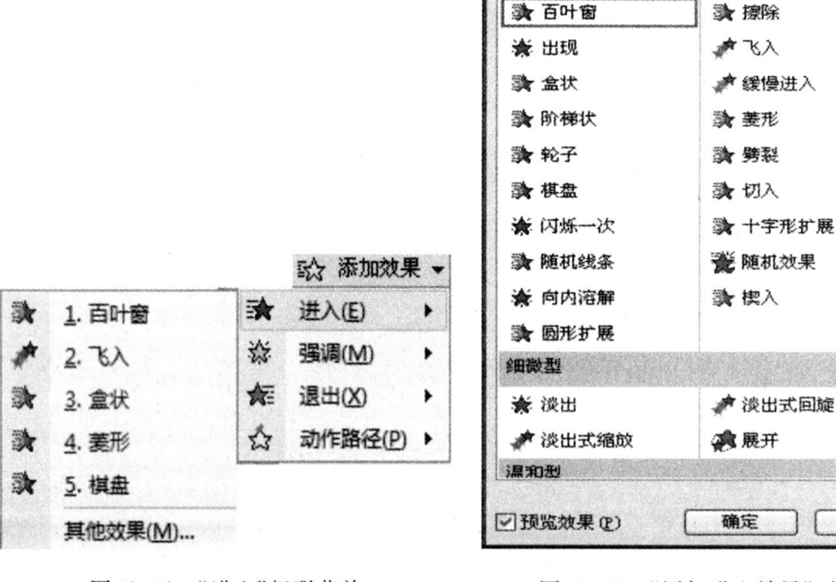

图 10.46 “进入”级联菜单

图 10.47 “添加进入效果”对话框

由普通视图切换到放映视图的方法有多种,按键盘 F5 可直接切换到放映视图,且从第一张幻灯片开始放映;单击窗口右下角的视图切换按钮 也可进行切换,若要结束放映,可使用键盘上的 Esc 键。

若要更改放映方式,则在“幻灯片放映”选项卡中的“设置”组中单击“设置放映方式”按钮,弹出“设置放映方式”对话框,如图 10.48 所示,从中选择相应的放映方式。

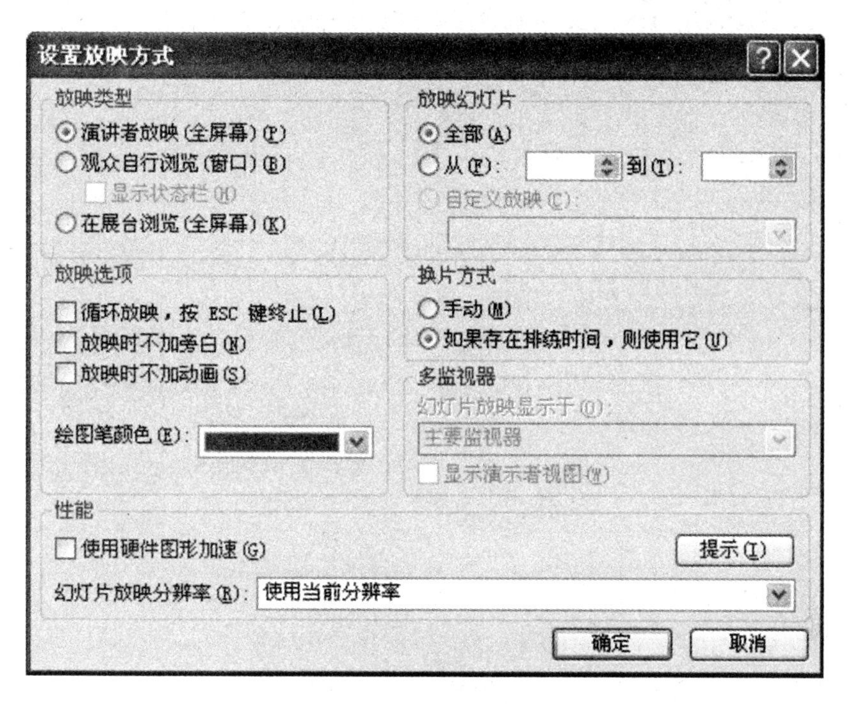

图10.48　“设置放映方式”对话框

5)打印演示文稿

演示文稿制作完成后,既可以通过放映幻灯片展示出来,还可以通过打印机将其打印出来以备他用。在打印演示文稿前,首先要对幻灯片进行页面设置。

(1)页面设置

要对页面进行设置,在“设计”选项卡中的“页面设置”选项区中单击“页面设置”按钮,弹出“页面设置”对话框,如图10.49所示。

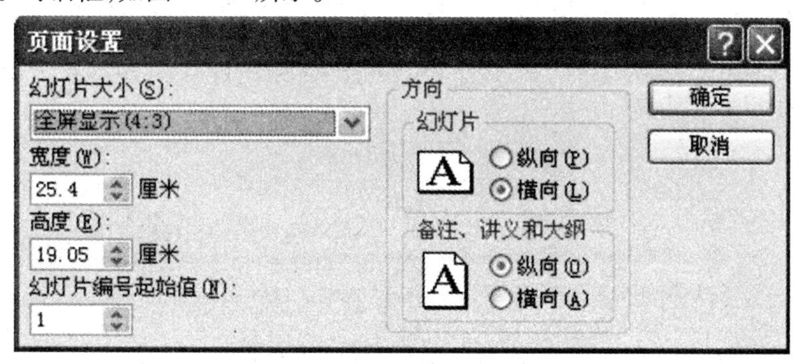

图10.49　“页面设置”对话框

(2)打印预览

在打印幻灯片之前,可以先预览打印效果。使用打印预览,可以查看幻灯片、备注和讲义用纯黑白或灰度显示的效果,并可以在打印前调整对象的外观。打印预览幻灯片的具体操作步骤为:单击快速访问栏中的打印预览按钮,此时可预览幻灯片的打印效果,如图10.50所示。

图 10.50　预览所要打印的幻灯片

(3)打印

页面设置及打印预览完成之后,就可以直接将幻灯片打印输出了。在打印输出时,也可以进行打印机、打印份数及打印范围等参数的设置。

步骤 1:选择“Office”→“打印”命令,弹出如图 10.51 所示的“打印”对话框。

图 10.51　“打印”对话框

步骤 2:在该对话框中选择打印内容、打印范围、每页幻灯片数、打印份数等设置,单击 确定 按钮,完成对演示文稿的打印。

习　题

1. 填空题

(1)在普通视图的“大纲”窗格中选中一张幻灯片，然后按住________键，再按键盘中的________或________方向键，可以选中相邻的多张幻灯片。
(2)使用 PowerPoint 中提供的________，可将预设的动画效果快捷地应用于幻灯片中。
(3)若要预览所有动画(包括被触发的动画)，可以按________键进行预览。
(4)在幻灯片中插入________，可以创建交互式演示文稿。
(5)在 PowerPoint 2007 中，用户可以将幻灯片的放映类型设置为________、________和在展台浏览。
(6)________主要用于演讲者亲自播放演示文稿，也是系统默认的播放方式。
(7)在 PowerPoint 2007 中，页面设置主要是对幻灯片的________、________和方向进行设置。
(8)设置演示文稿的方向时，一般将幻灯片的方向设置为________。

2. 选择题

(1)PowerPoint2007 演示文稿的扩展名为(　　)。
A. ppt　　B. pps　　C. pptx　　D. htm
(2)Powerpoint2007 中，执行了插入新幻灯片的操作，被插入的幻灯片将出现在(　　)。
A. 当前幻灯片之前　B. 当前幻灯片之后　C. 最前　D. 最后
(3)PowerPoint 提供了多种(　　)，它包含了相应的配色方案、母版和字体样式等，可供用户快速生成风格统一的演示文稿。
A. 版式　　B. 模板　　C. 母版　　D. 幻灯片
(4)演示文稿中的每一张演示的单页称为(　　)，它是演示文稿的核心。
A. 版式　　B. 模板　　C. 母版　　D. 幻灯片
(5)在“幻灯片浏览视图”方式下选中第一张幻灯片，然后按住(　　)键再选中最后一张幻灯片，即可选中所有的幻灯片。
A. Ctrl　　B. Shift　　C. Alt　　D. Enter
(6)PowerPoint 2007 中的母版包括(　　)。
A. 幻灯片母版　　B. 备注母版　　C. 讲义母版　　D. 全选
(7)给 PowerPoint 幻灯片中添加图片，可以通过(　　)来实现。
A. 依次选择“插入”→“图片”→“剪贴画”
B. 依次选择“插入”→“图片”→“来自文件”
C. 使用剪贴版将图片粘贴到幻灯片中
D. 以上均可以
(8)以下控制幻灯片放映的方法，不正确的一项是(　　)。

A. 按“Page Up”键一次,播放前一张幻灯片

B. 按“Ctrl”键一次播放前一张幻灯片

C. 按右方向键一次,播放下一张幻灯片

D. 按空格键一次,播放下一张幻灯片

(9)为幻灯片中添加按钮,可以(　　)。

A. 编辑幻灯片放映时的切换效果

B. 放映时修改幻灯片中的内容

C. 将演示文稿以电子邮件形式发送

D. 链接到其他的幻灯片,运行一个程序,激活一段影片或网络中任意地方

(10)在(　　)中单击“打印预览”按钮可以预览演示文稿。

A. “快速访问”工具栏　　B. “开始”选项卡

C. “视图”选项卡　　D. “设计”选项卡

3. 判断题

(1)在 PowerPoint2007 中,可在利用绘图工具绘制的图形中加入文字。(　　)

(2)在 PowerPoint2007 中,可以对普通文字进行三维效果设置。(　　)

(3)在 PowerPoint2007 中放映幻灯片时,按 Esc 键可以结束幻灯片放映。(　　)

(4)在 Powerpoint2007 中,在幻灯处浏览视图中复制某张幻灯片,可按 Ctrl 键的同时用鼠标拖放幻灯片到目标位置。(　　)

(5)在 PowerPoint2007 中将一张幻灯片上的内容全部选定的快捷键是“Ctrl + A”。(　　)

(6)不可以在幻灯片中插入剪贴画和自定义图像。(　　)

(7)可以在幻灯片中插入声音和影像。(　　)

(8)不可以在幻灯片中插入超链接。(　　)

(9)对插入的图像不可以增加对比度。(　　)

第 11 章
数据库基础

自从计算机能够储存数据开始,人们就试图利用计算机来进行数据管理。计算机中数据的管理经历了人工管理、文件管理,最终发展为数据库管理。目前利用数据库进行数据管理已成为计算机应用的重要组成部分,数据库技术也成为了计算机技术中的一个重要的分支,并且在不断地发展。

利用数据库技术,人们可以科学地组织和存储数据,高效地获取和处理数据。本章主要介绍数据管理技术的发展历史、数据库的基本概念、数据库的理论基础等内容,此外还将介绍数据库管理系统软件 Access 2003 的简单应用。

教学目的:

- 了解数据管理技术的发展历史;
- 理解数据库的概念;
- 理解数据库设计的过程;
- 学会用数据库管理系统软件 Access 2003 创建数据库的过程。

11.1 数据库基本概念

11.1.1 数据管理技术的发展历史

数据管理是指利用计算机硬件和软件技术对数据进行收集、整理、组织、分类、编码、存储、检索、传输和维护等操作。在数据管理的历程中,计算机数据管理经历了人工管理、文件系统管理和数据库管理 3 个阶段。

1) 人工管理阶段(20 世纪 50 年代中期以前)

20 世纪 50 年代中期以前,数据管理处于人工管理阶段。在此阶段,由于受计算机硬件水平的限制和计算机应用领域的限制,数据的管理主要依靠人工管理。一方面,此时的计算机硬件水平较低;另一方面,计算机主要的应用领域是科学计算,因此不要求保存数据。每次程序运行的时候,总是由程序员先将程序和数据输入计算机,计算结束后则将结果输出,计算机内不保存程序和数据。

由于每次进行程序设计和程序运行的时候都需要输入数据，因此，此阶段数据是面向程序，不能共享。程序员编制的每个程序都有属于自己的一组数据，程序与数据相互结合成为一体，互相依赖。而且程序员在编写程序时还要确定数据的物理存储。由于程序和数据混为一体，一旦数据的物理存储改变，必须重新编程，这就使得程序员的工作量大且烦琐，程序维护困难。

2)文件系统阶段(20世纪50年代后期至60年代中期)

20世纪50年代后期至60年代中期这一段时间，计算机的软硬件水平有了进展，计算机的应用领域也得到扩展，从传统的科学计算应用扩展到数据管理。此时，操作系统的概念和文件的概念相继提出，计算机业出现了磁盘等存储设计，因数据的管理由人工管理阶段过渡到了文件管理阶段。

在文件管理阶段，数据能够按一定的规则组织为一个文件，并以文件的形式长期存放在外存储器中。因此用户利用计算机可以对长期保留在外存上的文件中的大量数据进行处理，例如用户反复进行查询、修改、插入和删除等操作；由于文件系统提供了对于文件的读写方法，因此程序员只需用文件名与数据打交道，通过文件系统对数据文件中的数据进行存取，而不必关心数据实际存放的物理位置；此外，由于数据可以以文件的形式独立存放，因此程序与数据之间有一定的独立性，一个数据文件在某种程度上可以供多个用户同时使用，从而减少了重复输入数据的操作。

尽管文件系统在数据管理中有很多优点，但是，由于这些数据在数据文件中只是简单地存放，文件之间并没有有机联系，不能表示复杂的数据结构，而且数据的存放仍依赖于应用程序的使用方法，基本上是一个数据文件对应一个或几个应用程序。因此，尽管此时数据和程序已经有了一定的独立性，但是在此阶段，数据仍旧是面向某个应用程序的，数据和程序的独立性较差。当程序中要求不同的数据结构存放相同数据的时候，仍然需要重新进行数据文件的输入。因此容易出现数据重复存储，从而导致数据的冗余度大，而且容易出现同一数据在不同文件中的值不一样等问题。

3)数据库系统阶段(现今)

随着计算机技术的发展，计算机中存储的数据量急剧增加，数据共享的要求也越来越高。然而受文件系统的局限，文件系统在进行数据管理的时候其难度也越来越大。20世纪60年代末期，一项新的技术被提出，这就是数据库技术。根据这项技术，出现了管理数据的专门软件系统，即数据库管理系统。数据库系统管理方式具有如下特点：

(1)数据结构化

在数据库系统中，数据库的设计者将从全局考虑，对全部数据进行设计，然后按照某种特定的数据模型将应用的全部数据组织到一个结构化的数据库中。因此，数据库中的数据不再针对某一个具体应用程序，而是面向数据本身及其关联，因此数据库中存储的是高度结构化的数据。

(2)数据共享性高、冗余低

由于数据库中存放的数据是设计者面向整个系统的考虑后存储的结构化数据，因此各种应用程序可根据自己的需要同时存取数据库中的数据。此外，由于数据库存储的是结构化的数据，因此可在一定程度上降低数据的冗余度，避免数据的重复输入和数据的不一致性。

(3)数据的高度独立性

数据存储于数据库中,是以一个数据库文件的形式独立于应用程序而存在,因此数据与程序之间相互独立,互不依赖,不会因一方的变动而需要改变另一方。

(4)统一数据控制功能

数据库中保存大量数据,供系统中各用户实现资源共享,数据库系统必须提供相应的数据安全性控制、数据完整性控制、并发控制和数据恢复等数据控制功能。

11.1.2　数据库及其相关概念

数据库是按照一定的组织结构长期储存在计算机内的可供用户使用的数据文件。数据库中可以保存各种不同的数据,文字、数字、图片等信息都可以保存入数据库中。

1)数据库管理系统和数据库

为了能够更好地管理数据,人们开发了一种系统软件,这种软件即为数据库管理系统。

数据库管理系统的主要功能如下:

(1)数据库的定义功能

DBMS 提供数据定义语言定义数据库的3级结构和两级映像,它们刻画数据库框架,并被保存在数据字典中。

(2)数据库的操纵功能

DBMS 提供数据操纵语言,实现对数据库的操纵。基本的数据操纵有两类:检索(查询)和更新(包括插入、删除和更新)。

(3)数据库的保护功能

它提供对于数据库的安全性保护,防止不合法地使用数据造成数据的泄密和破坏,使每个用户只能按照固定的对某些数据进行某种方式的访问和处理;提供数据的完整性约束,包括数据的正确性、有效性和相容性,提供并发控制和数据库恢复等功能。

(4)数据库的维护功能

这包括数据库中数据的载入、转换和转储,数据库的改组,以及性能监控等功能。

数据库系统是指在计算机系统中引入数据库后的系统,一般由数据库、数据库管理系统(及其开发工具)、应用系统以及相关的人员(如数据库管理员、系统分析员、数据库设计员、应用程序员和最终用户等)构成。

2)数据模型

在数据处理的数据库管理阶段,为了能够将某一应用领域的信息存入计算机以便进行信息处理,首先需要建立其数据模型,然后才能根据模型进行设计,进而计算机才能将数据存入,以供用户使用。

数据模型是指对现实世界中事物的数据特征的抽象表现,即数据模型是用来描述数据和组织数据,并对数据进行操作的。在1969年和1970年,陆续有三种基本数据模型被提出,即关系模型、层次模型和网状模型。关系模型用“二维表”(或称为关系)来表示数据之间的联系;层次模型用“树结构”来表示数据之间的联系;网状模型用“图结构”来表示数据之间的联系。在实际的应用中,关系模型得到了广泛应用,目前我们所熟悉的数据库软件如SQL SERV-ER ,ACCESS,VISUAL FOXPRO 等都是基于关系模型的数据库。

3)数据库设计

数据库的设计一般要经历需求分析、概念设计、逻辑设计和物理设计4个阶段。在各设计过程中,均需产生相关的文档。

(1)需求分析阶段

需求分析阶段是整个数据库设计的基础。在需求分析阶段,需要准确了解与分析用户需求,了解用户使用的数据和对数据进行的操作,根据需求分析绘制出数据流图,并把这些需求写成用户和设计人员都能接受的需求说明书。

(2)概念设计阶段

概念设计阶段也是整个设计过程的关键。在概念设计阶段,根据需求说明书中关于数据的需求分析,设计出为一个统一的概念模型。概念设计阶段设计的模型是E-R模型,即实体联系模型。在设计该模型的时候使用到的术语和设计方法有:

①实体。实体是现实世界中客观存在并可相互区分的事物。实体可以是人、事物,可以指实际的对象,也可以指某些概念,甚至可以是事物与事物间的联系。如课桌是一个实体,学生也是一个实体。

②属性。属性是某一实体所具有的区别于其他实体的特性。一个实体可以由若干个属性来刻画。如课桌的属性有高度、长度、宽度、颜色等,学生的属性有学号、姓名、性别、专业等。

③关键字。实体具有多个属性。实体的某一属性或某几个属性的组合,其值能唯一标识出某一具体实体,则这一属性或这几个属性的组合称为关键字,也称为码。如学生的关键字可以取学号,因为学号将唯一地标识现实生活中的一个学生;课桌的关键字则取课桌的编号(现实生活中课桌的属性没有编号,这里为了能够唯一标识课桌,可以给它编号,或者取其具体位置作为关键字)。

④域。域是属性的取值范围,如姓名的域为字符串集合,课桌编号的域也是字符串集合。

了解这些概念后,就可以用E-R图来描述现实世界。E-R图主要描述现实世界中的实体、联系和属性,其表示方法分别为:

①用长方形表示实体,在框内写上实体名;

②用椭圆形表示实体的属性,并用无向边把实体与属性连接起来;

③用菱形表示实体间的联系,菱形框内写上联系名。用无向边分别把菱形与有关实体相连接,在无向边旁标注联系的类型。如果实体之间的联系也具有属性,则把属性和菱形也用无向边连接上。

E-R方法是将现实世界抽象为数据世界的一个中间模型。用E-R图表示的概念模型与具体的DBMS所支持的数据模型相独立,抽象于现实世界但是又不同于现实世界。

E-R模型例子:在教师授课的过程中,一名老师在一个学期可能讲授多门课程,一门课程也可能有多个老师讲授。在教师授课描述中,教师和课程就是两个不同实体,教师和课程之间存在授课这一联系,而这一联系是是多对多的联系。(关于联系的类型后面介绍)根据描述,可绘制E-R图如图11.1所示。

(3)逻辑设计阶段

逻辑设计阶段是将E-R模型转换成关系数据库管理系统所支持的关系模型。首先需要将E-R模型转换为逻辑模型,在此基础上给出逻辑模型每个属性的类型、长度等描述,即可获得数据模型。把E-R模型转换为逻辑模型的转换方法如下:

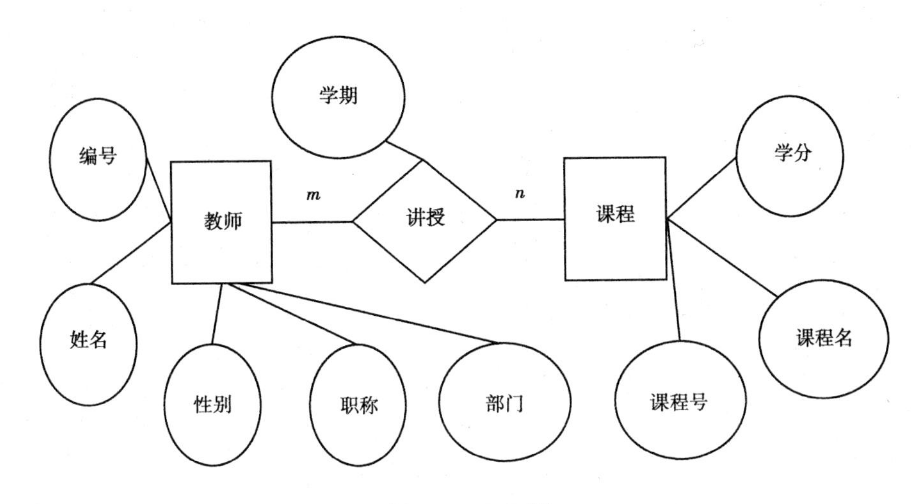

图 11.1　E-R 图

①实体及属性的转换。每一个实体转换为一个关系模式,实体的属性就是关系的属性,实体的关键字就是关系的关键字。

②联系的转换。

现实世界的事物之间总是存在某种联系,因此 E-R 模型的两个实体之间也存在联系,两个实体之间的联系可以分为以下 3 类:

a. 一对一联系(表示方式为 1∶1)。例如,一个班级有一个班长,而每个班长管理一个班级,这样班级和班长之间就具有一对一联系。

b. 一对多联系(表示方式为 1∶N)。例如,一个班级有多个学生,而一个学生属于一个班级,这样班级和学生之间存在着一对多的联系。

c. 多对多联系(表示方式为 M∶N)。例如上例中,课程与教师之间就存在着多对多的联系。每个课程可以由多个教师讲授,而每个教师又可能教授多门课程。

把联系转换为关系模式的转换方法为:

a. 一般 1∶1 和 1∶m 联系不产生新的关系模式,而是将一方实体的关键字加入多方实体对应的关系模式中,联系的属性也一并加入。

b. m∶n 联系要产生一个新的关系模式,该关系模式由联系涉及实体的关键字加上联系的属性(若有)组成。

在上例中,按照上述转换原则,将获得三个关系模式,表示为:

a. 教师(编号,姓名,性别,部门,职称)。

b. 课程(课程号,课程名,学分)。

c. 讲授(编号,课程号,学期)。

将每个关系模式表示为一张二维表,得到 3 个二维表,即讲授表、课程表和教师表,在每个表中给出每个属性的详细描述以及关键字描述。一般情况下,设计出表的结构后,便完成了逻辑结构设计的过程。

(4)物理设计阶段

物理设计阶段将在 DBMS 系统中建立实际的数据库,需要确定数据库的存储结构,包括确定数据库文件和索引文件的记录格式和物理结构,选择存取方法,以及决定访问路径和外存储器的分配策略等。

11.2 案　例

本节将设计一简单出租图书的租书馆使用的系统书库,并在 ACCESS 2003 中设计出相应的数据库以及简单的界面。

1)数据库设计

租书馆的功能,主要是图书的买入以及借阅者借书、还书两种,在借阅者借阅的时候记录借阅日期,归还的时候记录归还日期和应付的钱数。在此过程中,为了能够联系借阅者,需要记录借阅者的电话或者姓名;借阅者借阅图书如果有损坏,需要适当赔偿,因此图书信息里面不仅记录图书基本信息,还要包括图书的状态(如完好、缺损页数等)。借阅者可以一次借阅多本书,数量不限,每本书每次借阅每天 0.2 元,归还时给钱,借阅时交押金 10 元。

根据上面描述可知,这里涉及借阅者和图书两个事物。其中,借阅者包括了电话、姓名信息,图书包括了书名、作者、出版社、ISBN、出版日期、版次、状态等信息。借阅者和图书之间存在一个借阅和归还关系。

据此,设计 E-R 模型如图 11.2 所示。

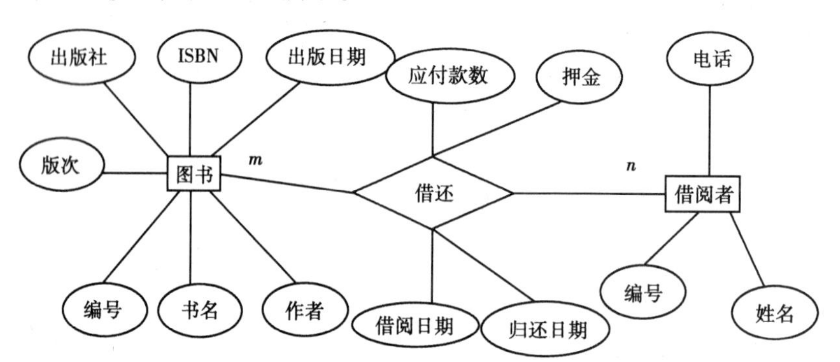

图 11.2　图书借阅 E-R 模型

根据其模型,转换的数据模式如下:

图书(图书编号,书名,作者,出版社,ISBN,版次,出版日期);

借阅者(编号,姓名,电话);

借还(编号,图书编号,借阅者编号,借阅日期,归还日期,应付款数,押金)。

每个属性的类型和长度等定义见表 11.1 至表 11.3。

表 11.1　图书表

字段名	类　型	长　度	小数位数	关键字及是否为空
图书编号	文本	8		主关键字,不能为空
书名	文本	50		否
作者	文本	8		否
出版社	文本	50		是
ISBN	文本	10		是
版次	数字	1	0	是
出版日期	日期	8		是

表 11.2　读者表

字段名	类　型	长　度	小数位数	关键字及是否为空
编号	文本	6		主关键字,不能为空
姓名	文本	8		否
电话	文本	11		否

表 11.3　借还表

字段名	类　型	长　度	小数位数	关键字及是否为空
编号	文本	10		主关键字,不能为空
图书编号	文本	8		否
借阅者编号	文本	50		否
借阅日期	日期	8		否
归还日期	日期	8		是
应付款数	数字	5	2	是
押金	数字	5	2	否

2) ACCESS 2003 创建数据库和应用系统

Access 2003 是 Microsofo Office 2003 系列应用软件的一个组成部分。Access 软件创建的文件的扩展名为. mdb。在 Access 软件中,用户最常用的操作包括:创建数据库,并设计数据库包含的数据表;创建窗体以应用程序的方式查看、添加或更新数据表中的数据;使用查询来查找并检索所需的数据,使用报表以特定的版面布局来分析及打印数据。

Access 数据库对象中有 7 种不同类别的子对象,即表、查询、窗体、报表、数据访问页、宏和模块,各类对象都存放在同一个数据库文件中,这里介绍表、查询和窗体、报表的使用。

(1)创建表

表是数据库中用来存储数据的对象。一个数据库中一般包含多个表,在本例中,图书借阅数据库就包含三个表。在创建表之前,首先要创建一个数据库文件。Access 创建数据库的方法有两种:一种是创建一个空数据库,另一种是使用 Access 2003 中提供的数据库向导创建数据库。关于数据库向导创建数据库的方法,将在实验教程中介绍。本例从一个空的数据库开始来建立图书借阅数据库,步骤如下:

启动 Access 2003 后,单击工具栏中的“新建”按钮,弹出 “新建文件”任务窗格如图 11.3 所示,在“新建”选项组中单击“空数据库”超链接,弹出 “文件新建数据库”对话框如图 11.4 所示。在“文件名”文本框中输入数据库文件名图书借阅,然后选择保存位置,单击“创建”按钮,系统将创建一个空数据库并打开该数据库窗口如图 11.5 所示。用户就可以在这一窗口中创建数据表了。

Access 2003 提供了 3 种创建表的方法:使用向导创建表、通过输入数据创建表和使用设计器创建表。这里介绍最常用的方法,即使用设计器创建,其他两种方法在实验教程中介绍。

在数据库窗口左侧选择“表”对象,然后在右侧的窗口中双击“使用设计器创建表”选项,

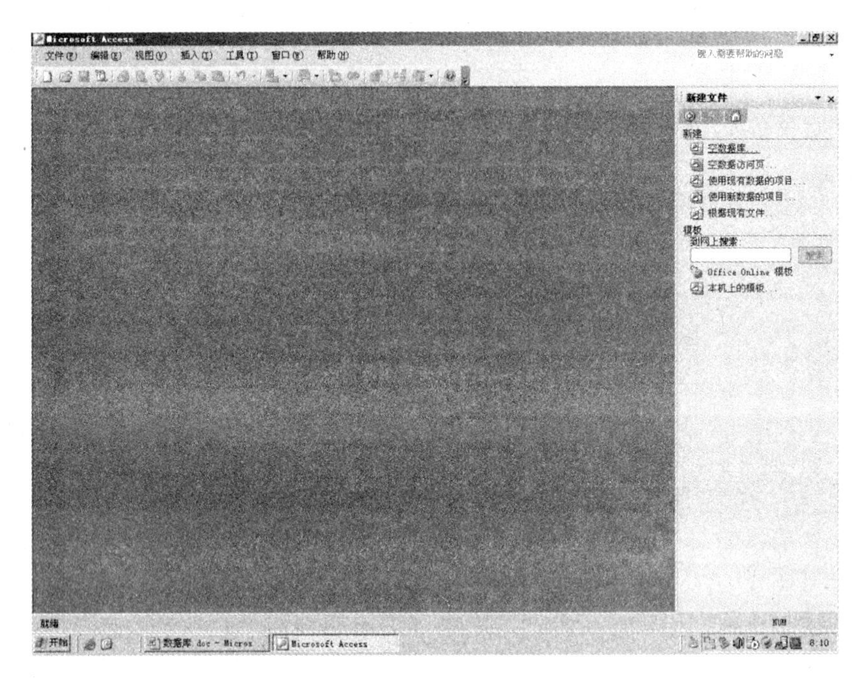

图 11.3　新建数据库

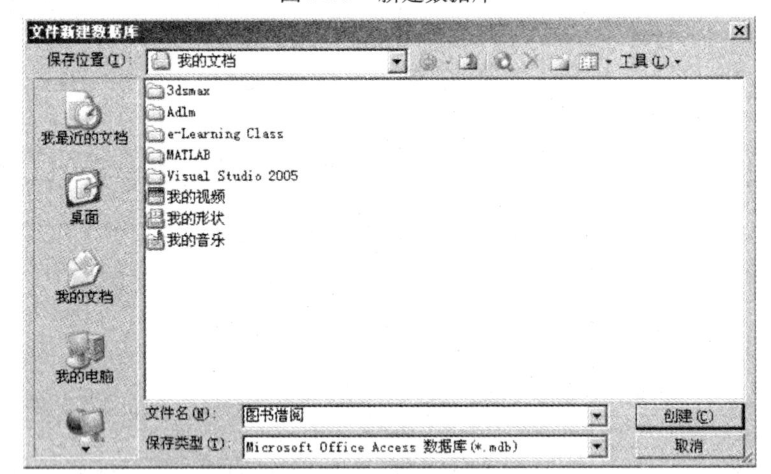

图 11.4　数据库文件存盘

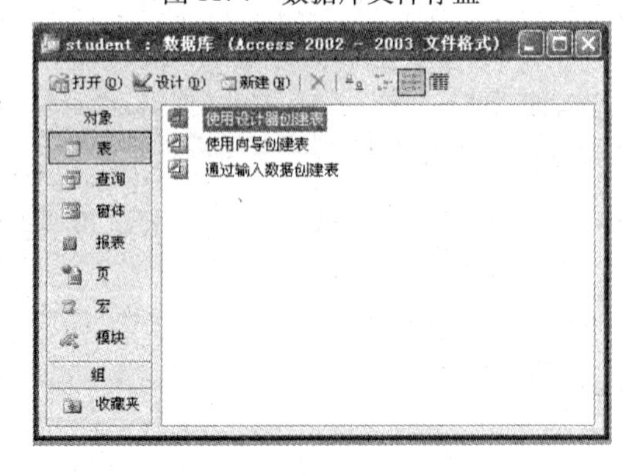

图 11.5　数据库窗口

打开表设计窗口。在此窗口中,根据前面设计的数据库表的结构来完成每个表的制作。首先在字段名成列输入每个字段的名称,如图 11.6 所示,数据类型列设置每个字段的类型,点击数据类型的时候,会出现下拉列表的按钮,用户可以点击按钮选择数据类型,如图 11.7 所示。

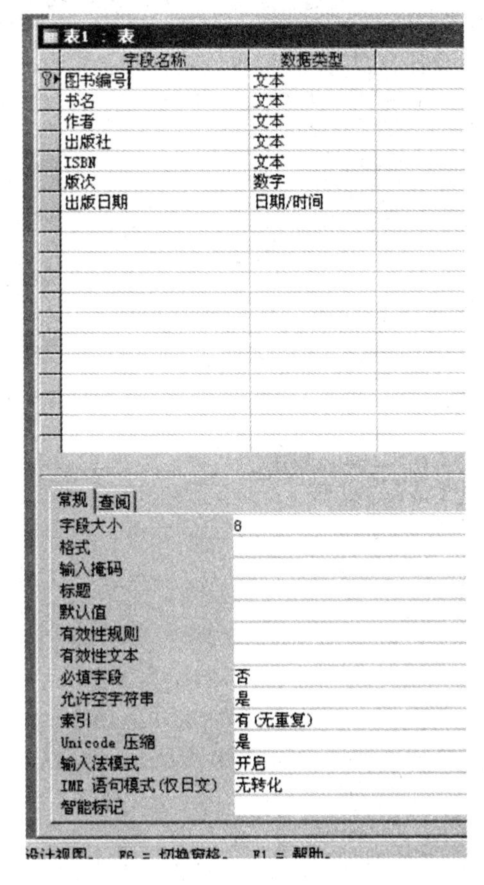

图 11.6　表设计窗口

图 11.7　数据类型

在选择数据类型时,可供选择的类型有:

①文本类型:不管输入的数据是什么,都将其作为文本类型对待,例如姓名、学号等都可以作为文本类型。Microsoft Access 不会为文本字段中未用的部分保留空格。

②备注类型:当需要输入长文本时,可以使用备注类型。

③数字类型:用于数学计算中的数值数据。

④日期/时间类型:用于保存日期/时间,数值的设定范围为 100 ~9999。

⑤货币类型:用于货币数值,包含小数点后 1 ~4 位,整数位最多有 15 位。

⑥自动编号类型:可以作为数据库表的主键。每当一条新记录加入数据表时,Access 都会制订一个唯一的连续数值或随机数值表,其增量为 1。

⑦逻辑类型:字段只包含两个数值(True/False 或 On/Off)中的一个。

⑧OLE 对象:用于存放图片、Excel 电子表、Word 文件、图形、声音或其他二进制数据。

⑨超链接类型:保存超链接的字段。

⑩查询向导类型:允许使用下拉列表框来选择另一个表或一个列表中的值。从数据类型列表中选择此选项,将打开向导以进行定义。

数据库中的表必须设置主关键字,又称为主键,它可以由一个或多个字段组成。主键字段是表中所存储的每一条记录的唯一标志。Access 不允许在主键字段中输入重复值或 Null 值。

除主关键字外,必须给每个字段设置相应的属性,如是否允许输入空值、是否为必填字段、是否有默认值等。一般来说,Access 默认每个字段不是必填字段,允许输入空值。但如果不是,则需要用户自己在相应字段下面的常规标签中修改相应属性。如图书表中的书号为主关键字,不允许为空,也是必填字段,因此修改相应属性如图 11.8 所示。

常规 | 查阅

字段大小	8
格式	
输入掩码	
标题	
默认值	
有效性规则	
有效性文本	
必填字段	是
允许空字符串	否
索引	有(无重复)
Unicode 压缩	是
输入法模式	开启
IME 语句模式(仅日文)	无转化

图 11.8　字段属性设置

当表中的表结构设置完毕后,选择"文件"→"保存"命令,在弹出的"另存为"对话框中输入表的名称"图书",单击"确定"按钮即可完成图书表的表结构设计。

用同样的方法创建读者和借还两个表,其中,借还表的主键设置最好为自动编号。设置方法如下:按照借还表的表结构创建借还表,不设置主键,直接单击存盘按钮,此时弹出对话框如图 11.9 所示,单击"是"按钮即可。

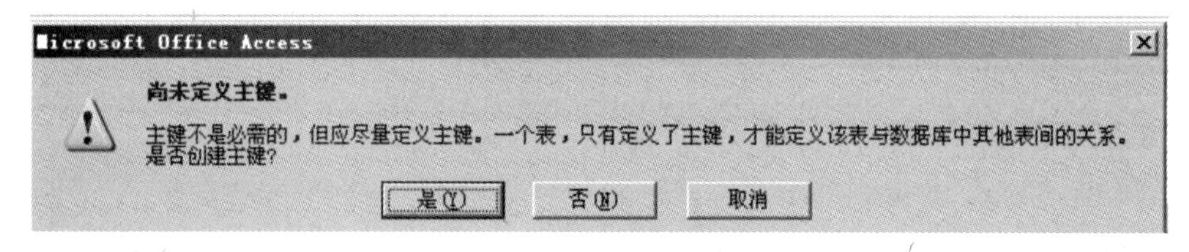

图 11.9　自动编号字段设置

数据表创建完成后,还需要在数据表中输入记录数据。刚刚设计完毕数据库的窗口中显示了数据库中的所有表,双击其表名即可进行数据输入。或者在数据库窗口左侧选择"表"对象,显示数据表窗口,然后在窗口中双击要输入数据的表也可进行数据的输入。在表中输入各记录的字段内容后,按回车键切换到下一行继续输入,直到输入所有数据为止。

将鼠标指针移动到每一条记录最前面的小方格中,在鼠标指针变成向右的箭头形状时,按住鼠标左键并拖动,可以选中一条或多条需要删除的记录。选中记录后,单击工具栏上的"删除记录"按钮 ▶✕,即可删除所选的记录。也可以通过选择"编辑"→"删除记录"命令删除所选记录。

(2)查询数据

创建查询有两种方法:在设计视图中创建查询和使用向导创建查询。这里首先介绍直接创建查询的方法。

①在打开的"图书借阅"数据库窗口选择窗口左侧的"查询"选项,在右侧窗口中双击"在

设计视图中创建查询”选项，打开窗口如图 11.10 所示。用户选择查询的时候要使用的表，单击“添加”按钮将其添加到查询界面。这里要查询所有的用户借阅的书名和借阅日期，因此将三个表都添加进来。

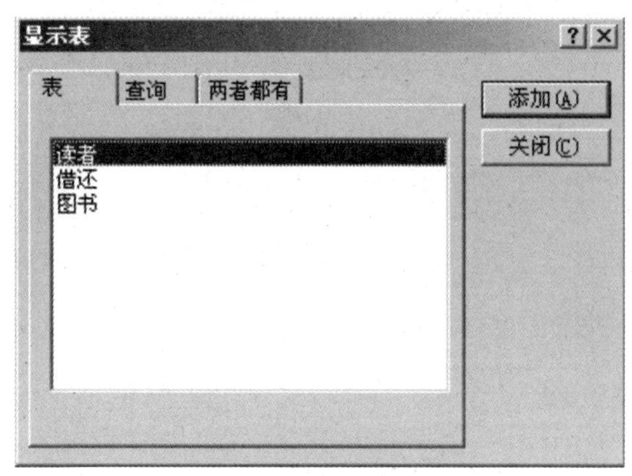

图 11.10　在创建查询的时候添加表

②单击“关闭”按钮，进入设计查询区，此时出现如图 11.11 所示界面，在此界面中即可设计查询。

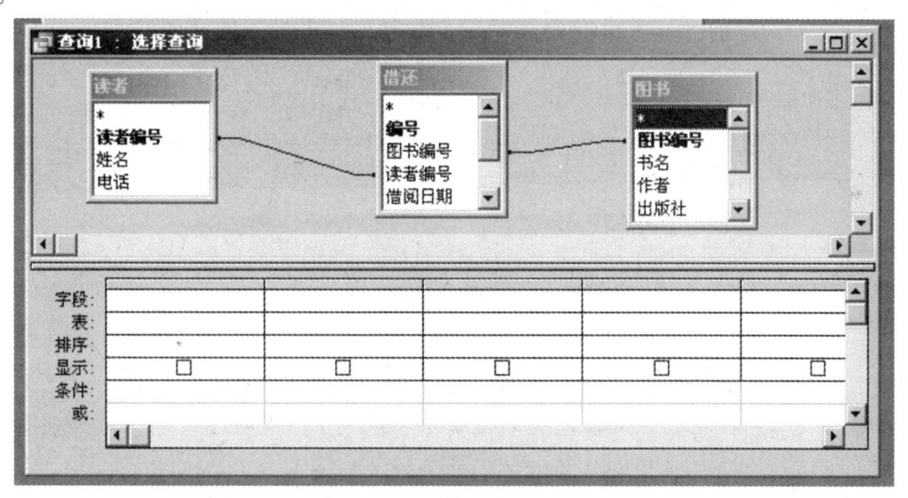

图 11.11　设计查询表区

③在查询设计界面下方的窗口中单击字段即可出现下拉列表，选择要查询的字段，此字段所属表自动出现在下方。如果需要排序，可以单击“排序”按钮；如果需要有查询条件，在条件部分给出，这里查询全部读者，因此只需设置相应字段即可，如图 11.12 所示。

④设置完毕后，选择“文件”→“保存”命令，弹出“另存为”对话框，输入查询名称即可，这里采用了默认的名称，然后单击“确定”按钮。

⑤返回“学生选课”数据库窗口，双击查询，即可看到创建的查询结果，如图 11.13 所示。

上面的查询同样可以使用向导创建，步骤如下：

①打开数据库窗口，选项左侧的“查询”选项，再双击右侧窗口中的“使用向导创建查询”选项，弹出“简单查询向导”对话框。在“表/查询”下拉列表框中选择要进行查询的表，本例中

首先选择读者,在“可用字段”列表框中选择姓名的字段选项,单击“添加”按钮,把姓名字段加入“选定的字段”列表框中。采用同样的方法,把借还表中的借阅日期和图书表中的书名等字段添加到“选定的字段”列表框中,如图 11.14 所示,然后单击“下一步”按钮。

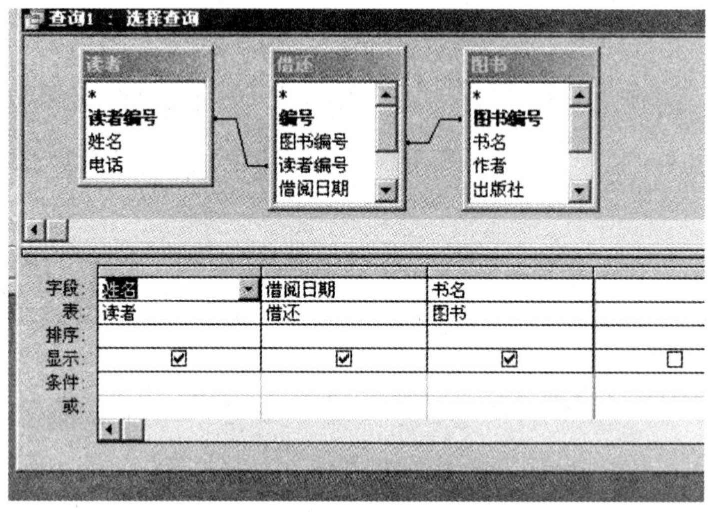

图 11.12　设计查询

查询1 : 选择查询

姓名	借阅日期	书名
程成	2012-3-12	平凡的世界
程成	2012-3-12	红楼梦
李红	2012-8-9	笑傲江湖
王立	2012-9-9	神雕侠侣
陈晓	2012-12-9	射雕英雄传

记录: 1 共有记录数: 5

图 11.13　查询结果

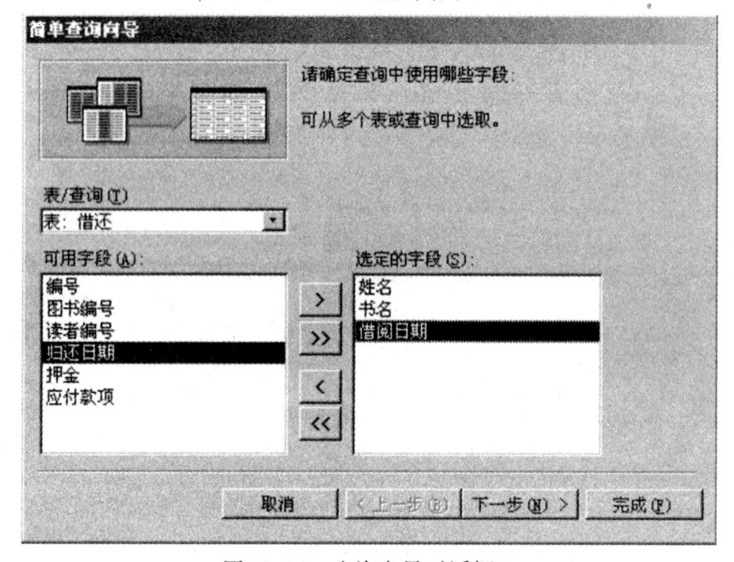

图 11.14　查询向导对话框 1

②确定查询方式,这里采用“明细”查询,如图11.15所示。

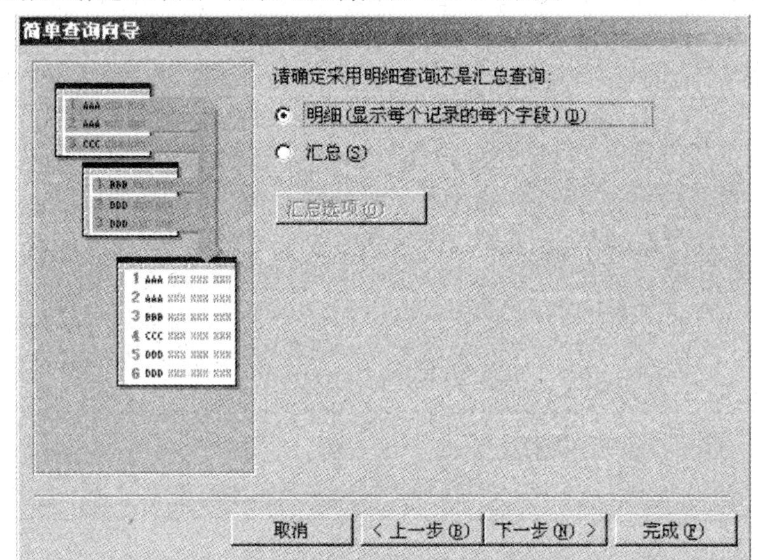

图11.15　查询向导对话框2

③确定查询标题这里采用默认标题,然后单击“完成”按钮,如图11.16所示。

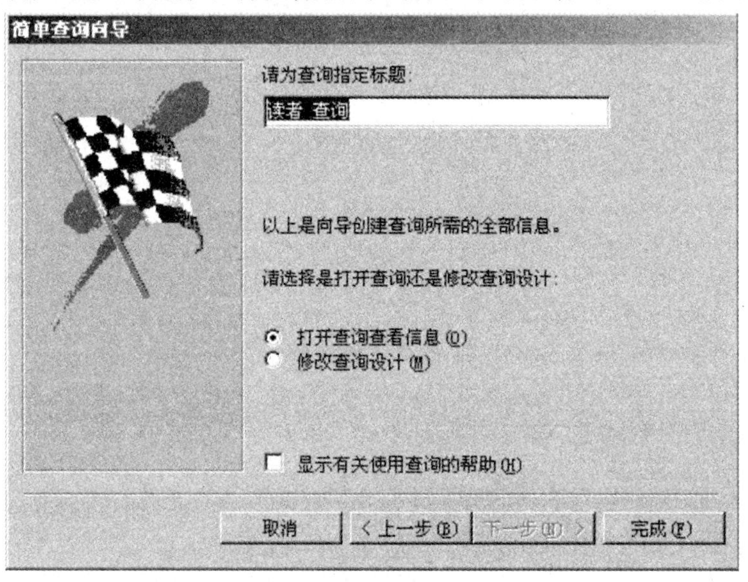

图11.16　查询向导对话框3

(3)窗体

窗体是Access提供的人机交互界面,用户可以在窗体中进行数据库中数据的基本操作。多数窗体都与数据库中的一个或多个表或者查询绑定,窗体的记录源于数据表和查询中某个指定的字段或所有字段,使用窗体可以一次浏览一条或一批数据记录,还可以通过透视图以更直观的方式显示数据。

创建窗体有两种方法:在设计视图中创建窗体和使用向导创建窗体。这里介绍使用向导创建窗体的方法。

使用向导创建窗体步骤:

①在数据库窗口左侧选择“窗体”选项,然后在右侧的窗口中双击“使用向导创建窗体”选项,系统弹出“窗体向导”对话框,如图 11.17 所示。按照查询向导相同的方法选择在窗体上使用的字段。

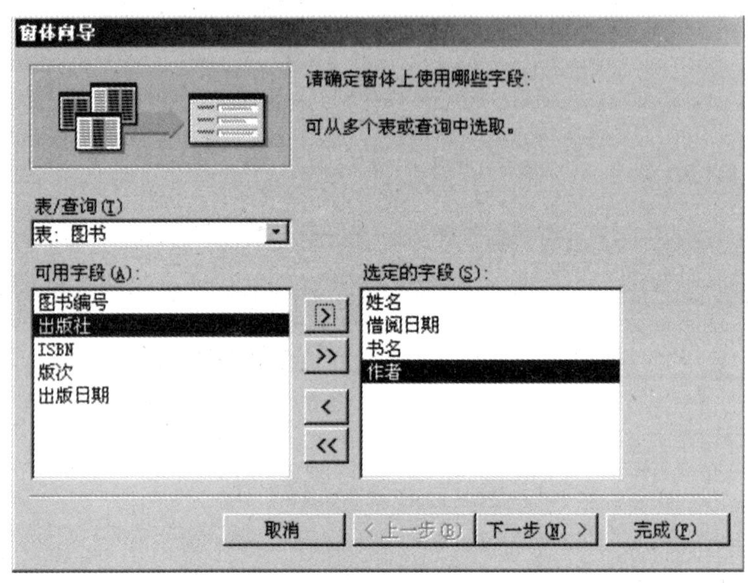

图 11.17　窗体向导(1)

②在此例中,因为使用了多个表,因此要确定数据的查看方式,这里选择“通过借还”的方式查看,如图 11.18 所示。

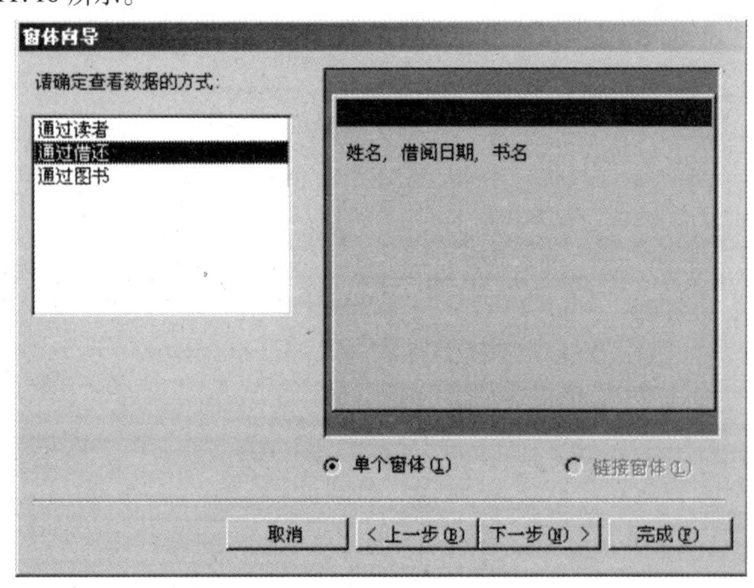

图 11.18　窗体向导(2)

③进入窗体使用布局界面,选择“纵栏表”单选按钮,如图 11.19 所示,然后单击“下一步”按钮。

④进入窗体所用样式界面,如图 11.20 所示,选择窗体所用样式后单击“下一步”按钮。

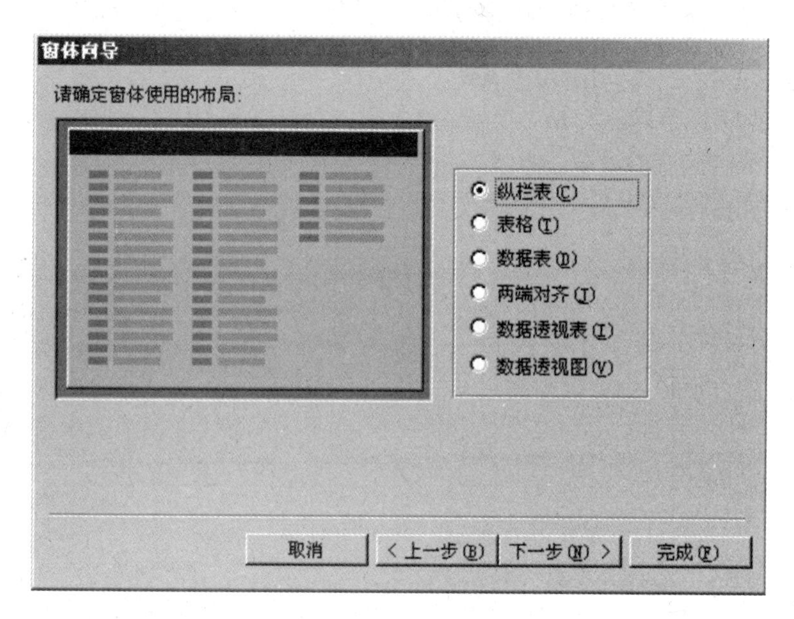

图 11.19　窗体向导(3)

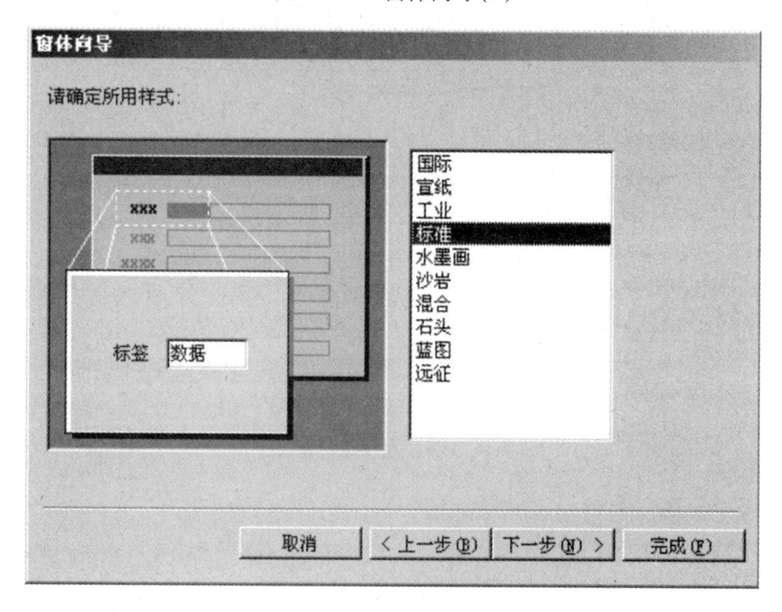

图 11.20　窗体向导(4)

⑤进入窗体标题设置界面,如图 11.21 所示,这里输入“借还”,单击“完成”按钮即可。

⑥系统将显示出窗体视图,如图 11.22 所示。

(4)报表

利用报表可以将数据库中需要的数据提取出来进行分析、整理和计算,并将数据以格式化的方式发送到打印机并打印出来。创建报表的方式也有两种,这里同样使用向导来创建一个显示所有读者借阅书籍信息的报表。

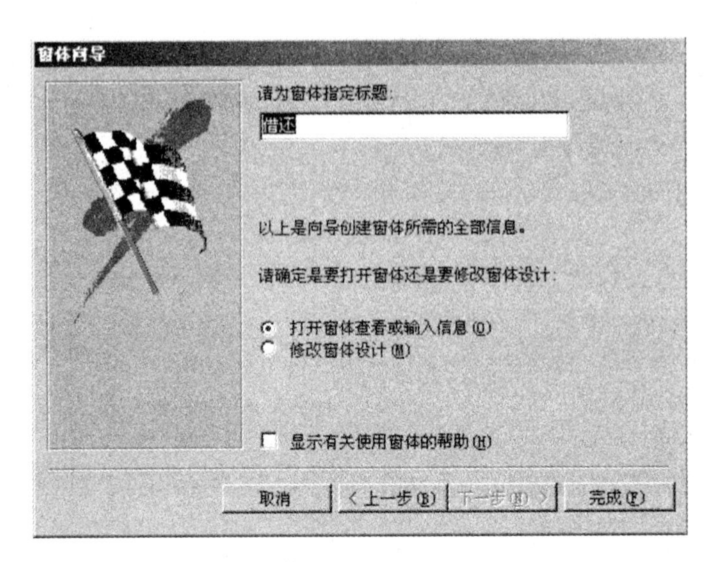

图 11.21　窗体向导(5)

图 11.22　窗体运行结果

①打开数据据库,单击左侧窗口中的报表,然后在右侧窗口单击报表向导,出现窗口如图11.23所示,同样的方式选择报表中要使用的字段,然后单击“下一步”按钮。

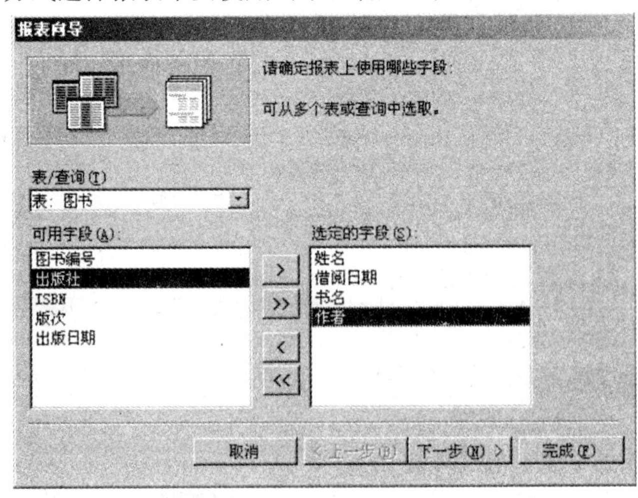

图 11.23　报表向导(1)

②确定数据的查看方式,这里仍旧使用“通过借还”的方式,如图11.24所示,单击“下一步”按钮。

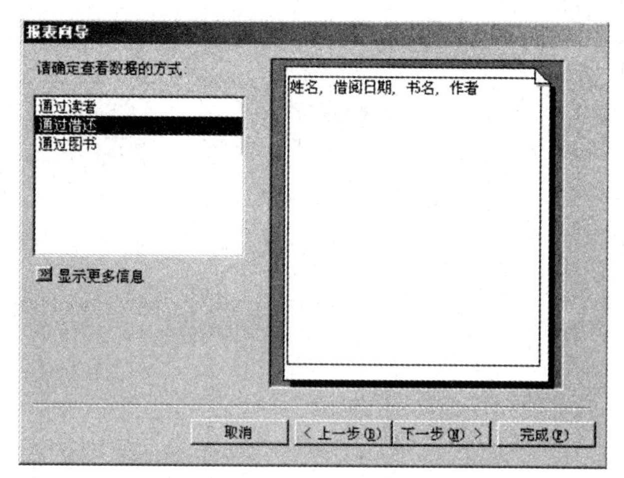

图 11.24　报表向导(2)

③确定分组级别，这里按照姓名分组显示，如图 11.25 所示，单击“下一步”按钮。

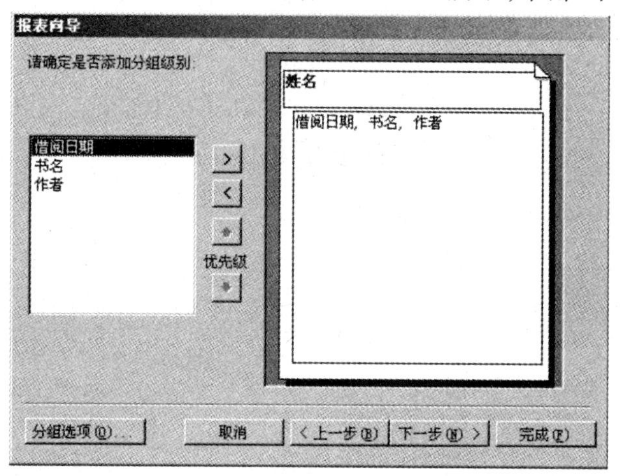

图 11.25　报表向导(3)

④设置排序字段，这里选择按照借阅日期排序，如图 11.26 所示，单击“下一步”按钮。

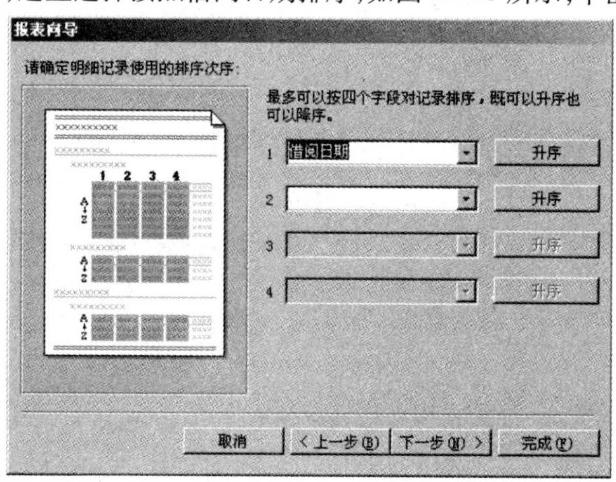

图 11.26　报表向导(4)

⑤确定报表布局，这里选择块布局，方向为纵向，然后单击“下一步”按钮。

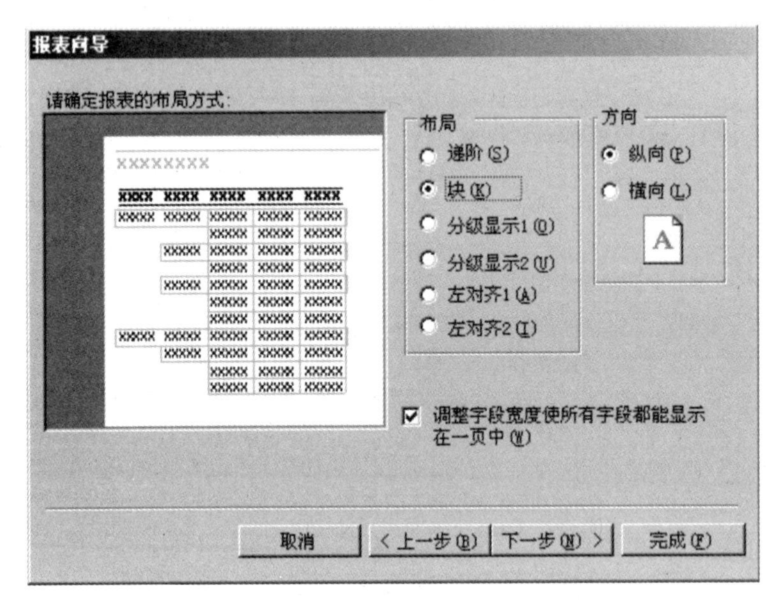

图 11.27 报表向导(5)

⑥设置报表的样式,这里采取“组织”的方式,如图 11.28 所示,单击“下一步”按钮。

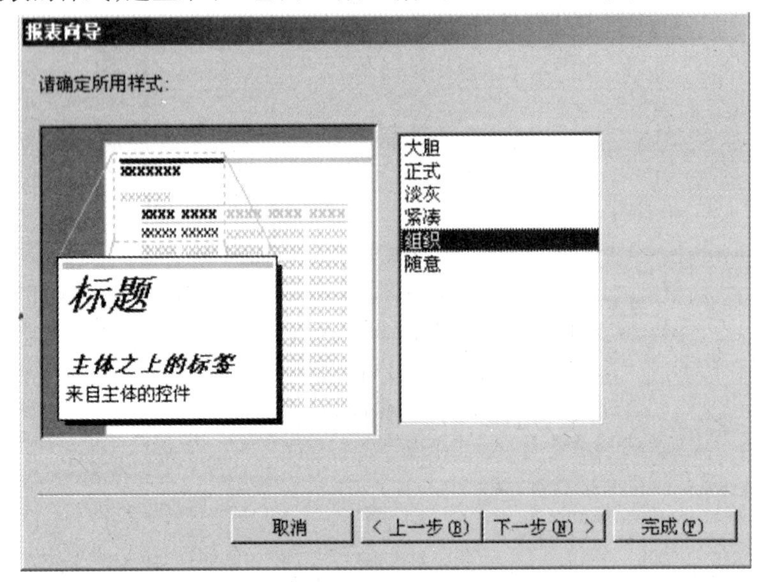

图 11.28　报表向导(6)

⑦设置报表标题,单击“完成”按钮完成报表的设计,如图 11.29 所示。

⑧报表设计完毕后,用户可以打印报表,此例的打印结果如图 11.30 所示。

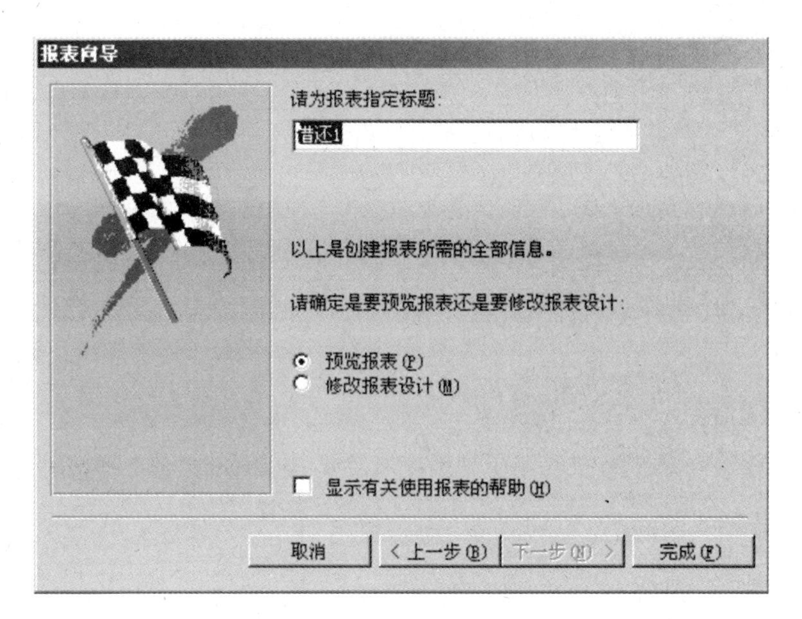

图11.29　报表向导(7)

借还1

姓名	借阅日期	书名	作者
陈晓	2012-12-9	射雕英雄传	
程成	2012-3-12	红楼梦	
	2012-3-12	平凡的世界	
李红	2012-8-9	笑傲江湖	
王立	2012-9-9	神雕侠侣	

图11.30　向导运行结果

习　题

1. 选择题

(1)数据库设计的(　　)阶段的主要任务是调查和分析用户的应用需要,为概念结构设计做好充分准备。

A. 需求分析　　B. 逻辑设计　　C. 物理设计　　D. 运行设计

(2)DBS是采用了数据库技术的计算机系统。DBS是一个集合体,包含数据库、计算机硬件、软件和(　　)。

A. 系统分析员　　B. 程序员　　C. 数据库管理员　　D. 操作员

(3)数据库概念结构设计的主要工具是(　　)。

A. 数据流程图　　B. E-R图　　C. 规划化理论　　D. SQL语言

(4)从E-R模型向关系模型转换时,一个M:N联系转换为关系模式,该关系模式的关键字是(　　)。

A. M端实体的关键字　　B. N端实体的关键字

C. M 端实体的关键字与 N 端实体的关键字　　D. 重新选取其他属性

2. 填空题

(1)数据管理发展的三个阶段是________、________ 、________。

(2)实体之间的三种联系是________、________、________。

(3)用树形结构表示实体类型及实体间联系的数据模型称为________。

3. 问答题

(1)DBMS 由哪几个部分组成?

(2)数据库管理系统的主要功能是什么?

(3)什么是数据模型,数据库中由哪几种数据模型,ACCESS 是什么类型的数据库?

第 12 章 AutoCAD 基础

计算机辅助设计(CAD:Computer Aided Design)的概念和内涵是随着计算机、网络、信息、人工智能等技术或理论的进步而不断发展的。CAD 技术是以计算机、外围设备及其系统软件为基础,包括二维绘图设计、三维几何造型设计、优化设计、仿真模拟及产品数据管理等内容,逐渐向标准化、智能化、可视化、集成化、网络化方向发展。AutoCAD 是由美国 Autodesk 公司开发的通用计算机辅助设计软件,是目前世界上应用最广的 CAD 软件。随着时间的推移和软件的不断完善,AutoCAD 已由原先的侧重于二维绘图技术为主,发展到二维、三维绘图技术兼备且具有网上设计的多功能 CAD 软件系统。AutoCAD 具有良好的用户界面,通过交互菜单或命令行方式便可以进行各种操作。它的多文档设计环境,让非计算机专业人员也能很快地学会使用。(版本:R12,R13,R14,R15,2000—2012)

教学目的:

- 了解计算机绘图技术简介;
- 了解基本功能和操作界面;
- 了解 AutoCAD 的运行要求与安装;
- 掌握文件管理和输入方法。

12.1 AutoCAD 基本功能及界面简介

CAD(Computer Aided Design)的含义是指计算机辅助设计,是计算机技术的一个重要的应用领域。AutoCAD 则是美国 Autodesk 企业开发的一个交互式绘图软件,是用于二维及三维设计、绘图的系统工具,用户可以使用它来创建、浏览、管理、打印、输出、共享设计图形。AutoCAD 是目前世界上应用最广的 CAD 软件,市场占有率位居世界第一。AutoCAD 软件具有如下特点:

①具有完善的图形绘制功能。

②有强大的图形编辑功能。

③可以采用多种方式进行二次开发或用户定制。

④可以进行多种图形格式的转换,具有较强的数据交换能力。

⑤支持多种硬件设备。

⑥支持多种操作平台。

⑦具有通用性、易用性,适用于各类用户。

此外,从 AutoCAD 2000 开始,该系统又增添了许多强大的功能,如 AutoCAD 设计中心(ADC)、多文档设计环境(MDE)、Internet 驱动、新的对象捕捉功能、增强的标注功能以及局部打开和局部加载的功能,从而使 AutoCAD 系统更加完善。

虽然 AutoCAD 本身的功能集已经足以协助用户完成各种设计工作,但用户还可以通过 Autodesk 以及数千家软件开发商开发的五千多种应用软件把 AutoCAD 改造成为满足各专业领域的专用设计工具。这些领域包括建筑、机械、测绘、电子以及航空航天等。

12.1.1 AutoCAD 的基本功能

1)平面绘图

AutoCAD 能以多种方式创建直线、圆、椭圆、多边形、样条曲线等基本图形对象,提供了正交、对象捕捉、极轴追踪、捕捉追踪等绘图辅助工具。正交功能使用户可以很方便地绘制水平、竖直直线,对象捕捉可帮助拾取几何对象上的特殊点,而追踪功能使画斜线及沿不同方向定位点变得更加容易。

2)编辑图形

AutoCAD 具有强大的编辑功能,可以移动、复制、旋转、阵列、拉伸、延长、修剪、缩放对象等;可以创建多种类型尺寸,标注外观可以由用户自行设定;能轻易在图形的任何位置、沿任何方向书写文字,可设定文字字体、倾斜角度及宽度缩放比例等属性;图形对象都位于某一图层上,可设定图层颜色、线型、线宽等特性。

3)三维绘图

AutoCAD 可创建 3D 实体及表面模型,能对实体本身进行编辑。

AutoCAD 具有网络功能,可将图形在网络上发布,或是通过网络访问 AutoCAD 资源、交换数据。AutoCAD 提供了多种图形图像数据交换格式及相应命令。

AutoCAD 允许用户定制菜单和工具栏,并能利用内嵌语言 Autolisp、Visual Lisp、VBA、ADS、ARX 等进行二次开发。

12.1.2 AutoCAD 2010 的运行要求与安装

1)AutoCAD 运行对软、硬件的需求

(1)软件

Windows XP 或 Windows 7 及以上,最好使用与用户的 AutoCAD 具有相同语言版本的操作系统,或者用英文版操作系统。

(2)内存和硬盘空间

①64 MB 内存(推荐值)或 32 MB 内存(最小值);

②130 MB 硬盘空间(最小值);

③64 MB 磁盘交换空间(最小值);

④系统文件夹里要有 50 MB 的剩余空间。

(3)硬件

以下是AutoCAD对硬件的需求,包括必备硬件和可选硬件。

①必备硬件:

a.奔腾133以上或兼容处理器;

b.800×600 VGA视频显示(建议使用1 024×768或更高配置);

c.CD-ROM驱动器(仅用于初始安装);

d.Windows支持的显示适配器;

e.鼠标或其他定点设备。

②可选硬件:

a.打印机或绘图仪;

b.数字化仪;

c.串口或并口(用于外设);

d.网络接口卡(用于AutoCAD网络版);

e.调制解调器或其他访问Internet的连接设备。

2)AutoCAD软件的安装

①将CD插入CD-ROM驱动器,在插入CD后立即启动安装程序。

要想禁止Auto run自动启动安装程序,请在插入CD的同时按下Shift键。

要想不通过Auto run启动安装程序,请从“开始”菜单中选择“运行”,输入CD-ROM驱动器号和setup。例如,输入“d:\setup”。

②在“安装菜单”对话框里,选择安装选项中的“安装AutoCAD 2010”,然后选择“下一步”。

③当显示“欢迎”对话框时,选择“下一步”。

如果安装程序在系统中发现已注册的AutoCAD版本,会提示用户指定是要向当前安装中添加新组件,重复上一次安装以恢复丢失的组件,还是要修改文本文件的编辑器。详细信息请参见添加部件或重新安装AutoCAD。

④在“软件许可协议”对话框的列表中选择用户居住的国家,检查显示出来的信息。

⑤如果接受协议条款,请选择“我接受”,然后选择“下一步”。或者如果不接受协议条款,选择“我拒绝”退出安装程序。

⑥在“序列号”对话框中输入AutoCAD 2010安装CD盒上的序列号和CD号,然后选择“下一步”。序列号必须包括三位数字前缀和八位数字。CD号为六个字符。

⑦在“用户信息”对话框中输入姓氏、名字、单位、经销商和经销商电话,然后选择“下一步”。在“用户信息”对话框中输入的信息被自动输入到“授权”向导中。“授权”向导在第一次运行AutoCAD时运行。

⑧在“目标位置”对话框中,选择“下一步”接受缺省的“目标文件夹/目录”。如果目标文件夹或目录不存在,安装程序在创建新文件夹前会提示用户。选择“是”将创建文件夹并继续执行安装。或者选择“浏览”指定在不同的驱动器和文件夹中安装AutoCAD。

⑨如果选择“浏览”,则在“选择目录”对话框中任意选择一个映射到计算机上的文件夹,包括网络文件夹,然后选择“确定”。或者在“路径”中输入新文件夹的路径,然后选择“确定”。

⑩如果指定的文件夹不存在,安装程序在创建新文件夹前先提示。选择“是”创建该文件夹,然后选择“目标位置”对话框里的“下一步”。

⑪在“安装类型”对话框中选择所需的安装类型:典型、完全、精简或自定义安装,然后选择“下一步”。

典型安装包括以下组件:

a. 程序文件:可执行文件、菜单、工具栏、帮助样板、TrueType 字体和附加支持文件。

b. 字体:SHX 字体。

c. 样例:样例图形、图像和 AutoCAD 设计中心文件。

d. 词典:美国英语。

e. 数据库:外部数据库工具和支持文件。

f. 批处理打印:批处理打印应用程序和支持文档。

g. VBA 支持:VBA 支持。

完全安装比典型安装会多出以下部件:

a. Internet 工具:Internet 支持文件。

b. 快捷工具:快捷例程和应用程序。

c. 样例:Visual LISP 样例。

d. 词典:加拿大法语。

e. 纹理贴图:用于渲染工具的附加纹理贴图。

f. 教程:Visual LISP 教程。

精简模式只安装可执行文件和支持文件。

自定义模式将安装选中的文件。在缺省情况下,自定义安装选项将安装所有的 AutoCAD 部件。对于不想安装的 AutoCAD 部件,请清除部件旁的复选框。

当选择“下一步”时,安装程序检查是否有足够的磁盘空间进行安装。如果没有足够的磁盘空间,将提示警告信息。

⑫在“文件夹名称”对话框中选择“下一步”接受显示的缺省程序文件夹。或者为 AutoCAD 输入程序文件夹名称。可以输入不同的程序文件夹名称,或者指定创建新的程序文件夹,然后选择“下一步”。

⑬选择“下一步”开始安装,或者选择“上一步”来调整任意选项。安装完成后,显示“安装菜单”对话框。选择“关闭”结束安装。

⑭完成安装后重新启动计算机。

12.1.3 AutoCAD 2010 的用户界面

每次启动 AutoCAD,都会打开 AutoCAD 窗口。这一窗口是用户的设计工作空间,它包括用于设计和接收设计信息的基本组件。图 12.1 显示了 AutoCAD 2010 窗口的一些主要部分。

1)菜单

菜单由菜单文件定义。用户可以修改或设计自己的菜单文件。此外,安装第三方应用程序可能会使菜单或菜单命令增加。

2)工具栏

工具栏包括常用的 AutoCAD 工具(例如“重画”“放弃”和“缩放”),还有一些 Microsoft

Office标准工具(例如“打开”“保存”“打印”和“拼写检查”)。右下角带有小黑三角的工具按钮是弹出图标。弹出图标包含了若干工具,这些工具可以调用与第一个按钮有关的命令。单击第一个按钮并按住拾取键,可以显示弹出图标。显示或关闭工具栏的方法如下:

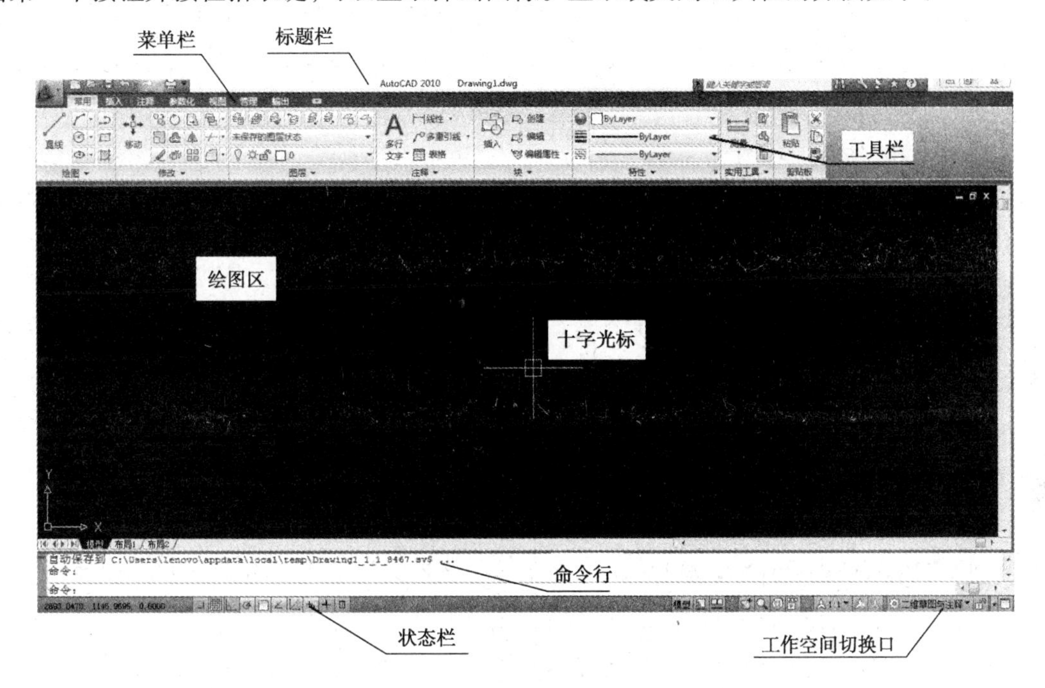

图 12.1

①在工具栏(例如“标准”或“绘图”工具栏)的背景或标题栏的任何地方单击右键。

②从快捷菜单中选择要显示或关闭的工具栏。

3)绘制和修改工具栏

常用的绘制和修改命令在启动 AutoCAD 时就显示出来。这些工具栏位于窗口左边,可以方便地移动、打开和关闭它们。

4)绘图区域

绘图区域用于显示图形。根据窗口大小和显示的其他组件(例如工具栏和对话框)数目,绘图区域的大小将有所不同。

5)十字光标

十字光标由定点设备控制。可以使用十字光标定位点、选择和绘制对象,在绘图区域标识拾取点和绘图点。

6)命令窗口

显示命令提示和信息。在 AutoCAD 中,可以按下列三种方式启动命令:

①从菜单或快捷菜单中选择菜单项。

②单击工具栏上的按钮。

③在命令行输入命令。

无论从菜单还是工具栏中选择命令,AutoCAD 都会在命令窗口显示命令提示和命令记录。

7)状态栏

在左下角显示光标坐标。状态栏还包含一些按钮,使用这些按钮可以打开常用的绘图辅助工具。这些工具包括"捕捉"(捕捉模式)、"栅格"(图形栅格)、"正交"(正交模式)、"极轴"(极轴追踪)、"对象捕捉"(对象捕捉)、"对象追踪"(对象捕捉追踪)、"线宽"(线宽显示)和"模型"(模型空间和图纸空间切换)。

8)工作空间的切换

AutoCAD 软件提供了"工作空间"的概念。通过工作空间的设置和调用,可以最大限度减少按钮菜单的打开、关闭和排列等重复性操作。

工作空间是经过分组和组织的菜单、工具栏、选项板和面板控制面板的集合,使用户可以在自定义的、面向任务的绘图环境中工作。使用工作空间时,只会显示与任务相关的菜单、工具栏和选项板。此外,工作空间还会自动显示面板,一个带有特定任务的控制面板的特殊选项板。

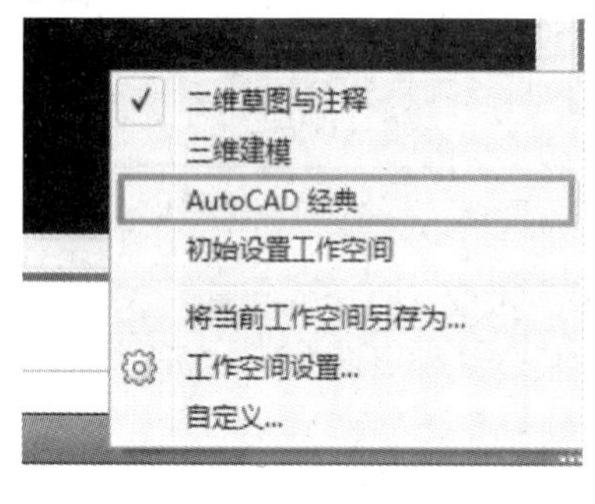

图 12.2

在 AutoCAD 工具栏右侧,单击 AutoCAD 经典 按钮,可以在 AutoCAD 对几种常用工作空间进行切换和自定义设置。现将工作空间切换成"AutoCAD 经典",如图 12.2 所示。

AutoCAD 2010 中的"AutoCAD 经典"工作空间与 AutoCAD 2008 及之前的版本(如 AutoCAD 2006、AutoCAD 2004 等)的工作空间基本相同。为了让读者在学习本章后,可以对 AutoCAD 的常见版本的操作都有所了解,故本书之后的内容都将按通用的"AutoCAD 经典"工作空间的菜单及工具栏布置进行讲解。"AutoCAD 经典"工作空间的菜单及工具栏布置如图 12.3 所示。

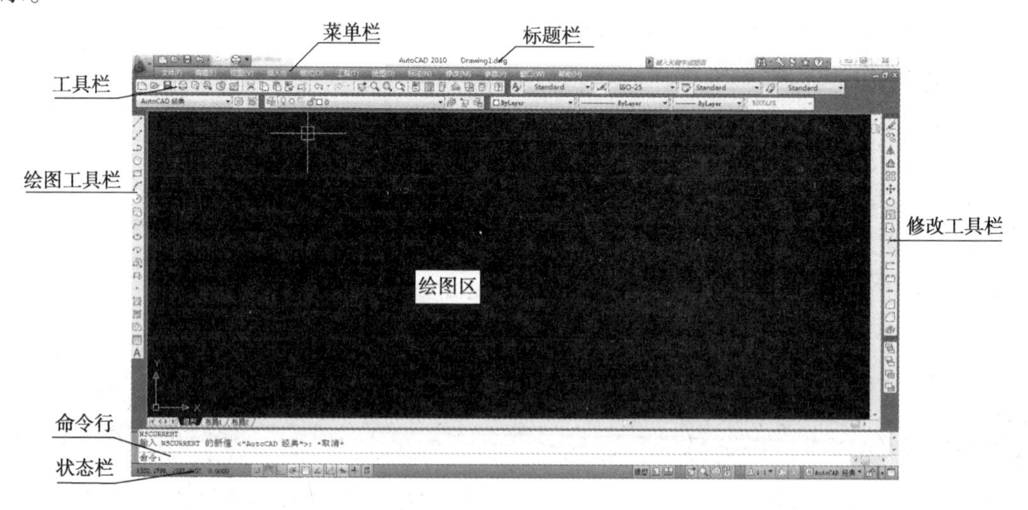

图 12.3

12.1.4 AutoCAD 2010 的文件管理

在 AutoCAD 2010 中,图形文件管理包括创建新的图形文件、打开已有的图形文件、关闭图形文件以及保存图形文件等操作。

1)**创建新图形文件**

下拉菜单:“文件”→“新建”。

命令行:QNEW/NEW。

工具栏:。

在弹出的选择样板对话框中选择样板 acad. dwt,然后单击“打开”按钮即可。

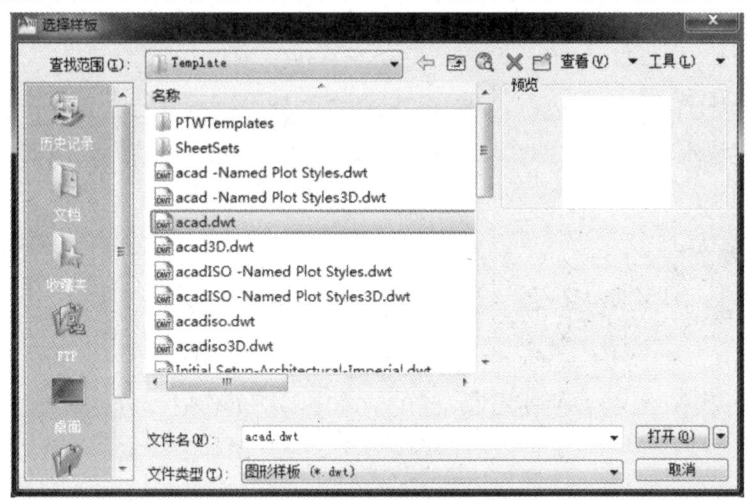

图 12.4

2)**打开文件**

下拉菜单:“文件”→“打开”。

命令行:OPEN。

工具栏:。

用鼠标双击任一用 AutoCAD 已完成的图形文件(后缀名为. dwg)也可打开文件。

3)**保存文件**

下拉菜单:“文件”→“保存”。

命令行:QSAVE。

工具栏:。

或下拉菜单:“文件”→“另存为”。

命令行:SAVEAS。

在绘图中任意时刻,按组合快捷键“Ctrl + S”也可保存文件。

12.1.5　AutoCAD 2010 的输入方法

AutoCAD 绘图交互主要以命令的方式进行,系统的设置则通过菜单或对话框进行。输入命令的方法有以下几种:

1)**键盘输入命令**

所有的命令均可以通过键盘输入(不分大小写)。在“命令:”提示下,可以通过键盘输入命令名,并按下 Enter 键或空格键予以确认。对命令提示中必须输入的参数,也需要通过键盘输入。大部分命令通过键盘输入时可以缩写,此时可以只键入很少的字母即可执行该命令。如“Circle”命令的缩写为“C”(不分大小写)。用户可以定义自己的命令缩写。

2)菜单输入及按钮(工具栏)输入

工具栏由表示各个命令的图标组成。单击工具栏中的图标可以调用相应的命令,并根据对话框中的选项或命令行中的命令提示执行该命令。

3)菜单输入

通过鼠标左键在主菜单中单击下拉菜单,再移动到相应的菜单条上单击对应的命令。如果有下一级子菜单,则移动到菜单条后略停顿,自动弹出下一级子菜单,移动光标到对应的命令上单击即可。

如果使用快捷菜单,右击鼠标弹出快捷菜单,移动鼠标到对应的菜单项上单击即可。

通过快捷键输入菜单命令,可用 Alt 键和菜单中带下划线的字母或光标移动键选择菜单条和命令回车即可。

12.2 常用绘图与修改命令

在 CAD 软件操作中,为方便使用者,与在 Windows 中工作时一样,利用快捷键代替鼠标。可以利用键盘快捷键发出命令,完成绘图、修改、保存等操作。这些命令键就是 CAD 命令。

12.2.1 常用绘图命令

在 CAD 中首先要学会绘制简单的几何图形。绘图命令集中放置在“绘图菜单”和绘图区左侧的“绘图工具栏”中。

1)直线

功能:绘制一段直线段或多段连接的折线段。

直线是绘图中基本的单位。绘制直线共有两种办法。

方法一:是在绘图区域左侧的绘图工具栏中选择“直线”命令。然后就可以在绘图区绘制出直线,如图 12.5 所示。

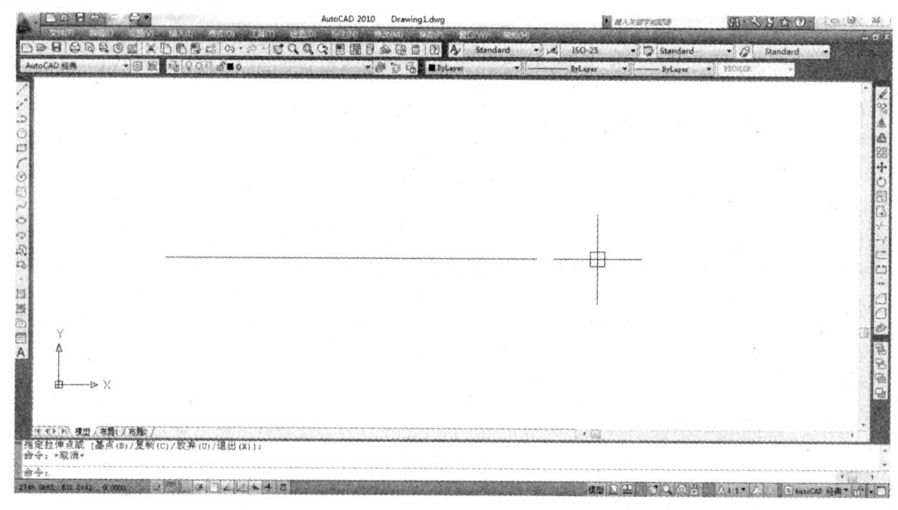

图 12.5

方法二:在命令行中输入“line”或命令简写“L”,单击回车或空格键,如图 12.6 所示。

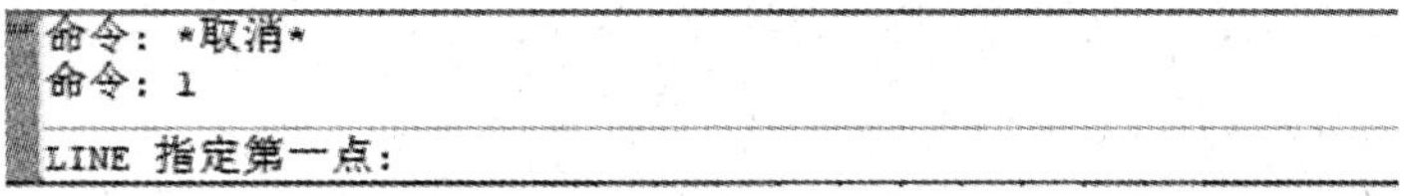

```
命令: *取消*
命令: l
LINE 指定第一点:
```

图 12.6

然后再根据命令行的提示“指定第一点”输入直线的起点(起点的输入可以用鼠标点击,也可输入点的坐标值),在绘图区任意一处单击鼠标左键(本章节之后所提及“单击鼠标”操作都表示为单击鼠标左键),如图 12.7 所示。

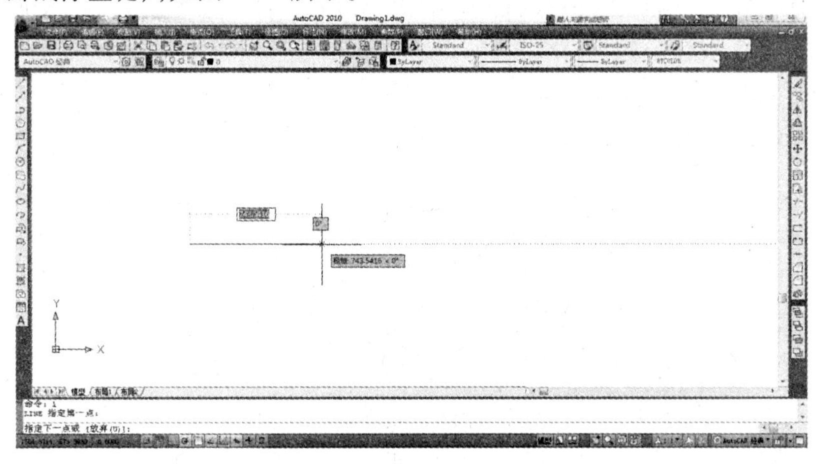

图 12.7

再根据命令行的提示“指定下一点”输入直线的终点(终点的输入同样可以用鼠标点击或输入点的坐标值),这里将鼠标向右滑动,当绘图区出现向右的水平延伸虚线的时候,输入“3 000”,按回车键,如图 12.8 所示。

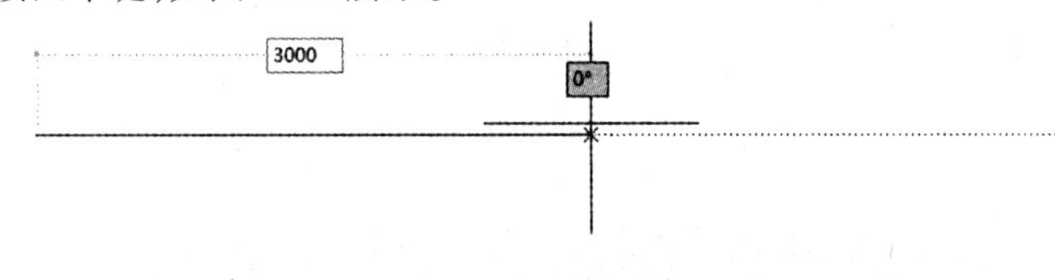

图 12.8

此时,line 命令并没有结束,可以用鼠标接着进行类似操作来画出连续的直线段,此时回车结束 line 命令,就可以在绘图区看到一条长度为 3 000 单位的水平直线段,如图 12.9 所示。

注意

查看完整图形可以用快速双击鼠标滚轮的操作来实现,也可以用鼠标滚轮的滚动来放大和缩小所查看的区域,还可用单击鼠标滚轮后不放开来移动查看区域的位置。

2)圆

绘制圆有两种方法。

方法一:选择工具菜单栏中的绘制“圆”命令⊙。

方法二:在命令行中输入“circle”,或命令简写“C”,回车,如图 12.10 所示。

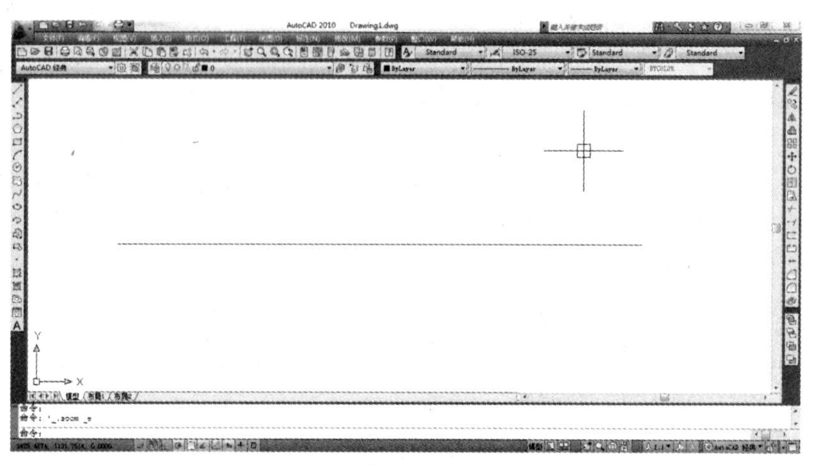

图 12.9

回车之后根据命令行的提示“指定圆的圆心”输入圆心(可以用鼠标点击或输入圆心的坐标值),这里在绘图区任意一处单击鼠标指定圆心,然后按提示指定圆的半径,输入“500”,如图 12.11 所示。

命令: *取消*
命令: c
CIRCLE 指定圆的圆心或 [三点(3P)/两点(2P)/切点、切点、半径(T)]:

图 12.10

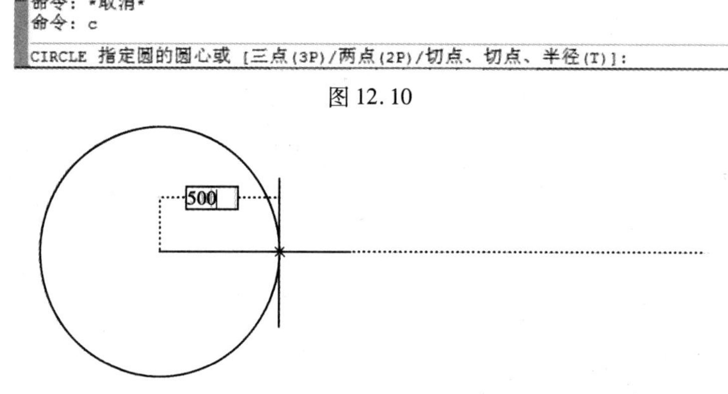

图 12.11

最后再次单击回车确认输入并结束 circle 命令。这样在绘图区就得到了一个半径为 500 的圆,如图 12.12 所示。

AutoCAD 中的命令执行过程都会在命令提示栏显示每一步骤的操作提示,便于用户使用和自学相关命令。以上讲述了两个绘图命令,在绘图工具栏中还有很多绘图工具,比如矩形、圆弧、正多边形等,请读者根据命令提示自行操作。

12.2.2 常用修改命令

在 CAD 中不仅要学会创建图形也要学会去修改图形。修改命令集中放置在“修改菜单”和绘图区右侧的“修改工具栏”中。

1) CAD 中对目标图形的选取

选择被修改的图形有两种常用的方法:

(1)用光标点选

操作:将光标移动到被选择的图形线条之上,当图形闪亮时单击鼠标,如图 12.13 所示。

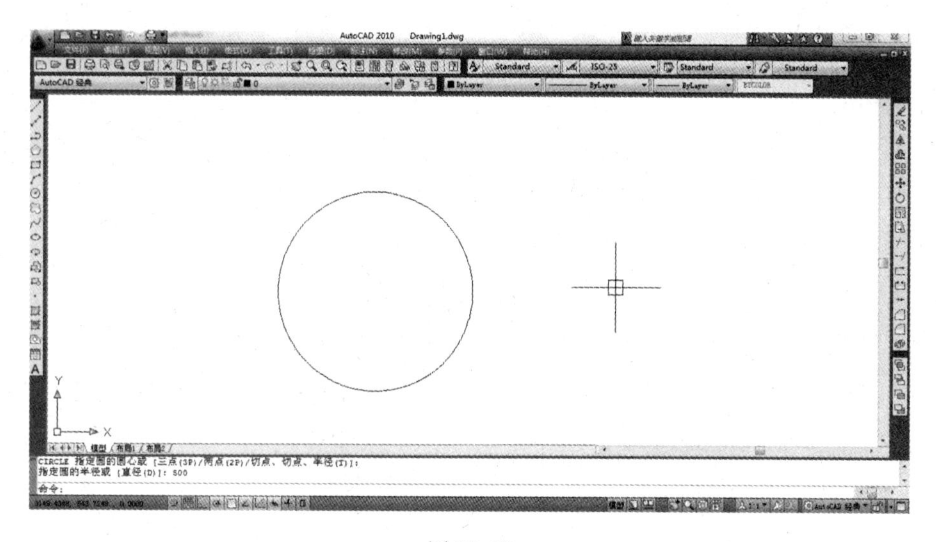

图 12.12

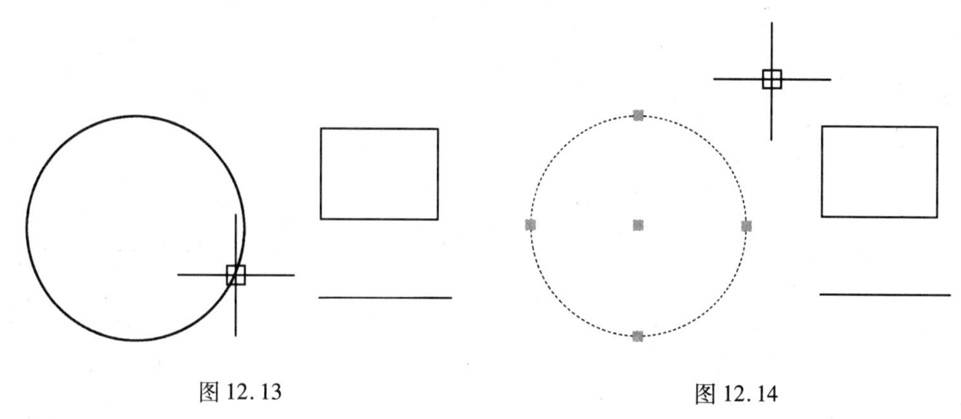

图 12.13　　　　　　　　　　　　图 12.14

效果:被选中的图形将变为虚线,并显示特征夹点,如图 12.14 中的圆被选中后。

(2)用光标框选

①用光标从左向右框选。

操作:将光标移动到绘图区左侧任意空白处单击,然后向右下方移动光标,拖出选择框,如图 12.15 所示。

注意

若想选择图中矩形和直线段,就必须将这两个图形完全框入选择框内。然后再次单击,完成选择。

效果:被选中的图形将变为虚线,并显示特征夹点,如图 12.16 中的矩形和直线段被选中后。

②用光标从右向左框选。

操作:将光标移动到绘图区右侧任意空白处单击,然后向左上方移动光标,拖出选择框,如图 12.17 所示。

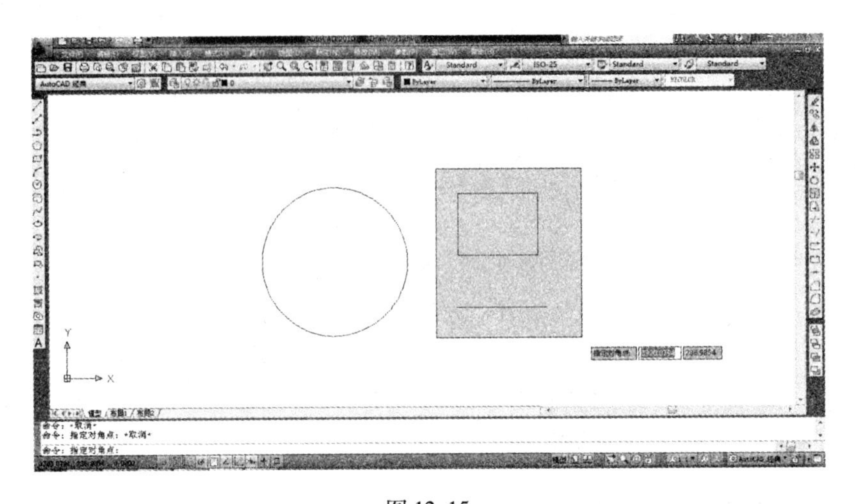

图 12.15

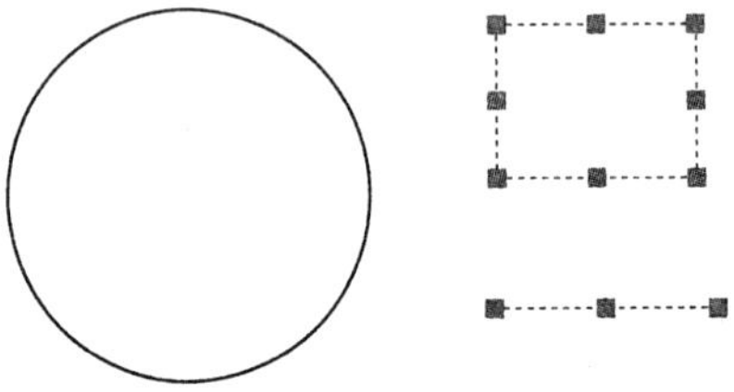

图 12.16

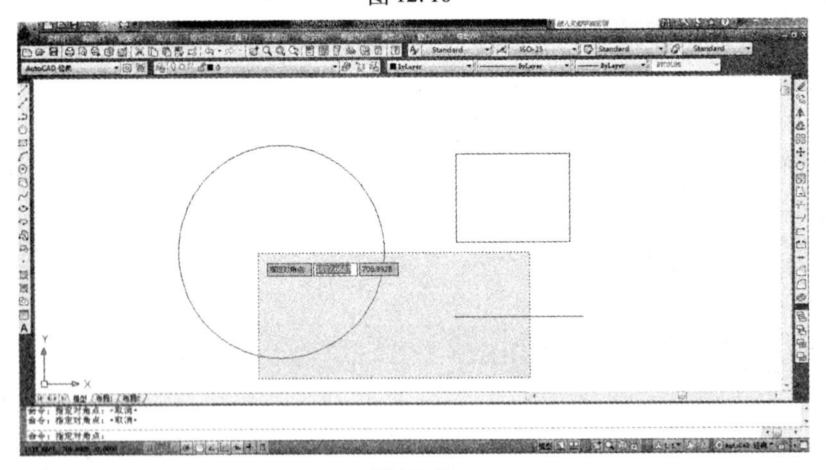

图 12.17

注意

若想选择图中圆和直线段,只须将这两个图形的局部框入选择框内。然后再次单击,即可完成选择。

效果:被选中的图形将变为虚线,并显示特征夹点,如图 12.18 中的圆和直线段被选中后。

CAD 中的选择操作可以连续进行,所有被选中的图形称为选择集。当用户想取消所有已选图形时,可按键盘“Esc”退出键实现;当用户想从选择集中去除某个图形时,可按住“shift”键不放,同时用以上所述的光标点选或框选该图形的方法完成操作。

2）图形删除

删除命令可以在图形中删除用户所选择的一个或多个对象。对于一个已删除对象，虽然用户在屏幕上看不到它，但在图形文件还没有被关闭之前该对象仍保留在图形数据库中。当图形文件被关闭后，则该对象将被永久性地删除。

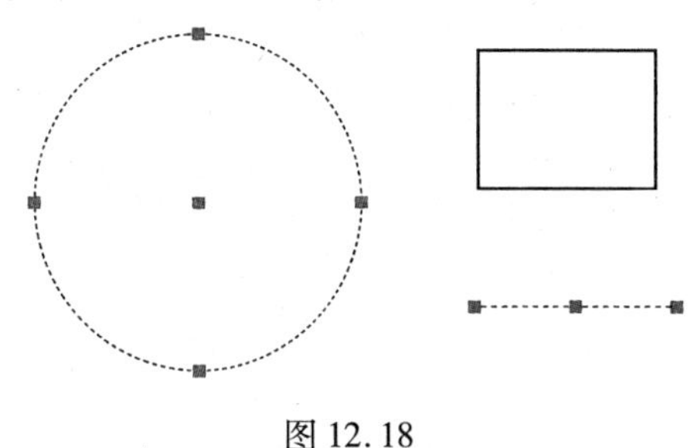

图12.18

图形删除的删除有四种方法。

方法一：选择工具栏中的“删除”命令。

方法二：选择菜单栏中的“修改”→“删除”命令。

方法三：在命令行中输入“erase”或命令简写“E”，如图12.19所示。

图12.19

执行以上三种命令中的任意一个之后，系统会提示用户要选定删除对象。我们可以通过鼠标单击来选定对象，然后右键即可删除。

方法四：先选中要删除的图形，再按下键盘上的“Delete”键即可。

3）复制对象

复制命令可以将用户所选择的一个或多个对象生成一个副本，并将该副本放置到其他位置。

调出复制对象有三种方法。

方法一：选择菜单栏中的“修改”→“复制”命令。

方法二：选择工具栏中的“复制”命令。

方法三：在命令行中输入“copy”或命令简写“co”，如图12.20所示。

命令: *取消*
命令: co COPY
选择对象:

图12.20

使用以上三种方法时，系统都会在命令行中提示“选择对象”，可以通过鼠标的点击来选择对象，这里选择圆，如图12.21所示。

按回车键，则确定了选择对象。选择完对象之后系统会提示“选定基点或位移”，如图12.22所示。

首先用光标点击圆心为基点，然后可以通过鼠标的拖动来决定副本的放置位置，单击鼠标确定位置，如图12.23所示。此时复制命令并未结束，可以连续进行复制操作，若想结束命令，需按回车键或空格键。

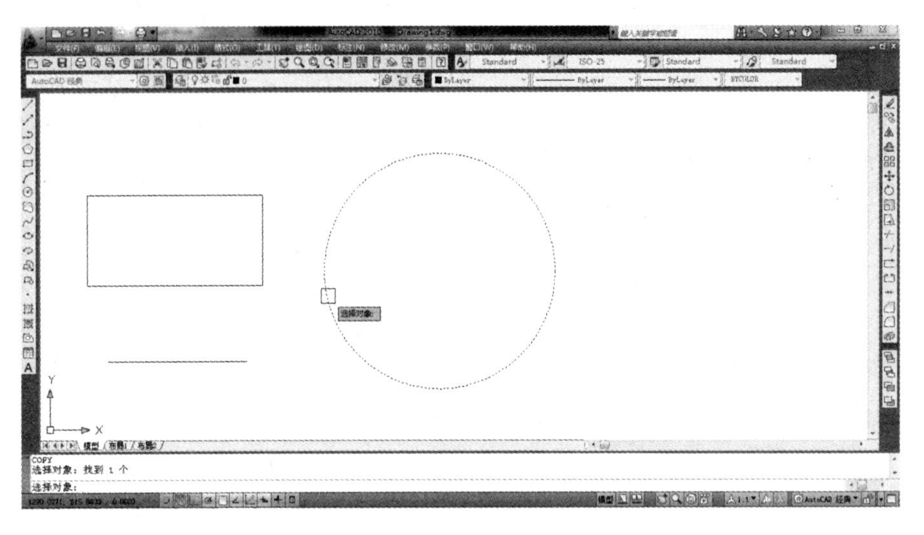

图 12.21

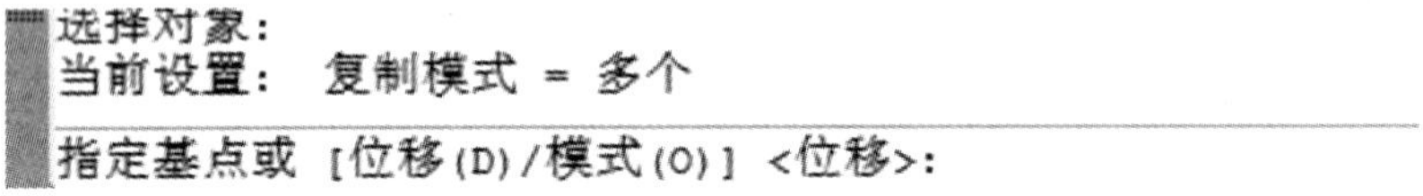

选择对象:
当前设置:　复制模式 = 多个
指定基点或 [位移(D)/模式(O)] <位移>:

图 12.22

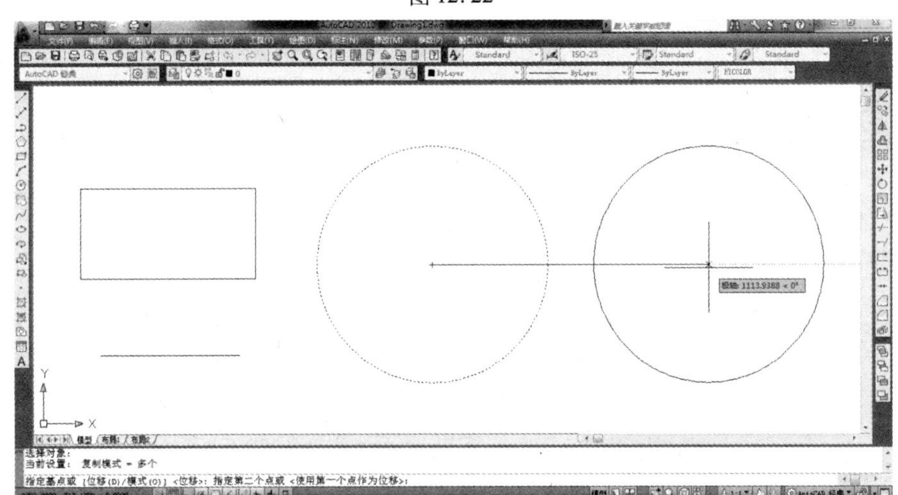

图 12.23

4)偏移

“偏移”命令可以创建其形状与选定对象形状平移的新对象。偏移的圆或圆弧可以创建更大或更小的圆或圆弧,这取决于向哪一侧偏移。偏移是一种高效的绘图技巧,然后修剪或延伸其端点。它可以在原有图形的基础上再复制出一个来,根据偏移方向和距离的不同,生成的图形也不同。

偏移的方法有三种。

方法一:选择工具栏中的“偏移”命令。

方法二:选择菜单栏中的“修改”→“偏移”命令。

方法三:在命令行中输入“offset”。

三种方法任选其一，系统都会提示“指定偏移距离”，如图 12.24 所示。

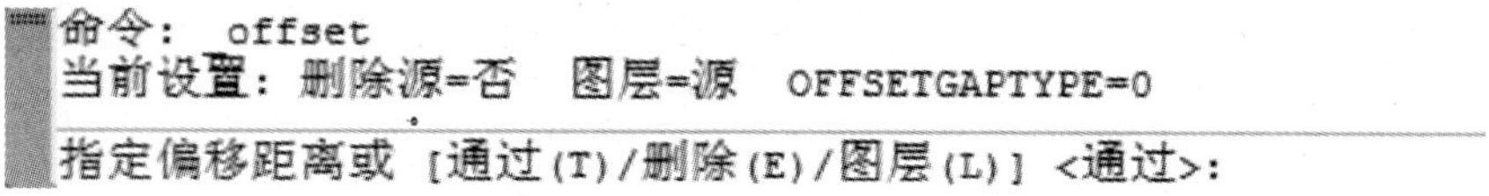

命令： offset
当前设置：删除源=否　图层=源　OFFSETGAPTYPE=0
指定偏移距离或 [通过(T)/删除(E)/图层(L)] <通过>:

图 12.24

①在绘图区输入“500”作为偏移距离，如图 12.25 所示。

指定偏移距离或
500
Y
X
模型
布局1
布局2
命令： offset
当前设置：删除源=否　图层=源　OFFSETGAPTYPE=0
指定偏移距离或 [通过(T)/删除(E)/图层(L)] <通过>:

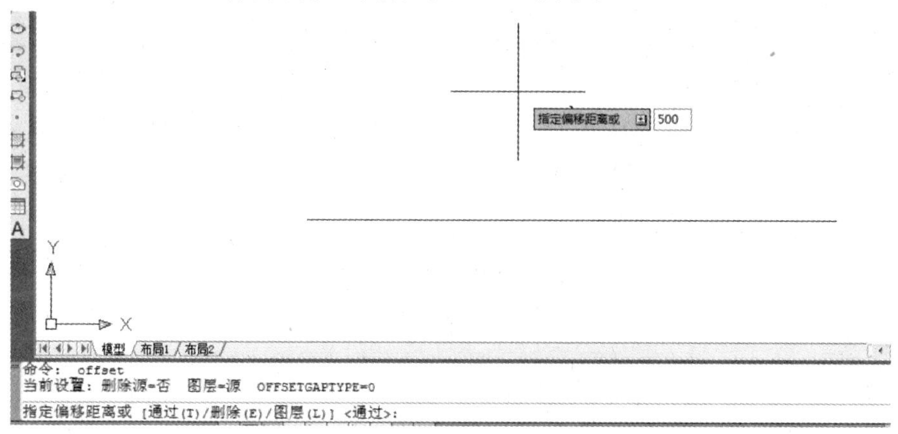

图 12.25

②然后系统会提示“选择偏移对象”或“退出”，如图 12.26 所示。

AutoCAD 2010　Drawing1.dwg
选择要偏移的对象，或
Y
X
当前设置：删除源=否　图层=源　OFFSETGAPTYPE=0
指定偏移距离或 [通过(T)/删除(E)/图层(L)] <通过>: 500
选择要偏移的对象，或 [退出(E)/放弃(U)] <退出>:

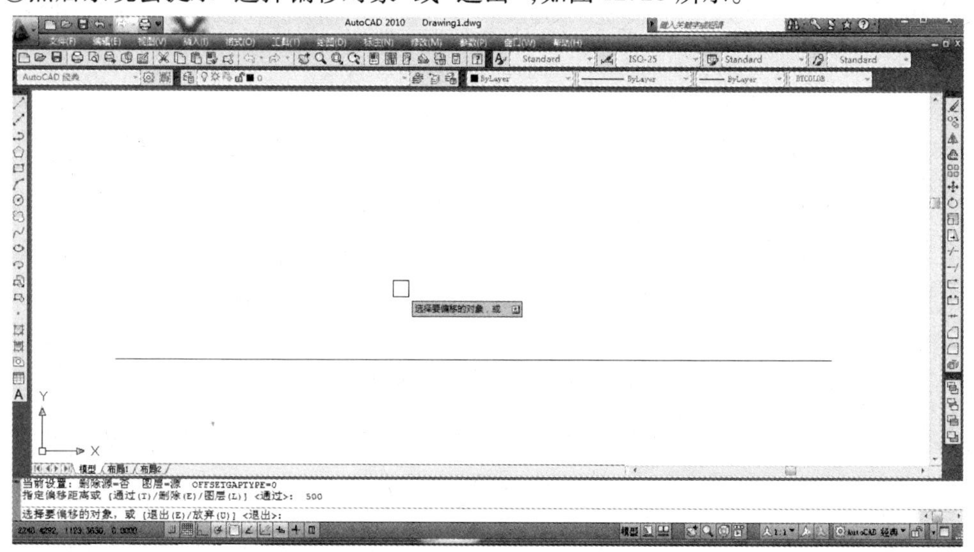

图 12.26

③我们在这选择一条已画好的直线段作为偏移对象，单击此直线，然后系统会提示“确定偏移所在的一侧”，可以通过鼠标单击来实现确定偏移方向，如图 12.27 所示。

④选择方向之后，偏移的结果就出来了，如图 12.28 所示。

⑤如果要连续复制，就可以继续单击来进行偏移复制。

5）移动

移动就是在不改变对象大小的情况下，改变对象的位置。

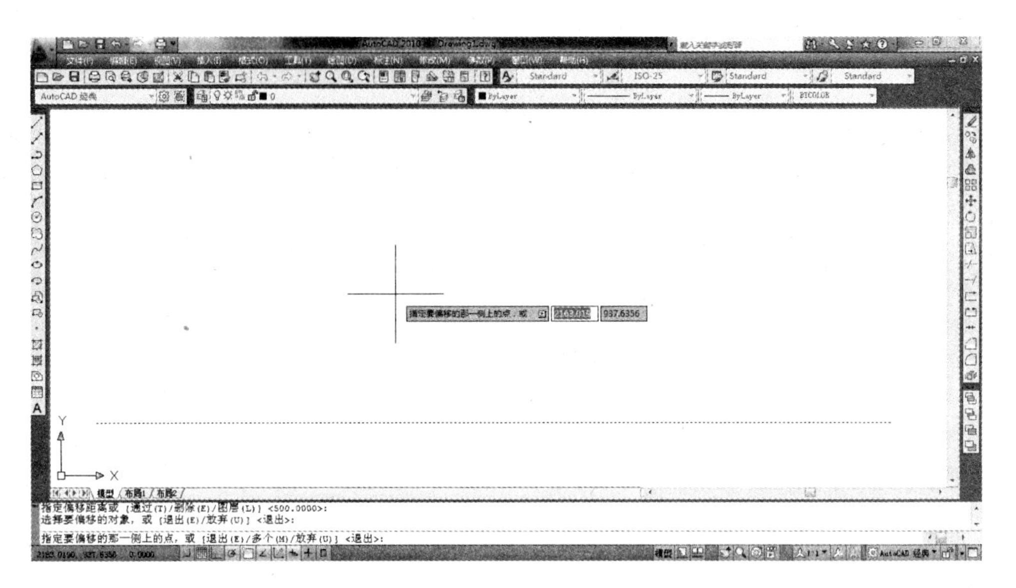

图 12.27

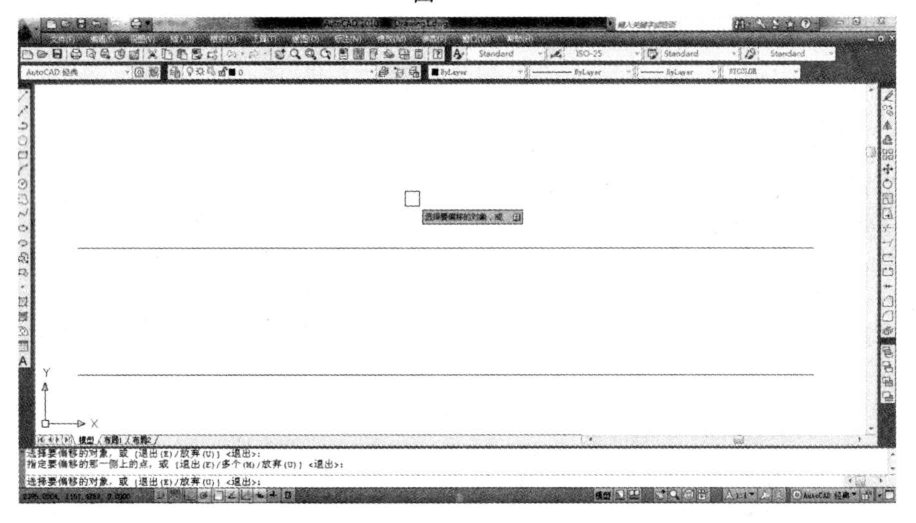

图 12.28

方法一:选择工具栏中的“移动”命令。

方法二:选择菜单栏中的“修改”→“移动”命令。

方法三:在命令行中输入“move”或命令简写“M”,如图 12.29 所示。

图 12.29

方法四:在选定对象后右击鼠标,会弹出一个子菜单,其中有一个“移动”命令,如图 12.30 所示。

四种方法任选其一,系统都会要求选择移动对象,可以利用鼠标单击选择已画好的圆,如图 12.31 所示。

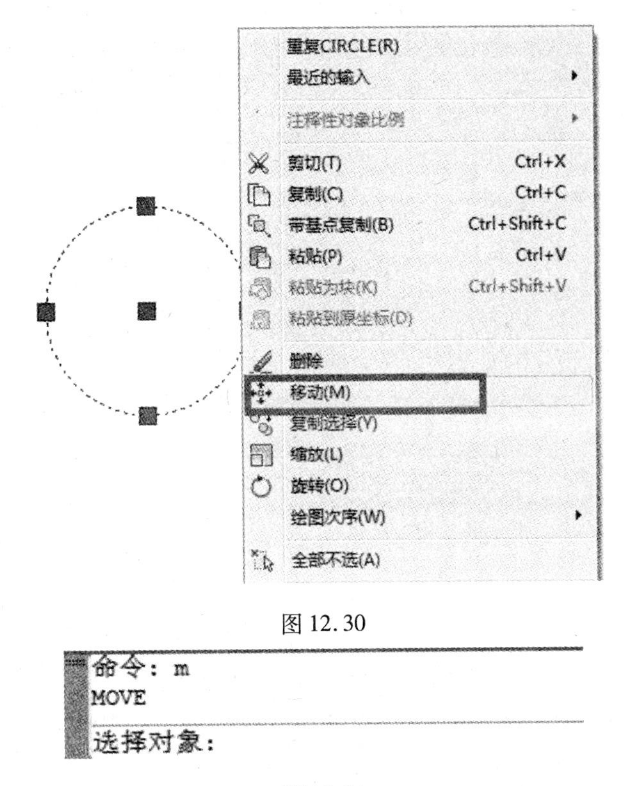

图 12.30

命令: m
MOVE
选择对象:

图 12.31

选择圆后回车确定,系统会提示“指定基点或位移”,如图 12.32 所示。

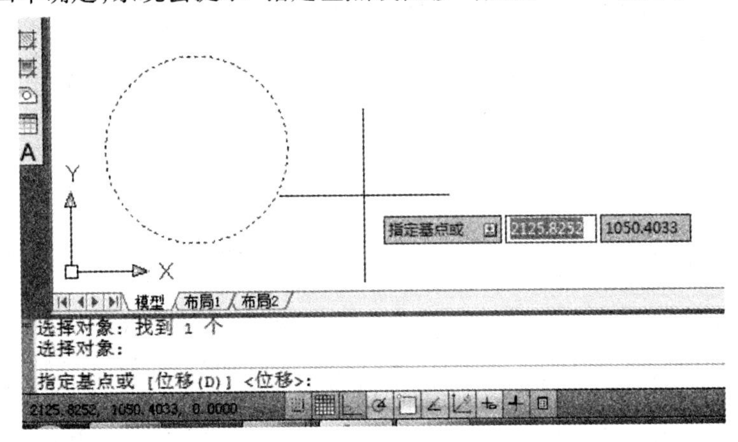

图 12.32

通过鼠标指定圆心为基点,然后拖动鼠标至想要位置,按回车键之后图形就被固定下来,如图 12.33 所示。

6)修剪

“修剪”命令可以使对象缩短,使对象与其他对象的边相接。这意味着可以创建一个对象(比如说直线),然后调整该对象,使其恰好位于其他对象之间。当使用“修剪”命令的时候,可以选择对象用作剪切边并修剪几何图形至这些对象(通过鼠标单击来选择要被修剪去除的部分)。

剪切的边和边界可以是直线、圆弧、圆、多线段、椭圆、样条曲线等。

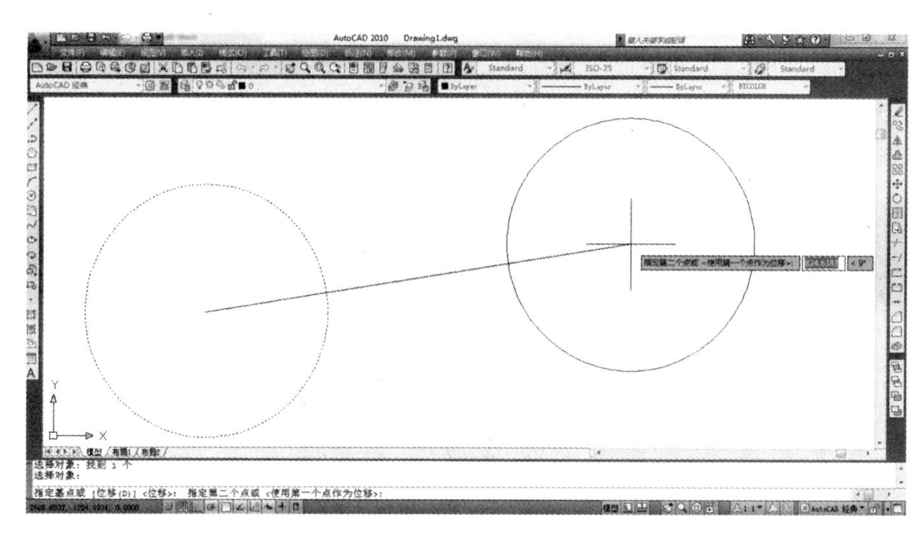

图 12.33

方法一:选择工具栏中的“修剪”命令-/--。

方法二:选择菜单栏中的“修改”→“修剪”命令。

方法三:在命令行中输入“trim”,或命令简写“tr”后单击回车。

三种方法任选其一,系统都会提示“选择对象”,如图 12.34 所示。

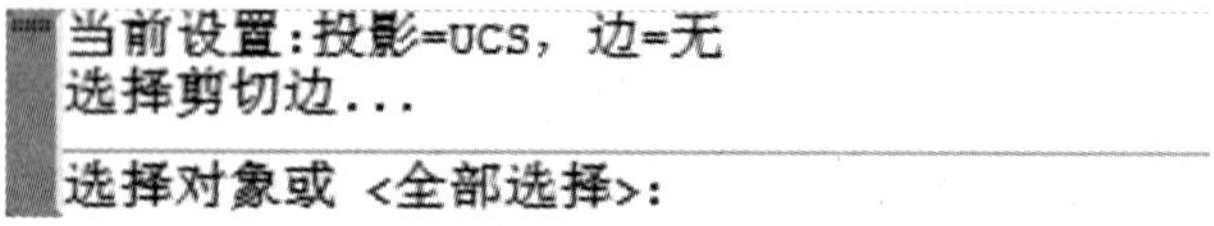

当前设置:投影=UCS, 边=无
选择剪切边...

选择对象或 <全部选择>:

图 12.34

以图 12.35 为例,一条直线段与圆相交,若想将圆外的直线段修剪掉,选择对象时用光标选中圆,然后回车确定选择。

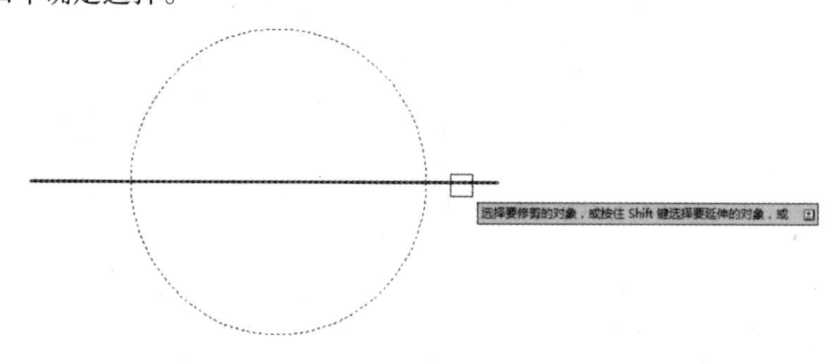

图 12.35

之后系统提示“选择要修剪的对象”,这时候应该选择需要被修剪掉的部分,用光标点击直线段在圆之外的两个端部,即可将图形修剪成如图 12.36 所示。

最后回车结束命令。

7)延伸

“延伸”命令可以通过拉长对象使它与其他对象的边相接。创建一个对象(比如说直线),然后调整该对象,使其恰好位于其他对象之间。使用“延伸”命令的时候,要选择对象作为边界并延伸几何图形到这些对象。

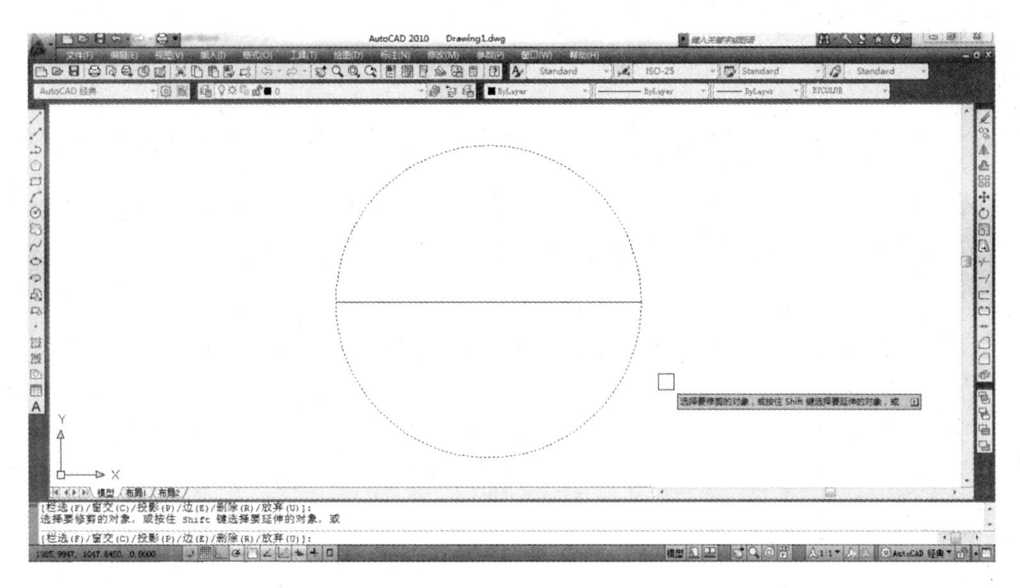

图 12.36

方法一：选择工具栏中的“延伸”命令--/。

方法二：选择菜单栏中的“修改”→“延伸”命令。

方法三：在命令行中输入“extend”，或命令简写“ex”后回车。

当前设置：投影=UCS，边=无
选择边界的边...
选择对象或 <全部选择>:

图 12.37

三种方法任选其一，系统都会提示“选择对象”，如图 12.37 所示。

以图 12.38 为例，若想使水平直线段延伸至与竖直直线段相交，此时选择对象时用光标选中竖直直线段，然后回车确定选择。

之后系统会提示选择要被延伸的对象，通过鼠标单击水平直线的右端，如图 12.39 所示。

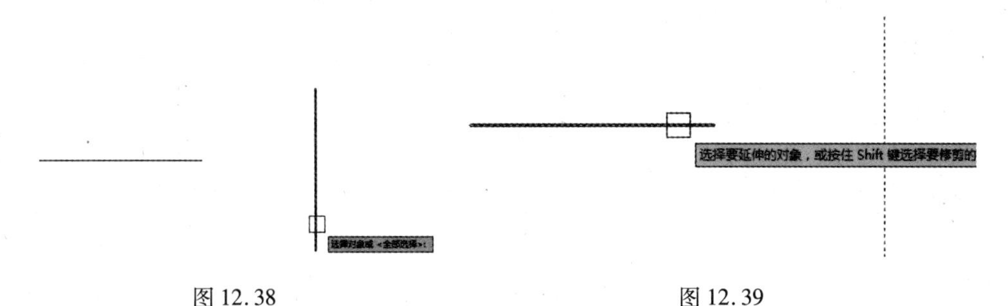

图 12.38　　　　图 12.39

单击选定之后对象就被自动延伸了，如图 12.40 所示。

最后按回车键结束命令。

注意

修剪和打断命令在执行过程中，可以在按住 shift 键时相互转换。且以上所述的 7 种及 CAD 中的大多数绘图和修改命令在执行过程中（当前命令尚未结束），若想取消上一步骤的操作，只需在命令提示栏输入“U”，然后按回车键即可。

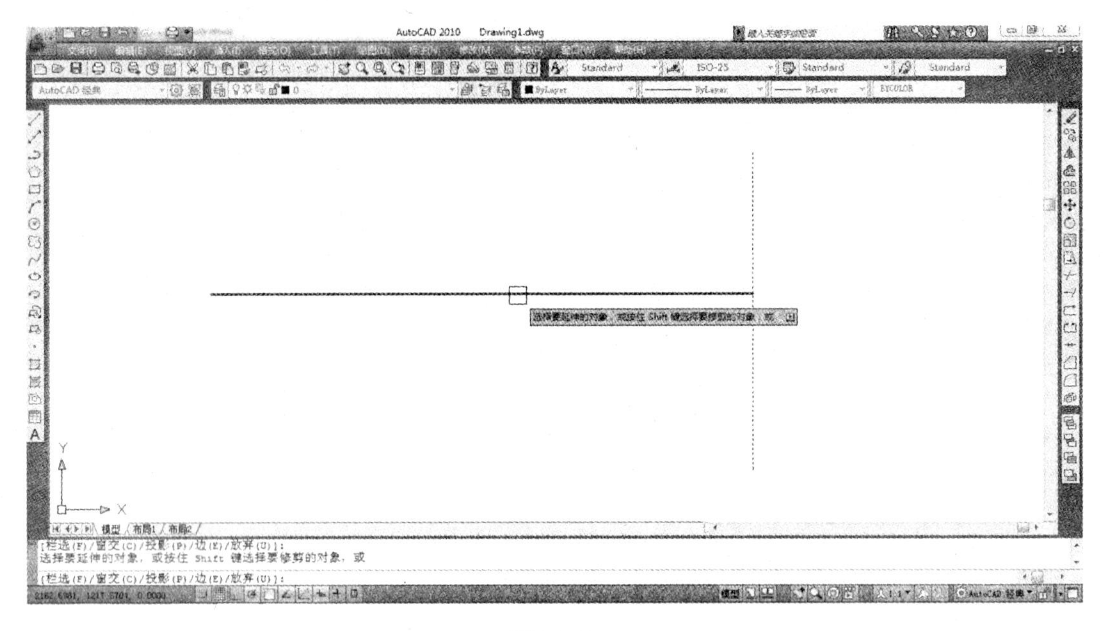

图 12.40

8)放弃及重做

①放弃或称撤销命令可以取消之前操作过的命令,可以连续使用多步,直到返回需要的步骤之前。

方法一:选择工具栏中的“放弃”命令 ↶ ▾。

方法二:在命令行中输入“undo”,或命令简写“U”后单击回车。

②重做命令刚好与放弃命令的作用相反,就是重新完成刚才放弃操作的命令,可以连续操作多步,但不可中断。

方法:选择工具栏中的“重做”命令 ↷ ▾。

12.2.3　精确绘图的方法

1)图层的应用

为了理解图层的概念,首先回忆一下手工制图时用透明纸作图的情况:当一幅图过于复杂或图形中各部分干扰较大时,可以按一定的原则将一幅图分解为几个部分,然后分别将每一部分按着相同的坐标系和比例画在透明纸上,完成后将所有透明纸按同样的坐标重叠在一起,最终得到完整的图形。当需要修改其中某一部分时,可以将要修改的透明纸抽取出来单独进行修改,而不会影响到其他部分。

AutoCAD 中的图层就相当于完全重合在一起的透明纸,用户可以任意地选择其中一个图层绘制图形,而不会受到其他层上图形的影响。例如在建筑图中,可以将基础、楼层、水管、电气和冷暖系统等放在不同的图层进行绘制;而在印刷电路板的设计中,多层电路的每一层都在不同的图层中分别进行设计。在 AutoCAD 中,每个图层都以一个名称作为标志,并具有颜色、线型、线宽等各种特性和开、关、冻结等不同的状态。

有了图层,用户可以把相同特征的图案都画在一个层里面,方便用户的管理使用。每个图层都有自己的线形、颜色等。

AutoCAD 中提供的默认层是“0 层”。图层具有关闭(打开)、冻结(解冻)、锁定(解锁)等特征,用户可以根据需要设置若干个子图层,但绘图和编辑等操作都是在当前层上进行的。图层本身具有颜色、线宽和线型,将不同特性的对象放在不同的图层上,以便对图层进行管理和输出。

(1)新建一个图层

①在“图层”工具栏上单击“图层特性管理器”,如图 12.41 最左侧的按钮。

图 12.41

②在“图层特性管理器”对话框中单击“新建”按钮。此时列表显示图层名为“图层 1”,如图 12.42 所示。

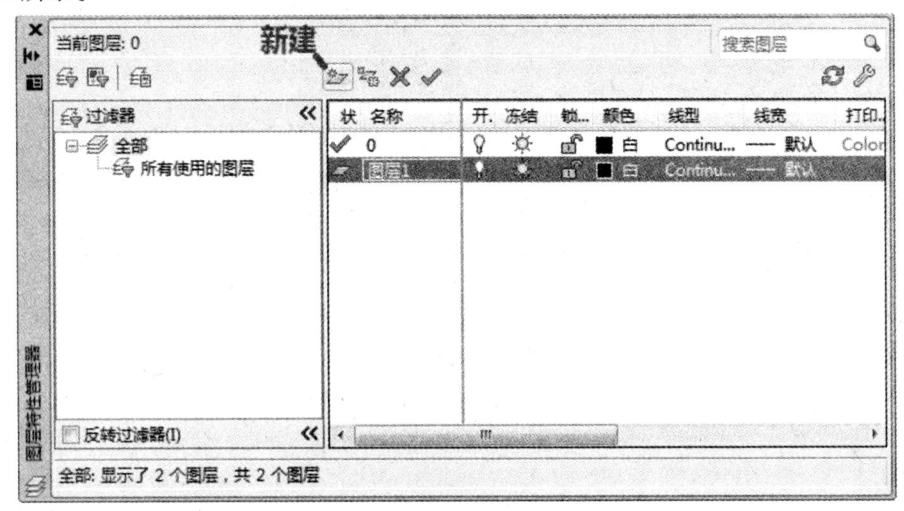

图 12.42

③单击图层名“图层”,然后输入需要的图层名。

④选择一种需要的颜色。

⑤选择线型。

⑥设置线宽。

(2)图层的使用

图层工具栏可供用户对当前绘图所在的图层进行控制。如果要切换当前工作的图层,只需用光标单击图层工具栏右侧的小三角后,单击相应的图层名称即可。用户还可以在此对图层进行打开、关闭、冻结、解冻、锁定、解锁等操作。

2)正交模式与极轴追踪的应用

(1)正交模式

在用 AutoCAD 绘图的过程中,经常需要绘制水平直线和垂直直线,但是用鼠标拾取线段的端点时很难保证两个点严格沿水平或垂直方向。为此,AutoCAD 提供了“正交”功能。当启用正交模式时,画线或移动对象时只能沿水平方向或垂直方向移动光标,因此只能画平行于坐标轴的正交线段。

命令行:ORTHO。

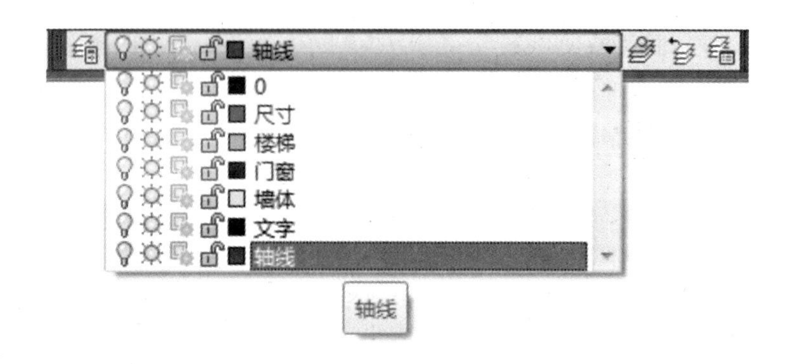

图 12.43

状态栏:“正交”按钮,如图 12.44 所示。

图 12.44

(2)极轴追踪

在用 AutoCAD 绘图的过程中,有时需要绘制某一特定角度的直线(如与 *X* 轴夹角为45°的直线段),但是用鼠标拾取线段的端点无法画出想要的角度,为此,AutoCAD 提供了“极轴追踪”功能。当启用极轴追踪时可以在系统要求指定一个点时,按预先设置的角度增量显示一条无限延伸的辅助线(这是一条虚线),这时就可以沿辅助线追踪得到光标点。系统默认的增量角为 90°,这与正交功能有些重复。

用户可以在如图 12.45 所示极轴追踪按钮上单击鼠标右键,然后点击设置,打开草图设置对话框,在“极轴追踪”选项卡中更改增量角。

图 12.45

注意

正交模式与极轴追踪不能同时打开,即当用户打开正交模式时,极轴追踪会自动关闭;当用户打开极轴追踪时,正交模式会自动关闭。

3)对象捕捉追踪的应用

在用 AutoCAD 绘图的过程中,经常需要绘制与另一图形对象存在一定特殊关系的某一图形,如绘制一条直线与另一条已知直线垂直、绘制一条直线与已知圆相切等,如何准确地找到垂足或是切点,为此 AutoCAD 提供了“对象捕捉追踪”功能。当启用对象捕捉追踪时,系统可以联想用户下一步操作所需捕捉的关键点,显示一条无限延伸的辅助线(这是一条虚线),这时就可以沿辅助线追踪得到用户想要的关键点。

图 12.46

对象捕捉追踪的按钮位于状态栏如图 12.47 所示,用户可以在此按钮上单击鼠标右键,然后点击设置,打开草图设置对话框,如图 12.48 所示,在“对象捕捉”选项卡中对需要捕捉的关键点进行设置。

图 12.47

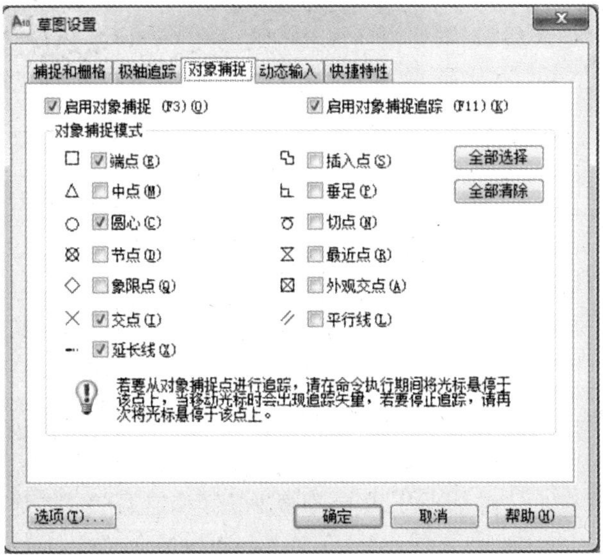

图 12.48

12.3 AutoCAD 绘图实例

在之前的学习中,我们已经了解了 AutoCAD 在建筑、机械、测绘以及电子等领域有广泛的应用。为了让读者更好地了解 CAD 绘图的步骤及操作,在这里以建筑设计中某一案例的形式为读者介绍用 CAD 绘制其中一张建筑平面图的方法。无论读者所学专业是否为建筑专业,都可用本案例进行 CAD 操作的练习。

建筑平面图是建筑施工图中的重要组成部分。完整的建筑施工图一般都是从平面图开始的。建筑平面图是建筑施工图中的一种,是整个建筑平面的真实写照,用于表现建筑物的平面形状、布局、墙体、柱子、楼梯以及门窗的位置等。

1)设置绘图环境

对于大型的图形,通常在绘图之前先要设置绘图环境,比如图层、单位、文字样式以及标注样式等。下面就具体来介绍绘图环境的设置。

为了能够更好地绘图,在绘图之前建立不同的图层是很重要的,具体操作步骤如下:

①打开 AutoCAD 2010 软件,新建一个图形文件,选择"格式"→"图层"菜单命令,如图12.49所示。

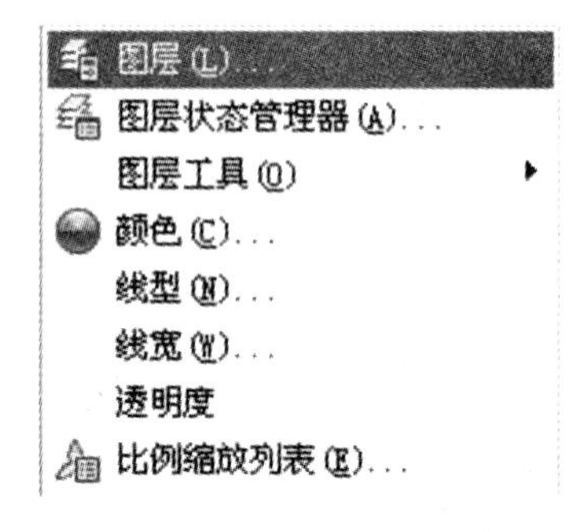

图 12.49

②在"图层特性管理器"对话框中单击"新建图层"按钮,如图 12.50 所示。

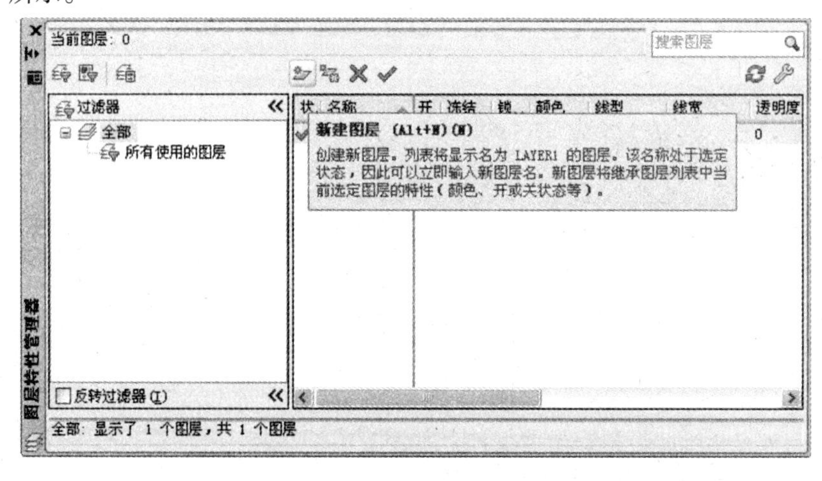

图 12.50

③将新建的"图层 1"重新命名为"标注",然后单击"颜色"选项下的颜色按钮来修改该图层的颜色,如图 12.51 所示。

④在弹出的"选择颜色"对话框中选择颜色为蓝色,然后单击"确定"按钮,如图 12.52 所示。

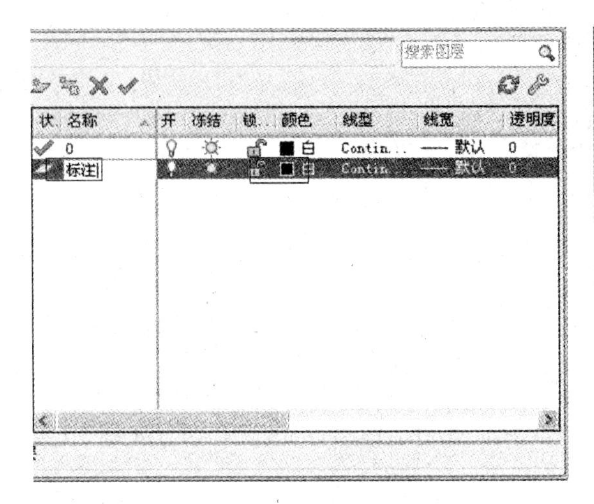

图12.51

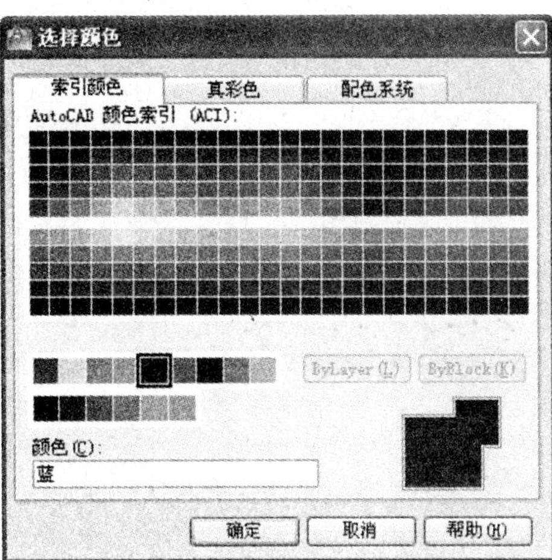

图12.52

⑤回到“图层特性管理器”对话框,可以看到标注图层的颜色已经改为蓝色了,接着单击线宽选项下的线宽按钮,如图12.53所示。

⑥在弹出的“线宽”对话框中选择线宽为0.13 mm,然后单击“确定”按钮,如图12.54所示。

⑦重复以上步骤,分别建立轴线、墙线、门窗、文字、填充和家具等其他的图层,然后修改相应的颜色、线型、线宽等特性,结果如图12.55所示。

2)标注样式设置

在建筑图形中,标注样式通常不同,比如它的箭头用的是45°的短斜线。下面就来对标注样式进行设置,具体操作步骤如下:

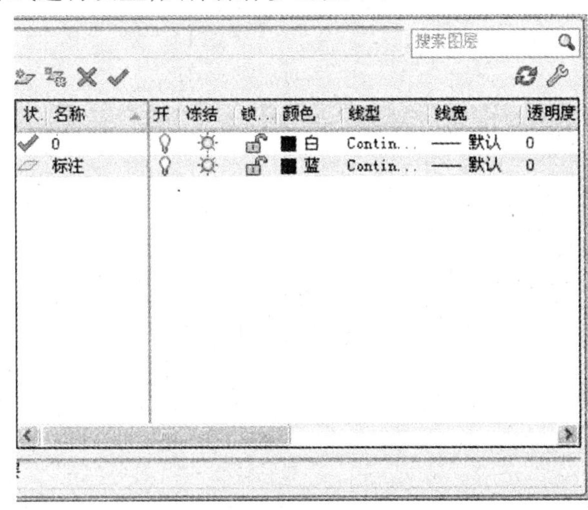

图12.53

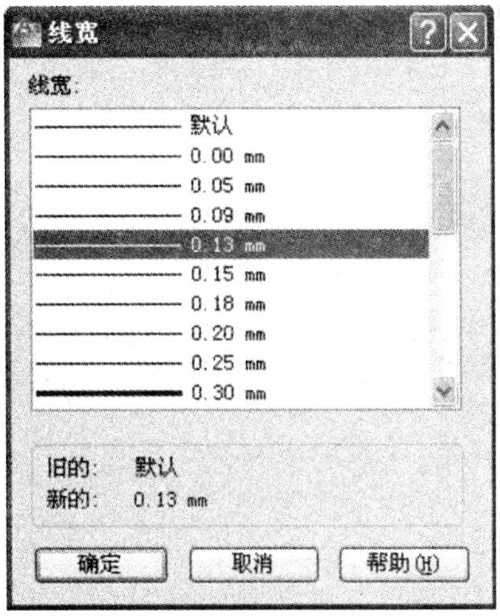

线宽:
默认
0.00 mm
0.05 mm
0.09 mm
0.13 mm
0.15 mm
0.18 mm
0.20 mm
0.25 mm
0.30 mm
旧的: 默认
新的: 0.13 mm
确定 取消 帮助(H)

图12.54

①选择“格式”→“标注样式”菜单命令,在弹出的“标注样式管理器”对话框中单击“新建”按钮,如图12.56所示。

②在弹出的“创建新标注样式”对话框中输入新样式名为“建筑标注”,然后单击“继续”按钮,如图12.57所示。

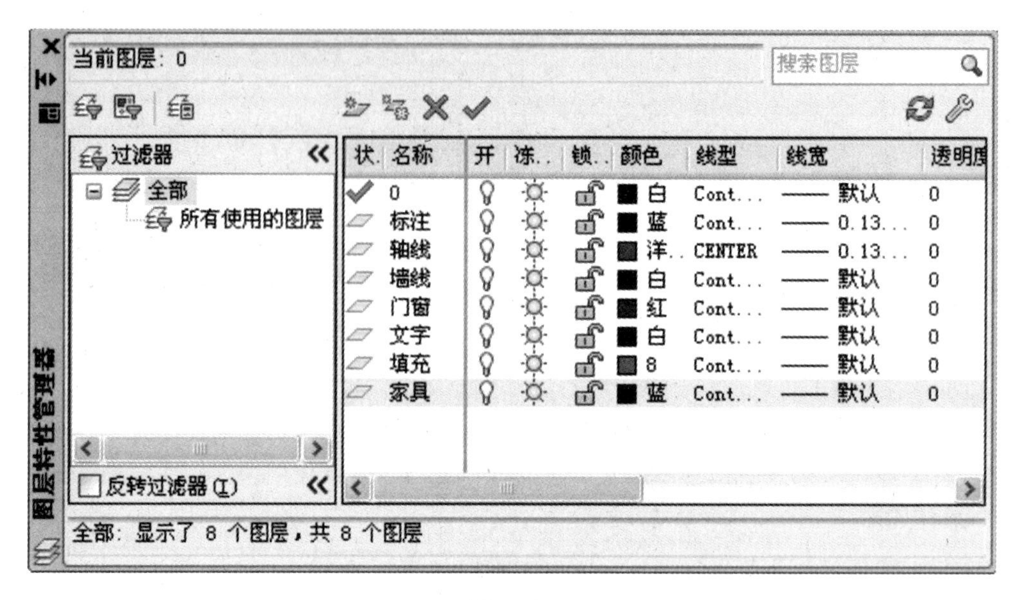

图 12.55

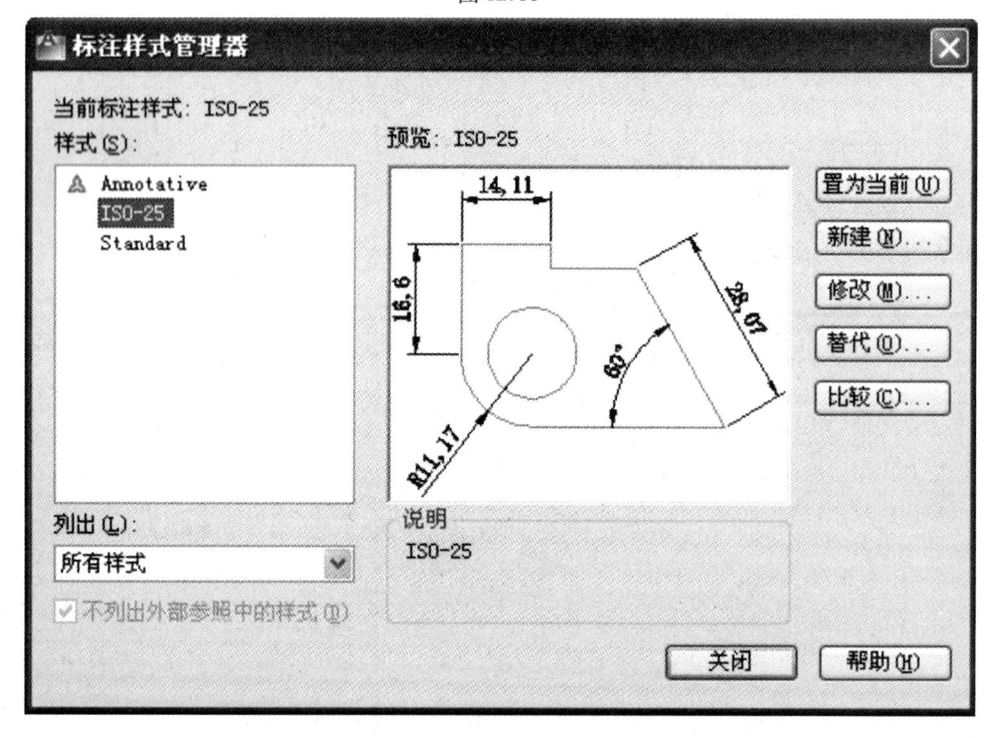

图 12.56

③进入“新建标注样式:建筑标注”对话框中,选择“符号和箭头”选项卡,将箭头区域的“第一个”“第二个”和“引线”都设置为“建筑标记”,将“箭头大小”设置为“300”,如图 12.58 所示。

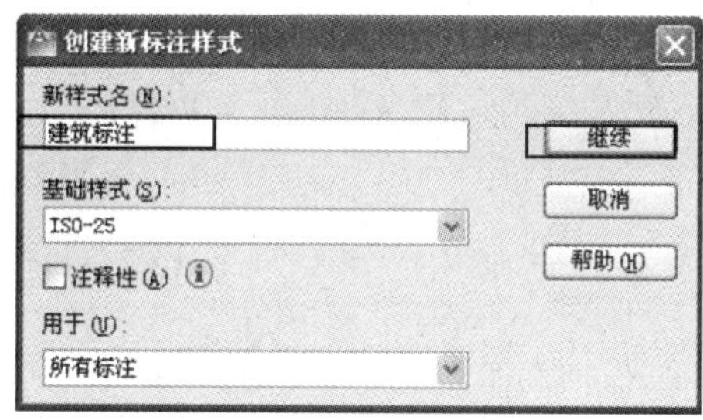

图 12.57

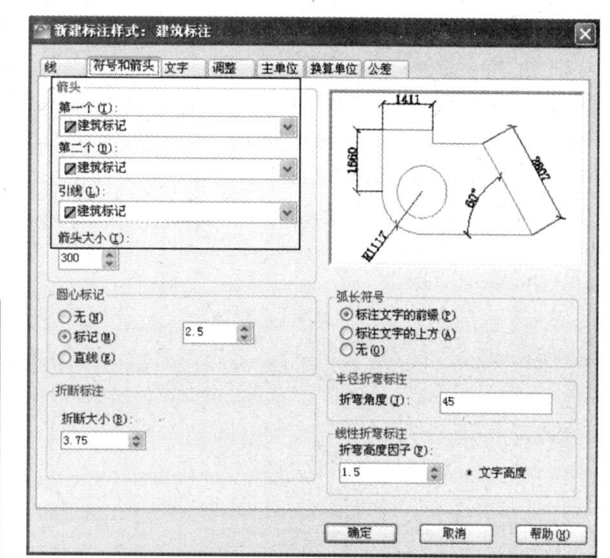

图 12.58

④选择“文字”选项卡,将“文字高度”设置为“400”,如图 12.59 所示。

⑤选择“主单位”选项卡,将“精度”设置为“0”,将消零区域的“后续”前面的复选框取消选中,然后单击“确定”按钮,如图 12.60 所示。

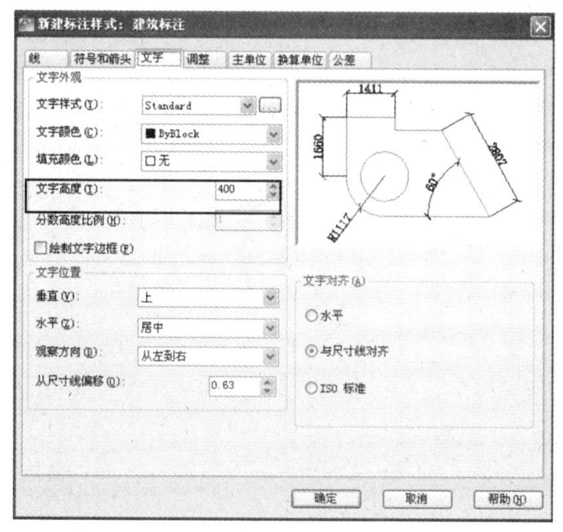

图 12.59

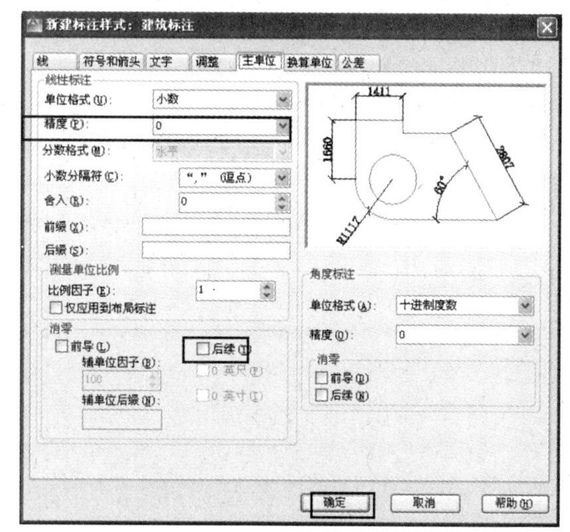

图 12.60

⑥回到“标注样式管理器”对话框,单击“置为当前”按钮,然后单击“关闭”按钮,如图 12.61所示。

3)绘制墙线

绘制墙线时,应使用双线绘制,墙线之间的距离应为“240”。下面介绍绘制墙线的方法,具体操作步骤如下:

①将“轴线”图层设置为当前层,选择“绘图”→“直线”菜单命令,绘制两条相互垂直的直线,长度分别为 13 000 和 9 000,如图 12.62 所示。

②选择“修改”→“偏移”菜单命令,将水平轴线向下偏移 4 000,然后将偏移后的直线再向

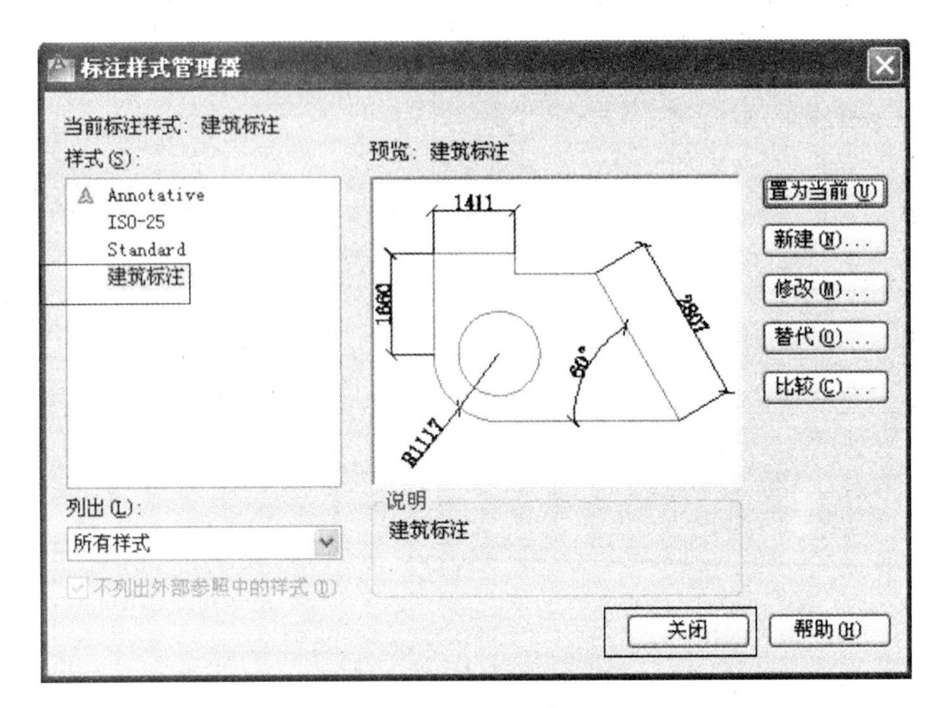

图 12.61

下偏移 3 000;将竖直轴线向右偏移 4 000,然后依次将偏移后的直线向右偏移 2 000、2 000 和 3 000,如图 12.63 所示。

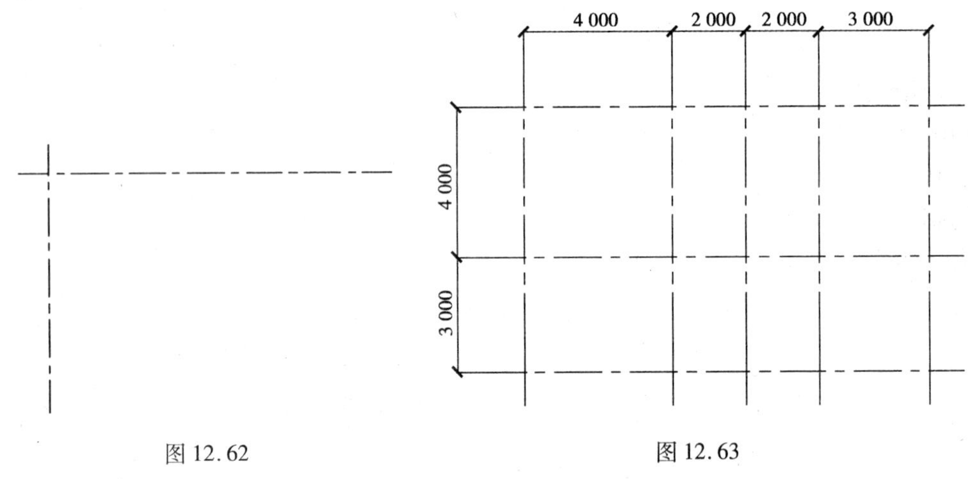

图 12.62　　　　图 12.63

③将“墙线”图层设置为当前层,选择“绘图”→“多线”菜单命令,设置比例为 240,对正方式为“无”,如图 12.64 所示。

进阶提示:系统默认多线的间距是 1,所以本例中设置多线比例为 240,则绘制出来的墙体的宽度为“1 ×240 =240”,如果读者在绘图之前重新设置了多线的宽度,那么这里的比例就要做相应的修改了。

④在“图层”面板中单击“图层”下拉列表,关闭“轴线”图层,如图 12.65 所示。

⑤关闭“轴线”图层后的墙线如图 12.66 所示。

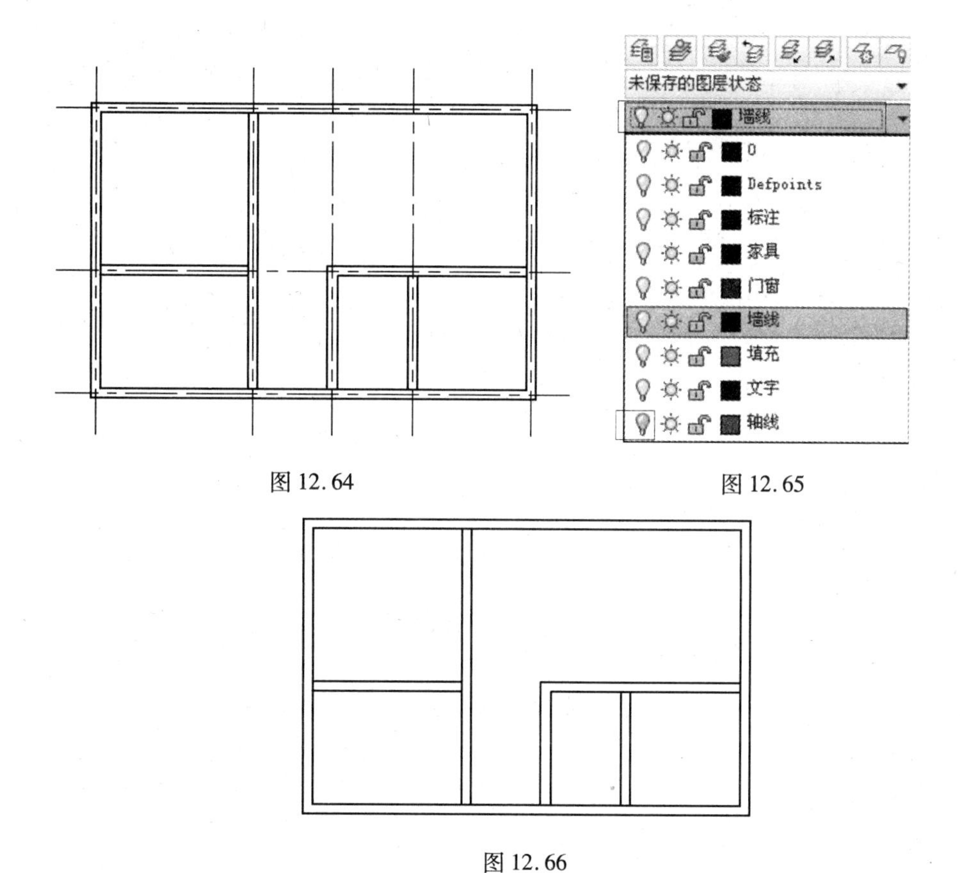

图 12.64　　图 12.65

图 12.66

4)编辑墙线

使用多线绘制墙线后,使用“多线编辑”命令,可以快速修改多线。下面介绍编辑墙线的方法,具体操作步骤如下:

①选择“修改”→“对象”→“多线”菜单命令,在“多线编辑工具”对话框中单击“T 形打开”按钮,如图 12.67 所示。

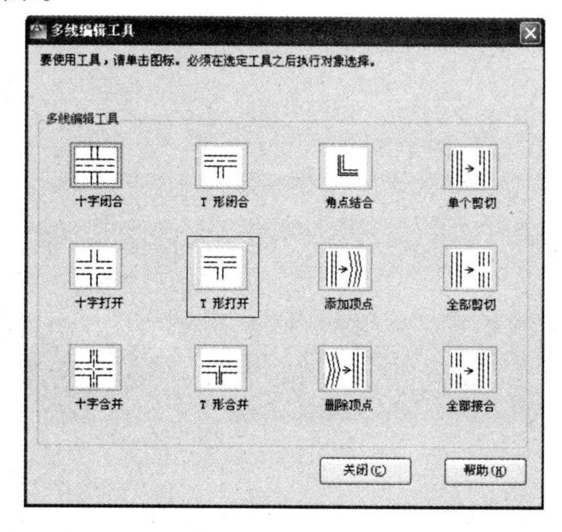

图 12.67

②在竖直多线的上方单击以选择第一条多线,如图 12.68 所示。

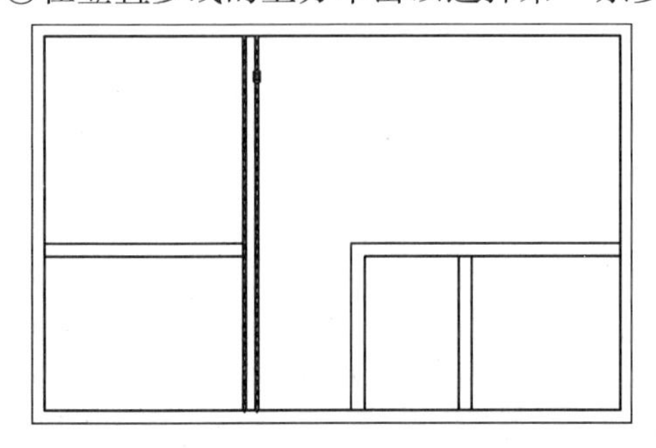

图 12.68

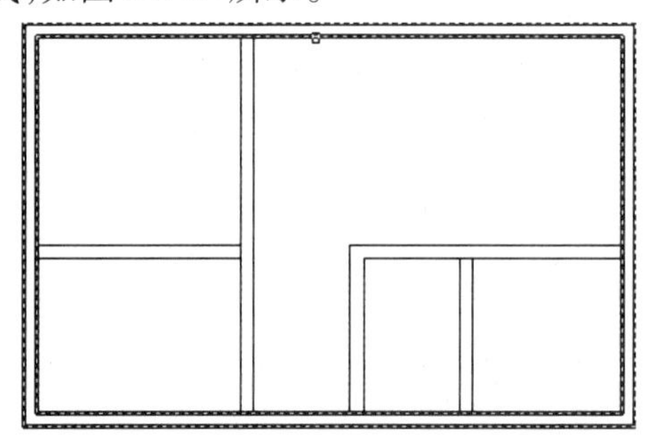

图 12.69

③选择与第一条多线相交的第二条多线,如图 12.69 所示。

④可以看到 T 形相交的两条多线已经打开,如图 12.70 所示。

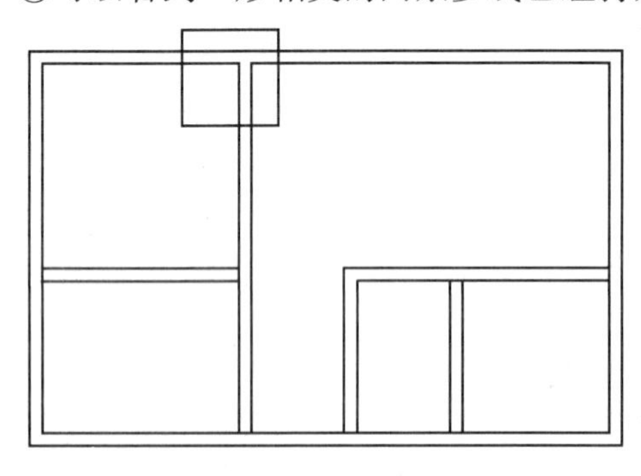

图 12.70

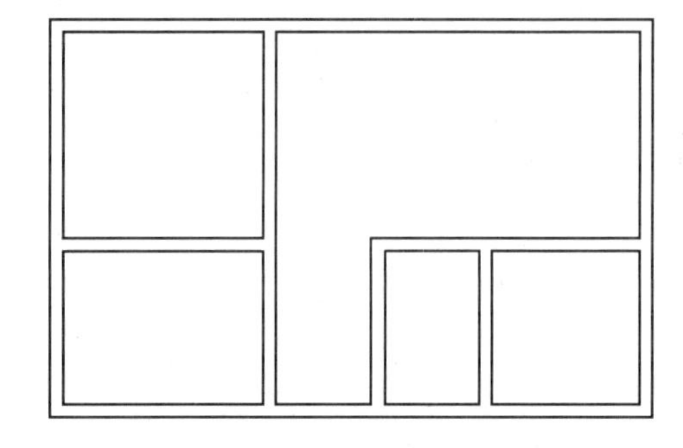

图 12.71

⑤继续选择其他的多线,来创建 T 形打开,结果如图 12.71 所示。

⑥选择“修改”→“分解”菜单命令,在图形中选择所有的多线,然后按下回车键,将多线进行分解,结果如图 12.72 所示。

图 12.72

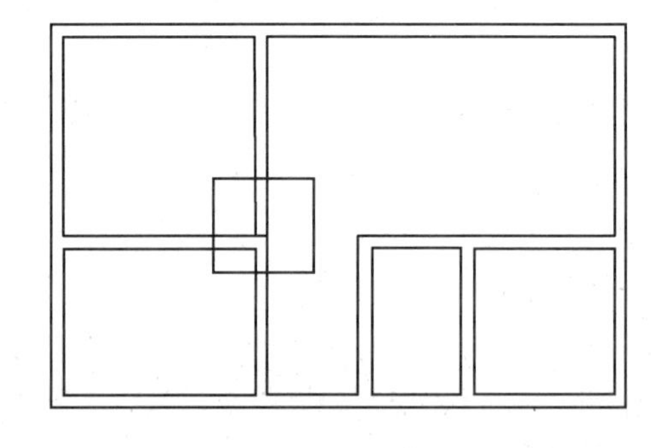

图 12.73

5)创建门洞和窗洞

门洞和窗洞的创建方法较简单。绘制两条竖直直线,使用竖直直线来修建墙线即可创建门洞和窗洞,具体操作步骤如下:

①选择“绘图”→“直线”菜单命令,在多线中间绘制一条水平直线,如图 12.73 所示。

②选择“修改”→“偏移”菜单命令,将绘制的水平直线向上偏移 140,然后将偏移后的直线再向上偏移 900,如图 12.74 所示。

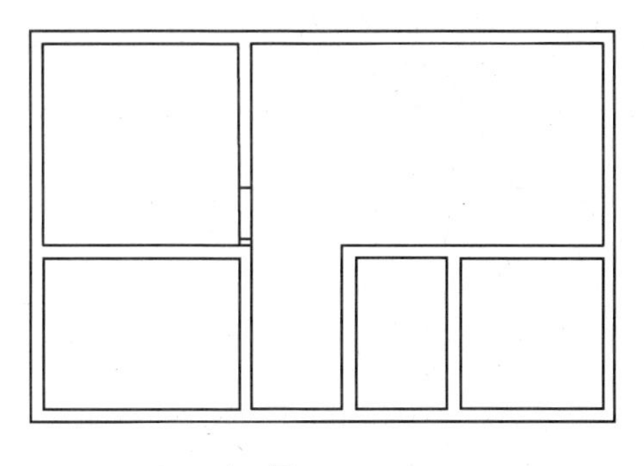
图 12.74

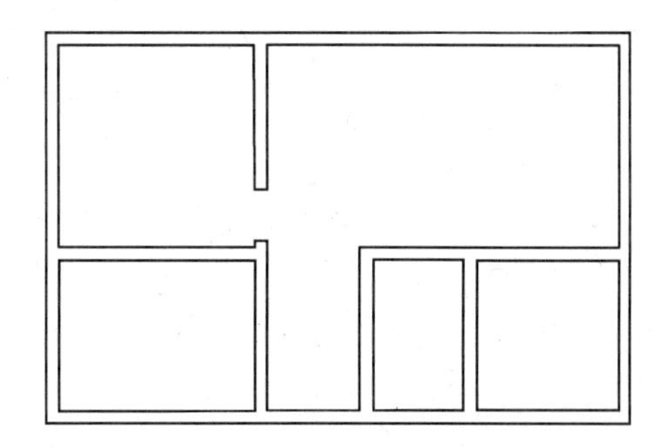
图 12.75

③选择“修改”→“修剪”菜单命令,以偏移的两条直线为边界来修剪墙线,然后将第 1 步绘制的直线删除,如图 12.75 所示。

④以同样的方法,在图形中创建宽分别为 900、1 200、600、600 的门洞,如图 12.76 所示。

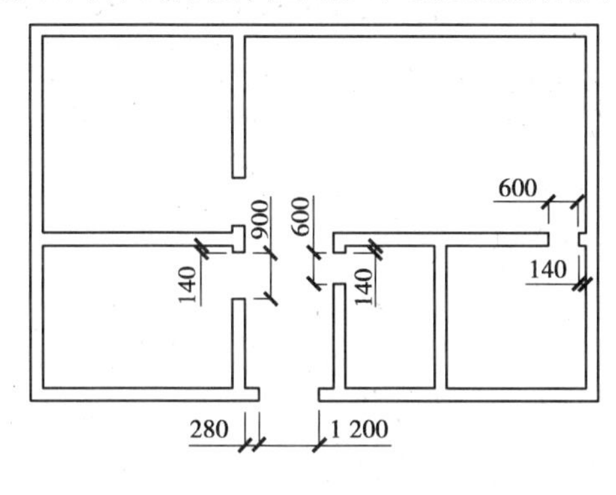

图 12.76

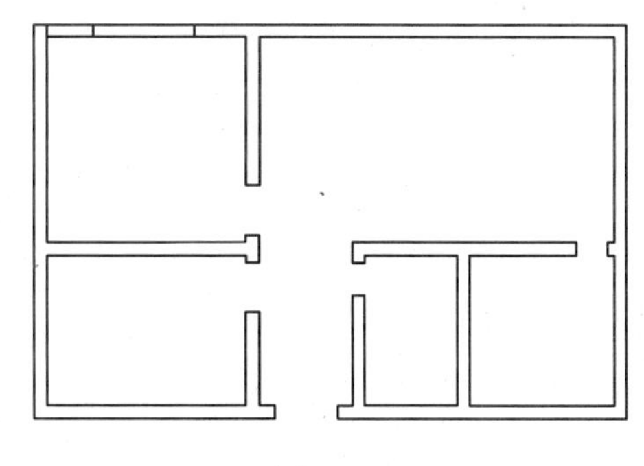
图 12.77

⑤创建窗洞与创建门洞的方法基本相同,首先绘制一条竖直直线,然后将直线向右偏移 880,再将偏移后的直线向右偏移 2 000,如图 12.77 所示。

⑥选择“修改”→“修剪”菜单命令,修剪出窗洞,然后将竖直直线删除,如图 12.78 所示。

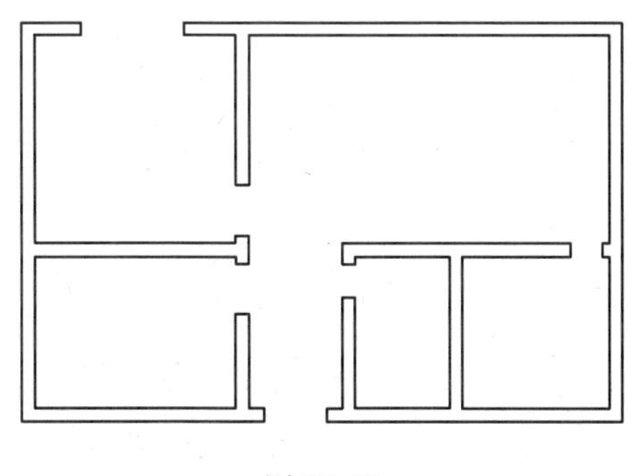
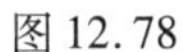
图 12.78

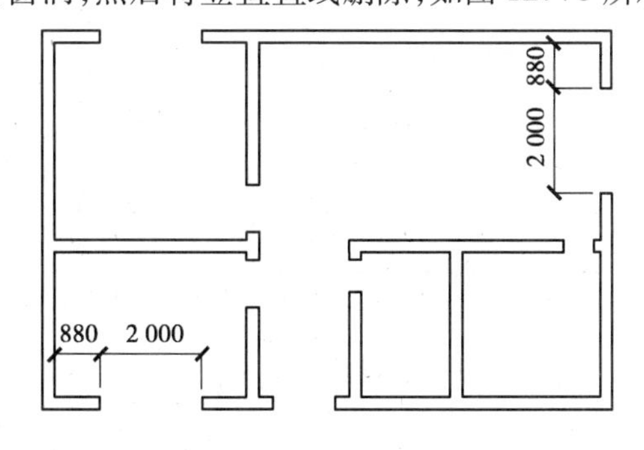

图 12.79

⑦重复以上步骤,在图形中再创建两个宽为 2 000 的窗洞,如图 12.79 所示。

⑧以同样的方法分别创建一个宽为 1 200 的窗洞和一个宽为 1 600 的宽洞,如图 12.80 所示。

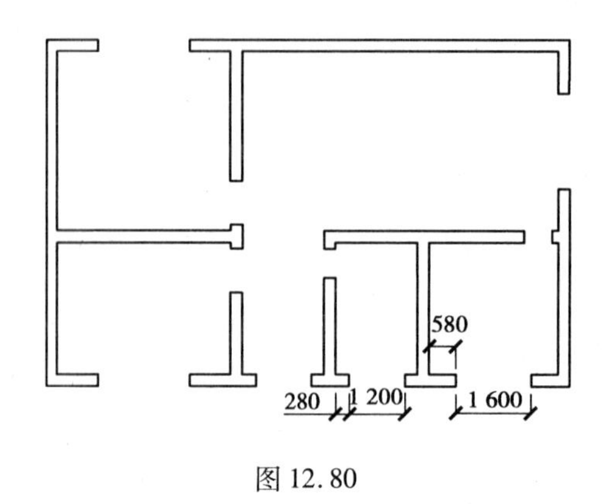

图 12.80

6)绘制门窗

图形中有多个门,可以绘制一个门图形,然后将图形定义成块,最后将门图块插入到其他门洞位置,具体操作步骤如下:

①将“门窗”图层设置为当前层,选择“绘图”→“矩形”菜单命令,在图形空白区域绘制一个长为 50、宽为 1 000 的矩形,如图 12.81 所示。

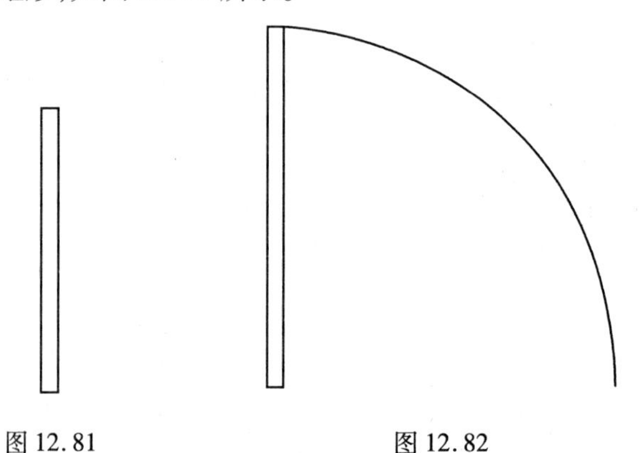

图 12.81　　　　图 12.82

②选择“绘图”→“圆弧”→“起点、圆心、角度”菜单命令,以矩形左上端点为起点,左下端点为圆心,角度为 -90°来绘制圆弧,如图 12.82 所示。

③选择“绘图”→“块”→“创建”菜单命令,在“块定义”对话框中输入块名称,然后单击“拾取点”按钮,如图 12.83 所示。

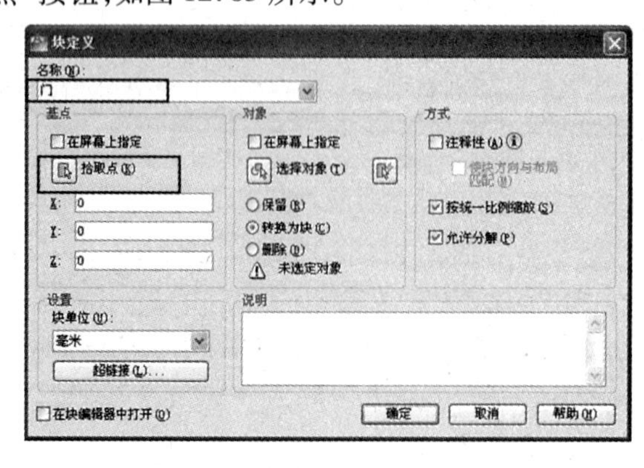

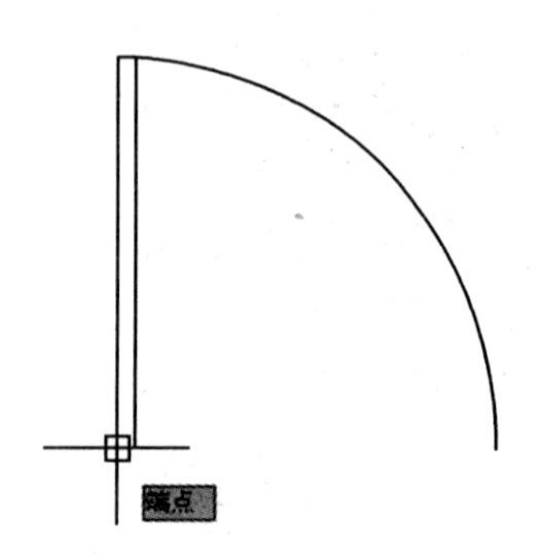

图 12.83　　　　图 12.84

④在图形中指定矩形的左下端点为插入基点，如图 12.84 所示。

⑤在“块定义”对话框中单击“选择对象”按钮，在绘图窗口中选择门为对象，然后单击“确定”按钮，如图 12.85 所示。

⑥选择“插入”→“块”菜单命令，弹出“插入”对话框，在名称下拉框中选择“门”图块，设置比例为 0.9，旋转角度为 90°，然后单击“确定”按钮，如图 12.86 所示。

⑦在图形中间门洞的边上，指定门洞一边的中点的插入点，插入的门如图 12.87 所示。

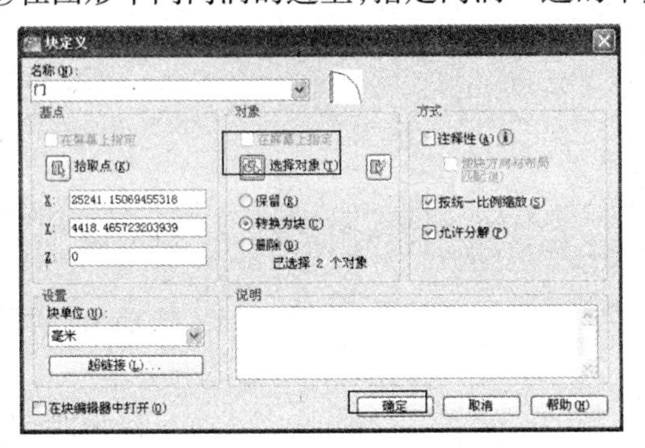

图 12.85

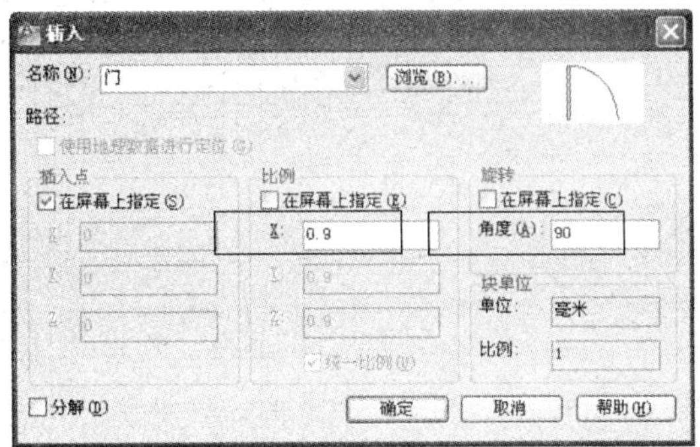

图 12.86

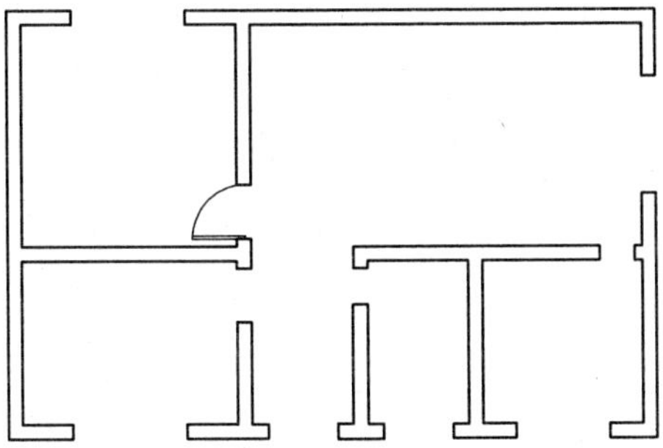

图 12.87

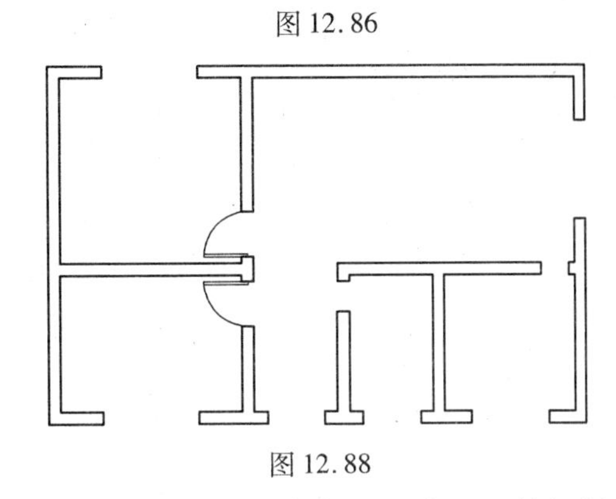

图 12.88

⑧重复以上步骤，在“插入”对话框中设置比例为 0.9，旋转角度为 90°，在下面的门洞上插入门，如图 12.88 所示。

⑨选择“修剪”→“镜像”菜单命令，将上一步的门以门洞中间的水平直线为镜像线进行镜像操作，并删除源对象，结果如图 12.89 所示。

⑩继续插入门图块，在“插入”对话框中设置比例为 1.2，在宽为 1 200 的门洞上插入门，如图 12.90 所示。

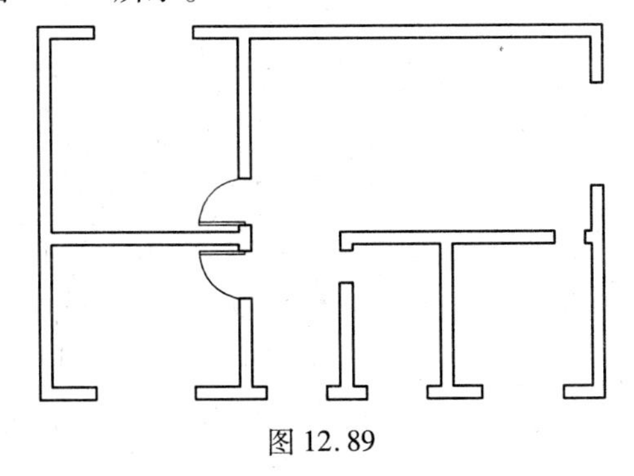

图 12.89

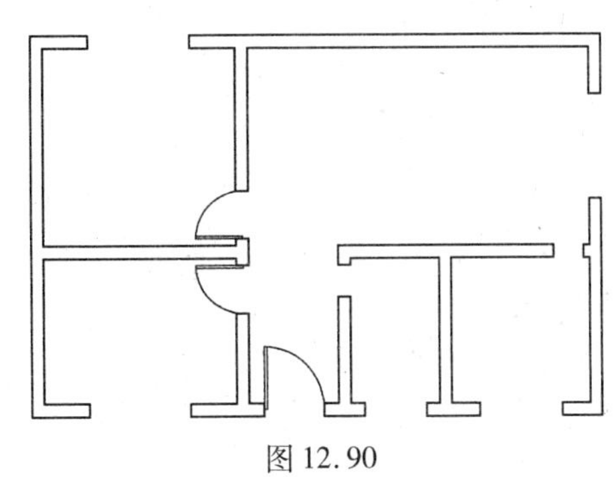

图 12.90

⑪在图形右边600的门洞正中间,绘制一个长为600、宽为50的矩形,用作宽为600的门,如图12.91所示。

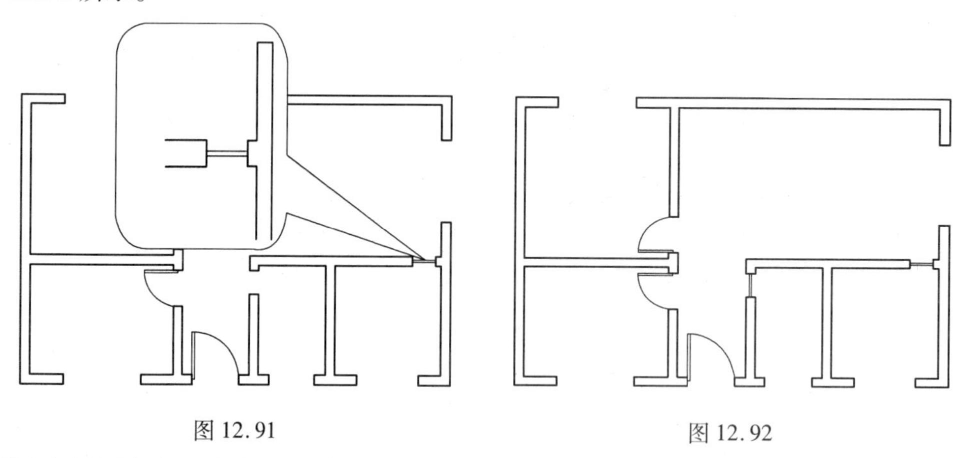

图12.91　　图12.92

⑫在图形中间600的门洞正中间,绘制一个长为50、宽为600的矩形,用作宽为600的门,如图12.92所示。

⑬选择“绘图”→“直线”菜单命令,在窗洞处绘制两条直线连接墙线,如图12.93所示。

⑭选择“修改”→“偏移”菜单命令,将上一步绘制的直线各向中间偏移80,结果如图12.94所示。

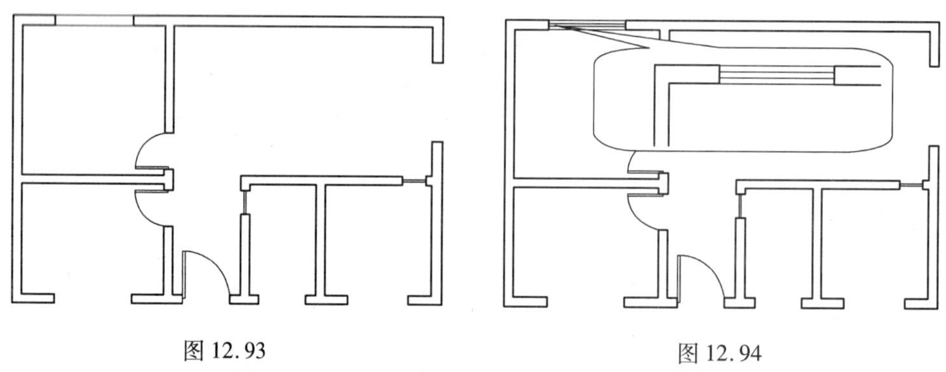

图12.93　　图12.94

⑮选择“修改”→“复制”菜单命令,将绘制的窗户复制到其他窗洞位置,然后选择“修改”→“修剪”菜单命令,修剪多余的直线,如图12.95所示。

⑯重复以上步骤,继续绘制其他窗户,结果如图12.96所示。

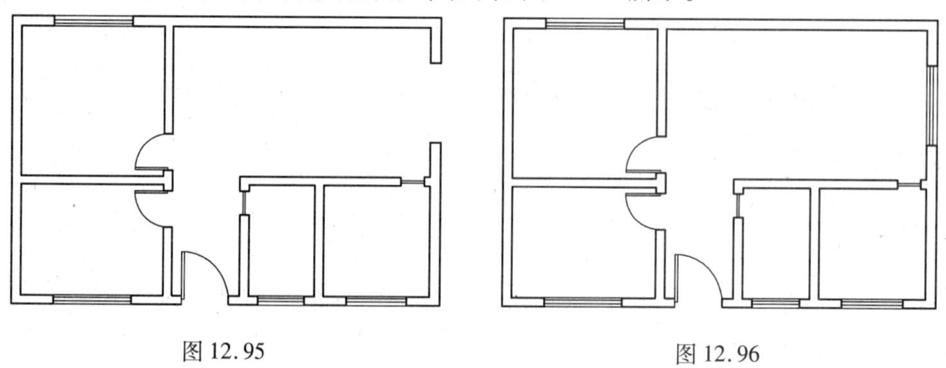

图12.95　　图12.96

7) **标注尺寸和文字**

①选择“格式”→“图层”菜单命令，在图层特性管理器中打开轴线图层，如图 12.97 所示。

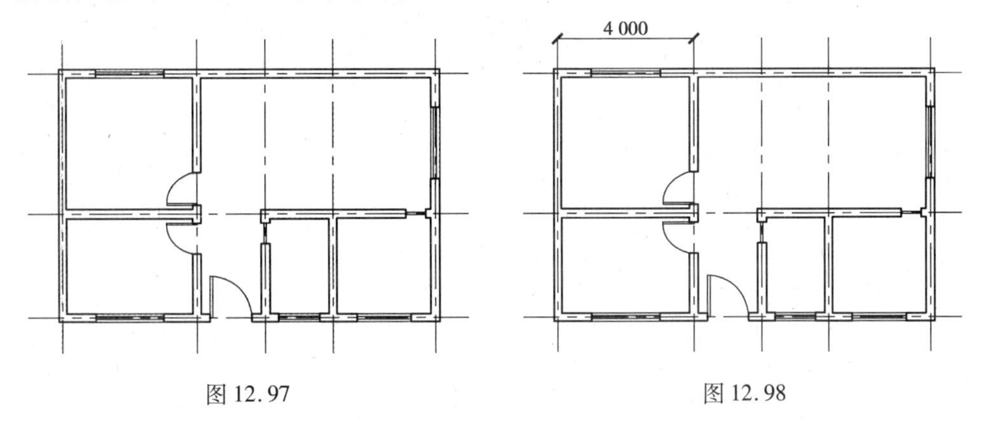

图 12.97　　　　图 12.98

②将“标注”图层设置为当前层，选择“标注”→“线性”菜单命令，在图形左上方标注一个线性尺寸，如图 12.98 所示。

③选择“标注”→“连续”菜单命令，在轴线的交点处指定延伸线的原点快速标注尺寸，如图 12.99 所示。

④再次选择“标注”→“线性”菜单命令，在图形中分别标注各面尺寸，如图 12.100 所示。

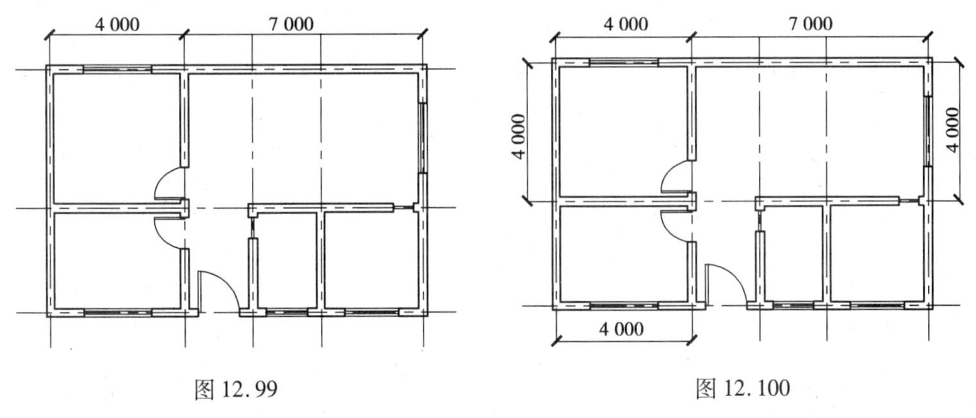

图 12.99　　　　图 12.100

⑤选择“标注”→“连续”菜单命令，按下回车键，选择左上方的竖直尺寸，然后指定第二条延伸线的原点，连续标注如图 12.101 所示。

⑥以同样的方法对图形另外两边进行连续标注，如图 12.102 所示。

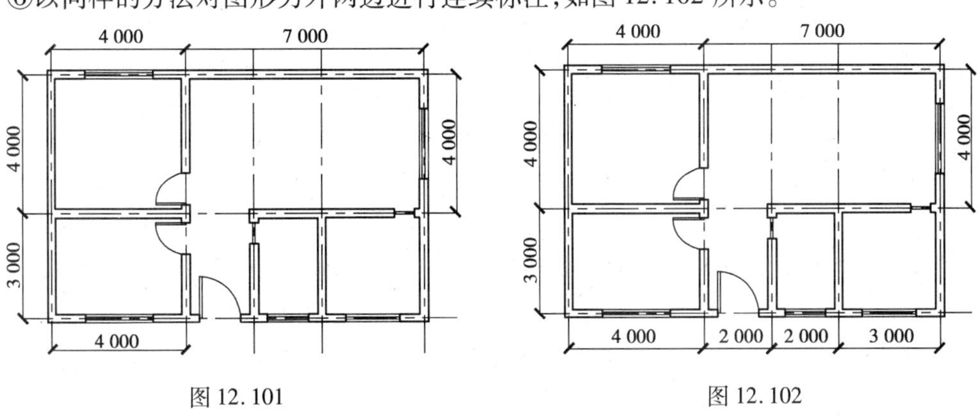

图 12.101　　　　图 12.102

⑦尺寸标注完成后,再次进入图层特性管理器,将“轴线”图层关闭,结果如图 12.103 所示。

⑧将“文字”图层设置为当前层,选择“绘图”→“文字”→“单行文字”菜单命令,在图形中指定起点,设置文字高度为 400,输入相应文字,如图 12.104 所示。

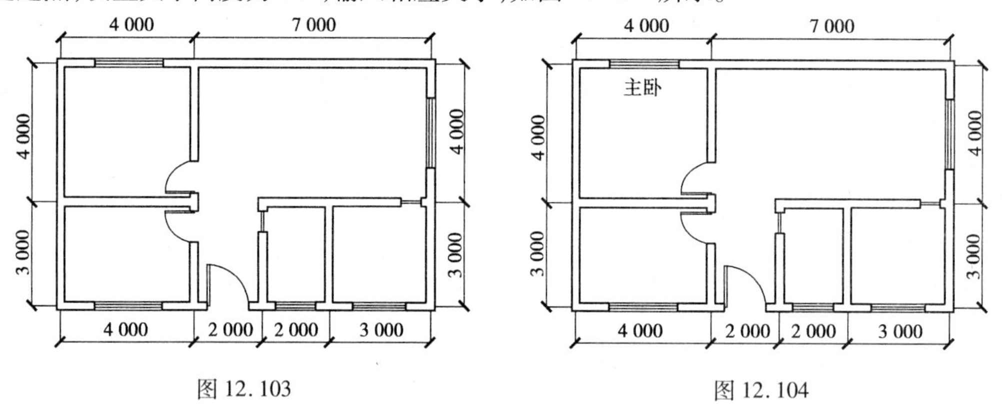

图 12.103　　图 12.104

⑨继续“单行文字”命令,在其他房间输入文字,如图 12.105 所示。

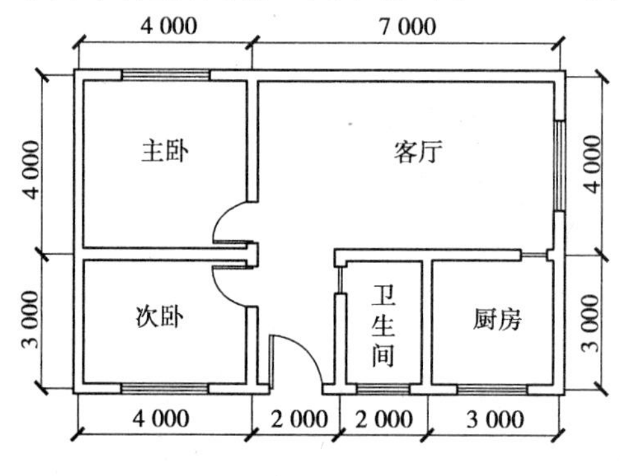

图 12.105

这样一张简单的建筑平面图就基本绘好了。

希望读者通过上述案例的练习,对 AutoCAD 的绘图操作具有更深的了解。

习　题

1. 填空题

(1)使用 Auto CAD 画完一幅图后,在保存该图形文件时用________作为扩展名。

(2)Auto CAD 中一个完整的尺寸标注通常由________部分组成,分别是________、________、________和________。

(3)Auto CAD 默认环境中,旋转方向逆时针为________,顺时针为________(填正或负)。

2. 选择题

(1)Auto CAD 中使用 OFFSET 命令前,必须先设置________。

A. 比例　　B. 圆　　C. 距离　　D. 角度

(2) Auto CAD 中用一段直线剪去另一段直线，应该用________。

A. EXTEND　　B. TRIM　　C. BREAK　　D. LENGTHEN

(3) Auto CAD 中取消命令执行的键是________。

A. 按回车键　　B. 按空格键　　C. 按 ESC 键　　D. 按 F1 键

(4) Auto CAD 中下列哪个命令具有复制实体的功能________。

A. Fillet　　B. Array　　C. Move　　D. Redo

(5) 直线 AB，CD 是两条不平行的二维直线，而且不相交，用(　　)命令可使它们自动延长相交。

A. MOVE　　B. EXTEND　　C. FILLET　　D. TRIM

(6) 作为默认设置，用度数指定角度时，正数代表(　　)方向。

A. 顺时针　　B. 逆时针

C. 当用度数指定角度时无影响　　D. 以上都不对

(7) 在 AutoCAD 下列命令中可以实现删除对象的是(　　)。

A. DIMLINEAR　　B. DIM　　C. ERASE　　D. ELLIPSE

(8) 把一个编辑完毕的图形换名保存到磁盘上，应使用的命令为(　　)。

A. Open　　B. Save　　C. Save As　　D. Export

(9) Auto CAD 中用一段直线剪去另一段直线，应该用(　　)命令。

A. Extend　　B. Trim　　C. Break　　D. Lengthen

3. 判断题

(1) Auto CAD 是美国微软公司推出的计算机辅助绘图工具软件包。(　　)

(2) Auto CAD 中默认图层为 0 层，它是可以删除的。(　　)

(3) Auto CAD 中单独的一根线也可以通过修剪来删除。(　　)

(4) Auto CAD 中正交功能打开时就只能画水平或垂直的线段。(　　)

(5) Auto CAD 中加锁后的图层，该层上物体无法编辑，但可以向该层画图形。(　　)

(6) Auto CAD 中在没有任何标注的情况下，也可以用基线和连续标注。(　　)

(7) Auto CAD 中 UNDO 和 OOPS 命令都能恢复被删除的图形。(　　)

4. 简答题

(1) 什么是 Auto CAD 的图层？使用图层有何好处？

(2) 什么是 Auto CAD 的对象捕捉？怎样调用对象捕捉？

(3) AutoCAD 中选择对象的方法有那些？

第 13 章 多媒体技术基础

多媒体技术是计算机应用的一门重要分支学科，从 1946 年第一台计算机面世以来，计算机技术的应用已经渗透到人类社会生活的各个方面，多媒体技术已成为计算机学的一个重要研究方向。多媒体技术是当今信息技术领域发展最快、最活跃的技术，是新一代电子技术发展和竞争的焦点。多媒体技术融和计算机、声音、文本、图像、动画、视频和通信等多种功能于一体，借助日益普及的信息网络，可实现计算机的全球联网和信息资派共享，因此被广泛应用在咨询服务、图书、教育、通信、军事、金融、医疗等诸多行业，并正潜移默化地改变着人们生活的面貌。

本章主要介绍多媒体和多媒体技术的基本概念、应用和发展方向，重点介绍了多媒体软件设计中各元素（文本、声音、图形图像、动画、视屏等）的基本特征和应用技术。通过本章的学习，使读者对多媒体技术有一个整体的、直观的认识，掌握媒体、多媒体、多媒体技术的基本概念、特点和媒体分类形式；可以了解文本、声音、图形图像、动画和视频的一些基本知识。

教学目的：

- 掌握媒体、多媒体、多媒体技术的基本概念。
- 掌握多媒体计算机系统构成。
- 掌握多媒体素材的采集及处理。
- 掌握多媒体压缩技术。
- 掌握多媒体软件应用。

13.1 多媒体技术概述

13.1.1 媒体和多媒体

在人类社会中，信息的表现形式是多种多样的，如常见的文字、声音、图形、图像等，这些信息的表现形式被称为“媒体”。随着电子技术和计算机技术的发展，人们进一步掌握了音频、视频的数字化技术，并利用信息技术将多种媒体统一处理，产生了“多媒体”的概念。

1）媒体

多媒体一词译自英语 Multimedia，而这个词又是由 multiple 和 media 复合而成，核心词是媒体。媒体（media）是指承载或传递信息的载体，在计算机领域，媒体的含义包括两种：第一，指标是信息的载体，如文字、图形、图像、声音、视频影像、动画等；第二，指存储信息的实体，如纸张、半导体存储器、磁盘、光盘等。

国际电话电报咨询委员会（CCITT）将多媒体分为以下5类。

①感觉媒体（Perception Medium），指的是能直接作用于人们的感觉器官，从而能使人产生直接感觉的媒体，如语言、音乐、自然界中的各种声音、各种图像、动画、文本等。

②表示媒体（Representation Medium），指的是为了传送感觉媒体而人为研究出来的媒体。借助于此种媒体，能更有效地存储感觉媒体或将感觉媒体从一个地方传送到遥远的另一个地方，如语言编码、电报码、条形码等。

③位图图像显示媒体（Presentation Medium），指的是用于通信中使电信号和感觉媒体之间产生转换用的媒体，如输入、输出设施（键盘、鼠标器、显示器、打印机）等。

④存储媒体（Storage Medium），指的是用于存放某种媒体的媒体，如纸张、磁带、磁盘、光盘等。

⑤传输媒体（Transmission Medium），指的是用于传输某些媒体的媒体，常用的有电话线、电缆、光纤等。

2）多媒体

所谓多媒体，就是融合了两种或两种以上媒体的一种人机交互式信息交流和传播的媒体，其使用的媒体包括文字、声音、图形、图像、动画、视频等。

①文本（Text）：是最基本的表示媒体，指各种字体、尺寸、格式及色彩的文本，具有表示简单、处理容易、文件占用空间小、表达准确等优点。

②图形（Graphic）：是指由外部轮廓线条（从点、线、面到三维空间）构成的矢量图，即由计算机绘制的直线、圆、矩形、曲线、图表等。其最大优点是文件数据最小，易存储，进行移动、缩放、旋转、扭曲等操作时不失真变形。

③图像（Image）：由扫描仪、摄像机等输入设备捕捉实际的画面产生的数字图像。它是由像素点阵构成的位图，它将对象以一定的分辨率分辨以后，将每个点的色彩信息以数字化方式呈现，可直接快速地在屏幕上显示；其特点在于文件数据量较大，进行图像放大时会失真，但图像能细腻地表现复杂的画面细节。

④音频（Audio）：包括乐音、语音和各种音响效果等，即相应于人类听觉可感知范围内的频率。在计算机中处理音频数据就是音频的数字化，常见的声音信息有语音、音效、音乐3种表现形式。语音指人们讲话的声音；音效是一些特殊的声音效果，如自然界的各种声响；音乐是指各种歌曲和乐曲。这些声音都被计算机以数字化的形式进行处理和保存。

⑤视频（Video）：视频是图像数据的一种，若干有联系的连续随时间而变化的画面播放便形成了视频，在屏幕上是真实活动的影像。视频信息被计算机以数字化的形式进行处理和保存。

⑥动画（Animation）：利用了人眼的视觉暂留特性快速播放多幅静态图像而形成的。当以一定的速率连续地播放这些静止的画面时，即产生动画效果。计算机动画有二维动画（平面动画）和三维动画（立体动画）两种。

正是由于计算机技术和数字信息处理技术的飞速发展,才使我们今天拥有了处理多媒体信息的能力,才使得多媒体成为一种现实。因此,多媒体实际上常常被当做多媒体技术的同义语。多媒体技术就是指利用计算机技术把文本、图形、图像、声音、动画和电视等多种媒体综合起来,使多种信息建立逻辑联系,并能对它们进行获取、压缩、加工处理、存储等,集成为一个系统并具有交互性。

13.1.2 多媒体技术的基本特性

多媒体是将文字、数字、图形、图像、音频、视频等多种表现形式的信息,集成输入到一个系统中,形成相互联系和配合的整体,从而使人们能以更加自然与更易接受的方式来处理和使用信息的技术。简言之,多媒体就是指能够同时采集、处理、编辑、存储和展示两种以上不同类型信息媒体的技术。

1)多媒体技术具有以下基本特征

(1)集成性

集成性指对多种媒体信息的集成和对处理各种媒体设备的集成,即能够对信息进行多通道统一获取、存储、组织与合成。

集成性多媒体技术的集成性有如下几方面含义:一是从信息形式来说,它是以声文图并茂的形式来表现与交流信息的;二是指通过计算机可以对来自各种电子媒介和信息源的信息进行集成。

(2)交互性

交互性是指人们可以与计算机进行对话,互相传递信息,从而能主动地控制计算机工作。交互性是多媒体应用于有别于传统信息交流媒体的主要特点之一。传统信息交流媒体只能单向、被动地传播信息,而多媒体技术则可以实现人对信息的主动选择和控制,这是传统的信息交流媒体所不具备的优点。没有交互性,便没有多媒体;没有交互性,就和普通电视没有两样。多媒体技术的交互性使人们能随心所欲地控制媒体信息的内容和处理方式,使计算机具有视觉和听说能力,是解决人机信息交流的最方便、最自然的途径,目前这方面的研究已取得很大进展,但尚未达到完全实用阶段。

(3)多样性

多媒体技术的多样性是指它能综合处理和管理声音、文字、图形、图像以至电视图像和动画图像等多种不同类型的数据,改变了目前计算机主要以字符形式与使用者交流信息的状况。这也就是说,在人机界面上充分调动了人的耳闻、口述、目睹、手触等多种感觉器官与计算机交互作用和交流信息,使人与机器的距离更加接近、更加友好。此外,多媒体技术的综合处理与利用多种不同类型的信息和数据的能力,也大大丰富了计算机的功能,对扩大计算机应用的深度和广度以及提高计算机的应用水平有着重要的意义。

2)多媒体技术涉及的内容

多媒体技术是使用计算机交互式综合技术和数字通信网络技术处理多种表示媒体,使多种信息建立逻辑连接,集成为一个交互式系统。主要涉及以下几个部分:

①多媒体数据压缩,图形处理:包括 HCI 与交互界面设计、多模态转换、压缩与编码和虚拟现实等。

②音频信息处理:包括音乐合成、特定人与非特定人的语音识别、文字-语音的相互转

换等。

③多媒体数据库和基于内容检索:包括多媒体数据库和基于多媒体数据库的检索等。

④多媒体著作工具:包括多媒体同步、超媒体和超文本等。

⑤多媒体通信与分布式多媒体:包括CSCW、会议系统、VOD和系统设计等。

⑥多媒体应用:CAI与远程教学、GIS与数字地球、多媒体远程监控等。

13.1.3　多媒体系统的组成

多媒体技术的组成大致包括以下几个方面:多媒体制作平台;图形、图像和视频处理技术;声音或音频处理技术;数据压缩和解压缩技术,多媒体通信技术,触摸屏技术;虚拟现实技术;多媒体计算机技术等。若将以上技术的全部或一部分集成到一个系统之中,这个系统则称为多媒体计算机系统。

1)多媒体计算机硬件系统

多媒体计算机的主要硬件除了常规的硬件如主机、软盘驱动器、硬盘驱动器、显示器外,还有音频信息处理硬件、视频信息处理硬件及光盘驱动器等。

①声卡:通常是一块集成在电脑主板上的芯片,用于处理音频信息。声卡可以把话筒、录音机和电子乐器等输入的声音信息进行模数转换(A/D)、压缩等处理,也可以把经过计算机处理的数字化的声音信号通过还原(解压缩)、数模转换(D/A)后用音箱播放出来,或者用录音设备记录下来。

②显卡:显卡又称图形适配器,是实现高分辨率色彩图像的必备硬件,用于控制最终呈现在屏幕上的像素,这些像素组成了图像并且有颜色。

③光盘驱动器:分为只读光驱和可读写光驱。可读写光驱又称刻录机,用于读取或存储大容量的多媒体信息。

④交互控制接口:用来连接触摸屏、鼠标、光笔等人机交互设备,这些设备将大大方便用户对多媒体计算机的使用。

⑤扫描仪:将摄影作品、绘画作品或其他印刷制品甚至实物扫描到计算机中,以便进行加工处理。

其他硬件设备有如下:

①触摸屏(Touch Screen):是一种定位设备,通过一定的物理手段,使用户用手指或其他设备触摸安装在计算机显示器前面的触摸屏时,所摸到的位置被触摸屏控制器检测到,并通过串行口或者其他接口送到CPU,从而确定用户输入的信息,主要用在触摸式多媒体信息查询系统中。

②视频卡:处理活动图像的适配器,包括视频叠加卡、视频捕获卡、电视编码卡、电视选台卡、压缩/解压卡等。

③数码照相机:具有传统相机无法比拟的优势,可以在拍摄后马上看到拍摄效果,可以将照片存储在相机内部的芯片中或者删除不满意的照片,可以将照片传输到计算机中保存或处理。

④打印机:是多媒体计算机系统的重要输出部分,可以将计算机运行信息、中间信息和运行结果等打印在纸上,便于修改和保存。

⑤投影机:是现代化信息交流的必备工具,可以将资料、图片、实物、动态画面等交流信息

及VCD、LD、DVD和VCR等视频信号,计算机信号通过投影机来播放成大屏幕动态画面和计算机画面。

2)多媒体计算机软件系统

①多媒体操作系统:是多媒体软件系统的核心。多媒体计算机的操作系统必须在原基础上扩充多媒体资源管理与信息处理的功能,实现多媒体环境下多任务、多种媒体信息处理同步,提供多种媒体信息的操作和管理,同时对硬件设备具有相对独立性和扩展性。

②驱动器接口程序:是高层软件和驱动程序之间的接口软件,为高层软件建立虚拟设备。

③多媒体驱动软件:是最底层硬件的软件支撑环境,支持计算机硬件的工作,完成设备操作、设备的打开和关闭。同时完成基于硬件的压缩/解压缩、图像快速变换及功能调用等。

④多媒体素材制作软件及多媒体函数库:包括字处理软件、绘图软件、图像处理软件、动画制作软件、声音和视频处理软件及其相应的函数库,主要用来进行多媒体素材制作。

⑤多媒体编辑工具:用来帮助开发人员提高开发工作效率,将各种媒体素材收集、整合,形成多媒体应用系统。Macromedia Flash、Authorware、Director、Multimedia Tool Book等都是常用的多媒体创作工具。

⑥多媒体应用软件:在多媒体创作平台上设计开发的面向应用领域的软件系统,如多媒体课件、多媒体数据库等。

3)多媒体计算机应用系统

多媒体计算机应用系统是指利用计算机技术和数字通信网技术来处理和控制多媒体信息的系统,如Flash动画作品、多媒体课件等。按功能可将多媒体应用系统分为以下几类:

①开发系统:具有多媒体应用的开发能力,系统配有功能强大的计算机,齐全的外部设备和多媒体演示与制作工具,主要应用于多媒体应用制作、非线性编辑等。

②演示系统:是增强型桌面系统,可完成多种媒体的演示,并与网络连接,主要用于产品展示和会议演示等。

③培训系统:以个人计算机为基础,配有CD-ROM驱动器、声音和图像接口控制卡,连同相应的外设和网络,主要用于教育培训和商业销售等。

④家庭系统:即家庭多媒体播放系统,主要用于家庭学习、娱乐和培训等。

13.1.4 多媒体技术的应用与发展

多媒体技术的应用领域非常广泛,几乎遍布各行各业及日常生活的方方面面。随着互联网技术的兴起和发展,多媒体技术也随之不断成熟和进步。

(1)教育领域

教育领域是应用多媒体技术最早的领域,也是进展最快的领域。实践证明,通过多种感官用多种信息形式向人们提供信息才是最好的信息表达与传送方法,而多媒体正具有这种能力,它可以在计算机上把声、图、文集成一体,使受教育者可以改变信息包装,主动获取动态信息。多媒体应用于教学,不仅可以产生活泼生动的效果,而且可以依照学习者的能力,选择自己需要的课程,安排自己的学习进度,达到双向沟通的目的。多媒体电子参考书、电子培训教材、电子自修课程生动易学,非常适合人们自学之用。主要有以下几类:

①CAI计算机辅助教学(Computer Assisted Instruction);

②CAL计算机辅助学习(Computer Assisted Learning);

③CBI 计算机化教学(Computer Based Instruction);
④CBL 计算机化学习(Computer Based Learning);
⑤CAT 计算机辅助训练(Computer Assisted Training);
⑥CMI 计算机管理教学(Computer Managed Instruction)。

(2)过程模拟领域

在设备运行、化学反应、火山喷发、海洋洋流、天气预报、天体演化、生物进化等自然现象等方面,采用多媒体技术模拟其发生的过程,可以使人们轻松、形象地了解事物变化的原理和关键环节,并且能够对其进行感性认识,从而用语言准确描述变化过程。

另外,多媒体技术还可以运用智能模拟将专家的智慧和思维方式融入电脑软件,从而获得最佳的工作成果和最理想的过程。

(3)商业广告

从影视广告、招贴广告到市场广告、企业广告,多媒体技术利用绚丽的色彩、变化多端的形态、特殊的创意效果,不但使人们了解广告的意图,还得到了艺术的享受。

多媒体广告提供最直接的宣传方式,从视觉、听觉和感觉上宣扬广告意图,并且提供交互功能,使消费者全面、直观了解商品信息。随着国际互联网的兴起,广告范围更加扩大,表现手段更加多媒体化,人们接受的信息量也成倍增长。

(4)影视娱乐业

在影视娱乐业中,使用先进的电脑技术已成为一种趋势,大量的电脑效果被应用到影视作品中,从而增加了艺术效果和商业价值。

(5)旅游业

旅游是人们享受生活的重要方式之一,多媒体技术应用于旅游业,充分体现了信息社会的特点。通过多媒体展示,如动画、视频、交互查询等,人们可以全方位了解各地的旅游信息。

(6)国际互联网

Internet 国际互联网的兴起与发展,在很大程度上对多媒体技术的进一步发展起到了促进作用。人们在网络上传递多媒体信息,以多种形式互相交流,为多媒体技术的发展创造了合适的土壤和条件。

13.2　多媒体信息及文件格式

多媒体的信息形式主要有文本、图形、图像、音频、视频和动画等,每一种媒体形式都有严谨而规范的数据描述,其数据描述的逻辑表现形式是文件。

13.2.1　文本

文本包含字母、数字、字、词、句子等基本元素。文本文件分为非格式化文本文件和格式化文本文件,非格式化文本是只有文本信息没有其他任何有关格式信息的文件,又称为纯文本文件,如“.TXT”文件;格式化文本文件是带有各种文本排版信息等格式信息的文本文件,如“.DOC文件”。

13.2.2 图形和图像

图形是指由外部轮廓线条(从点、线、面到三维空间)构成的矢量图,如直线、曲线、圆弧、矩形和图表等。图形的格式是一组描述点、线、面等几何图形的大小、形状及其位置、维数的指令集合。图形一般按各个成分的参数形式存储,可以对各个成分进行移动、缩放、旋转和扭曲等变换,可以在绘图仪上将各个成分输出。因为图形文件只记录生成图的算法和某些特征点,所以也称为矢量图。常用的矢量图形文件格式有“.3DS”(用于3D建模)、“.DXF”(用于CAD绘制图形)、“.WMF”(用于桌面出版)等。

图像是由扫描仪、摄像机等输入设备捕捉的实际场景或以数字化形式存储的任意画面。静止的图像是一个矩阵,它是由像素点阵构成的,陈列中的各项数字用来描述构成图像的各个像素点(pixel)的强度与颜色等信息,因此又称位图。位图适于表现含有大量细节的画面,可直接显示或输出。常用的图像文件格式有“.BMP”,“.PCX”,“.TIF”,“.TGA”,“.GIF”,“.JPG”等。

图形和图像常见的文件格式有如下几种:

1)BMP(Bitmap)文件

BMP是一种与设备无关的图像文件格式,是最常见、最简单的一种静态图像文件格式,其文件扩展名是“.BMP”或者“.bmp”。

BMP图像文件格式共分三个域:一是文件头,它又分成两个字段,一是BMP文件头,一是BMP信息头;在文件头中主要说明文件类型,实际图像数据长度,图像数据的起始位置,同时还说明图像分辨率,长、宽及调色板中用到的颜色数。第二个域是彩色映射(Color Map)。第三个域是图像数据。BMP文件存储数据时,图像的扫描方式是从左向右,从下而上。

BMP图像文件的主要特点是:文件结构与PCX文件格式相似,每个文件只能存放一幅图像;其文件存储容量较大,可表现从2位到24位的色彩,分辨率为480×320至1 024×768。

2)GIF(Graphics Interchange Format)文件

GIF文件格式是由CompuServe公司在1987年6月为了制定彩色图像传输协议而开发的,它支持64 000像素的图像,256到16M颜色的调色板,单个文件中的多重图像,按行扫描的迅速解码,有效地压缩以及硬件无关性。

GIF文件分为静态GIF和动画GIF两种,支持透明背景图像,适用于多种操作系统,存储容量很小,网上很多小动画都是GIF格式。其实,GIF动画是将多幅图像保存为一个图像文件,从而形成动画,所以归根到底GIF仍然是图片文件格式。但GIF只能显示256色。

3)JPEG(Joint Photographic Experts Group)文件

JPEG图像文件是目前使用的最广泛、最热门的静态图像文件,其扩展名为“.jpg”。JPEG是Joint Photographic Experts Group(联合摄影专家小组)的缩写,该小组是ISO下属的一个组织,由许多国家和地区的标准组织联合组成。

JPEG格式存储图像的基本思路是:开始显示一个模糊的低质量图像,随着图像数据被进一步接受,图像的清晰度和质量将会进一步提高,最后将显示一个清晰、高质量的图像。同样一幅图画,用JPEG格式存储的文件容量是其他类型文件的1/10～1/20,一般文件大小从几十KB至几百KB,色彩数最高可达24位。

JPEG格式图像文件在表达二位图像方面具有不可替代的优势,被广泛运用于互联网以节约网络传输资源。

4) TIFF(Tag Image File Format)**文件**

TIFF图像文件格式是一种通用的位映射图像文件格式,是Alaus和Microsoft公司为扫描仪和桌上出版系统研制的,其扩展名为“.tif”。

TIFF图像文件具有以下特点:可改性,不仅是交换图像信息的中介产物,也是图像编辑程序的中介数据;多格式性,不依赖于机器的硬件和操作系统;可扩展性,老的应用程序支持新的TIFF格式的图像。

TIFF图像文件容量庞大,细微层次的信息较多,有利于原稿色彩的复制和处理,最高支持的色彩数达16M,传真收发的数据一般是TIFF格式。

5) WMF(Windows Meta File)**文件**

WMF是Windows Meta File的缩写,简称图元文件,是微软公司定义的一种Windows平台下的图像文件格式。Microsoft Office的剪贴画使用的就是这个格式。

WMF图像文件比BMP图像文件所占用的存储容量小,而且它是矢量图形文件,可以很方便地进行缩放等操作而不变形。

6) PNG(Portable Network Graphic Format)**文件**

PNG图像文件是20世纪90年代中期开始开发的图像文件存储格式,其目的是替代GIF和TIFF文件格式,同时增加GIF文件格式所不具备的特性,称为流式网络图形格式,是一种位图文件存储格式,其文件扩展名为“.png”。

PNG图像文件用来存储灰度图像时,灰度图像的深度可多到16位,存储彩色图像时,彩色图像的深度可多到48位。

7) PSD/PDD **文件**

PSD/PDD是Adobe公司的图形设计软件Photoshop的专用格式,PSD文件可以存储成RGB或CMYK模式,还能够自定义颜色数并加以存储,还可以保存Photoshop的图层、通道、路径、蒙板,以及图层样式、文字层、调整层等额外信息,是目前唯一能够支持全部图像色彩模式的格式。PSD文件采用无损压缩,因此比较耗费存储空间,不宜在网络中传输。

8) TGA(Targe Image Format)**文件**

TGA图像文件格式是Truevision公司为Targe和Vista图像获取板设计的TIPS软件所使用的文件格式,可支持任意大小的图像,专业图形用户经常使用TGA点阵格式保存具有真实感的三维有光源图像。

9) PCX **文件**

PCX图像文件是静态文件格式,是Zsoft公司研制开发的,主要与商业性PC-Paint brush图像软件一起使用,其文件扩展名为“.pcx”。PCX文件分为三类:各种单色PCX文件;不超过16种颜色的PCX文件;具有256种颜色的PCX图像文件。

PC-Paint brush已经被成功移植到Windows环境中,PCX图像文件成为了PC机上流行的图像文件格式。

13.2.3　音频

音频是多媒体应用中的一种重要媒体,人类能够听到的所有声音都称为音频,正是音频的加入使得多媒体应用程序变得丰富多彩。声音按频率可分为三种:次声(频率低于20 Hz)、声波(20 Hz ~ 20 kHz)和超声(频率高于 20 kHz)。人耳能听到的声音就是频率为 20 Hz ~ 20 kHz 的声波,多媒体音频信息就是这一类声音。声音按表示媒体的不同可分为波形声音、语音和音乐三类。

①波形声音,包含了所有的声音形式,可以将任何声音进行采样量化,相应的文件格式是 WAV 文件和 VOC 文件。

②语音是由口腔发出的声波,一般用于信息的解释、说明、叙述、问答等,也是一种波形声音,所以相应的文件格式也是 WAV 文件和 VOC 文件。

③音乐是由各种乐器产生的声波,常用作欣赏、烘托气氛,是多媒体音频信息的重要组成部分。相应的文件格式是 MID 和 CMF 文件。

常用的音频文件格式有以下几类:

1) WAV 文件

WAV 是 Microsoft 公司开发的一种声音文件格式,它符合 RIFF(Resource Interchange File Format)文件规范,用于保存 Windows 平台的音频信息资源,被 Windows 平台及其应用程序所广泛支持,是一种无损压缩。其文件容量较大,多用于存储简短的声音片段,WAV 文件打开工具是 WINDOWS 的媒体播放器。

2) MPEG 音频文件

MPEG 音频文件是 MPEG 标准中的音频部分。MPEG 音频文件的压缩是一种有损压缩,根据压缩质量和编码程度的不同可分为三层(MPEG Audio Layer1/2/3),分别对应 MP1、MP2、MP3 这三种声音文件。

MPEG 音频编码具有很高的压缩率,MP1 和 MP2 的压缩率分别为4:1和6:1 ~ 8:1,标准的 MP3 的压缩比为 10:1。一个长达三分钟的音乐文件压缩成 MP3 文件后大约是 4 MB,可保持音质不失真。目前在网络上使用最多的是 MP3 文件格式。

3) MIDI(Musical Instrument Digital Interface)文件

MIDI 是数字音乐/电子合成乐器的统一国际标准,定义了计算机音乐程序、合成器及其他电子设备交换音乐信号的方式,还规定了不同厂家的电子乐器与计算机连接的电缆和硬件及设备间数据传输的协议,可用于为不同乐器创建数字声音,可以模拟大提琴、小提琴、钢琴等常见音乐。

MIDI 文件比数字波形文件所需的存储空间小得多,如记录 1 分钟 MIDI 音频数据文件只需 4 KB 的存储空间,而记录 1 分钟 8 位、22.05 kHz 的波形音频数据文件需要 1.32 MB 的存储空间。MIDI 文件主要用于原始乐器作品,流行歌曲的业余表演,游戏音轨以及电子贺卡等。

4) WMA(Windows Media Audio)文件

WMA 文件是继 MP3 后最受欢迎的音乐格式,在压缩比和音质方面都超过了 MP3,能在较低的采样频率下生成好的音质文件。WMA 不用像 MP3 那样需要安装额外的播放器,而 Windows 操作系统和 Windows Media Player 的无缝捆绑让用户只要安装了 Windows 操作系统就可以直接播放 WMA 音乐。

5) RealAudio 文件

RealAudio 文件是 Real Networks 公司开发的音频文件格式,其文件格式有".RA"".RM"".RAM",用于在低速率的广域网上实时传输音频信息,主要适用于在网络上进行在线音乐欣赏。

6)AAC(Advanced Audio Coding)文件

AAC文件是杜比实验室为提供的技术,出现于1997年,是基于MPEG-2的音频编码技术,目的在于取代MP3,所以又称为MPEG-4 AAC,即M4A。

13.2.4　视频

视频泛指将一系列静态影像以电信号方式加以捕捉、记录、处理、储存、传送与重现的各种技术,它是由一幅幅单独的画面序列(帧)组成,这些画面以一定的速率连续投身在屏幕上,使观看者产生动态图像的感觉。常见的视频文件有以下几种格式:

1)AVI(Audio Video Interleaved)文件

AVI文件是音频视频交互的文件。该格式的文件不需要专门的硬件支持就能实现音频和视频压缩处理、播放和存储,其扩展名为".avi"。它采用Intel公司的Indeo视频的有损压缩技术将视频信息与音频信息交错混合地存储在同一个文件,较好地解决了音频信息与视频信息的同步问题。

AVI文件目前主要应用在多媒体光盘上,用来保存电影、电视等各种影像信息,有时也用在互联网上供用户下载、欣赏新影片的精彩片段,但该格式文件保存的画面质量不是太好。

2)MOV文件

MOV文件是Quick Time的文件格式,是美国Apple公司开发的一种视频格式,默认的播放器是苹果的Quick Time Player,具有较高的压缩比率和较完美的视频清晰度等特点,但是其最大的特点还是跨平台性,即不仅能支持MacOS,同样也能支持Windows系列。

MOV文件格式支持256位色彩,能够通过因特网提供实时的数字化信息流、工作流与文件回放,国际标准化组织(ISO)选择了MOV文件格式作为开发MPEG4规范的统一数字媒体存储格式。

3)MPEG(Moving Pictures Experts Group)文件

MPEG文件是一种应用在计算机上的全屏幕运动视频便准文件格式,被称为运动图像专家组格式,家里常看的VCD、SVCD、DVD就是这种格式。它采用了有损压缩方法减少运动图像中的冗余信息,即认为相邻两幅画面绝大多数是相同的,把后续图像中和前面图像有冗余的部分去除,从而达到压缩的目的(其最大压缩比可达200:1)。目前,MPEG格式有三个压缩标准,分别是MPEG-1、MPEG-2和MPEG-4,此外,MPEG-7和MPEG-21仍处于研发阶段。

大多数视频播放软件均支持MPEG文件。

4)DAT(Digital Audio Tape)文件

DAT文件是VCD专用的视频文件格式,是一种基于MPEG压缩、解压缩技术的视频文件格式。

5)3GP文件

3GP文件是为了配合3G网络的高速传输速度开发的,是手机中最为常见的一种视频格式,其文件扩展名为".3gp"。3GP还可以在个人计算机上观看,且视频容量较小。

13.2.5　动画

动画是活动的画面,实质是利用了人眼的视觉暂留特性将一幅幅静态图像的连续播放而形成。电脑动画可分为两大类,一类是帧动画,另一类是矢量动画。

帧动画是指构成动画的基本单位是帧,很多帧组成一部动画片。帧动画主要用在传统动画片的制作、广告片的制作,以及电影特技的制作方面。

矢量动画是经过电脑计算而生成的动画,其画面只有一帧,主要表现变换的图形、线条、文字和图案。矢量动画通常采用编程方式和某些矢量动画制作软件完成。

动画文件常用的格式有以下几类:

1) FLIC 文件

FLIC 文件是 Autodesk 公司在其出品的二维、三维动画制作软件中采用的动画文件格式,采用 256 色,分辨率为 320×200 至 1 600×1 280,其文件扩展名为“. FIC”。

FLIC 文件的容量随动画的长短而变化,动画画面越多,容量越大。该格式的文件采用数据压缩格式,代码效率高、通用性好,被大量用在多媒体产品中。

2) GIF(Graphics Interchange Format)文件

GIF 文件具有多元结构,可以是静态图像(前面已经介绍过),也可以是动态图像即动画。GIF 动画文件采用 LZW 缩算法来存储图像数据、多图像的定序和覆盖、交错屏幕绘图以及文本覆盖等技术。

3) SWF 文件

SWF 文件是基于 Macromedia 公司 Shockwave 技术的流式动画格式,是用 Flash 软件制作的一种格式,其扩展名为“. fla”。该格式文件体积小、功能强、交互能力好、支持多个层和时间线程,较多地应用在网络动画中。

13.3 多媒体数据的获取与处理

多媒体信息可以从计算机输出界面向人们展示丰富多彩的图、文、声、像,而计算机内的信息都是以 0 和 1 进行处理和交换的。上一节已经介绍过多媒体信息的文件存储格式,本节主要介绍多媒体信息的获取与处理。

13.3.1 图像的获取与处理

1) 图像的属性

(1)分辨率

图像由像点构成,像点的密度决定了分辨率的高低,图像分辨率的单位是 dpi(display pixels per inch)。dpi 的数值越大,像点密度越高,图像对细节的表现力越强,清晰度也越高。根据应用场合可将图像分辨率分为以下三种类型:

①屏幕分辨率(Screen Resolution):指屏幕上的最大显示区域,取决于显示器硬件条件。如个人计算机显示器的屏幕分辨率是 96 dpi,则当图像用于显示时,分辨率应取 96 dpi。

②显示分辨率(Display Resolution):是一系列标准显示模式的总称,单位为像素;由水平方向的像素总数和垂直方向的像素总数构成,如某显示器分辨率为水平方向 1 024 个像素,垂直方向 768 个像素,则记为 1 024×768。

③打印分辨率(Print Resolution):是打印机输出图像时采用的分辨率,不同打印机的最高打印分辨率不同,而同一台打印机可以使用不同的打印分辨率。打印分辨率越高,打印质量

越好。

(2)色彩

色彩是美学的重要组成部分,图像处理离不开色彩处理。色彩具有以下属性:

①色相(Hue):颜色的相貌,用于区别颜色的种类,如红、橙、黄、绿、青、蓝、紫就是色相。色相的运用主要表现在色彩冷暖氛围的制造、表达某种情感等。

②饱和度(Saturation):又称纯度,指色彩的饱和程度。自然光中的红、橙、黄、绿、青、蓝、紫光色是纯度最高的颜色。在色料中,红色的纯度最高,橙、黄、紫色次之,蓝绿色的纯度相对较低。人眼对不同颜色的纯度感觉不同,红色醒目,纯度感觉最高;绿色尽管纯度很高,但人们对绿色不敏感。黑、白、灰色是没有纯度的颜色。

③亮度(Brightness):指色彩的明暗程度。处理好物体各部分的亮度,可以产生物体的立体感。白色是影响亮度的重要因素,当亮度不足时,增加白色,可增加亮度,反之亦然。

④对比度(Contrast):指不同颜色之间的差异程度。对比度越大,两种颜色之间的反差就越大;对比度越小,两种颜色之间的反差就越小,颜色越相近。

⑤色阶(Levels):指各种图像色彩模式下图像原色的明暗度,色阶的调整也就是明暗度的调整。色阶的范围为0~255,总共包括256种色阶。如红色的色阶加大就成了深红色。

2)图像的获取

图像获取过程是把自然的影像转换成数字化图像的过程,其实质是进行模数(A/D)转换,即通过相应的设备和软件,把作为模拟量的自然影像转换成数字量。

图像获取的重要途径是两类:

(1)利用设备进行模数转换

在进行模数转换之前,首先收集图像素材,如印刷品、照片以及实物等,然后使用彩色扫描仪对照片和印刷品进行扫描,经过少许加工,即可得到数字图像。也可使用数码照相机直接拍摄景物,再传送到计算机中进行处理。

(2)从数字图像库或网络上获取图像

数字图像库通常采用光盘作为数据载体,多采用JPG文件格式。国际互联网的某些网站也提供合法的图片素材,有些需要支付少量费用;也可使用GOOGLE、BAIDU等搜索引擎搜索图片。值得注意的是,在购买光盘或从互联网上下载图像时,应注意图像是否被授权使用、是否需要支付费用等。

3)图像的处理

矢量图形是由计算机绘图软件生成的,不必再对其进行数字化处理。现实中的图像是一种模拟信号,图像数字化的目的是把真实的图像转变成计算机能够接受的显示和存储格式,更有利于计算机进行操作。图像的数字化过程分为采样、量化和编码三个步骤。

(1)采样

图像采样就是将连续的图像转换成离散点的过程,其实质是用若干个像素点来描述这一幅图像。其结果就是通常所说的图像分辨率,分辨率越高,图像越清晰,存储量也越大。

(2)量化

量化是在图像离散化后,将表示图像色彩浓淡的连续变化值离散化为整数值的过程。把量化时可取的整数值称为量化级数,表示色彩所需的二进制位数称为量化字长。一般用8位、16位、24位、32位等表示图像的颜色,24位可表示为$2^{24}=1\ 677\ 216$种颜色,称为真彩色。

(3)编码

编码是指按照一定的方法用二进制表示量化后的样本值的过程,主要与图像压缩技术相关。

在取样、量化和编码处理后,就能产生一幅数字化图像,再运用图像处理软件就能进行修饰或者转换。

13.3.2 音频的获取与处理

音频信号是多媒体技术经常采用的一种形式,主要表现形式是语音、自然声和音乐。

1)声音属性

①音调:声音的高低。音调与频率有关,频率越高,音调越高,反之亦然。各种声源具有自己特定的音调,如果改变了某种声源的音调,则声音会发生质的转变。

②音色:具有特色的声音。各种声源具有自己独特的音色,如各种乐器的声音、每个人的声音、各种生物的声音等,人们就是根据音色辨别声源种类的。

③音强:声音的强度,也称为声音的响度,也就是通常所说的“音量”。音强与声波的振幅成正比,振幅越大,强度越大。唱盘、CD 光盘及其他形式声音载体中的音强是一定的,可以通过改变播放设备的音量改变聆听时的响度。

2)音频的获取

音频的获取就是将自然界中的模拟量声音转换成计算机能够处理的数字音频信号,即声音的数字化过程,也叫做音频数据采样过程。

声音采样分为以下类型:

①CD 音乐采样:指使用专用软件对 CD 盘上的音乐、语言以及其他形式的声音进行数字转换,生成多种格式的数字音频信号。

②自然声采样:直接录音。在录音过程中,实时地完成采样,形成数字音频信号。话筒主要用于录制声音,使用时需要将话筒与计算机声卡上的“话筒”端口(MIC)相连,就可以录制声音了。

③线路输入采样:是指录制随身听等有源设备的声音,需要用声音信号线把有源设备与计算机声卡上的线路输入端口(Line In)相连。

④MIDI 文件:需要用音序器进行录制,可以连接外部 MIDI 键盘进行录制。

3)音频的处理

对数字音频可以采用以下处理,从而使音频信号实现多重效果。

①剪辑、粘贴、拷贝、混合:实现单个声音的选取、剪裁,多个声音的连接、混合等。

②修改参数:改变声音的播放时间或改变声音的间距。

③特殊效果处理:如增加回声、逆向播放等。

④改变波形:使作品更加动听。

13.3.3 视频的获取与处理

1)视频的分类和制式

(1)视频分类

①模拟视频:是基于模拟技术及图像显示所确定的国际标准,如电视和录像片等。它具有

成本低和还原度好等优点，缺点是经过长时间存放或多次复制后，视频质量将大为降低。

②数字视频：是基于数字技术及其他更为拓展的图像显示标准。数字视频技术包含两层：第一是将模拟视频信号输入计算机进行数字化视频编辑制成数字视频产品，第二是由数字摄像机拍摄的视频图像通过软件编辑而制成数字视频产品。

（2）视频制式

电视信号采用不同的编码标准，就形成了不同的电视制式。电视制式是指一个国家的电视系统所采用的特定制度和技术标准。目前，世界上共有3种彩色模拟电视制式。

①NTSC（National Television Standard Committee）制：美国、加拿大、日本和中国台湾地区采用这种制式；帧频为每秒29.97帧，扫描线为525，逐行扫描，画面比例为4∶3，分辨率为720×480。

②PAL（Phase Alternate Line）制：中国、德国、英国和朝鲜等采用这种制式，帧频为每秒25帧，625条扫描线，隔行扫描。

③SECAM（Sequential Color and Memory System）制：法国、俄罗斯以及东欧和非洲一些国家采用这种制式；帧频为每秒25帧，扫描线625行，隔行扫描，画面比例4:3，分辨率为720×576，约40万像素，亮度带宽为6.0 MHz。

这些制式标准定义了模拟彩色电视对视频信号的解码方式，不同制式对色彩处理方式、屏幕扫描频率等有不同的规定。

另外，人们在1966年研制出了HDTV电视（High Definition TV，高清晰度电视）：分辨率最高可达1 920×1 080，帧频高达每秒60帧。具有较高的扫描频率，传送信号全部数字化。这是电视技术在经历了黑白电视和第一代彩色电视发展阶段之后，向新一代数字高清晰度电视的过渡阶段。

2）视频的获取

视频的获取主要是从资源库、电子书籍、课件及录像片、VCD、DVD片中获取，从网上也能找到视频文件。

获取视频文件最可靠的方法是用采集卡进行采集，最方便的方法是用超级解霸进行采集。

用采集卡采集视频素材方法：安装好采集卡并连接好线路后，启动采集软件，设置好相关参数后，用录像机或影碟机进行浏览，发现要采集的内容后，点击“记录”按钮开始采集，记录完毕后，把采集到的信息保存为AVI格式即可。

3）视频的处理

数字视频的处理主要是非线性编辑完成的，包括数字视频编辑、数字音频制作和数字特技制作。

基于计算机的数字非线性编辑技术是数字视频技术与多媒体计算机结合的产物。它采用了电影剪辑的非线性模式，用简单的鼠标和键盘操作代替了剪刀加胶水式的手工操作。剪辑结果可以马上回放，可以对存储的数字文件反复更新和编辑。

13.4　多媒体数据的压缩

多媒体产品所涉及的媒体文件种类多、数据量大，保存、传送和携带不方便，因此，数据压缩技术便可解决这个问题。

数据压缩技术经历了60余年的发展过程。早在1948年,Oliver 提出了 PCM(Pulse Code Modulation)编码理论即脉冲码调制编码,这标志着数据压缩技术的诞生。

13.4.1 数据压缩基本原理

数据压缩即是用最少的数码来表示信息。数据是用来记录和传输信息的,香农创立的信息论是把数据看成是信息和冗余信息的组合,可表示为:信息量 = 数据量 + 数据冗余。

数据之所能够被压缩,就是因为数据冗余的存在。在声音和图像数据表示中存在着大量的冗余,通过去除这些冗余可以极大地减小原始声音及图像数据的大小。比如在同一幅图像中,规则物体和规则背景的表面特性具有很大的相关性,这就属于可以去除的数据中的空间冗余。数据压缩技术就是研究如何利用声音、图像数据的冗余性来减少多媒体的方法。

13.4.2 多媒体信息的数据量

多媒体信息具有注重表达、保持高质量的模拟程度、还原迅速等特点,这就需要使用大量数据来描述多媒体信息。那么,多媒体信息的数据量是如何计算的呢?

1)文本

假设屏幕的分辨率为1 024×768,屏幕上的字符为16×16点阵,每个字符用4个字节表示,则显示一屏字符所需要的存储空间为:

$$(1\ 024 \div 16) \times (768 \div 16) \times 4\text{B} = 12\ 288\ \text{B}(\text{约合}\ 12\ \text{KB})$$

2)图像

图像由像点构成,假定一幅图像显示在1 024×768分辨率的屏幕上,则满屏幕像点所占用的空间为:

$$1\ 024 \times 768 \times \log_2 256 = 768\ \text{KB}$$

3)音频

数字音频的数据量由采样频率、采样精度、声道数量三个因素决定。假定数字采样频率是44 100 Hz,采样精度为16 bit,双声道立体声模式,1 min所需数据量为:

$$44\ 100\ \text{Hz} \times 2\ \text{B}(16\ \text{bit 采样精度}) \times 2(\text{双声道}) \times 60\ \text{s} = 10\ \text{MB/min}$$

以一首乐曲或歌曲的长度为5 min为例,则对应的音频数据量约为50 MB。

4)视频

数字视频的数据量由采样频率、扫描速度、样本宽度三个因素决定。我国采用带宽为5 MHz的PAL制食品信号,扫描速度为25帧/s,样本宽度为24 bit,采样频率最低为10 MHz,则一帧数字化图像所占用的最少存储空间为:

$$10(\text{采样频率}) \div 25(\text{扫描速度}) \times 24(\text{样本宽度}) = 9.6\ \text{Mbit}(\text{合}\ 1.2\ \text{MB})$$

13.4.3 数据压缩方法分类

数据压缩方法一般按照应用原则进行分类,即考虑解码后的数据与压缩之前的原始数据是否完全一致。如果完全一致,意味着数据没有发生任何损失,对应的压缩算法形成的编码称为“无损压缩编码”;如果解码后的数据与原始数据不一致,则是“有损压缩编码”。

1)无损压缩编码

无损压缩编码是无损压缩形成的编码。该编码在压缩时不丢失数据,还原后的数据与原始数据完全一致。无损压缩具有可恢复性和可逆性,不存在任何误差。

无损压缩编码属于可逆编码(Reversible coding),"可逆"是指压缩的数据可以不折不扣地还原成原始数据。典型的可逆编码有:霍夫曼编码、算术编码、行程编码等。

可逆编码由于编码方法必须保证数据"无损",其压缩比不高,所以数据量比较大。

可逆编码一般用于要求严格、不允许丢失数据的场合。如医疗诊断中的成像系统、声音鉴别系统、星际探测的图像传送、卫星通信、全球定位系统、传真、网络通信等。

2)有损压缩编码

有损压缩编码是有损压缩形成的编码,该编码在压缩时舍弃部分数据,还原成的数据与原始数据存在差异,有损压缩具有不可恢复性和不可逆性。

有损压缩编码属于不可逆编码(non Reversible coding)。常用的有损压缩编码有预测编码、PCM编码、量化与向量量化编码、频段划分编码、变化编码、知识编码等。

13.4.4　静态图像JPEG压缩编码技术

JPEG(Joint Photographic Experts Group)即联合图片专家组,是针对静止图像压缩制定的标准,简称JPEG标准。

JPEG标准对同一帧图像采用两种或两种以上的编码形式,以期达到质量损失不大而又保证较高压缩比的效果。这种采用多种编码形式的处理方式叫做"混合编码方式"。

JPEG压缩标准适用于连续色调、多级灰度、彩色或黑白图像的数据压缩,其无损压缩比为4:1,有损压缩比约为100:1~10:1。当有损压缩比不大于40:1时,经压缩并还原的图像与原始图像相比,在色彩、清晰度、颜色分布等方面视觉误差不大,基本保持原始图像的风貌。根据人类眼睛对亮度变化和颜色变化比较敏感的原理,JPEG压缩标准在对图像数据进行压缩时,着重存储亮度变化和颜色变化,舍弃人们不敏感的成分。在还原图像时,并不重新建立原始图像,而是生成类似的图像,该图像保留了人们敏感的色彩和亮度。

JPEG标准定义了两种基本算法,第一种是差分脉冲编码调制,第二种是有失真DCT(Discrete Cosine Transform)压缩编码。

13.4.5　动态图像MPEG压缩编码技术

MPEG(Moving Picture Experts Group)即动态图像专家组,提出了适用于动态图像数据压缩的国际标准,简称MPEG标准。该标准是一个通用标准,主要针对全动态图像,分为三个部分:MPEG视频压缩、MPEG音频压缩和MPEG系统。

MPEG标准主要有:MPEG-1、MPEG-2、MPEG-4、MPEG-7和MPEG-21等。MPEG-1制定于1992年,为工业级标准,可适用于不同带宽的设备;被用于数字电话网络上的视频传输,如非对称数字用户线路(ADSL)、视频点播(VOD)和教育网络等。MPEG-2制定于1994年,设计目标是高级工业标准的图像质量及更高的传输率,DVD影碟采用的即是MPEG-2标准。1999年提出的MPEG-4标准拥有更高的压缩比率,主要用于视像电话(VideoPhone)、视像电子邮件(VideoEmail)和电子新闻(ElectronicNews)等。MPEG-7的由来是1+2+4=7,开始于1996年,其目的是生成一种用来描述多媒体内容的标准;可应用于数字图书馆,如图像编目、音乐辞典等;多媒体查询服务,如电话号码簿等;广播媒体选择,如广播与电视频道选取;多媒体编辑,如个性化的电子新闻服务、媒体创作等。MPEG-21 是在1999 年12 月提出的,其目标是将标准集成起来支持协调的技术以管理多媒体商务,正式名称是数字视听框架。

13.5 多媒体元素处理软件

数字处理技术目前发展迅速,主要受三个因素的促进和影响:

①计算机的发展,计算机硬件成本下降价格降低使得更多数字图像处理设备得到普及。

②数学的发展,特别是离散数学理论的创立和完善。

③应用需求的增长,如医学、军事、航天、工业、环境、教育等方面的应用。

13.5.1 数字音频处理软件——Adobe Audition

数字音频文件作为声音的载体,存储于计算机之中。对声音进行采集和处理,需要使用音频处理软件。常用的音频处理软件有 Windows 录音机、Adobe Audition、Cake Walk 等,下面将以 Adobe Audition 为例介绍声音处理软件的功能。

1) Adobe Audition **概述**

Adobe 公司收购 Syntrillium Softwares 的专业级音频处理软件 Cool Edit Pro 2,并更名为 Audition。随后推出了 Adobe Audition Pro 1.5,将其整合到视频软件套装 Adobe Video Collection 之中。Adobe Audition Pro 继承了 Cool Edit Pro 2 的优良特性,功能强大、使用方便。

Adobe Audition Pro 是专业级的音频处理软件,针对专业广播机构、媒体工作室和音像制作出版单位设计,是广播级专业后期音频制作软件工具。可以进行专业录音、音频混音、编辑和效果处理、视频配音、输出及刻录音乐 CD 等处理,也是业余音频制作的最好选择。

2) Adobe Audition **编辑界面**

Adobe Audition 对声音波形共有 3 个编辑界面,分别是 Edit View(单音轨编辑界面)、Multitrack View(多音轨编辑界面)、CD Project View(CD 唱片编辑界面),如图 13.1 所示。

①单音轨编辑界面:是单个简单声音波形的编辑视图,可以改变和修饰声音波形。

②多音轨编辑界面:将不同的声音波形作为独立的音频轨道,包含于同一个音频文件,使多种声音波形相互融合、叠加并合成几近完美的电子音乐。

③CD 唱片编辑界面:将计算机内的各种音频文件转化成 CD 内的曲目,并组成一个完整的 CD 唱盘项目,从而刻录成一张音乐 CD。

可单击 Adobe Audition 窗口右下角声音波形编辑区域中的 Edit View、Multitrack View 和 CD Project View 三个选项卡的标签,即可切换到相应的界面。

3) Adobe Audition **界面常用菜单功能**

(1) File(文件)菜单

File 菜单包含新建、打开、关闭、存储、另存为等操作。

(2) Edit(编辑)菜单

如图 13.2 所示,Edit 菜单包含复制、粘贴、删除、格式转换等命令。

①Enable Undo:打开 Undo。

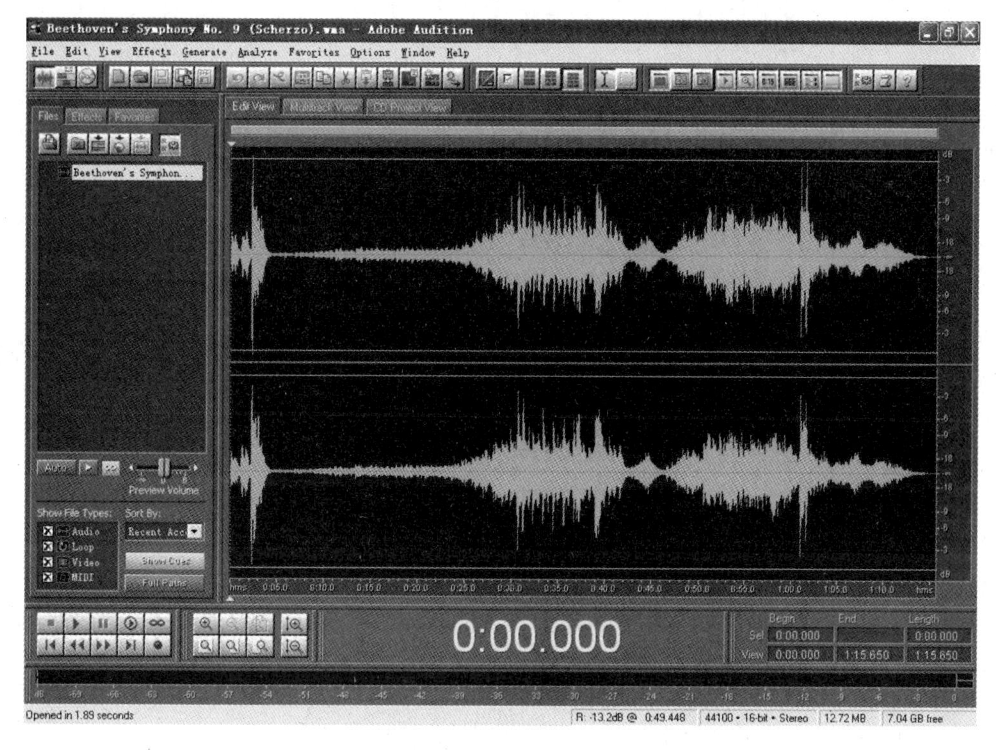

图13.1　Adobe Audition Pro 1.5 操作界面

②Undo＊＊＊:撤销上一步编辑操作,＊＊＊代表上次完成的操作名称。

③Repeat Last Command:重复最后一次的操作,无论打开任何音频文件,都可以在该文件上重复上一次操作命令。

④Set Current Clipboard:可以选择当前使用的剪贴板。

⑤Copy to New:将当前文件或当前文件被选中的部分复制成为一个新波形文件,并在原文件名后加上(2)用以区别两个文件的不同。

⑥Paste to New:将剪贴板中的声音波形粘贴成新音频文件。

⑦Mix Paste:将剪贴板中的声音波形混合到当前波形文件中。

⑧Insert in Multitrack:将当前波形文件或当前文件被选中的部分插入多轨文件,成为一个新轨。

⑨Insert in CD Project:将当前波形文件或当前文件被选中的部分波形插入CD编辑窗口成为CD中的一个曲目。

⑩Select Entire Wave:选择整个波形。

⑪Delete Selection:删除当前文件被选中的部分。

⑫Delete Silence:删除小电平的信号(接近无声的部分)。

(3)View(视图)菜单

如图13.3所示,View菜单包含视图的切换功能。

①Multitrack View:切换到多轨视图。

②CD Project View:切换到CD唱片编辑界面。

③Show View Tabs:显示视图签。

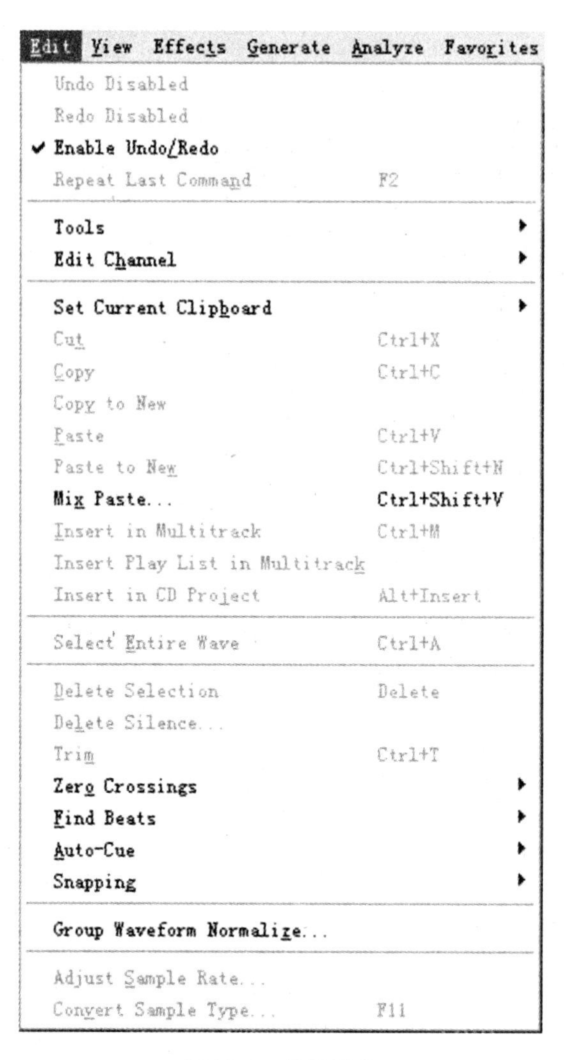

图 13.2　编辑菜单

View Effects Generate Analyze
Multitrack View 9
CD Project View 0
Show View Tabs
Waveform View
Spectral View
Display Time Format
Vertical Scale Format
Toolbars
Status Bar
Wave Properties... Ctrl+P

图 13.3　视图菜单

④Waveform View:切换到波形视图。

⑤Display Time Format:显示时间格式。

⑥Vertical Scale Format:垂直量度格式。

⑦Toolbars:工具栏。

⑧Status Bar:状态栏。

⑨Wave Properties:声波属性。

4)选定波形范围

(1)选择部分声音波形

在声音波形的开始位置,按下鼠标左键同时拖动,直到结束位置才松手,被高光笼罩的部分就是选定部分。

(2)选择全部声音波形

双击鼠标即可。

(3)选择不同声道的波形

立体声文件具有两个声道,可以同时编辑两个声道,也可以单独编辑一个声道,可以通过切换按钮在双通道、左声道和右声道的编辑状态间进行切换。

(4)特殊波形范围的选择

①Zero Crossings(零交叉):可以将事先选择的声波的起点和终点移到最近的零交叉点(波形曲线与水平中线的交点)上。

②Find Beats(按节拍选择):以节拍为单位选择编辑范围,可以在波形时间上向前多选点一个节拍,也可以在波形时间线上向后多选定一个节拍。

5)消除断续

如果一个声音文件听起来断断续续,可以使用删除静音功能,将其变为一个连续的文件,操作方式是选择"Edit"→"Delete Silence"菜单项。

6)制作音效

使用如图 13.4 所示的 Effects 菜单,可将选择的波形文件变换成各种特效。

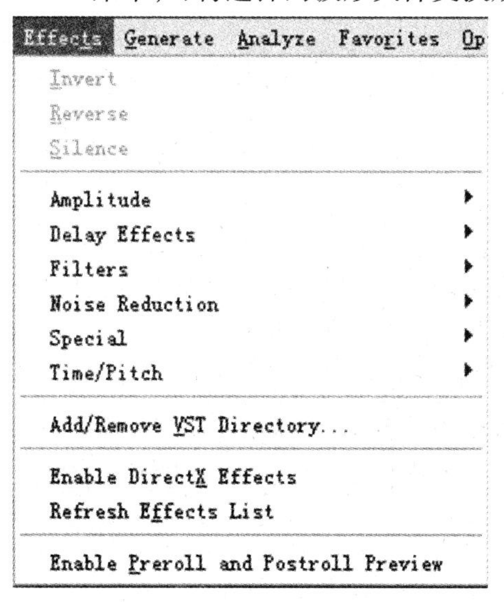

图 13.4　效果菜单

①Filters(过滤器):产生加重低音、突出高音等效果。

②Noise Reduction(降噪):降低甚至清除文件中的各种噪声。

③Time/Pitch(时间/音调):在不影响声音质量的情况下,改变乐曲音调或节拍等。

13.5.2 图像处理软件——PhotoShop CS

图像处理可利用编辑工具如 C + + 、Matlab 等,也可以使用图像处理软件如 Photoshop、ACDSee、CorelDraw 等。下面就以 Photoshop 为例说明图像处理软件的功能。

1) **Photoshop 概述**

Photoshop 是 Adobe 公司推出的专业图形图像处理软件,是世界上最畅销的图像编辑软件。它几乎支持所有的图像格式和色彩模式,能够进行多层次的处理和多种美术处理。Photoshop CS3(Photoshop Creative Suite)是目前最新的版本。

2) Photoshop CS3 **界面**

打开 Photoshop CS3,即进入其操作界面,如图 13.5 所示。

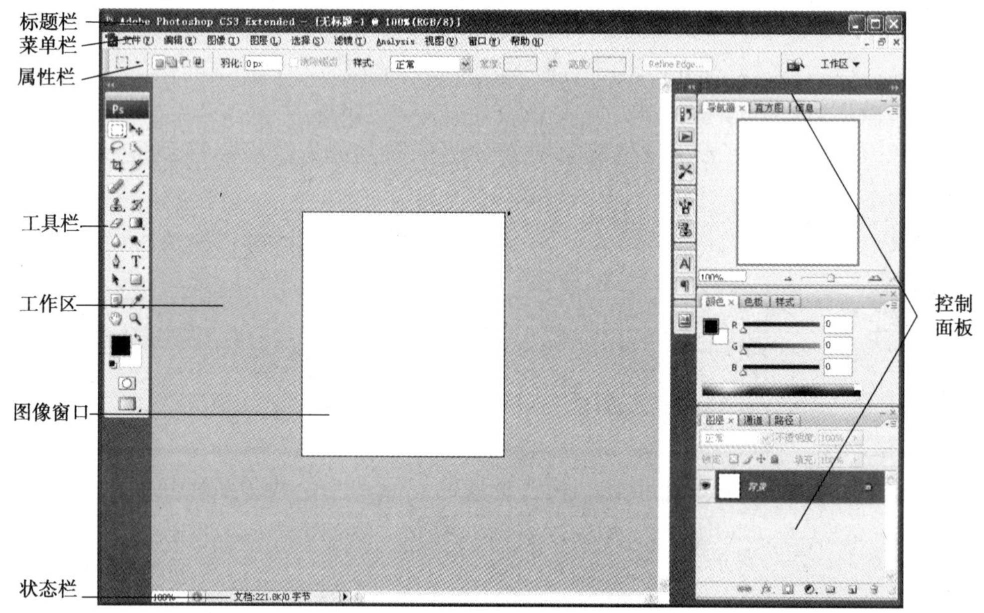

图 13.5 Photoshop CS3 的操作界面

(1)标题栏

标题栏位于工作界面的最上端。标题栏最左侧显示的是软件图标和名称,如果正在对某个文件进行操作时,将显示该文件的文件名,该文件名紧跟在软件名称后面。最右侧是窗口控制按钮,可用来对图像窗口进行最大化(还原)、最小化、关闭操作。

(2)菜单栏

菜单栏位于标题栏的下方,由文件菜单、编辑菜单、图像菜单、图层菜单、选择菜单、滤镜菜单、视图菜单、窗口菜单和帮助菜单组成。

菜单栏包含了所有的图像处理命令,可打开各菜单项选择所需的命令对图像文件进行处理,也可以使用快捷键执行相应的命令。

(3)工具箱

工具箱一般位于窗口的左侧,是 Photoshop CS3 的重要组成部分,如图 13.6 所示,包括 50 多种工具。有些工具右下角带小三角箭头,表示还有其他隐藏的工具,将鼠标指针移到小三角处，按住鼠标左键不放，即可打开隐藏的工具。

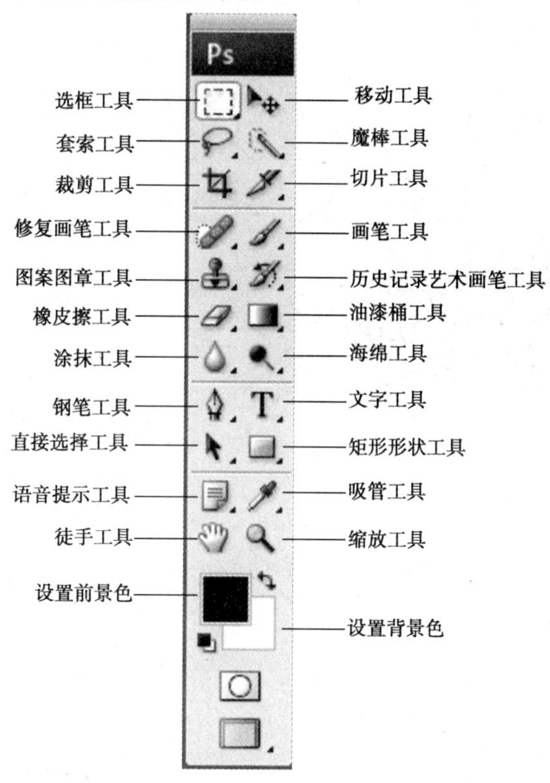

图 13.6　Photoshop CS3 工具箱

(4)属性栏

属性栏又称为工具选项栏，用来对目前正在使用工具的选项和参数进行说明，它位于菜单栏的下方。选择不同的工具，在属性栏中就会显示相应工具的选项。

(5)控制面板

控制面板位于工作界面的最右端。在窗口菜单中选择相应命令，当该命令前出现"√"时，其对应的控制面板就会显示在窗口界面中，再次选择该命令，将隐藏该控制面板。

(6)状态栏

状态栏位于工作窗口的最底端，用于显示当前图像的显示比例、文件大小、状态和提示信息等。

(7)图像窗口

图像窗口位于界面的中间，在 Photoshop CS3 中，对图像的所有操作都要在图像窗口中进行。

3)Photoshop 编辑工具基本操作

(1)前景色、背景色的设置

在 Photoshop CS3 中，系统默认的前景色是黑色，背景色是白色。可以选择吸管工具单击工具箱中的前景色色块，在弹出的"拾色器"对话框中进行前景色的设置，如图 13.7 所示。

在"拾色器"对话框中，光标显示为一个小圆圈，可以拖动鼠标单击选取颜色或拖动颜色滑块变换色彩范围，再拖动鼠标单击选择颜色，最后单击"确定"按钮即可。

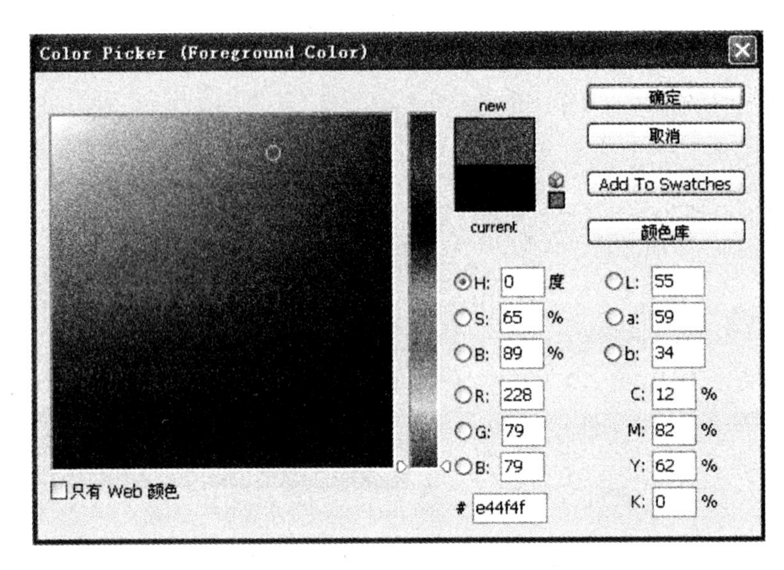

图 13.7 "拾色器"对话框

设置背景色的方法同前景色基本相似,不同之处在于设置时须单击工具箱中的背景色色块。

(2)图像尺寸的设置

设置图像尺寸的操作步骤如下:

①选择"图像"→"图像大小"菜单命令,弹出"图像大小"对话框,如图 13.8 所示。

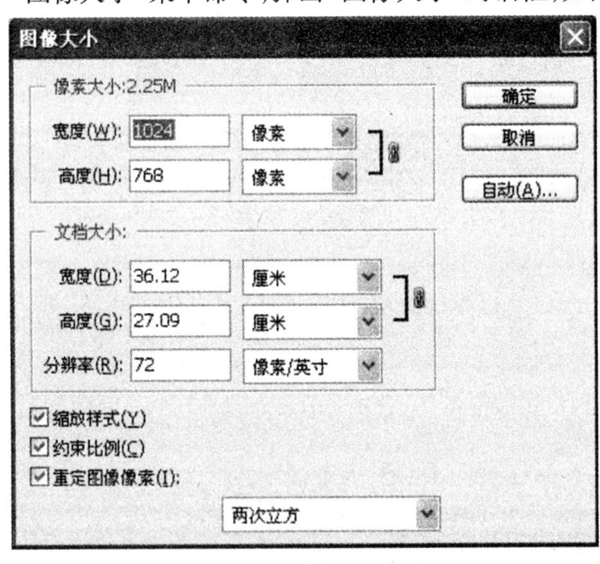

图 13.8 "图像大小"对话框

②在"像素大小"选项区中的"高度"和"宽度"文本框中输入数值,通过改变图像中包含的像素数间接地改变图像的大小。

③在"文档大小"选项区中的"宽度"和"高度"文本框中输入数值,通过改变图像的宽度和高度值直接改变图像的大小。"分辨率"根据不同应用场合设置,如用于打印机输出,则一般设置为 300 像素/英寸。

④选中"约束比例"复选框,则在改变图像像素宽度和图像宽度时,其对应的高度会按一

定的比例发生变化。

(3)画布大小的设置

设置画布大小的操作步骤如下:

①选择“图像”→“画布大小”菜单,弹出“画布大小”对话框,如图 13.9 所示。

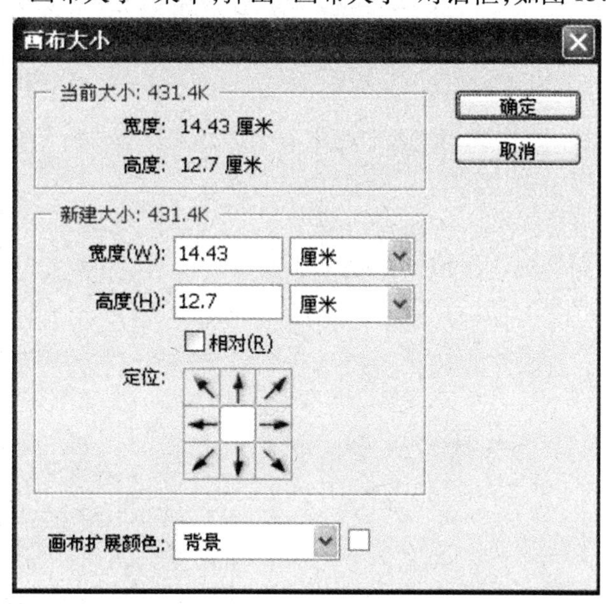

图 13.9　“画布大小”对话框

②在“高度”和“宽度”文本框中输入新画布大小的数值,改变当前画布的尺寸。

③在“定位”右侧的定位框中对扩展画布后图像所处的位置予以定位。

④在“画布扩展颜色”下拉列表中选择扩大画布尺寸后扩展部位图像的填充色。

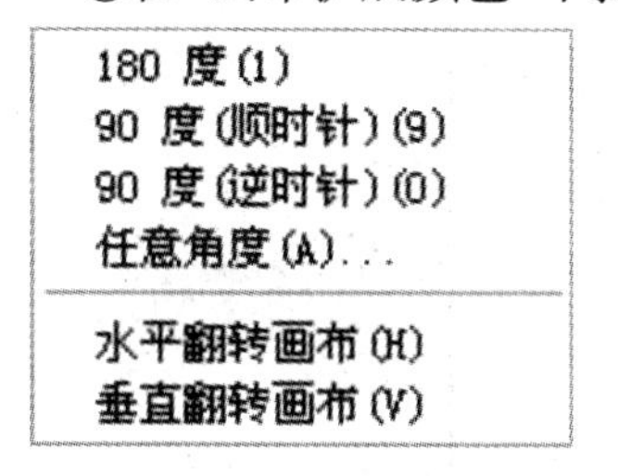

图 13.10　旋转画布子菜单

⑤设置好参数后,单击“确定”按钮即可。

(4)图像的旋转

选择“图像”→“旋转画布”菜单命令,打开子菜单,如图 13.10所示。

“180 度”:将图像进行 180°的旋转。

“90 度(顺时针)”:将图像按顺时针方向旋转 90°。

“90 度(逆时针)”:将图像按逆时针方向旋转 90°。

“任意角度”:选择该命令,弹出“旋转画布”对话框,可在“角度”文本框中输入数值设置图像选择的角度。

“水平翻转画布”:在水平方向上将整个图像翻转。

“垂直翻转画布”:在垂直方向上将整个图像翻转。

(5)图像的裁切和缩放

①图像的裁切。图像裁切主要用裁切工具完成,其属性栏如图 13.11 所示。可在“宽度”和“高度”文本框中输入数值来确定图像裁切的宽度和高度的比例。

②图像的缩放。使用缩放工具可快捷地对图像进行全局或局部缩放。进行局部缩放时,只需按住鼠标左键在缩放部位拖出一个矩形框,即将需要缩放的部位包围,松开鼠标左键后,便可对图像的局部进行缩放,其属性栏如图 13.12 所示。

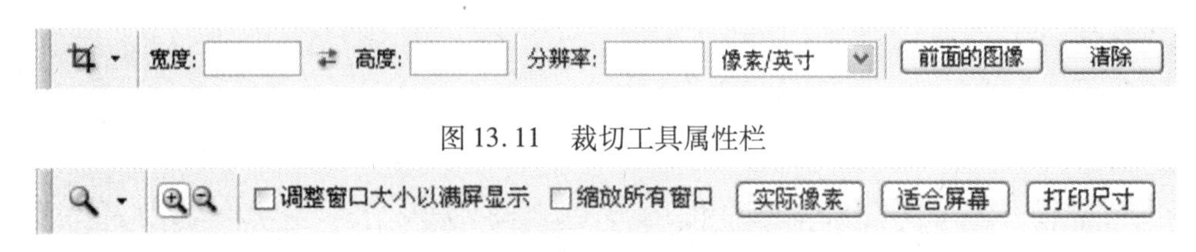

图 13.11　裁切工具属性栏

图 13.12　缩放工具属性栏

“实际像素”:单击该按钮,调整图像以实际大小显示。

“适合屏幕”:单击该按钮,调整图像以最适合的窗口大小显示。

“打印尺寸”:单击该按钮,调整图像尺寸以打印预设大小显示。

(6)图像的保存

图像编辑完成后,可选择“文件”→“保存”命令保存图像,需要输入图像文件的名称和选择保存的文件格式。(图像格式参见 13.2.2 图形和图像文件格式)

13.5.3　PhotoShop 经典案例——图像选取

①在 PhotoShop 软件中打开两张素材图片,如图 13.13 和图 13.14 所示。

图 13.13

图 13.14

②用工具箱中选中“套锁”工具(或其他工具),在工具栏中设置“羽化 5 个像素”,如图 13.15 所示。

图 13.15

③将图 13.14 中的人物选中，如图 13.16 所示。

图 13.16

④将图 13.16 选取的部分，拷贝到图 13.13 里，调整到合适的位置及大小，最后把图片保存为 1.jpg，如图 13.17 所示。（本例也可用图层蒙版实现）

图 13.17

习　题

1. 选择题

(1) 多媒体计算机中的媒体信息是指(　　)。

①文字、音频　②音频、图形　③动画、视频　④视频、音频

A. ①　　B. ②　　C. ③　　D. 全部

(2)多媒体技术的主要特性有(　　)。

①多样性　②集成性　③交互性　④实时性

A. 仅①　　B. ①②　　C. ①②③　　D. 全部

(3)下列采集的波形声音质量最好的是(　　)。

A. 单声道、8 位量化、22.05 kHz 采样频率

B. 双声道、8 位量化、44.1 kHz 采样频率

C. 双声道、16 位量化、44.1 kHz 采样频率

D. 单声道、16 位量化、22.05 kHz 采样频率

(4)根据多媒体的特性,(　　)属于多媒体的范畴。

(1)交互式视频游戏　②有声图书　③彩色画报　④彩色电视

A. 仅①　　B. ①②　　C. ①②②　　D. 全部

(5)下述声音分类中,质量最好的是(　　)。

A. 数字激光唱盘　　B. 调频无线电广播

C. 调幅无线电广播　　D. 电话

(6)适合作三维动画的工具软件是(　　)。

A. 3DS MAX　　B. Photoshop

C. Auto CAD　　D. Authorware

(7)下列声音文件格式中,属于波形文件格式的是(　　)。

①. WAV　　②. CMF　　③. VOC　　④. MID

A. ①②　　B. ①③　　C. ①④　　D. ②③

(8)扫描仪可在(　　)应用中使用。

①拍照数字照片　②图像输入　③光学字符识别　④图像处理

A. ①③　　B. ②④　　C. ①④　　D. ②③

2. 填空题

(1)Windows 中最常用的图像文件格式是________、________、________、________等。

(2)________、________、________、________和________等信息的载体中的两个或多个的组合成为多媒体。

(3)常用的音频文件格式有________、________、________等。

(4)常见的视频文件有________、________、________。

(5)多媒体技术中常用的图像分辨率单位“dpi”的含义是________。

3. 简答题

(1)多媒体系统由哪几部分组成?

(2)图形和图像有何区别?

(3)请列举 3 种彩色模拟电视制式。

第14章 信息安全基础

随着计算机网络技术的发展,信息安全问题也越来越受到重视,网络中存储和传输的数据需要受到保护。如何保证计算机网络中存储和传输的数据的安全性是一个重要的问题。计算机网络安全是一门专业的学科,本章将初步介绍信息安全的相关知识。

教学目的:

- 了解信息安全的内容;
- 掌握计算机病毒的概念和病毒的特点;
- 掌握信息加密和数字签名技术,了解相关信息安全法规和道德规范。

14.1 信息安全概述

14.1.1 常见信息安全问题

信息在存储和传输中,都有可能遭受第三方的攻击。第三方会利用各种技术,非法窃听、截取、篡改或者破坏信息,所有这些危及信息系统安全的活动一般称为安全攻击。常见的安全攻击有:

①信息内容的泄漏:信息在存储和传输中,只有得到授权的用户才可以读取信息的内容,而第三方利用某种攻击手段,使得消息的内容被泄露或透露给某个非授权的实体。

②流量分析:第三方捕获通过某个网络的数据,通过分析通信双方的标志、通信频度、消息格式等信息来进行分析,获得对自己有用的信息,从而达到自己的目的。

③拒绝服务:攻击者通过发送大量信息,造成对某个设备请求的资源数量超过其能够供给的数量,从而阻止合法用户对信息或其他资源的合法访问,造成合法用户得不到应有的服务。

④伪造:指一个实体冒充另一个实体。

⑤篡改:第三方在通信双方通信过程中,捕获数据,对用户之间的通信消息进行修改或者改变消息的顺序后发送给接收方。

⑥重放:第三方捕获通信双方的通信数据,将获得的信息再次发送给用户,以期望获得合

法用户的利益。

安全攻击又分为主动攻击和被动攻击。被动攻击只对数据进行窃听和监测,获得传输的信息,而不对信息作任何改动,威胁信息的保密性。消息内容的泄漏和流量分析就属于被动攻击,用户一般难以察觉所遭受的被动攻击。主动攻击则主要是篡改或者伪造信息,主动攻击对信息的完整性、可用性和真实性造成了威胁,伪装、篡改、重放和拒绝服务都属于主动攻击。

14.1.2 信息安全的概念

信息安全是指信息在存储、处理和传输状态下能够受到保护,不因偶然和恶意的原因而遭到破坏、更改和泄漏。一般说来,信息安全的内容主要包括以下几个方面:

①完整性:指信息在存储、处理和传输的过程中能够防止被非法的修改和破坏,从而保持信息的原样性。

②保密性:信息的保密性指信息不应泄漏给未经授权的实体和个人。信息的保密性要求未经授权的用户不能使用信息,因此必须能够防止信息的泄漏,保证其不被窃取,或者即使第三者窃取了数据,窃取者也不能理解数据的真实含义。

③真实性:信息的真实性指能够对信息的来源进行鉴别,防止第三者冒充,从而保证信息的真实性。

④可用性:信息的可用性是指信息的合法授权用户能够访问信息而不会被拒绝。

⑤不可否认性:信息的不可否认性要求为通信双方提供信息真实性鉴别的安全要求。在通信过程中,对于同一信息,收、发双方均不可抵赖,这在现在规模日益扩大的电子商务中非常重要。信息的不可否认性一般通过数字签名来提供。

14.2 计算机病毒

计算机病毒是指编制或在计算机程序中插入的破坏计算机功能或数据,影响计算机使用,并能自我复制的一组计算机指令或程序代码。计算机病毒是认为编制并传播的有害代码,对计算机和数据的安全造成了很大的威胁,因此必须了解计算机病毒基本知识并有效地防范和处理计算机病毒。

14.2.1 计算机病毒的基本知识

计算机病毒是具有破坏性的程序代码,其基本的特性如下:

①传染性。传染性指的是计算机病毒可以将病毒本身和其变种传染到其他程序上。是否具有传染性是判别一个程序是否为计算机病毒的最重要条件。

②破坏性。计算机病毒程序的破坏性使得病毒占用系统资源,破坏计算机中保存的正常数据,甚至能够攻击网络,造成网络瘫痪,从而引发灾难性的后果。

③隐蔽性和寄生性。如果不经过代码分析,病毒程序与正常程序是不容易区别的。计算机病毒的隐蔽性使得病毒在潜伏期内可以不破坏系统工作,从而使受感染的计算机系统通常仍能正常运行,用户难以觉察病毒的存在。

④针对性。计算机病毒的针对性指的是计算机病毒可以针对特定的计算机和特定的操作

系统。例如,有针对 IBM PC 及其兼容机的,有针对 Apple 公司的 Macintosh 的,还有针对 UNIX 操作系统的。目前,针对手机的病毒正在慢慢地接近并渗透人们的日常生活。

⑤衍生性。计算机病毒的衍生性指的是掌握某种计算机病毒的原理的人可以以其个人的企图对病毒进行改动,从而又衍生出一种不同于原版本的新的计算机病毒(又称为变种)。

14.2.2　计算机病毒的寄生方式和类型

寄生性也是计算机病毒的特性之一。按照计算机病毒的寄生方式大致可以将计算机病毒分为两大类:一类是引导型的计算机病毒;另一类是文件型的计算机病毒。

①引导型病毒。计算机的启动依靠硬盘中引导扇区,引导型病毒就寄生在操作系统的引导区,改写磁盘引导扇区的正常引导记录,或者将正常的引导记录隐藏在磁盘的其他地方,然后在系统启动时进入内存,监视系统运行。由于引导型病毒在系统启动的时候就已经开始监视系统的运行,因此其传染性较大。目前常见的引导型病毒有"大麻""小球"和"火炬"病毒等。

②文件型病毒。文件型病毒是寄生在.com 或.exe 等可执行文件中的计算机病毒。可执行文件一旦被用户执行,病毒也就相应地被激活。此时病毒程序首先被执行,驻留在内存中,然后设置相应的触发条件,感染其他的文件或者设备,常见的文件型病毒有"CIH""DIR-2"等病毒。

14.2.3　计算机病毒的传染

计算机病毒的传播途径主要有硬盘、U 盘等移动存储设备和计算机网络。

①通过移动存储设备进行传播。在日常事务处理过程中,由于工作的需要,人们经常需要使用移动存储设备,现代经常使用的移动存储设备包括了常见的光盘、移动硬盘、U 盘,甚至包括手机、数码相机等设备。当这些移动设备在有病毒的计算机上存储数据的时候,移动设备就会被感染病毒,从而计算机病毒通过这些移动存储设备在计算机间进行传播。

②通过计算机网络进行病毒的传播。计算机网络已经渗入到人们日常生活的每一方面。计算机病毒通过网络传播主要有几种不同的途径:

a. 通过即时通信软件进行传播。即时通信软件如 QQ、MSN 在日常办公中使用频繁,人们需要利用这种软件来进行交流和文件传输。病毒针对人们工作的这一特点,在用户之间发送一些文件或者网址。当接收方用户点击这些文件,或者打开这些网站的时候,都会导致网络病毒进入计算机。现在很多病毒可以通过 QQ 等即时通信软件进行传播,一旦一个好友感染病毒,那么所有好友将会遭到病毒的攻击,如果不小心点击,这些好友也将感染病毒病,并进一步影响其他好友。

b. 通过电子邮件附件进行传播。电子邮件也是人们日常办公和交流时非常重要的工具,有些病毒附着在电子邮件中。当接收方接收电子邮件,并且下载附件对,病毒就会被激活并感染电脑,从而威胁计算机的安全。

c. 通过网页进行传播。在用户访问一些不名网站的时候,也会遭受病毒的攻击。网页病毒主要是通过执行嵌入在网页内的 Java Applet 小应用程序,ActiveX 插件等可自动执行的代码程序,修改用户操作系统注册表的配置,从而给用户系统带来危害。

此外,计算机病毒也有可能利用系统漏洞进行传播,针对操作系统的一些漏洞设计病毒。

14.2.4 计算机病毒的防治策略

计算机病毒的防范要针对病毒的传播途径和病毒的特点,养成良好的使用计算机的习惯,采用有目的性的防范手段。主要包括以下几个方面:

①一定要在计算机系统中安装防病毒软件和防流氓软件,并定期升级病毒库,定期检查计算机系统。作为计算机病毒的方法,这是第一要素。

②计算机病毒的主要来源是移动设备和网络,而在现今社会,这两者都不接触几乎是不可能的,因此必须做到:如果要在计算机上使用外来的移动存储设备,则在使用外来移动存储设备之前先对移动存储设备进行病毒查杀;在网络上下载软件的时候要小心,应谨慎地使用公共软件和共享软件,确保里面没有病毒等威胁,下载后及时进行查杀毒处理和木马扫描处理。此外,应尽量避免从网络下载不知名的软件、游戏等程序,下载之后也要及时查杀病毒和木马;不要打开来历不明的电子邮件,不要随意下载不明电子邮件中的附件,如果下载了,在下载之后一定要及时查杀木马和病毒;尽量不使用盗版软件等有可能带来威胁的软件;尽量不要访问即时通信软件发送过来的不明网站,如果要访问,要向对方确认后再访问,也不要随意打开即时通信软件发送过来的不明文件,除非对方明确告诉你文件中的内容。

③为了能够在系统感染病毒后恢复系统,应将主引导区、BOOT 区和 FAT 表做好备份或克隆,备份干净的系统(整个 C 盘)。此外,应将重要的数据文件经查杀病毒后备份到 U 盘、移动硬盘,或刻录到光盘中保证数据的安全性。

在计算机病毒防范中,也要注意自己的计算机是否已经感染病毒。当计算机启动速度较慢或者无故自动重启,工作中计算机经常出现无故死机的时候,很可能计算机已经感染病毒。当计算机启动后在运行某一正常应用软件时,系统报告内存不足,或者发现硬盘中文件的数据被篡改或丢失,甚至系统不能识别硬盘,此时计算机也已经被病毒感染。在这种情况下,一定要进行病毒查杀和数据恢复工作,清除计算机中的病毒。

14.3 网络安全技术

计算机网络安全的内容主要有保密性、安全协议的设计和访问控制 3 个方面。保密性为用户提供了安全可靠的保密通信,是其他安全机制的基础。安全协议的设计是计算机网络安全的一个方面,目前在安全协议设计方面,主要是针对具体的攻击设计安全的通信协议。访问控制规定了每个用户接入网络的权限。所有的网络安全的内容都和密码技术相关。关于密码技术,将在下一节中做介绍。

网络安全技术离不开防火墙的应用。防火墙是指设置在不同网络或网络安全域之间的软件和硬件构成的系统组合,它可在两个网络之间实施单位自行制定的接入控制策略。其中,防火墙内的网络一般称为“可信赖的网络”,而外部的因特网称为“不可信赖的网络”。防火墙可以监测和限制通过防火墙的数据流,从而尽可能地对外部网络屏蔽内部网络的信息,以此来解决内部网络和外部网络的安全性问题,实现网络的安全保护。防火墙要实现的主要功能有两个:阻止某种类型的流量通过防火墙和允许某种类型的流量通过防火墙。

14.4 信息安全技术

信息安全技术的内涵在不断地延伸,从最初的信息保密性发展到信息的完整性、可用性、可控性和不可否认性等多方面的基础理论和实施技术。

14.4.1 信息加密技术

信息加密技术是利用数学或物理手段,对电子信息在传输过程中和存储体内进行保护,以防止泄漏的技术。采用数据加密技术,可以使得用户发送的数据经过加密之后在网络上传送,从而防止第三方在网络通信的过程中截获或者篡改数据。采用加密技术时,发送方在发送原始数据到网络之前必须首先通过加密算法,使用加密密钥对原始数据也就是明文进行加密,加密之后形成密文发送到网络中。接收方在接收数据后必须首先通过解密算法,使用解密密钥对密文进行解密,解密之后获得明文传送给计算机的 CPU。在这一过程中,由于网络中传输的是密文,第三方没有解密密钥,因此即使截获了数据,也不能够解密获得明文,从而保证了数据的安全性。

在采用数据加密技术的时候使用到密码学技术。其中,密码学技术包含密码编码学和密码分析学两个部分。密码编码学是密码体制的设计学,而密码分析学则是在未知密钥的情况下从密文推演出明文或密钥的技术。在密码学的发展过程中,密码学的研究曾经面临着严重的危机,但是 20 世纪 70 年代后期,美国的数据加密标准 DES 和公钥密码体制的出现使得密码学的研究获得巨大的进步,这也成为了近代密码学发展历史中两个重要的里程碑。

在数据加密过程中,根据加密密钥和解密密钥的特点,将密码体制分为两种,即对称密钥密码体制和公开密钥密码体制。

对称密钥密码体制的加密密钥与解密密钥是相同的密码体制。加密时采用的加密密钥和解密时采用的解密密钥是相同的。美国的数据加密标准 DES 就采用了对称密钥密码体制这种加密方法,它由 IBM 公司研制出来,是世界上第一个公认的实用密码算法标准。由于 DES 是对称密钥密码体制,在加密和解密的时候采用了相同的密钥,因此其保密性仅取决于对密钥的保密,密钥的安全性就非常重要,而 DES 算法是公开的。

DES 中使用的密钥为 64 位(实际密钥长度为 56 位,有 8 位用于奇偶校验),在采用 DES 加密前,先对整个明文进行分组,每一个组长为 64 位;然后对每一个 64 位二进制数据进行加密处理,产生一组 64 位密文数据;最后将各组密文串接起来,即得出整个密文。

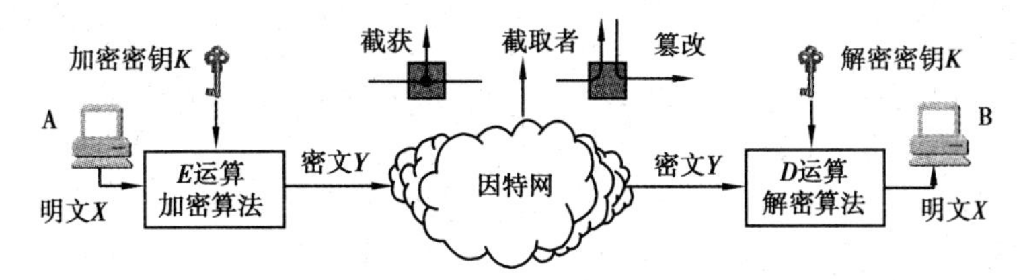

图 14.1 对称密钥密码体制

在公开密钥密码体制中,使用不同的加密密钥与解密密钥,是一种“由已知加密密钥推导出解密密钥在计算上是不可行的”密码体制。在公开密钥密码体制中,加密密钥是向公众公开的,而解密密钥则是保密的,加密算法和解密算法也是公开的。在用户双方通信时,发送者使用接收者的公开密钥运用加密算法对原始数据进行加密后获得密文发送给对方,接收方在接收到数据后采用自己所拥有的私有密钥利用解密算法解密后即可获取原始数据。在这一过程中,公钥可以用来加密数据,但是用公钥加密后的数据不能用公钥来解密。此外,采用公钥加密后可以采用私钥解密,采用私钥加密后也可以采用公钥解密,这一特性经常用来实现数字签名。现在,最著名的公钥密码体制是 RSA 体制,如图 14.2 所示。

图 14.2　公开密钥密码体制

14.4.2　信息认证技术

计算机网络中传输的数据必须像现实生活中的书信或者文件一样根据用户的亲笔签名来证明其真实性。在计算机网络中,采用数字签名技术可实现这一点。在计算机网络通信中,尤其是在现代发展迅速的电子商务技术中,更是需要数字签名技术的支持。数字签名机制提供了一种鉴别方法,以解决伪造篡改、抵赖和冒充等问题。数字签名技术必须保证以下 3 点:

①报文鉴别——接收者能够核实发送者对报文的签名;

②报文的完整性——接收者不能伪造对报文的签名;

③不可否认——发送者事后不能抵赖对报文的签名。

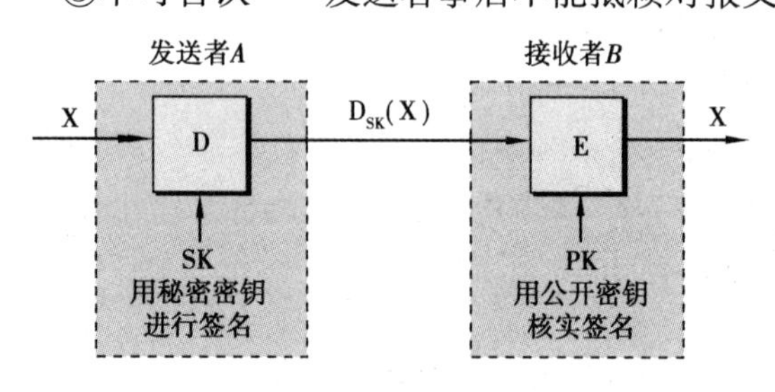

图 14.3　数字签名

数字签名的实现方法有很多种,其中公开密钥密码体制可以很好地解决这 3 个问题,因此数字签名技术一般采用公开密钥密码体制加密,如图 14.3 所示。

在图 14.3 中,发送方在发送数据的时候,使用发送方自己的私钥进行加密(也就是签名),接收方接收到数据后,采用发送方的公钥解密(核实签名)。因为除发送方外没有别人能具有发送方的私钥,所以除发送方外没有别人能产生这个密文。因此接收方相信数据是发送方签名发送的(报文鉴别)。若发送方要抵赖曾发送报文给接收方,接收方可将明文和对应的密文出示给第三者。第三者很容易用发送方的公钥去证实发送方确实发送数据给接收方(不可否认)。反之,若接收方将数据伪造成其他数据,则接收方不能在第三者前出示对应的密文。这样就证明了接收方伪造了报文(报文完的整性)。可以看出,利用公开秘钥密码体制,可以成功地实现数字签名技术,从而保证了计算机网络通信的安全性。

14.4.3　信息安全协议

在网络中应用安全协议可以很大程度地提高信息的安全性，目前，网络中使用的信息安全协议包括：

①网络层的安全协议：IP 安全协议和安全关联。IP 安全协议包括鉴别首部和封装安全有效载荷。其中，鉴别首部可以鉴别源点和检查数据完整性，但不能保密。而封装安全有效载荷则可以鉴别源点、检查数据完整性和提供保密。安全关联则是在使用鉴别首部和封装安全有效载荷之前，先从源主机到目的主机建立一条网络层的逻辑连接。

②运输层安全协议：安全套接层。安全套接层可对万维网客户与服务器之间传送的数据进行加密和鉴别，在双方的联络阶段来协商将使用的加密算法和密钥，以及客户与服务器之间的鉴别。在联络阶段完成之后，所有传送的数据都使用在联络阶段商定的会话密钥。

③应用层的安全协议：PEM。PEM 是因特网的邮件加密建议标准，可以对电子邮件进行加密和鉴别。

14.5　信息安全的法规与道德

随着计算机网络应用的日益普及，网络安全引发的问题也日趋增多，其主要表现是侵犯计算机信息网络中的各种资源，包括硬件、软件以及网络中存储和传输的数据，从而达到窃取钱财、信息、情报，以及破坏或恶作剧的目的。因此网络安全越来越受到人们的重视，许多国家都在研究有关计算机网络方面的法律问题，并制定了一系列法律规定，以规范计算机及其使用者在社会和经济活动中的行为。

14.5.1　信息安全的法规

在信息安全法规方面，我国增加了制裁计算机犯罪的法律法规，其中包括如下：

①《中华人民共和国计算机软件保护条例》；

②《互联网信息服务管理办法》；

③《中华人民共和国计算机信息系统安全保护条例》；

④《计算机信息系统国际联网保密管理规定》；

⑤《中华人民共和国计算机信息网络国际联网安全保护条例》。

除此之外，还有很多的计算机法律法规，这里不再一一列出。

14.5.2　网络行为的道德规范

在用户使用计算机网络时，应该注意提高自己的道德规范，规范自己的行为。在使用计算机网络时，应该能够做到：

①不利用计算机去伤害别人；

②不干扰别人的计算机工作；

③不窥视别人的文件；

④不利用计算机进行偷窃；

⑤不利用计算机做伪证；
⑥不使用或复制没有付费的软件；
⑦不应未经许可而使用别人的计算机资源；
⑧不盗用别人的智力成果；
⑨应该考虑所编制程序的社会后果；
⑩应该以深思熟虑和慎重的方式来使用计算机。

习　题

问答题

(1)信息系统的常见安全问题有哪些?
(2)对称密钥密码体制和公开密钥密码体制的特点是什么?
(3)数字签名要解决的3个问题是什么？并说明数字签名的原理。
(4)什么是计算机病毒,计算机病毒的特点有哪些,如何防范?

参考文献

[1] 高怡新,张玮. 大学计算机基础[M]. 北京:人民邮电出版社,2007.
[2] 郭松涛,洪汝渝. 大学计算机基础[M]. 重庆:重庆大学出版社,2009.
[3] 贾宗福. 新编大学计算机基础教程[M]. 北京:中国铁道出版社,2009.
[4] 刘晓燕,贺忠华. 大学计算机基础[M]. 北京:中国铁道出版社,2010.
[5] 朱勇,孔维广. 大学计算机基础[M]. 北京:中国铁道出版社,2009.
[6] 张尧学,史美林. 计算机操作系统教程[M]. 北京:清华大学出版社,2000.
[7] 谢希仁. 计算机网络[M]. 北京:电子工业出版社,2006.
[8] 王珊,萨师煊. 数据库系统概述[M]. 北京:高等教育出版社,2006.
[9] 李淑华. Visual FoxPro 程序设计[M]. 北京:高等教育出版社,2004.
[10] 谭浩强. C 程序设计[M]. 北京:清华大学出版社,2005.
[11] H. M. Deitel, P. J. Deitel. C 程序设计教程[M]. 薛万鹏,等,译. 北京:中国铁道出版社,2000.
[12] 钱能. C ++ 程序设计教程[M]. 北京:清华大学出版社,1999.
[13] 郑莉,董渊,张瑞丰. C ++ 语言程序设计[M]. 北京:清华大学出版社,2003.
[14] 胡文虎. 程序设计基础[M]. 北京:清华大学出版社,2004.
[15] 张海藩. 软件工程[M]. 2 版. 北京:人民邮电出版社,2006.